城市矿业研究丛书

废弃有色金属材料再生技术

聂祚仁　席晓丽　编著

科 学 出 版 社
北　京

内 容 简 介

　　发展废弃有色金属回收利用及其关键技术对于促进有色金属行业可持续发展、节约能源、保护环境具有积极意义。本书按照不同种类废弃有色金属分章编纂，收集国内外数据资料，分析我国和世界其他国家有色金属的储量、产量、再生量等资源现状；选取国民经济支撑矿产铜、铝、铅、锌、钨、钼、钴为研究对象，调研国内外有色金属回收企业，总结有色金属回收开发利用的国内外现状，提炼国内外再生金属的关键技术；提出再生金属产业的发展战略和对策建议，为我国废弃有色金属材料回收开发利用提供参考。

　　本书适用于从事资源循环相关领域的专业技术人员、管理人员、商贸人员、市场分析人员等参考。

图书在版编目(CIP)数据

废弃有色金属材料再生技术 / 聂祚仁，席晓丽编著 . —北京：科学出版社，2016.11

　（城市矿业研究丛书）

　ISBN 978-7-03-050619-1

Ⅰ. 废…　Ⅱ.①聂…②席…　Ⅲ. 有色金属-废物综合利用　Ⅳ. X758.05

中国版本图书馆 CIP 数据核字（2016）第 271918 号

责任编辑：李　敏　吕彩霞 ／ 责任校对：彭　涛

责任印制：张　倩 ／ 封面设计：李姗姗

科学出版社 出版

北京东黄城根北街 16 号

邮政编码：100717

http://www.sciencep.com

文林印务有限公司 印刷

科学出版社发行　各地新华书店经销

*

2017 年 1 月第　一　版　开本：720×1000　1/16

2017 年 1 月第一次印刷　印张：24

字数：480 000

定价：150.00 元

（如有印装质量问题，我社负责调换）

《城市矿业研究丛书》编委会

总　序

一、城市矿产的内涵及发展历程

城市矿产是对废弃资源循环利用规模化发展的一种形象比喻，是指工业化和城镇化过程中产生和蕴藏于废旧机电设备、电线电缆、通信工具、汽车、家电、电子产品、金属和塑料包装物以及废料中可循环利用的钢铁、有色金属、贵金属、塑料、橡胶等资源。随着全球工业化和城市化的快速发展，大量矿产资源通过开采、生产和制造变为供人们消费的各种产品，源源不断地从"山里"流通到"城里"。随着这些产品不断消费、更新换代和淘汰报废，大量废弃资源必然不断在"城里"产生，城市便成为一座逐渐积聚的"矿山"。城市矿产开发利用将生产、流通、消费、废弃、回收、再利用与再循环等产品全生命周期或多生命周期链接贯通，有助于形成从"摇篮"到"摇篮"的完整物质循环链条，日益成为我国缓解资源环境约束与垃圾围城问题的重要举措。2010 年，国家发展和改革委员会、财政部联合下发的《关于开展城市矿产示范基地建设的通知》中提出要探索形成适合我国国情的城市矿产资源化利用管理模式和政策机制。2011年，"十二五"规划纲要中提出要构建 50 个城市矿产示范基地以推动循环型生产方式、健全资源循环利用回收体系。这些政策的出台和不断深入标志着我国城市矿产开发利用进入了一个全新的发展阶段。

实际上，废弃资源循环利用的理念由来已久，可以追溯到人类发展的早期。例如，我国早在夏朝之前就出现了利用铜废料熔炼的先例，后续各类战争结束后铁质及铜质武器的重熔、混熔和修补成了资源循环的主要领域，新中国成立后对于废钢铁等金属的利用也体现了资源循环的理念。上述实践是在一定时期内对个别领域的废旧产品进行循环利用。然而，以废弃资源为主要原料，发展成为规模化城市矿业的历史并不长，其走向实践始于人类对资源环境问题的关注，源于对人与自然关系的思考。

纵观人类工业文明发展进程，经济高速发展所带来的环境污染以及自然资源短缺甚至耗竭等问题成为了城市矿产开发利用的两条主要脉络。一方面，随着环境污染和垃圾围城等问题的不断显现，人类逐渐意识到工业高度发达在带来物质财富极大满足的同时，也会对自然生态环境造成严重的负面影响，直接关系到人类最基本的生存问题。《寂静的春天》《只有一个地球》《增长的极限》等震惊世界的研究报告，唤起了人们的生态环境意识。环境保护运动逐渐兴起，成为人类拯救自然也是人类拯救自身的一场伟大革命，世界各国共同为人类文明的延续出谋划策，为转变"大量生产、大量消费、大量废弃"的线性经济发展模式提供了思想保障。另一方面，自然资源是一切物质财富的基础，离开了自然资源，人类文明就失去了存在的条件。然而，人类发展对自然资源需求的无限性与自然资源本身存量的有限性，必然会成为一对矛盾制约人类永续发展的进程，工业文明对资源的加速利用催生了上述矛盾的产生，人类不能再重复地走一条由"摇篮"到"坟墓"的资源不归路。综合上述环境与资源的双重问题，可持续发展理念应运而生。循环经济作为其重要抓手，使人类看到了通过走一条生态经济发展之路，实现人类永续发展的可能。由此，减量化、再利用与再循环的"3R"原则成为全世界应对资源环境问题的共性手段。

城市矿产开发利用是助力循环经济的有效途径，它抓住了 21 世纪唯一增长的资源类型——垃圾，利用了物质不灭性原理，实现了垃圾变废为宝、化害为利的根本性变革，完成了资源由"摇篮"到"摇篮"的可持续发展之路。尤其是发达国家工业化时期较长，各种城市矿产的社会蓄积量大，随着它们陆续完成生命周期都将进入回收再利用环节，年报废量迅速增长并逐渐趋于稳定，为城市矿产开发利用提供了充足的原料供应，并为其能够形成较大的产业规模提供了发展契机。1961 年，美国著名城市规划学家简·雅各布斯提出除了从有限的自然资源中提取资源外，还可以从城市垃圾中开采原材料的设想；1971 年，美国学者斯潘德洛夫提出了"在城市开矿"的口号，各种金属回收新工艺、新设备开始相继问世；20 世纪 80 年代，以日本东北大学选矿精炼研究所南条道夫教授为首的一批学者们阐明城市矿产开发利用就是要从蓄积在废旧电子电器、机电设备等产品和废料中回收金属。自此，城市矿产开发利用逐渐由理念走向了实践。

二、城市矿产开发利用的战略意义

我国改革开放以来，近40年的经济快速增长所积累下的垃圾资源为城市矿业的发展提供了可能，而资源供需缺口以及垃圾围城引发的环境问题则倒逼我国政府更加长远深刻地思考传统线性经济的弊端，推行循环经济的发展模式。城市矿产开发利用顺应了我国资源环境发展的需求，具有重大战略意义和现实价值。

1. 开发利用城市矿产是缓解资源约束的有效途径

目前我国正处于工业化和城市化加速发展阶段，对大宗矿产资源需求逐渐增加的趋势具有必然性，国内自然资源供给不足，导致重要自然资源对外依存度不断提高。我国原生资源蓄积量快速增加并趋于饱和，这使得废弃物资源开发利用的潜力逐渐增大。此外，城市矿产虽是原生矿产资源生产的产品报废后的产物，但相较于原生矿产，其品位反而有了飞跃式提升。例如，每开发1t废弃手机可提炼黄金250g，而用原生矿产提炼，则至少需要50t矿石。由此，开发利用城市矿产要比从原生矿产中提取有价元素更具优势，不仅可以替代或弥补原生矿产资源的不足，还可以进一步提高矿产资源的利用效率。

2. 开发利用城市矿产是解决环境污染的重要措施

城市矿产中已载有原生矿产开采过程中的能耗、物耗和设备损耗等，其开发利用避免了原生矿产开发对地表植被破坏最为严重且高能耗、高污染的采矿环节，取而代之的是废弃物回收及运输等低能耗低污染的过程。从资源开发利用的全生命周期视角来看，不仅可以有效降低原生矿石开发及尾矿堆存引发的环境污染问题，还对节能减排具有重要促进作用。据统计，仅2013年我国综合利用废钢铁、废有色金属等城市矿产资源，与使用原生资源相比，就可节约2.5亿tce，减少废水排放170亿t，二氧化碳排放6亿t、固体废弃物排放50亿t；废旧纺织品综合利用则相当于节约原油 380 万 t, 节约耕地 340 万亩①, 潜在的环境效益十分显著。

3. 开发利用城市矿产是培育新兴产业的战略选择

2010 年国务院颁布了《关于加快培育和发展战略性新兴产业的决定》, 将节能环保等七大领域列为我国未来发展战略性新兴产业的重点, 其中城市矿业是其核心内容之一。相比原生矿业, 城市矿业的链条更长, 涉及多级回收、分拣加工、拆解破碎、再生利用等环节, 需要产业链条上各项技术装备的协同发展, 有利于与新兴的生产性服务、服务性生产等相互融合, 并贯穿至产品全生命周期过程, 从而有效推动了生态设计、物联网、城市矿产大数据以及智慧循环等技术系统的构建。其结果将倒逼技术、方法、工具等诸多方面的创新行为, 带动上下游和关联产业的创新发展, 从而形成新的经济增长点, 培育战略性新兴业态。

4. 开发利用城市矿产是科技驱动发展的必然要求

传统科研活动大多以提高资源利用效率和增强材料性能为目标, 研究范畴往往仅包含从原生矿产到产品的"正向"过程。然而, 针对以废弃资源为源头的"逆向"科研投入相对较少, 导致我国城市矿业仍处于国际资源大循环产业链的低端, 再生利用规模与水平不高, 再生产品附加值低。为促进我国城市矿业的建设和有序发展, 实施"逆向"科技创新驱动发展战略, 加强"逆向"科研的投入力度, 成为转变城市矿业的发展方式, 提高发展效益和水平的必然要求。资源循环利用的新思路、新技术、新工艺和新装备的不断涌现, 既可带动整个节能环保产业的升级发展, 也可激发正向科研的自主创新能力, 从而促进全产业链条资源利用效率的提升。

5. 开发利用城市矿产是扩展就业机会的重要渠道

城市矿产拆解过程的精细化水平直接关系到后续再生利用过程的难易程度以

---

① 1 亩 ≈ 666.7m²

及最终再生产品的品位和价值。即使在技术先进的发达国家，拆解和分类的工作一般也由熟练工人手工完成，具有劳动密集型产业的特征。据统计，目前我国城市矿业已为超过 1500 万人提供了就业岗位，有效缓解了我国公众的就业压力。与此同时，为推动城市矿业逐渐向高质量和高水平方向发展，面向该行业的科技需求，适时培养高素质创新人才队伍至关重要。国内已有相当一批高校和科研院所成立了以资源循环利用为主题的专业研究机构，从事这一新兴领域的人才培养工作，形成了多层次、交叉性、复合型创新人才培养体系，拓展了城市矿业的人才需求层次，实现了人才就业与产业技术提升的双赢耦合发展。

6. 开发利用城市矿产是建设生态文明的重要载体

生态文明是人类为保护和建设美好生态环境而取得的物质成果、精神成果和制度成果的总和；绿色发展则是将生态文明建设融入经济、政治、文化、社会建设各方面和全过程的一种全新发展举措。城市矿产开发利用兼具资源节约、环境保护与垃圾减量的作用，是将循环经济减量化、再利用、再循环原则应用至实践的重要手段。由此产生的城市矿业正与生态设计和可持续消费等绿色理念相互融合，为我国实现经济持续发展与生态环境保护的双赢绿色发展之路指引了方向。此外，城市矿业的快速发展倒逼我国加快生态文明制度建设的进程，促进了如城市矿产统计方法研究、新型适用性评价指标择取等软科学的发展，从而可更加准确地挖掘城市矿产开发利用各环节的优化潜力，为城市矿业结构及布局调整提供科学的评判标准，有利于促进生态文明制度优化与城市矿业升级发展谐调发展。

三、城市矿业的总体发展趋势

城市矿产开发利用的资源、环境和社会效益得到了企业与政府双重主体的关注，2012 年城市矿产作为节能环保产业的核心内容列为我国战略性新兴产业。然而，城市矿产来源于企业和公众生产生活的报废产品，其分布较为分散，而且多元化消费需求使得城市矿产的种类十分繁杂。与其他新兴产业不同，城市矿业发展需要以有效的废弃物分类渠道和庞大的回收网络体系作为重要前提，且需要将全社会各利益相关者紧密联系才能实现其开发利用的目标。由此可见，城市矿业的发展仅依靠市场作用通过企业自身推动难以为继，需要政府发挥主导作用，根据各利益相关者的责任予以有效部署。

面对如此宽领域、长链条、多主体的新兴产业，处理好政府与市场的关系至关重要，如何按照党的十八届三中全会的要求"使市场在资源配置中起决定性作用，与更好地发挥政府的作用"，充分发挥该产业的资源环境效益引起了国家的广泛关注。为此，党中央从加强法律法规顶层设计与基金制度引导两方面入手，为城市矿业争取了更大的发展空间。2010~2015年，《循环经济发展战略及近期行动计划》《再生资源回收体系建设中长期规划（2015—2020）》《废弃电器电子产品处理基金征收使用管理办法》等数十部法规政策的频繁颁布，体现了国家对于城市矿产开发利用的关注，通过政府强制力逐渐取缔微型低效、污染浪费的非法拆解作坊，有效地促进了该产业的有序发展。

根据上述法律法规指示，国家各部委也加强了对城市矿业的部署。截至2014年，国家发改委确定投入建设第一批国家资源综合利用"双百工程"，首批确定了24个示范基地和26家骨干企业，启动了循环经济示范城市（县）创建工作，首批确定19个市和21个县作为国家循环经济示范城市（县），并会同财政部确定了49个国家"城市矿产"示范基地；商务部开展了再生资源回收体系建设试点工作，分三批确定90个城市试点，并会同财政部利用中央财政服务业发展专项资金支持再生资源回收体系建设，已支持试点新建和改扩建51 550个回收网点、341个分拣中心、63个集散市场、123个再生资源回收加工利用基地建设；工业和信息化部开展了12个工业固体废物综合利用基地建设试点，会同安监总局组织开展尾矿综合利用示范工程。在上述各部委的联合推动之下，目前我国城市矿业的发展水平日渐增强，集聚程度不断提高，仅2014年我国废钢铁回收量就达15 230万t、再生铜产量295万t、再生铝565万t、再生铅160万t、再生锌133万t。习近平总书记在视察城市矿产龙头企业格林美公司时，高度评价了城市矿产开发利用的重要作用，对城市矿业提出了殷切的期盼："变废为宝、循环利用是朝阳产业。垃圾是放错位置的资源，把垃圾资源化，化腐朽为神奇，是一门艺术，你们要再接再厉。"

国家在宏观层面系统布局城市矿产回收利用网络体系为促进我国城市矿业的初期建设提供了必要条件，而如何实现该产业的高值化、精细化、绿色化升级则是其后续长远发展的关键所在，这点得到了国家科技领域的广泛关注。2006年，《国家中长期科学和技术发展规划纲要（2006—2020年）》明确将"综合治污和废弃物循环利用"作为优先主题；2009年，我国成立了资源循环利用产业技术创新战略联盟，先后组织政府、企业和专家参与，为主要再生资源领域制定了"十二五"发展路线图，推动了我国城市矿业技术创新和进步；2012 年，科学技术部牵头发布了国家《废物资源化科技工程"十二五"专项规划》，全面分析了我国"十二五"时期废物资源化科技需求和发展目标，部署了其重点任务；2014 年，国家发展和改革委员会同科学技术部等六部委联合下发了《重要资源循环利用工程（技术推广及装备产业化）实施方案》，要求到 2017 年，基本形成适应资源循环利用产业发展的技术研发、推广和装备产业化能力，掌握一批具有主导地位的关键核心技术，初步形成主要资源循环利用装备的成套化生产能力。

在此引导下，科学技术部启动了一系列国家 863 及科技支撑计划项目，促进该领域高新技术的研发和装备的产业化运行，如启动《废旧稀土及贵重金属产品再生利用技术及示范》国家 863 项目研究。该项目国拨资金 4992 万元，总投资近 1.6 亿元，开展废旧稀土及稀贵金属产品再生利用关键技术及装备研发，重点突破废旧稀土永磁材料、稀土发光材料等回收利用关键技术及装备。教育部则批准北京工业大学等数所高校建设"资源循环科学与工程"战略性新兴产业专业和"资源环境与循环经济"等交叉学科，逐步构建"学士—硕士—博士"多层次交叉性、复合型创新人才培养体系。

放眼全球，发达国家开发利用城市矿产的理念已趋于成熟，涵盖了废旧钢铁及有色金属材料、废旧高分子材料、废旧电子电器产品、报废汽车、包装废弃物、建筑废弃物等诸多领域，且在实践层面也取得了颇丰的成绩。例如，日本通过循环型社会建设和城市矿产开发，其多种稀贵金属储量已列全球首位，由一个世界公认的原生资源贫国成为一个二次资源的富国，在 21 世纪初，其国内黄金和银的可回收量已跃居世界首位。总结发达国家城市矿业取得如此成绩的经验：民众参与是促进城市矿业的重要依托，发达国家大多数公众已自发形成了环境意识，对于任何减少或回收废弃物的措施均积极配合，逐渐成为推动城市矿业发展的中坚力量；法律法规体系是引导城市矿业的先决条件，许多发达国家已处于循环经济的法制化、社会化应用阶段，通过法律规范推动循环经济的发展和循环型社会的建设；政策标准是保障城市矿业的重要条件，发达国家十分注重政策措施的操作性，通过制定相关的行业准入标准，坚决遏制不达标企业进入城市矿业；市场机制是激发城市矿业的内生动力，充分利用市场在资源配置中的决定性地位，通过基金或财税等市场激励政策促进城市矿业形成完备的回收利用网络体系；创新科技是提升城市矿业的核心支撑，通过技术创新促进城市矿产开发利用向高值化、精细化、绿色化方向发展。

由此可见，我国城市矿业的发展虽然已取得了长足的进展，但与国外发达国家相比，仍存在较大差距。例如，公众的生态观念和循环意识仍然薄弱，致使一部分城市矿产以未分类的形式进行填埋或焚烧处理，丧失了其循环利用的价值；法规政策具体细化程度明显不足，缺乏系统性、配套性和可操作性的回收利用细则与各级利益相关者的责任划分，致使执行过程中各级管理部门难以形成政策合力；资源回收利用网络体系建设尚不完善，原城乡供销社系统遗留的回收渠道、回收企业布局的回收站点、小商贩走街串户等多类型、多层级回收方式长期并存，致使正规拆解企业原料成本偏高，原料供应严重匮乏；产业发展规模以及发展质量仍然不足，企业整体资源循环利用效率较低，导致了严重的二次浪费与二次污染，部分再生资源纯度不足，仅能作为次级产品利用，经济效益大打折扣；产业科技水平及研发实力仍需加强，多数城市矿产综合利用企业尚缺乏拥有自主知识产权的核心技术与装备，致使低消耗、低排放、高科技含量、高附加值、高端领域应用的再生产品开发严重不足；统计评价以及标准监管体系仍需健全，缺乏集分类、收运、拆解、处置为一体的整套城市矿业生产技术规范，致使技术装备的通用性不强，无法适应标准化发展的要求。

上述问题的解决是一个复杂系统工程，需要通过各领域的协同科技创新予以支撑。与提高产品性能和生产效率为目标的"正向"科技创新相比，以开发利用城市矿产为主导的"逆向"科技创新属于新兴领域，仍有较大研究空间。第一，城市矿业发展所需的技术装备和管理模式虽与"正向"科研有着千丝万缕的联系，部分工艺和经验也可以借鉴使用，但大部分城市矿产开发利用的"逆向"共性技术绝非简单改变传统技术工艺和管理模式的流程顺序就可以实现，它甚至需要整个科研领域思维模式与研究方式的根本性变革。第二，技术装备归根到底仍是原料与产品的转化器，只有与原料相适配才能充分发挥技术装备的优势以提高生产效率。由于发达国家与发展中国家在城市矿产来源渠道及分类程度存在巨大的差异，我国引进发达国家的技术装备仍需耗费大量资金进行改造以适应我国国情。因此，针对城市矿产开发利用的关键共性技术进行产学研用的联合攻关，研发具有一定柔性、适用性较强、资源利用效率显著的技术、装备、工艺和管理模式成为壮大我国城市矿业的有力抓手。第三，与传统产业需求的单学科创新不同，城市矿业发展涉及多个学科的交叉领域，面向该产业的多维发展需求，亟须从哲学、生态学、经济学、管理学、理工学等相关学科知识交叉融合方面寻求城市矿业创新发展的动力源泉。

　　为了满足国家综合开发利用城市矿产的发展需求，亟须全面理清国内外重点领域支撑城市矿业发展的技术现状，根据多学科交叉的特点准确规划我国城市矿业的发展目标、发展模式及发展路径。为此，"十二五"期间由李恒德院士和师昌绪院士参与指导，由左铁镛院士全面负责主持了中国工程院重大咨询项目《我国城市矿产综合开发应用战略研究》，着眼于废旧有色金属材料、废旧高分子材料、废旧电子电器产品、报废汽车、包装废弃物、建筑废弃物六类典型的城市矿产资源，从其中的关键共性技术入手分析了我国城市矿产综合开发应用的总体发展战略，并多次组织行业专家等对相关成果进行系统论证，充分吸收了各方意见。现将研究成果整理成系列丛书供各方参阅。丛书的作者均是长期从事城市矿产研究的科研人员和行业专家，既有技术研发和管理模式创新的实力和背景，又有产业化实践的经验，能从理论与实践两个层面较好地阐明我国各类城市矿产开发利用的关键技术装备现状及其存在问题。相信他们的辛勤成果可以为我国城市矿业的发展提供一些经验借鉴和技术探索，最终为构建有中国特色的城市矿产开发利用的理论和技术支撑体系做出贡献！

　　丛书不足之处，敬请批评指正。

左铁镛　聂祚仁

2016 年 3 月

前　言

废弃有色金属材料种类繁多，包括各种废弃零件、废易拉罐、废催化剂、废旧电极等。按照金属种类来说，循环利用最多的是铜、铝、铅、锌等，而我国稀缺的钴、镍等金属因为消耗量相对较大、废弃周期短，其循环利用更具迫切性。废弃有色金属再生技术是当前资源循环利用的一个热点研究领域，是循环经济和可持续发展的一个重要支撑。习近平主席曾说过：变废为宝、循环利用是朝阳产业。垃圾是放错位置的资源，把垃圾资源化，化腐朽为神奇，既是科学，也是艺术。可见，进行废弃有色金属循环再利用将有利于我国的生态文明建设，有利于形成节约能源资源和保护生态环境的产业结构、增长方式、消费模式。因此，本书以几种典型金属为代表，介绍国内外废弃有色金属材料循环再生的总体情况，展示相关技术的发展现状及趋势。

作者团队研究废弃有色金属循环材料再造近 20 年，对资源循环材料技术形成了长期积累。本书的编撰，参阅了大量专著和文献，融合了我们的相关研究成果，对不同有色金属，特别是钨和钴的再生情况进行汇总及分析，总结了典型废弃有色金属循环再生的关键技术，希望本书的编撰能让读者对废弃有色金属再生领域有较为全面直观的了解，能给相关领域的专业技术人员、其他从业人员提供参考。

本书根据左铁镛院士的直接指导和组织策划而实施完成，得到了他负责的中国工程院重大咨询项目"我国'城市矿山'综合开发应用战略研究"资助，在此表示感谢。此外，感谢马立文、周治理、韩新罡、李小康、张力文、司冠豪、肖向军、赵林艳等研究团队成员的支持和帮助，感谢所有参考文献的作者。由于编者水平有限，虽经多次修改，书中难免出现疏漏与错误，敬请广大读者批评指正。

作　者

2016 年 9 月

目　　录

第1章 绪 论

1.1 资源与需求

1.1.1 有色金属需求旺盛

有色金属产品种类多、应用领域广，在经济建设、国防建设、社会发展等方面发挥着重要的作用。有色金属总计60多种，地壳中含量最高的铝、镁均为有色金属，其他有色金属还包括钛、铜、铅、锌、锑、锡、镍、钨、钼等以及稀土元素。有色金属材料涉及结构材料、功能材料、环境保护材料和生物医用材料等，其应用几乎涉及国民经济和国防建设的所有领域。大力发展有色金属材料产业，加速有色金属新材料的研究和开发，对促进国民经济的可持续发展具有极其重要的战略意义。

据中国有色金属工业协会统计，2010年我国有色金属工业完成增加值按可比价格计算比上年增长12.7%，"十一五"期间年均增长16.2%，占GDP比例由1.19%增加到1.99%。2010年我国铜、铝、铅、锌、镍、锡、锑、汞、镁、海绵钛等十种有色金属产量为3135万t，比上年增长20.4%。其中，精炼铜产量为457.3万t、原铝产量1619.4万t、铅产量为419.9万t、锌产量为516.4万t、镍产量为17.13万t、锡产量为14.94万t，分别比上年增长11.3%、26.1%、13.3%、18.5%、4.0%和11.1%。"十一五"期间，我国十种有色金属产量年均增长13.8%，其中精炼铜、原铝、铅、锌分别增长12.0%、15.7%、11.9%和13.2%。

2010年，我国规模以上企业生产的铜、铅、锌、镍、锡、锑六种精矿金属总量达到698.5万t，同比增长23.3%，其中，铜精矿金属含量115.6万t，同比增长20.2%；铅精矿金属含量185.1万t，同比增长36.1%；锌精矿金属含量

— 1 —

367 万 t，同比增长 19.7%。同年我国规模以上企业钨精矿折合量 11.5 万 t，同比增长 16.1%；钼精矿折合量 20.8 万 t，同比增长 0.1%。2010 年，国内氧化铝产量 2895.5 万 t，同比增长 21.7%。铜材产量为 1009.3 万 t，同比增长 13.6%；铝材产量为 2026.0 万 t，同比增长 23.8%。"十一五"期间，我国氧化铝产量年均增长 27.7%，铜材产量和铝材产量的年均增长量分别为 15% 和 24.6%（赵武壮，2011）。

2011 年上半年十种有色金属产量达到 1655.3 万 t，比上年同期增长 7.27%，但与"十一五"期间年均增幅 13.8% 相比，出现明显回落。其中，精炼铜 251.9 万 t、原铝 868.6 万 t、铅 219.7 万 t、锌 252.9 万 t，分别比上年同期增长 11.54%、4.40%、23.50% 和 2.14%。上半年规模以上企业生产六种精矿金属含量 355.6 万 t，同比增长 11.74%。其中，铜精矿金属含量 59.1 万 t，同比增长 11.00%；铅精矿金属含量 110.1 万 t，同比增长 23.11%；锌精矿金属含量 180.1 万 t，同比增长 7.00%；氧化铝产量 1736.7 万 t，比上年同期增长 18.03%；铜材产量为 477.6 万 t，同比增长 17.87%；铝材产量为 1113.8 万 t，同比增长 26.7%（戴明阳，2011）。

2012 年，我国十种有色金属产量为 3691 万 t，同比增长 9.3%。其中，精炼铜、原铝、铅、锌产量分别为 606 万 t、1988 万 t、465 万 t、485 万 t，同比增长分别为 10.8%、13.2%、9.3%、-5.6%，随着新疆等西部地区产能的逐步释放，原铝依然是有色金属品种中增长最快的品种。加工材方面，铜材和铝材产量分别为 1168 万 t 和 3074 万 t，同比增长分别为 11% 和 15.9%。铜、铅、锌、镍、锡、锑六种精矿金属含量 968 万 t，同比增长 17.4%，与 2011 年增幅大体持平（定律，2013）。

数据显示，2002 年，中国对十种主要有色金属的消费总量为 1024 万 t。2010 年，铜、铝、铅、锌金属产品的年消费量分别增加 150 万 t、600 万 t、70 万 t、80 万 t。"十二五"期间，我国对有色金属等原材料的需求继续攀升，2012 年，这一数据达到了 4088 万 t（王小旎，2013）。未来几年，中国对有色金属的需求还将保持一定的增长，其中一个重要的支撑因素就是城镇化，城镇化的不断推进将带动一些基础建设的投资及房地产产业，进而带动市场对原材料包括有色金属的需求。同时，生产工艺的升级换代、城市服务设施的改造、新农村建设步伐加快、汽车等多种家用电器等使用年限到期，以及手机等电子产品的更新周期缩短，等等因素叠加，使得我国有色金属需求量逐年上升，据预测，到 2020 年，我国矿产资源的需求量分别为：铜 650 万 t，铝 1440 万 t，铅 260 万 t，锌 500 万 t，十种有色金属总量为 3000 万 t（谭军，2007）。

工业和信息化部印发《有色金属工业"十二五"发展规划》（以下简称《规划》），提出有色金属产业至 2015 年工业增加值年均增长 10% 的发展目标，铜、铝、铅、锌、锡等十种有色金属 2015 年产量达 4600 万 t，比 2010 年增长约 47.39%。《规划》还表示，通过境外、国内资源勘探开发，到 2015 年，新增铜精矿、铅锌精矿生产能力分别达到 130 万 t/a 和 230 万 t/a，新增镍产能达 6 万 t/a，虽然与"十一五"相比，增速将明显放缓，"十二五"期间有色金属需求仍然保持一定增长。

从中国地质调查局官网获知，据中国有色金属工业协会最新初步统计，2015 年我国铜、铝、铅、锌、镍、镁、钛、锡、锑、汞十种有色金属总产量达 5090 万 t，同比增长 5.8%，保持平稳增长，实现《规划》发展目标。在 2015 年我国十种有色金属产量中，精炼铜、电解铝、锌产量分别为 796 万 t、3141 万 t、615 万 t，同比分别增长 4.8%、8.4%、4.9%（丁全利，2016）。虽然我国经济发展进入新常态以来，有色矿业经济下行压力加大，但随着京津冀协同发展、长江经济带建设等国家战略的实施，有色金属工业将获得新的发展空间。

1.1.2　原生矿产资源供给有限

根据《2011 中国矿产资源报告》，"十一五"期间，我国主要有色金属矿产查明资源储量继续保持较快增长。2006～2010 年，铜矿由 7048 万 t 增至 8041 万 t，增长 14.1%；铝土矿由 27.8 亿 t 增至 37.5 亿 t，增长 34.9%；铅矿由 4141 万 t 增至 5509 万 t，增长 33.0%；锌矿由 9711 万 t 增至 11 596 万 t，增长 19.4%；镍矿由 801 万 t 增至 938 万 t，增长 17.1%；金矿由 4997t 增至 6865t，增长 37.4%；银矿由 14.4 万 t 增至 17.2 万 t，增长 19.4%；钨矿由 558 万 t 增至 591 万 t，增长 5.9%；钼矿由 1094 万 t 增至 1402 万 t，增长 28.2%；锑矿由 225 万 t 增至 255 万 t，增长 13.3%。

2015 年，我国 16 种主要固体矿产除钾盐外均有勘查新增大中型矿产地和新增查明资源储量[①]。与 2014 年相比，铝土矿、钨矿、锡矿、金矿、银矿和磷矿等

---

① "十一五"主要有色金属矿产资源储量保持较快增长. 中国粉体工业，2011，(6)：44.

6 个矿种 2015 年新增查明资源储量有不同程度的增长，其中钨矿、锡矿、金矿和磷矿增长幅度超过 50%。新增查明资源储量分别为铝土矿 1.9 亿 t，钨矿 251 万 t，锡矿 5.2 万 t，金矿 1307t，银矿 1.6 万 t，磷矿 15.8 亿 t。煤炭、铁矿、铜矿、铅矿、锌矿、钼矿、锑矿、硫铁矿和钾盐等 9 个矿种有所下降，其中铁矿、铜矿、钼矿、钾盐下降幅度均超过 50%。新增查明资源储量分别为煤炭 375 亿 t，铁矿 11.9 亿 t，铜矿 227 万 t，铅矿 428 万 t，锌矿 564 万 t，钼矿 95.9 万 t，锑矿 15.5 万 t，硫铁矿 1.4 亿 t，钾盐无新增查明资源储量。与"十一五"相比，除煤炭、铁、钾盐 3 个矿种外，绝大部分矿种累计勘查新增查明资源储量均有不同程度的增长，其中钨矿、钼矿、锑矿、金矿、银矿、磷矿增长超过 50%[1]。新增大中型矿产地。2015 年，16 个矿种勘查新增大中型矿产地共 146 处，其中，大型矿产地 51 处，中型矿产地 95 处。新增大中型矿产地较多的矿种主要为煤炭 56 处，金矿 28 处，铁矿 14 处，锌矿和银矿各 13 处，铅矿 10 处，主要分布在山西、内蒙古、山东、河南、贵州、甘肃、新疆和云南等地区。"十二五"期间，我国 16 种主要矿产勘查新增大中型矿产地共计 736 处，各年度数量变化不大，基本保持稳定，其中 2015 年 146 处，2014 年 139 处，2013 年 165 处，2012 年 154 处，2011 年 132 处（罗娜，2016）。

有色金属资源储量的增加，为我国有色金属产业的平稳发展提供了有力支撑，然而，按目前消耗计，未来我国矿产资源供需缺口将持续扩大。与此同时，我国矿产资源开发利用率低，资源紧张加剧。目前采选回收率仅为 60%，比发达国家低 10~20 个百分点，共伴生金属综合利用率只有 30%~50%，仅为发达国家的一半。

就国内有色金属矿产资源而言，需求与供给矛盾尖锐程度集中体现在供应生产铜、铝、铅、锌金属的矿产品自给率逐年下降。据中国再生资源回收利用协会统计，1993~2002 年期间，上述四种金属年产量分别增长 121.8%、259.6%、221.6%、151.5%，同期内矿产品的自给率分别由原来大约只有 50%、76%、86%、96% 下降到 37%、66%、47%、75%。2010 年，生产铜、铝、铅、锌金属的矿产品自给率分别只有 10%、16%、42%~61%、60%，而在将新投产矿山能力考虑在内的情况下，铜、铝、铅、锌金属产品的供给率分别为 15%~17%、50%、43.2%、61.5%，与消费量的增加相差悬殊。原生资源自给不足的缺口部

---

[1] 我国有色金属矿产资源供需缺口将持续扩大. 现代焊接, 2007, (7): 34.

分只能通过进口和大力回收利用再生金属来弥补。

在消费持续看好的情况下，比较这两种途径的成本和安全程度，显然优势在于回收利用再生金属方面。在原生矿产资源不能再生的情况下，大力发展再生金属产业将成为弥补我国矿产资源供需缺口的重要途径。所有有色金属均具有可再生的固有特性，因此在有色金属产量增长、消费量增加的同时，再生有色金属资源量也在增长（再生有色金属资源与有色金属几乎保持同等数量的增长）。正是由于有色金属具有如此特性，多数经济发达国家无论原生金属资源储量丰富贫乏与否，当工业化发展到一定程度之后，几乎无一例外地都将再生有色金属作为产业发展的第二资源（刘兴利，2008）。

1.1.3　废弃金属回收利用成为世界趋势

美国地质调查局（USGS）在其 2003 年的矿产年鉴中，列出了 23 种可循环利用的金属，并称其为循环金属（recycling metal），包括铁和钢、锰、铬、钒、钛、钴、镍、钨、锡、钼、汞、镁、金、银、铂族、铍、铌、钽、锆、硒、镉、镓、铟等。工业发达国家再生金属产业规模大，再生金属循环使用比率高。

根据 2005 年的世界金属统计年鉴（World Metal Statistics）分析得知：美国十分重视废旧钢材的循环使用，几乎所有丢弃的汽车全部被再循环使用，家用电器中钢的再循环率达 77%，而建筑工业再循环使用的钢条和钢板达到 95%。其他工业发达国家如英国、德国、日本、俄罗斯等生产使用的废钢只有 40% 以上。

在再生铝方面，欧洲一些国家如挪威和瑞典的废铝罐回收率特别高，达到 95%，北美废铝罐回收率在 50% 左右。据国际铝业协会估计，截至 2004 年，全球铝回收总量约为 1200 万 t/a。目前发达国家已形成完善的废杂铝收集、管理、分拣系统，并在生产中不断推出新的技术创新举措，使低品位废杂铝工艺得到升级。

在再生铜方面，许多国家对铜的需求在很大程度上依靠再生铜来满足，美国铜消费量居世界首位，其再生铜产量占本国精炼铜产量和消费量的 88% 和 48%。日本国内铜资源缺乏，其再生铜产量约占其本国精炼铜产量和消费量的 92% 和 99%，其他如德国、意大利、奥地利、比利时均占有很大比例。德国精炼公司（NA）胡藤维克凯撒工厂（HK）是目前世界上最大、最先进的废杂铜精炼厂。

在再生铅方面，许多国家再生铅的产量已超过了原生铅产量，2004 年以来，美国、德国、日本、意大利、法国的再生铅产量均占本国精炼铅产量和消费量的50%以上。全世界再生铅产量占精炼铅产量和消费量平均在45%以上。

在再生锌方面，从世界范围来看，再生锌工业已成为整个锌工业的重要组成部分。据美国锌贸易公司估计，目前全世界每年消费的锌中（包括锌金属和化合物）原生锌占70%，再生锌占30%。再生锌占美国精炼锌可供量（矿山产量+再生金属产量+纯进口量+储备量）约25%。据国际锌协会估计，至2004年西方世界每年消费的锌锭、氧化锌、锌粉和锌尘总计在650万t以上，其中200万t来自锌废料。目前全世界有129家锌精炼厂，其中原生锌厂79家，再生锌厂50家，美国有12所大、中型再生锌冶炼厂（戴自希，2005）。

在再生钨方面，根据美国地质调查局统计，2013年，美国再生钨消耗占总钨表观消费量达到约50%。钨在各个生产领域中的用量是不同的。例如，在高速钢生产中，再生钨的用量可以达到必需数量的40%～50%，个别设备的耐磨零件可以完全由再生钨制成。在碳化钨生产中，二次原料的利用率平均为20%～30%。美国在生产碳化钨制品时，利用66%原生钨和34%再生钨，其中10%为钨粉，24%为由硬质合金废料制成的再生原料。据估计，美国再生钨的总生产能力为1800～2500t/a，日本为50t/a。以下公司的工厂拥有最大的钨废料处理能力：美国汉特斯维尔的特利戴恩·华昌公司，生产能力1000t/a；西德哥斯纳尔的德国茨·斯塔尔克公司，生产能力1000t/a以上；比利时格罗·比埃尔的哥尔德斯特利姆公司，以及美国金顿·伏尔斯的冶金工业公司生产能力也在1000t/a以上（Никигина和金玉，1991）。

在再生钼方面，20世纪50年代，国外就开始了废弃钼金属的回收利用（如废钼旧金属的回炉重熔等）。到了20世纪80年代，出现了专业化的再生钼金属工业。美国虽然是钼储藏量最大的国家，但其对钼的合理回收利用非常重视。在美国由金属钼或超级合金中间回收再生钼量虽小，但从合金钢回收钼量较大，而且从新旧钼材料中回收利用钼量估计为钼供应量的30%（Никигина和金玉，1991）。

在再生钴方面，根据国际钴业协会（CDI）的统计，1995～2011年，全世界钴的产量中有18%～20%的量来自再生钴。近年来，随着铜镍矿副产钴逐步提高以及钴价走低，回收钴在全球供应占比有所下降。CDI会员精炼钴产量集中分布在嘉能可集团、亚洲自由港钴业有限公司和比利时优美科公司，非CDI会员精炼钴产量主要集中在中国。

我国有色金属行业总体发展目前还处于国际产业链分工的低端水平，抵御市场风险能力不足，全球资源配置能力尚未形成，大多数企业实际上仅是有色金属某一环节的生产者。目前，再生有色金属回收产业中存在的主要问题是：集中度低，整个产业处于小、乱、散的状态；产业技术装备水平不高，金属回收率偏低；过分依赖进口废金属资源，增加了我国废金属进口的成本。"十二五"时期，我国政府经济工作把转变发展方式、调整产业结构摆在更加突出的位置。当前和今后一段时间，我国将继续推进《有色金属产业调整和振兴规划》，努力转变发展方式。推进产业结构调整的重点是：严格控制总量规模，加快淘汰落后产能；加强技术改造，推动技术进步；促进企业重组，调整产业布局；发展循环经济，搞好再生利用等，目标是增强国际竞争力和可持续发展能力。

在资源形势日趋严峻的情况下，各国都在努力地开发利用废旧有色金属资源。大力发展有色金属回收利用及其关键技术、转变有色金属产业经济增长方式，是顺应世界潮流、加强我国有色金属资源管理的必然之举，对于发展循环经济、促进企业竞争力、提高经济效益、实现资源优化配置和可持续发展、提升我国综合国力具有十分重要的意义。

1.2　再生与可持续发展

当前我国面临众多领域生产工艺的升级换代，设备大量更新，相当批量的技术装备有效使用年限期满；城市服务设施改造、民用建筑在拆迁中新建；新农村建设步伐加快；汽车、多种家用电器等使用年限到期，更新换旧；手机等通信工具用量猛增，更新周期缩短，等等。各种因素叠加，促进有色金属消费数量逐年攀升，增长幅度超过同期经济增长速度，考虑到原生金属消费增长的同时，再生有色金属资源在不断增加，大力倡导回收利用再生金属资源，有利于缓解资源危机，有利于促进节能减排，有利于加快经济发展。

1.2.1　发展再生金属产业有利于保护资源

随着我国经济的持续发展，资源和环境的约束越发突出，大力推进再生有色金属产业的发展已成共识。从我国国情出发将有色金属资源战略确定为：以开发原生金属资源为主，回收利用再生金属为辅，才能够有效保护现有的原生矿产资源。没有原生金属的开采使用，也就没有再生金属资源的储存。但是必须充分认识到解决市场需求不断增加与矿产资源储量有限而又不可再生之间的矛盾，只有依赖再生有色金属的大量回收和循环利用，才能够尽可能缓解资源短缺。

进入21世纪以来，我国再生有色金属产业进入了发展最快、成效最显著的时期，已成为全球再生有色金属生产和消费大国。再生有色金属产业已成为我国有色金属工业的重要组成部分，是有色金属基础原材料的重要来源（王恭敏，2011）。中国有色金属工业协会再生金属分会数据显示，2014年中国再生有色金属产业主要品种（铜、铝、铅、锌）总产量约为1153万t，同比增长7.5%，其中再生铜产量约295万t，同比增长7.3%；再生铝产量约565万t（实物量），同比增长8.7%；再生铅产量约160万t，同比增长6.7%；再生锌产量133万t，同比增长3.9%（张化冰，2015）。

2014年，我国钨产量为7.2万t，进口量为4500t，出口量为2.1万t，实际需求量为3.4万t，市场供应过剩2.1万t。2014年，我国钼产量为8.35万t，进口量为8900t，出口量为14800t，实际需求量为7.5万t，市场供应过剩2585t，供需基本平衡（徐爱华，2015）。2012年，中国钴供应量为3.74万t，其中原生钴产量为3.12万t，进口金属钴2359t，进口钴盐825t，回收钴3100t。2014年，全国废料回收钴的金属量在5000t左右。

我国近年已建成一批年产5万t以上的再生有色金属企业，其中最大的再生铝企业产能达到65万t，再生铜企业产能超过40万t，再生铅企业产能超过20万t。珠江三角洲、长江三角洲、环渤海经济圈和成渝经济区等逐步形成再生有色金属产业集群，一批进口再生资源加工园区和国内回收交易市场，规模化再生有色金属利用工程正在建设。此外，一些原生有色金属冶炼企业进入再生有色金属领域，在有条件的地区建设了规模示范工程。据中国有色金属工业协会再生金属分会不完全统计，全国有300多家再生铅企业，2009年平均产能4100t；年超过10万t的再生铜企业有2家，多数企业年产量低于3万t；大型再生铝企业年产量达到几十万吨，小企业年产量几百吨（戴志雄，2012）。这些企业在广泛回收、循环利用废弃金属的同时，实际上减小了社会对原生矿产资源的依赖，缓解了资源危机。

1.2.2　发展再生金属产业有利于环保节能

世界有色金属工业集中度不断提高，跨国矿业公司的规模不断壮大，而我国有色金属产业中却存在着大量的规模以下企业，这些企业不但规模小，而且经济增长方式粗放，技术水平参差不齐，落后生产技术仍占有很大比例。有色金属产业作为传统高耗能行业，节能减排任务艰巨，面临的节能环保压力日益加大。在这一现实背景之下，大力发展再生有色金属产业在解决资源短缺同时，可以极大地节约能源、减少排放、改善环境（叶海燕，2011）。

据中国有色金属工业协会再生金属分会测算，与原生有色金属生产相比，生产每吨再生铜、再生铝、再生铅分别相当于节能 1054kg、3443kg、659kg 标准煤，节水 395m³、22m³、235m³，减少固体废物排放 380t、20t、128t，生产每吨再生铜、再生铅分别相当于减少排放二氧化硫 0.137t、0.03t。若按照全行业节能环保规范化生产的理论值测算，2010 年我国再生有色金属产业相当于节能 1719 万 t 标准煤，节水 13.5 亿 m³，减少固废排放 11.6 亿 t，减少排放二氧化硫 37 万 t，产业的节能环保优势突出。2011 年 1 月 24 日，国家工业和信息化部、科学技术部和财政部联合发布了《再生有色金属产业发展推进计划》，其目的就是要真正引导再生有色金属产业的发展，使之真正成为节能环保优势产业，以期在 2015 年产量达到 1200 万 t 时，与生产等量的原生金属相比年节能 2500 万 t 标准煤，节水 20 亿 m³，减少固废排放 17.5 亿 t，减少二氧化硫排放 56.6 万 t。要完成上述目标，企业必须依照国家的要求自觉节能减排，通过工艺、技术和装备的改进，淘汰落后产能，提高我国再生有色金属产业的主要技术指标。例如，使再生铜熔炼（杂铜-阴极铜）能耗低于 290kg 标准煤/t，再生铜熔炼金属回收率达到 96% 以上；再生铝熔炼能耗低于 140kg 标准煤/t，再生铝熔炼回收率达到 95% 以上；再生铅熔炼能耗低于 130kg 标准煤/t，废铅渣 100% 无害化处理，再生铅熔炼金属回收率达到 95% 以上（戴志雄，2011）。充分利用废弃有色金属是有色金属工业实现节能减排目标的重要途径。再生有色金属产业的发展对促进我国有色金属工业节能减排意义重大。

1.2.3　发展再生金属产业有利于发展经济

"十二五"期间，我国仍将处于工业化和城镇化加快发展的阶段，面临的资源和环境形势将更加严峻。开展资源综合利用，推动循环经济发展，不仅是我国转变经济发展方式，走新型工业化道路，建设资源节约型、环境友好型社会的重要措施，也是促进我国经济建设健康发展的重要手段。

发展再生金属产业，还有利于解决我国人口就业，稳定社会环境。我国国内回收和国外进口金属废料，已经由社会、企业形成了一个巨大网络。在我国，回收、分类拆解、冶炼、加工利用企业众多，都属劳动密集型产业。根据中国有色金属工业协会再生金属分会对再生金属回收、进口、分类、拆解、冶炼、加工利用的单位产品劳动力消耗调研推算，我国再生金属行业吸纳 150 多万人就业，成为促进就业、改善民生、稳定社会的重要领域。此外，再生金属行业促进金属废料进口，促进了外汇的合理使用。我国近年有色金属主要品种进出口折合成金属量，都是净进口，形成大量逆差。中国有色金属工业协会再生金属分会统计，2009 年铜产品贸易逆差 341 亿美元，其中废铜逆差 61 亿美元；铝产品贸易逆差49 亿美元，其中废铝逆差 28 亿美元；铅贸易逆差 19 亿美元，废铅没有进口贸易；锌的贸易逆差 31 亿美元，其中废锌逆差 0.4 亿美元。四大有色金属品种总贸易约逆差 440 亿美元，其中铜、铝、锌废料逆差约达 90 亿美元，这对进一步缓解我国外汇储备风险发挥了积极作用（王恭敏，2010）。

第 2 章　废铜再生技术

2.1　铜的存量与需求

铜是人类古代就已经知道并熟悉的金属之一。随着生产的发展和社会的进步，人类对铜金属需求量迅速增加，而铜元素的储备是有限的。据美国地质调查局资料显示，1996~2008 年世界铜资源储量及基础储量均约增长了 50%，静态供应保障能力进一步提升至 35 年（图 2-1）。2008 年，世界铜资源储量 55 000 万 t、基础储量 100 000 万 t，分别比上年增长 12.2% 及 6.4%。

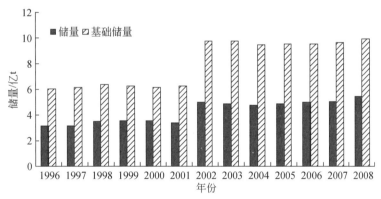

图 2-1　1996~2008 年世界铜资源情况图

数据来源：2009 年美国地质调查局统计资料

在我国，江西是铜矿资源储量最多的地区（表 2-1）。江西具有全国最大的德兴铜矿基地，该地区拥有的江西铜业是中国最大的铜生产商和供应商，居全球十大铜生产商之列。江西的铜矿资源是我国铜资源供应的重要基地，拥有不可替代的地位。储量分布排名第二位的地区是云南。云南是全国铜矿资源蕴藏最丰富的地区，其省内的云铜公司铜的生产能力居全国第三，在铜冶炼和铜加工行业中扮演着重要角色。西藏也是铜资源储量丰富的地区。随着近年来的勘查开发，不断有新的铜矿资源被发现。据西藏玉龙铜业批露：最近开发的铜矿资源储量居中国第一、亚洲第二的西藏昌都玉龙特大型铜矿，一期工程项目目前已开工建设，工程建成后电解铜年产量将达到 3 万 t。安徽、湖北是两个铜资源储量分布情况相类似的地区，相比其他地区来说，储量较为丰富，另外甘肃、黑龙江、山西、四川和内蒙古是同一类地区，储量分布一般。剩下的地区，浙江、广西等都是铜资源比较贫乏的地区。人类对铜的开采历史已有 4000 年以上，铜的累积消耗量估计在 3.15 亿 t 以上（该数大致与目前世界陆地铜的探明总储量相当），其中大部分铜仍在流通（循环）中。

表 2-1　2004 年中国铜资源储量分布表

序号	地区	矿区数/个	储量/万 t	基础储量/万 t	资源量/万 t	查明资源量/万 t
1	北京	8	—	—	6.79	6.79
2	河北	26	1	16.46	20.98	34.44
3	山西	16	118.04	157.1	132.76	289.86
4	内蒙古	64	71.82	98.72	254.75	353.47
5	辽宁	20	13.34	14.87	6.61	21.48
6	吉林	52	11.09	16.4	15.35	31.75
7	黑龙江	20	88.77	120.73	254.81	375.54
8	上海	1	—	—	12.19	12.19
9	江苏	20	4.92	6.92	16.95	33.87
10	浙江	32	7.6	12.19	15.7	27.89
11	安徽	77	190.04	258.1	81.05	339.15
12	福建	32	81.83	97.56	37.44	135
13	江西	49	437.81	804.33	524.91	1349.24
14	山东	52	19.28	30.82	58.52	89.34
15	河南	25	8.28	10.46	10.58	21.04
16	湖北	85	109.61	222.63	37.79	260.42
17	湖南	49	20.92	39.54	32.22	71.76
18	广东	31	31.73	67.18	82.03	149.21
19	广西	30	8.51	15.26	30.42	45.68
20	海南	4	1.31	1.78	1.62	3.4
21	四川	55	72.88	87.07	123.68	215.59
22	贵州	13	0.25	0.36	7.59	7.95
23	云南	159	117.47	262.37	621.14	883.41
24	西藏	6	47.29	220.49	814.31	1034.8
25	陕西	21	6.15	16.6	39.85	56.45

序号	地区	矿区数/个	储量/万 t	基础储量/万 t	资源量/万 t	查明资源量/万 t
26	甘肃	47	163.68	198.01	177.58	375.59
27	青海	22	40.35	50.37	150.7	201.07
28	宁夏	2	—	—	0.6	0.6
29	新疆	34	54.72	83.57	146.19	228.98

数据来源：2004 年全国矿产资源储量通报附件

随着社会的发展，人类对铜金属的消费量呈逐年增加的趋势。2008 年，世界铜消费量达 1810.76 万 t，较上年增长 6.7%；2010 年，世界铜消费量达 1851.6 万 t（表 2-2），较上年增长 9.8%。由于 2008 年世界矿山铜产量与上年基本持平，而精炼铜生产与消费又在扩张，进而导致世界铜精矿库存减少。从区域上看，世界铜消费最多的是亚洲，它不仅消费量最多，而且呈逐年增长态势，2008 年消费量达 999 万 t，较上年增长 2.8%；其次是欧洲与美洲，但是它们的消费量都比较均衡，基本都在一定范围内浮动，如欧洲的消费量主要在 450 万 ~ 500 万 t 范围内波动。另外，从国别上看，世界铜消费主要集中在中国、美国、日本、德国、韩国、意大利及俄罗斯等国家或地区，其中特别是中国、美国、日本及德国，这四个国家的铜消费量不仅长期高于 100 万 t，而且占世界消费的比例基本稳定在 50%。

表 2-2　2006 ~ 2010 年世界精炼铜消费情况　　（单位：万 t）

国家/地区	2006 年	2007 年	2008 年	2009 年	2010 年
德国	139.76	139.18	139.81	113.77	131.22
意大利	80.05	76.36	63.47	52.32	61.88
俄罗斯	69.33	68.78	71.74	46.21	42.05
法国	46.05	36.5	37.91	21.48	19.35
南非	8.3	8.28	8.83	9.12	6.73
中国	361.38	486.34	514.89	575	680
日本	128.23	125.19	118.44	87.54	106.03
韩国	82.79	85.56	81.51	93.61	85.01
中国台湾	64.25	60.3	58.23	49.36	53.24
印度	40.67	51.61	51.54	55.75	43.03
美国	209.6	212.3	202	163	176.8
墨西哥	34.8	34.46	31.8	33.7	31.85
巴西	33.91	33.04	38.17	32.42	46.95
澳大利亚	14.37	14.79	15.39	13.05	13.37
世界总计	1697.44	1810.76	1809.44	1686.57	1851.6

数据来源：2007 ~ 2011 年中国有色金属工业年鉴

20 世纪 90 年代以来，在世界铜消费增长中起较大作用的国家主要有两类：一类是北美和欧洲的发达国家，如美国、加拿大、法国、德国、意大利、英国等；另一类是亚洲和南美的发展中国家及地区，如中国、印度、韩国、中国台湾、马来西亚、泰国、菲律宾、印度尼西亚、巴西及智利等。目前，在消费中所占比例两类国家和地区大致各占一半。从今后发展趋势看，第一类国家的铜消费已经基本趋于稳定，在世界铜消费中增长幅度较低，一般在 1% ~3%；第二类国家经济发展潜力大，对铜的消费保持较快增长速度。尤其是中国，近两年铜消费量增长迅猛，即便 2008 年受到世界金融危机的影响，其消费量依然高达514.89 万 t；2010 年，其消费量更上新高，达 680 万 t。

2.2　铜的再生概况

我国废杂铜回收和再生铜的生产起步较早，且与其他有色金属相比，我国铜的再生技术比较成熟，现已成为世界再生铜的主要生产国之一。据《中国有色金属工业年鉴》统计，1986 ~2010 年 5 个五年期间，全国再生铜产量及年均产量逐年攀升，从 89.21 万 t 增至 626.83 万 t（图 2-2）。具体说来，2000 ~2010 年 11年间，再生铜产量从 34.8 万 t 增加到 162 万 t，平均产量 90.93 万 t（图 2-3）；再生铜产量分别占精炼铜产量和消费量比例整体呈上升势头，从 2000 年的25.38% 和 18.05% 上升到 2010 年的 35.68% 和 23.82%，平均值为 31.45% 和21.77%（图 2-4）。2000 年以前，我国再生铜产量占精炼铜产量和消费量的比例低于西方发达国家 20 个百分点，低于世界平均水平 5 ~10 个百分点；在 2000 年后均高于发达国家和世界平均水平。从世界范围看，2000 ~2010 年再生铜产量占精炼铜产量的比例，德国最高，平均 54.38%；中国次之，平均 28.59%；日本第三，平均 14.01%；美国第四，平均 5.23%，世界平均值为 12.80%（图 2-5）。这说明经过近 10 年的开发，相对其他发达国家的平稳发展，我国经济的发展促使再生铜的消费出现增长的趋势，说明我国逐渐开始重视铜的循环利用（徐曙光和曹新元，2006）。

20 世纪 90 年代以来，为解决资源短缺和消费激增的矛盾，我国除了自己生产再生铜以外，还大量进口铜矿原料。1992 年仅为 2.17 万 t，1994 年就达 49.14万 t，2003 年达 80.00 万 t。表 2-3 是近几年我国废杂铜的进口情况。此外，我国目前每年还有 40 万 t 以上的自产废杂铜。在我国长江三角洲、环渤海地区和珠

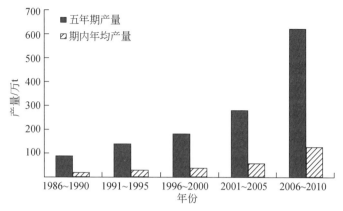

图 2-2　我国 2010 年以前各个五年期再生铜产量

数据来源：2002～2011 年中国有色金属工业年鉴

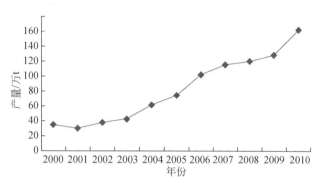

图 2-3　2000～2010 年我国再生铜产量

数据来源：2011 年中国有色金属工业年鉴

江三角洲，已形成三个重点铜拆解、加工和消费区。这些地区的精铜产量不足铜总产量的 40%，但其铜循环量却占全国铜循环量的 75%。全国 79.43% 的铜加工企业分布在这三个地区，特别是江、浙、沪三省市所占份额突出。仅浙江省 1998～2000 年，铜加工材产量就铜的循环利用达 124.16 万 t。2000 年，浙江省两家年产铜材 5 万 t 以上的大型铜加工企业和 29 家 0.5 万~5 万 t 的中小型铜加工企业，所利用的废杂铜分别占总铜用量的 21.80% 和 52.78%。1995 年全国各铜精炼厂处理的废杂铜为 50 万 t[①]。

---

① 2010'中国再生金属产业回眸与前瞻(二). 资源再生，2011，(1)：18-21.

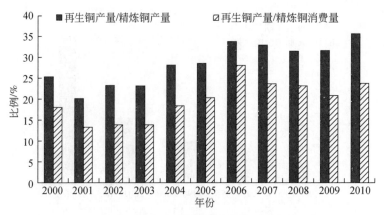

图 2-4　我国再生铜分别占精炼铜产量和消费量的比例

数据来源：2011 年中国有色金属工业年鉴

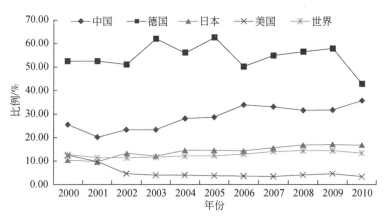

图 2-5　世界主要工业发达国家再生铜产量占精炼铜产量的比例

数据来源：2011 年中国有色金属工业年鉴

表 2-3　海关统计近十二年我国再生铜净进口情况一览表

年份	1998	1999	2000	2001	2002	2003	2004	2005	2006	2007	2008	2009	2010
数量/万 t	96	170	250	333	308	316	396	482	494	558	558	400	436
金额/亿美元	2.59	4.75	10.08	12.42	1069	13.32	24.55	21.8	40.44	63.9	59.68	60.9	122.37

注：净进口（实物量）是海关统计数，铜量是按含铜25%折算

在 1953～1993 年，西方发达国家精铜中的消费平均约有40%来自铜废料。在美国，精铜消费中40%以上来自循环铜，其中约1/3 来自旧的产品，2/3 来自

制造业废料。1994 年，170 万 t 铜来自废料，该数占美国铜的总消费量的 41%。其中，11% 的再生铜是由铜冶炼厂产出，3% 是由铜精炼厂产出，其余是铜合金生产中的直接利用。因此，在世界铜市场中循环铜占有很重要的地位。表 2-4 为 2010 年部分国家的铜循环回收利用情况。从表中可看出，日本是循环铜总量最多的国家，达 116.4 万 t，中国与之接近，也达 116 万 t。在铜总消费量达 100 万 t 的国家中，日本还是循环铜总量占铜总消费量比例最大的国家，达 109.78%；而中国由于铜消费量大，这一比例偏低，仅有 36.25%。这说明，中国的再生铜、循环铜等二次资源生产铜在中国的铜生产、消费领域中所占的比例还很低，有待进一步提高。

表 2-4 2010 年部分国家的铜循环回收利用情况

位序	国家	精铜总产量 /万 t	再生精铜 /万 t	废铜直接利用量/万 t	循环铜总量 /万 t	铜总消费量 /万 t	循环铜总量/ 铜总消费量/%
1	美国	108.82	3.8	0	3.8	176.80	2.15
2	日本	154.87	26.0	90.4	116.4	106.03	109.78
3	德国	70.42	34.2	23.4	57.6	131.22	43.89
4	意大利	0.14	1.1	48.2	49.3	61.88	79.67
5	比利时	38.90	11.3		11.3	26.12	43.26
6	俄罗斯	86.40	16.0		16.0	42.05	38.05
7	英国			12.0	12.0	4.30	279.07
8	奥地利	11.37	11.4	2.0	13.4	3.40	394.12
9	巴西	26.16	2.7	6.6	9.3	46.95	19.81
10	瑞典	19.05	5.2		5.2	16.69	31.16
11	中国	454.00	162.0	54.00	116	680.00	36.25

数据来源：2011 年中国有色金属工业年鉴

在国外，铜循环利用达到了较高的集中化水平。例如日本在各地都设立了家电回收中心并已开始运作。家电回收中心回收的物料一般是送去循环利用工厂进行处理，获得可以再利用物资材料。图 2-6 表示家电回收中心的处理程序。通常，家电中的金属是在冶炼厂进行再生产。

日本清洁生产中心（Clean Japan Center）对各种铜产品的回收利用情况进行了调研，其调研汇总数据见表 2-5。图 2-7 表示 1997 年日本铜的物流状况。日本的铜产量约占世界的 9%，生产原料全部靠进口铜矿。铜加工成电线、铜材以用

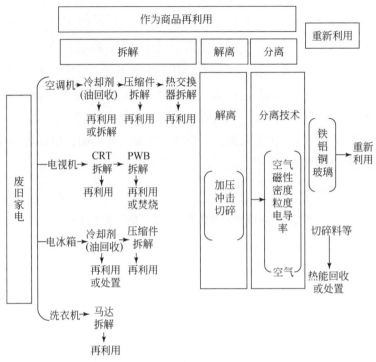

图 2-6　家电回收中心流程图（邱定蕃和徐传华，2006）

于动力设备、通信电缆、电气用品、机械、汽车、建筑和其他方面。由于涉及的因素很多，很难确定铜的循环利用比例。

表 2-5　用过的产品和各种铜废料中铜的回收（1997 年）

种类	废物量/t	回收量/t	回收量占废物量的百分比/%	未回收量/t
铜线	197 000	197 000	100	0
日用品和设备	141 000	29 000	20	112 000
汽车	79 000	38 000	48	41 000
工业设备	62 000	51 000	82	11 000
建筑工业	118 000	81 000	69	37 000
总计	598 000	396 000	66	202 000

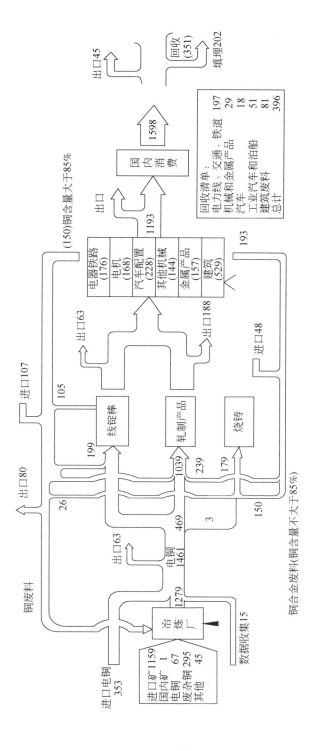

图2-7 1997年日本铜的物流状况(邱定蕃和徐传华，2006)
注：括号内表示估算值，无括号表示统计值。单位：万t

德国北德精炼公司是欧洲最大的联合铜公司，世界最大的铜循环利用生产企业（Bauer and Velten, 2005）。2004 年北德精炼公司总共生产了 522 000t（原生和循环）电铜，并进一步加工成线锭棒、各种型材、冷和热轧板材。此外，还生产了 759t 银、21t 金，并从原生和循环原料中生产了 17 000t 金属铅及铅合金。由于生产厂毗邻汉堡市中心，公司始终对其环保问题和环保设施非常关注，并不断将环保工作推向更深层次。因此，该公司已迈入世界烟气清洁排放最好的炼铜企业之一。

该公司的铜二次原料冶炼厂原料包括公司自身的各种中间产品和外购的废杂料，典型的冶炼产品有铜冰铜、铜/铅冰铜、铅和黄渣、金属铅、黑铜和粗铜。1990 年以前，物料是用鼓风炉处理，为降低烟气量和减少飘尘的放散，1991 年 1 台电炉建成投产，在 1994 年鼓风炉退出生产后所有的任务就由这座电炉承担。电炉的年冶炼能力在连续作业下约为 180 000t 炉料，但实际上根据原料的性质（含铜、铅或贵金属），作业是分批次进行的（图 2-8）。

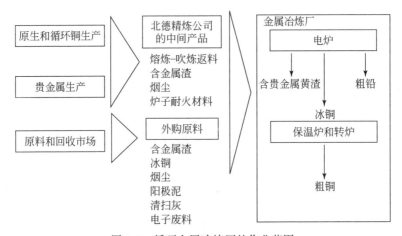

图 2-8　循环金属冶炼厂的作业范围

目前国外铜的循环利用规模只有美国和日本与中国接近，但他们有一个相同的特点，即他们的直接利用率高，间接利用（生产成再生铜）率低。除美国和日本外，意大利再生精铜产量 2.9 万 t，直接利用却达 48.2 万 t，说明这些国家资源利用效率都很高。国外的一些国家不仅资源利用率高，在生产技术上也比我国先进，比如说闪速炉熔炼、诺兰达法、艾萨法、三菱熔炼-吹炼法、布利登法、康托普法等。废旧电线电缆是采用大型切碎机破碎—重选分离—烘干联合机械自动化处理, 劳动生产率高。改革开放前, 中国铜循环利用的生产规模较小, 生产工艺也单一。当时处理铜二次原料的企业有上海冶炼厂、常州冶炼厂、株洲冶炼厂、天津铜厂、邢台冶炼厂等, 基本是采用: 鼓风炉熔炼成黑铜—转炉吹炼成粗铜—阳极炉精炼成阳极—电解精炼成电铜。近十几年来发生了巨大变化, 有的老企业关门停产, 有的成了现代化企业。现在, 铜循环利用的生产主要分为两大块: ①大型国有企业, 如江西铜业公司 (以下简称江铜)、铜陵有色金属公司 (以下简称铜陵)、大冶有色金属公司、云南铜业公司等, 他们都分别采用了闪速炉熔炼、诺兰达法和 Isasmelt 炼铜法。闪速炉熔炼工艺中铜二次原料主要是加入转炉和精炼炉中处理, 诺兰达和 Isasmelt 炉则可直接处理。国内的原生铜冶炼企业 (如江铜、铜陵等) 每年总计约处理 30 万 t (金属量) 以上的铜二次原料。②在广东、浙江、上海和江苏新发展的一大批民营铜企业已成了铜循环利用的主体, 他们铜的循环利用约占全国总利用量的 2/3 (约 80 万 t) 以上, 其中如浙江宁波金田铜业 (集团) 股份有限公司、浙江诸暨的海亮集团有限公司已成了国内数一数二的铜冶炼–加工企业, 天津大通和上海大昌铜业有限公司也是较大型的铜企业。此外, 在东南沿海各省市还有一大批经国家环境保护部批准的指定进口二次有色金属原料拆解和冶炼加工企业。

2.3　废铜的种类

废杂铜的种类很多, 一般分为紫杂铜、杂铜和黄杂铜, 还有铜渣和铜灰等。不同种类的含铜废料, 回收利用的方法也不同。一般而言, 废铜再生工艺很简单。首先把收集的废铜进行分拣。没有受污染的废铜或成分相同的铜合金, 可以回炉熔化后直接利用; 被严重污染的废铜要进一步精炼处理去除杂质; 对于相互混杂的铜合金废料, 则需熔化后进行成分调整。通过这样的再生处理, 铜的物理和化学性质不受损害, 使它得到完全的更新。再生的废杂铜应按两步法处理, 第一步是进行干燥处理并烧掉机油、润滑脂等有机物; 第二步是熔炼金属, 将金属杂质在熔渣中除去。废铜可以再生, 从而有较高的价值。具体而言, 目前国内回收利用废杂铜的方法主要分为两种利用类型: 直接利用和间接利用。

直接利用是将高质量的废杂铜直接冶炼成紫精铜或铜合金后供用户使用; 而间接利用则是将废杂铜冶炼成阳极铜, 经电解精炼成电解铜后供用户使用。第二类方法比较复杂, 通常采用一段法、二段法、三段法冶炼。

一段法，即将杂铜直接加入阳极炉精炼成阳极板后再经电解精炼成电解铜的方法。一段法的优点是流程短、设备简单、投资少，缺点是处理成分复杂的杂铜时产出的烟尘成分复杂，难于处理，同时精炼操作的炉时长，劳动强度大，生产率低，金属回收率低。二段法，即将杂铜加入鼓风炉或转炉熔炼成粗铜，粗铜又加入阳极炉熔炼成阳极板后再电解精炼成电解铜的方法，含锌高的杂铜采用鼓风炉-阳极炉；含铅、锡高的杂铜采用转炉-阳极炉；三段法，即将杂铜加入鼓风炉炼成黑铜，黑铜加入转炉炼成次粗铜，次粗铜再加入阳极炉炼成阳极板后电解精炼成电解铜的方法。三段法具有原料的综合利用好，产出的烟尘成分简单、容易处理，粗铜品位较高，精炼炉操作比较容易，设备生产率较高等优点，但又有过程复杂、设备多、投资大且燃料消耗多等缺点（宋运坤等，2006）。再生废杂铜火法工艺的三种典型流程及其适用的原料见表2-6。

表2-6　再生废杂铜火法工艺的三种典型流程及其适用的原料

流程	一段法	二段法	三段法
再生铜的种类	紫杂铜、残极、黄杂铜	板头、铜线、铸造铜垃圾和含铜废品	难于分类或混杂的紫杂铜、黑铜等

我国的金属二次资源分类和标准化工作较差，这给资源的收集（购）、分类和加工带来很大困难，同样对金属的回收利用率、加工消（能）耗和环境方面带来很大负面影响。

能直接加工成原级产品的废料通常又称新废料，如铜及合金冶炼中产生各种含金属废料和碎屑，轧材生产中的废品、切头、锯末、氧化皮，铸造中的浇口、浮渣、溅渣、冒口，电缆生产中的线头、乱线团，机械加工边料，这些废料一般都直接返回加工厂熔炼炉，在企业内消化，很少进入流通市场；只能加工成次级（其他）产品的废料称为旧废料，主要为报废的设备和部件、用过的物品等，主要来源是工业、交通、建筑和农业部门固定资产的报废，以及军事装备、机器和设备、构件的大修和设备维修及日用废品等。旧废料量大且杂，回收利用难度也大些。在回收的旧废料中，也有少量纯铜或合金废料，如果能分拣出来可直接送铜线锭或合金厂处理，以提高废杂铜的直接利用率。表2-7是铜废料的构成情况。

表 2-7 铜废料的构成情况

循环铜资源 形成来源	废料的种类及其 所占的比例/%		铜在废料中所占的比例/%		
			铜	黄铜	青铜
轧材生产	炉渣	1.7	4.8	—	—
铜基合金的生产	炉渣	2.8	8.2	—	—
电缆电线的生产	电导体的切头	8.0	23.3	—	—
轧材的金属加工	边料和变形废料块	13.6	7.4	24.9	2.7
异性铸件的金属加工	变形合金的切屑	17.7	16.6	26.2	4.2
	铸造合金废料块	0.5	—	0.3	1.5
	铸造合金屑	14.4	0.5	8.6	45.0
折旧废件	铸造合金制品	14.7	0.5	11.3	41.6
	变形合金制品废件	17.4	12.2	28.7	5.0
	废电缆	9.2	26.5	—	—
总计	100.0		100.0	100.0	100.0

除废纯铜外，回收的铜二次资源大部分为多金属成分，对其处理应该力求综合回收其中的全部有价成分。目前，含铜废料的约40%是用于生产铸造合金，20%生产变形合金，3%制取化合物，34%加工成粗铜，质量太低不能利用的小于3%。

废杂铜的回收和再利用是铜循环利用的核心。这里，以铜的循环为例说明有色金属循环的形式和路径。图2-9为铜物资循环示意图，主要组分包括：①原料，原生铜生产中的矿石；②原生铜的生产加工；③工程材料，熔炼精炼的最终产品，主要有铜品加工或制造用的铜锭、棒材等；④制造，商品铜产品生产；⑤废弃物品，用过后的废弃物品；⑥废物，废弃的物品送堆置场，通常是填埋场。

由于铜的价值高以及环保因素，废铜的循环比例越来越高。图2-9中箭头（1）表示循环铜的1类废料，通常称为内部废料（home-scrap）或循环（ruil-around）废料，这些铜是原生铜生产者不会外销的，包括残次品（off-specification）阳极、阴极、铜棒、铜杆等，阳极残极也是这类废料。箭头所示的这些废料通常在企业内部处理，一般是将它们返回前一工序处理，残次品阳极、阴极和阳极残极返回转炉或精炼炉（阳极炉），然后再电解。废铜棒、铜杆返回再熔、再浇铸。内部废料量通常生产者是不向外报道的，故无统计数据。但企业总是要尽量减少这类返料，以降低生产成本。

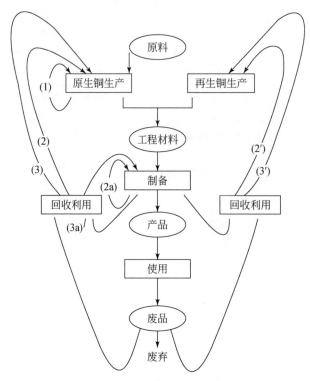

图 2-9　铜物资循环示意图（邱定蕃和徐传华，2006）

注：箭头（1）为内部循环废料；箭头（2），（2a），（2′）为新废料、现场产生的废料和行
业内部产生的废料；箭头（3），（3a），（3′）为老、废弃、用过或外部产生的废料

　　图 2-9 中箭头（2）、（2a）和（2′）表示新废料（new scrap）、现场产生的
废料（prompt industrial scrap）和行业内部产生的废料（internal arising scrap），
这是铜加工过程产生的废料。这类废铜与内部废料的主要差别在于，这类废铜可
能是由铜合金化或铜的涂敷、包覆过程中产生的。新废料的品种数与铜产品品种
数一样多，因为没有哪个铜品制造厂成品率是 100%。新废料的处理办法取决于
它的化学成分和混杂的其他物料的状况，最简单的办法是内部循环（2a）。对于
铸造厂的浇口和冒口，内部循环是最常用的处理办法，最简单的方法是将它们再
熔和再浇铸。这种直接回收利用的优点是：①如果送到其他冶炼厂处理，所含的
合金如锌或锡可能会损失；②就地处理，节省了合金添加剂，生产成本低。对于
废铜管和剥离了包皮的废电缆也是采用类似的办法处理。事实上，箭头（2a）的
处理方式是新废料回收利用最普通的做法，美国的铜新废料 90% 是这么处理的。

对于含有涂敷、包覆物的新废料，涂敷或包覆物难以除去，或者铜品制造厂不能直接利用这些新废料（如电缆制造厂没有自己的熔炼设施），就可采用箭头（2）和（2′）表示的方式。图 2-9 所表示的铜循环（原料）工业起着原生铜生产中采矿和选矿过程的作用。在许多情况下是很容易从废料中除去涂敷、包覆物的，以适宜于铜品制造厂再利用。如果需要提纯或精炼，提纯了的废料就可送到原生或二次铜原料冶炼/精炼厂处理。但是，在这些冶炼精炼厂产出的是电铜，就会损失合金元素。最后一类铜废料［图 2-9 中箭头（3）、（3a）、（3′）］是老的（old）、废弃的（obsolete）、用过的（post-consumer）或外部产生的废料（external arising scrap）。从铜产品得到的废料已表明铜产品已经结束了它的使用寿命。老废料是可循环铜的主要来源，但它的加工也较困难，老废料加工可能遇到的挑战有：①相对于新废料，铜品含量低。老的铜废料常与其他物料混在一起，处理前必须将废铜和其他物料分开。②难预料性。原料的供应和成分天天在变化，使处理过程复杂化。③地点。老废料分布在世界各地，不像原生铜矿和新废料那样分布集中。结果，有的老废料常常难以收集而被填埋。但是，由于填埋场地不断在缩小和填埋成本不断上升，从废弃物和垃圾中回收铜（及其他金属）的势头也在迅速上升。在过去，利用最不充分的是电器和汽车废料中的铜，这也导致现在许多研究转向了从这些废料中回收铜和其他金属资源。

美国废料回收工业协会（ISRI）制定了 45 种铜废料标准。最重要的铜废料种类如下：①1 类废料。这种废料最低的铜含量是 99%，直径或厚度至少是 1.6mm。1 类废料包括电缆、"重"废料（如铜夹、铜屑、汇流排）和铜米等。②2 类废料。这种废料最低的铜含量是 96%，包括电线电缆、"重"废料、铜米、电机绕线等。③轻铜（light copper）。这种废料最低的铜含量是 92%，基本组成是纯铜，但掺杂了油漆或其他涂敷物（绝缘物等）或严重氧化了的铜加热管、锅等，有时含少量铜合金。④精炼厂黄铜。包括混杂不同成分的铜合金废料，最低的铜含量是 61.3%。⑤含铜废料。包括各种含铜量低的炉渣、淤泥、沉渣等。

此外，铜的循环包括各种含铜废料的处理，"循环"的定义在工业国家还是一个有争论的问题，因为被称为废弃物（waste）的物料销售和运输环境条例要比废品（scrap）严格得多。事实上，许多国家关于废弃物和废品在称谓上不很严格，但是处理（经济）效果存在差异。废弃物通常是：①含铜量很低；②经济价值很低；③所含的单位铜量（每千克）加工成本高。约有 94% 的铜是以金属态产出，这部分铜是可以回收的。难以回收的部分是以化学品或粉状产品产出，主要用于一些消耗性领域的应用，诸如用于农业和水处理药剂、油漆、涂料等。图 2-10 的消费曲线表明了 1950~1994 年原生和循环铜的消费情况。绝大部分铜是以铜丝、电缆以及铜管和其他耐用消费品形式应用，其使用寿命达 30 年以上，使铜的循环周期长。从经济上（如市场价格）考虑有时也可能不利于这类铜回收，如埋入地下的电缆，即使超过服务期，一般也不会挖出来回收，除非具有经济利用价值。

图 2-10　1950~1994 年世界矿产和循环铜的消费（邱定蕃和徐传华，2006）

图 2-10 还表明，每年循环铜占铜消费的百分比变动性很大，这是因为废料回收和加工是一种商业性活动，对市场价格很敏感，常常还要受废料供应商的限制，他们总期望有一个较好的价格。但不管怎样，世界循环铜总是占铜总消费量的 30% 以上：在 1953 年曾高达约 45%，1967 年约 43%，1988 年在 41% 以上，1994 年下降到不足 35%。美国是世界二次铜资源直接利用比例最高的国家，这说明资源的利用效率高。

2.4　废铜资源的分选及预处理

金属铜的废弃料种类很多，根据不同种类的废铜原料，选择的处理方法也不相同。主要有如下一些处理方法：①分选。最简单的办法是先进行形态分选，手选是很普遍的，机械分选包括筛分、电磁分选（除去磁性物质）等，还有重介质分选、冶金分选（除去非金属物质）等。②废件与废料的解体。报废的设备及部件常采用解体方式，解体往往是采用破坏手段，如切割、破碎、研磨，打包和压块等。废电缆、蓄电池、电动机一般也经解体处理。③其他方法，包括浮选法、化学法以及焚烧等方式。根据废铜原料种类的不同，应用不同的处理方法，以下重点介绍分选和预处理相关内容。

2.4.1 电缆和电线

2.4.1.1 常规处理法

废弃电缆和电线是最常见的老废料，现在已有成熟的预处理技术。这类废料可分为三种类型：①地上电缆。主要指高压电缆，含铜品位很高（绝缘物很少），很易回收和循环利用。②地面电线。这类电线有不同的绝缘物，直径差别也较大。通常较细的电线单位加工成本要高于上述的电缆，这种电线常常还混有其他废料，需进行额外的分离过程，如汽车的电气配线以及其他设备的配线。③地下或水下电缆。这类电缆结构较复杂，常常有铅护套、沥青、油脂、胶黏剂等。这意味着从这类废料中回收铜的工艺会较复杂，而且又不能发生安全和环境问题。

用切碎（破碎）法从废电缆和电线中回收铜起源于第二次世界大战时期，现在已成为主要的预处理工艺。图 2-11 为一种典型的电缆（线）破碎流程。在进入第 1 台破碎机之前，将电缆（线）切成 90mm 以下的长度，这一点对于特别长的电缆来说很重要。第 1 台破碎（剪碎）机典型的是将第一组刀片安装在机器的旋转轴上，该轴上的刀与第 2 组刀反方向剪切。转速约为 120r/min。经过筛分，筛上产品返回到给料端。该工序的主要任务是减小尺寸而不是铜和包皮分离。产品长度为 10~100mm，取决于物料类型。粗碎的另一个作用是为了用磁选法除去混在电缆中的铁。然后将粗碎过的物料送入第 2 个破碎机处理。第 2 个破碎机操作与第 1 个类似，但转速更高（400r/min），刀片也更多（5 组），刀距更小（小到 0.05mm）。该破碎机将电缆破碎到 6mm 长度以下，此时绝大部分铜已与绝缘物分离。再经筛分，筛上产品返回粗碎。废弃电缆电线处理的最后单元作业是铜和绝缘物（塑料或橡胶）的分离。这是采用传统的方法，即利用它们密度的不同，采用重选法分离。图 2-11 中还示出了重选设备，通常产出 3 种产品：①纯的塑料；②能达到 1 类或 2 类废铜品位的碎铜料；③中间产品返回第 2 个破碎机再处理。这种重选设备通常是气动摇床（air-table），铜回收率可达 80%~

90％，因此有人建议采用重介质选矿从塑料中扫选出铜。地下电缆由于结构较复杂、包皮易燃性以及有铝或铅，处理起来就复杂些。对于较粗的电缆，采用人工将电缆切开取出铜线。较细的电缆就可用前述的切碎法分离。为减少着火的危险，也有人建议采用低温（冷冻）法分离。破碎之后可用涡流（eddy-current）分离器使铜和铝及铅分离。

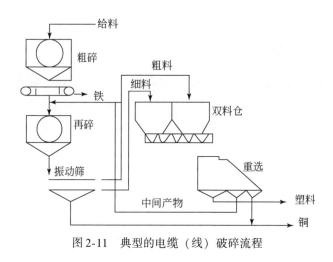

图 2-11　典型的电缆（线）破碎流程

2.4.1.2　其他处理方法

1）包铅皮和沥青的电缆拆解。对包有铅皮和沥青的电缆，应先在炉中熔化沥青（200℃），然后熔化铅（250℃）。炉子设有沥青和铅的放出口，从炉中取出废电缆冷却后送去机械解体。对于橡胶包皮的废电缆，先在炉中400℃下保温，再冷却到200℃时用水激冷，然后放置室外，橡胶包皮会自动破裂，再送去机械解体。

2）热解法。将废电缆加入高压釜中，对低（熔点）绝缘层，高压釜内温度为 260~300℃；对沥青绝缘层，高压釜温度为 300~450℃；对聚乙烯等聚合物，高压釜温度为 370~480℃；高压釜内压力为 140~280kPa。然后用机械法分离出金属，同时热解法可产出副产品油、焦油、氯化氢。

3）化学法。将废电缆放入钢箩，浸入 300℃ 的碱性氢氧化物熔体中，使绝缘层溶解。对聚合物绝缘层，可用二氯乙烷、四氢呋喃或环甲酮等浸出。但化学溶剂大多有毒和有腐蚀性，且污水处理复杂，难以推广。

4）静电分选法。将废电缆切碎至粒度 0.4mm 以下，用静电分选机处理。利用电晕原理使金属和非金属的包覆层分离。

5）低温处理法。低温处理法对于处理在低温下易变脆的物质很有效，但对在低温下仍有良好延展性物质却效果不佳。图 2-12 是低温处理法的原则流程。

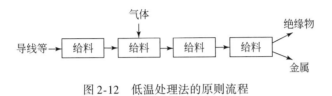

图 2-12　低温处理法的原则流程

2.4.2　报废汽车铜

废弃汽车铜的回收来源主要有 3 种，具体如图 2-13 所示。第 1 种是散热器，这种部件是在汽车切碎前就整装拆出。传统上散热器是用铅-锡焊料焊接组装的，

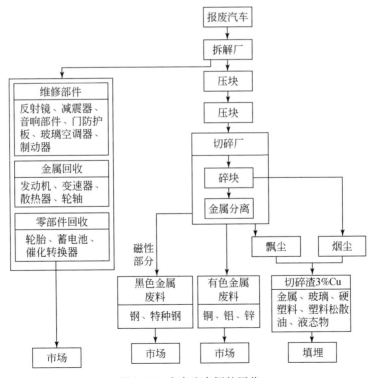

图 2-13　废弃汽车铜的回收

要产出纯铜就需要将散热器整装熔炼和精炼。但是新的散热器是用其他焊料或铜焊料焊接的，这就可直接回收利用而不需要再精炼，利用这种回收方式铜的回收率几乎可达 100%。第 2 种铜原料是在汽车切碎后和磁选分离出铁和钢之后余下的"有色金属废料"流。所含的金属主要是铝、铜和锌，铜主要来自汽车电路系统的电线。有几种方式分离铜和其他金属，如手选、气动摇床或重介质选矿。由于铝和锌容易被氧化，也可将这种 Al-Cu-Zn 混合物出售给铜冶炼厂而无需将铜与其他金属彻底分离，但这么做铝和锌有价金属就几乎全部损失，生产成本将大大上升。最后一种可能的铜来源是除去了金属最后的"碎屑"，这种"碎屑"主要是由控制板、方向盘、坐垫和地毯、其他织物绒毛的含粉尘和有机物碎料。这种"碎屑"含铜不到 3% 以及有一定的燃烧值，在日本的小名滨冶炼厂是加入精炼反射炉中处理。如果汽车拆解厂距冶炼厂很远，由于运输和处理成本高，绝大多数这种"碎屑"就地填埋。

2.4.3　电子废料

从电子废料中回收的铜在再生铜的份额中正在迅速增长，同时人们也在努力进行从电子废料中回收铜和其他有价物的工艺研究。电子废料可看成是由电子硬件的制造和用过的电子产品废弃物而形成的废料，因此，这也包括新废料和旧废料。尽管电子废料的组成种类很多，但基本可分成 3 类：塑料（约 30%）、难熔氧化物（约 30%）和金属（约 40%）。金属中约一半是铜，此外还有可观的金和银。铜的熔炼/精炼过程能很好地回收金和银，这是最理想的电子废料处理方式。但熔炼法处理电子废料时一个可能存在的问题是塑料不完全燃烧，并产生挥发的有机化合物。但在高温氧熔炼下就可克服这个问题。更为严重的问题是电子废料的金属含量在不断降低，如 1991 年电子废料中金的含量平均约 0.1%，而到 2000 年已降为约 0.01%，这无疑对电子废料的回收利用不利。结果导致人们开发了一种"选矿"方法，它类似废旧汽车的处理办法：一是先解体回收大部分物料，再将余下的物料切碎；二是从塑料和陶瓷物料中将金属分离出来。开发的"选矿"方法有重选、旋流选矿和电选。已研制了几种从切碎的废料中回收金属的方法，如重选、涡流选矿和静电选矿，但这些方法仍还于初级阶段。

2.5 直接利用

前面介绍废铜的回收方法除了间接利用方法外，还有直接利用方法。直接利用就是将高质量的废杂铜直接冶炼成紫精铜或铜合金后供用户使用，即对于分类明确、成分清晰、品质较高的废杂铜直接生产成铜杆、铜棒、铜箔、铜板、五金水暖件等铜加工材。这一类回收利用的铜，约占再生铜总产量的45%。

我国再生铜生产绝大部分在精炼厂进行，这些工厂大多没有根据不同原料采用相应的生产工艺和生产设备，也没有直接利用较纯净的紫杂铜和牌号铜的铜加工系统，即使有条件的大中型企业也往往因挑选太费工时和保证"一段法"生产应有的综合铜品位而放弃直接利用。仅有一些民营企业利用优质紫杂铜直接生产光亮铜杆和轧制民用黑铜杆，许多潜在的效益白白流失。众多的小企业进行废杂铜的熔炼回收，对环境造成了极为严重的污染。这方面的问题集中体现为三点：进口废杂铜在国内进行分检，造成第一次污染；小冶炼厂点多面广，熔炼污染带来的负面影响波及面大，造成第二次污染；企业的生产技术和工艺水平低，能耗高，除尘收集设备欠缺，金属损失大，进而加重了污染的程度。通过电解提纯，势必消耗大量的能源，相对矿石冶炼→电解提纯→生产产品而言，直接利用废旧铜生产产品将节能80%以上，比电解提纯→生产产品节能约50%，且电解过程对环境污染严重（钟文泉，2011）。

通常直接利用的原料是废纯铜或铜合金，按原料性质直接利用有如下处理方法：①废纯铜生产铜线锭。主要原料为铜线锭加工废料、铜杆剥皮废屑，拉线过程产生的废线等。冶炼过程与原生铜的生产类似，包括熔化、氧化、还原和浇铸等工序。我国原上海冶炼厂反射炉熔炼工艺吨铜能耗为207kg标准煤（29.27MJ），铜回收率为99.75%。②铜合金生产。铜加工厂的相应铜合金废料甚至可不经精炼和成分调整就可直接熔炼成原级产品；回收的纯铜或合金废料则往往需经精炼和成分调整后才能产出相应的合金。③废纯铜生产铜箔。废纯铜或铜线经高温和酸洗除去油污后，在氧化条件下用硫酸溶解制取电解液，再用辊筒式不锈钢或钛阴极产出铜箔。④铜灰生产硫酸铜。铜加工厂产出的含铜60%~70%的铜粉和氧化铜皮等，在700~800℃高温下去油渍并氧化，再用硫酸浸出得硫酸盐化工产品。

废旧铜种类繁多，其回收利用技术因废料不同而有差异，以下针对几种不同典型铜废料的回收再利用情况进行介绍。

2.5.1　废旧紫铜

有文献报道直接利用废旧紫铜生产无氧铜，并对其熔炼过程中熔体的净化工艺进行了研究。废旧紫铜杂质含量多、成分差异性大，回收后主要用于生产品质要求不高的 T3 和黄铜等产品，其关键原因在于废旧紫铜重熔时除气、除渣难以彻底。研究发现稀土加入铜及其合金可显著提高铜的导电性和导热性，并能有效改善加工性能，具有极强的除渣能力和脱气能力。在熔炼中加入稀土合金及稀土盐，两者能扬长避短，发挥复合作用，与铜熔液中的杂质元素形成悬浮状态的夹渣，从而提高脱氧和除渣效率，且在加入适量的特定稀土合金及稀土盐后，产品的抗氧化性能明显增强；同时向金属熔体中导入惰性气体，在气泡上浮过程中，汇聚细小气泡，增大浮力，带出熔体内的气泡；与悬浮状态的夹渣相遇时，夹渣便可能被吸附在气泡表面而被带出熔体，从而达到造渣、除气的目的。

通过对产品生产工艺和产品性能的跟踪，制订了如下生产工艺：将回收的废旧紫铜经人工挑选后，去除其中的黄铜（及铁、铝等）接头、焊头、螺丝等杂物。对去除了杂物的废旧紫铜进行检测，分类分等级堆放，然后进行配料打包，以便于加料。将打包好的废旧紫铜称量后进行烘烤，去除其中的水分。对覆盖剂（木炭、玻璃、硼砂等）进行预处理（挑选、干馏等）。将烘烤干燥好的废旧紫铜投入熔炼炉中，在覆盖了预处理过的覆盖剂的状况下熔化。待投料完全熔化后，进行第一次高温（1230～1320℃）造渣精炼，稍待片刻，进行第一次捞渣，去除铜液中的主要杂质。第一次捞渣后，用预处理过的木炭覆盖。用特制的工具将惰性气体吹入铜水中，同时将部分稀土合金及稀土盐带入铜水中，使之充分反应；然后将另一部分稀土合金及稀土盐投入铜水中，使之充分反应，进行第二次正常温（1080～1250℃）除气、造渣。除气、造渣完毕，采用高温捞渣，进行第二次捞渣。二次捞渣后的铜水用预处理过的木炭覆盖保温，控制铜水温度在1160～1250℃，准备出水浇铸。

为防止产品在铸造过程中吸氧，进一步提高产品内在品质，将在钢铁、铝生产中应用良好的电磁铸造技术引入铜产品的铸造生产中。电磁力的集肤效应及振动能量，能有效破碎晶粒，防止枝晶直线生长，使产品内部晶核量增多，晶粒细化，晶粒之间排布紧密，减少晶粒之间的间隙和杂质，充分改善产品内部组织，从而提高产品致密度，降低氧含量，改善产品导电、导热、强度和塑性性能。传统的电磁铸造是无模铸造，由电磁振动系统产生的电磁力束缚金属流体，使之成型。设备能力的限制，使得电磁震动系统产生的电磁力难以束缚大规格金属流体，因此无模铸造生产的产品规格较小；同时由于生产环境是半蔽式，采用无模铸造势必造成铸造吸氧，使得产品质量达不到要求，而采用有模制造，就要解决电磁铸造产生的涡流对结晶器的破坏作用。为此，采用自行设计的分段防涡流结晶器系统，将传统的无模铸造改造成新型的有模铸造，不但扩大了产品的生产规格，还有效地控制了铸造吸氧，增强了铸造的冷却强度，充分改善了产品内部组织，提高了产品致密度。

废旧紫杂铜熔炼技术的特点是，全部采用回收的废料作原料，生产出的产品性能完全达到 GB/T 5231—2012《加工铜及铜合金牌号和化学成分》中的标准要求。熔炼过程中为完全覆盖密闭式环境，生产过程对环境无污染。降低了铜在再生过程中添加的相关元素，有效减少金属损耗，提高其利用率，金属损耗<2%（钟文泉，2011）。

2.5.2　废旧电线电缆

文献报道，在日本废旧电线电缆的回收大体上采用烧线、剥离和粉碎等三种处理方法。其中烧线方法采用得最早，但存在污染环境和回收质量差等问题，因此只是在部分废旧线卷料的处理中使用。剥离方法用于粗电缆线，通常用剥离专用设备剥开电缆线，而后用人工方法分开电线外皮和屏蔽材料。粉碎处理主要用于较细的电缆线，包括切断粉碎和分选等工序。

在上述三种处理方法中，粉碎处理的机械化程度较高，回收效率也最高，处理范围正在扩大。在电缆破碎方面，目前主要使用旋转剪切式破碎机。通常用多种不同型号的破碎机，将电缆线破碎成长 1~5mm 的颗粒。破碎后一般采用干式选矿技术进行分选，其中包括振动筛选、风力、静电分选的磁选等。最后得到粒状碎铜，再经压块后供用户使用。据报道，由于分选技术的不断提高，铜导体的回收率已达到99%以上（金凤浩，1994）。

2.5.3　废杂铜

废杂铜直接制造的杆，只要质量、性能稳定性和成品率提高，在电缆工业中就会有相当的市场份额（但不是全部），这样供需双方都会受益。废杂铜直接制造的杆，从质量而言其市场主要在质量要求稍低和较粗的线或型材上，如电力电缆、建筑用线、铜排和铜带等，但在电磁线、电子用线、通信用线等方面，若质量非上等就难以进入这些领域。

文献报道我国废杂铜直接制造电工用铜杆，其方法是由回收的废杂铜经分类、分级、预处理后直接进入冶金炉内冶炼，并与连铸连轧或连铸工序组成铜杆生产线。它的优点是节能、工序简化、生产成本较低，但缺点是用这种方法制杆的质量，杆的质量比电解铜制杆更难控制。因为这种杆用于制造电工产品，铜的纯度要求大于99.9%，电性能是第一指标要求，同时还有可轧性、可拉性、可退火性和表面质量等要求，这就对废杂铜的分类、分级、再生预处理、冶炼工艺和质量跟踪监控提出了更高的要求。成品杆的质量和环保能否达标及满足要求，主要取决于废杂铜的预处理、投料品位、冶炼与三废处理装备、工艺及其过程的监控水平。对电线电缆产品用的原材料铜，其标准纯度为含铜≥99.95%（2号铜）和≥99.99%（1号铜，杂质总含量不大于65ppm，即65×10^{-6}），这个要求是国际公认使用的电工用原材料。

用废杂铜直接制造无氧铜杆（其中包括全用废杂铜和废杂铜与电解铜混用），其技术难度主要在于含氧量的控制，用电解铜上引法制杆含氧量一般都可控制在10ppm及以下，但用废杂铜直接制杆要达到上述指标就很难，这需要控制废杂铜的氧化，增加铜液的还原时间。另外，线缆产品的制造厂及其用户还要关注氢脆及其检验问题，这是其一；上引制杆的工艺性能、杆裂开和内部缺陷的增加，将直接影响线的可拉性，这是其二；石墨模具损耗、辅助时间和成本增加，这是其三。鉴于此，用废杂铜直接制造无氧铜杆的工艺方法，国外至今还未大规模全面推广应用（黄崇祺，2009）。

2.5.4 混合铜废料

美国专利3905556号提出了一种处理含铜量波动很大的高含铜量混合废料的方法。在工艺过程中，高含量的混合废料经过破碎—风选—磁选—切碎处理后，用三层筛分成粗、中、细三种物料，然后三种物料根据所含的金属量、形态和种类不同，则采用不同的重选工艺进行处理。

2.5.5 含砷的铜废料

美国专利 4149880 号提出了从含砷废料中回收铜的方法。该法将含砷高的烟尘造浆后加入高压釜中浸出，浸出液除钼后用铁屑置换，产出的海绵铜返回熔炼系统生产金属铜，置换沉铜后的母液再回收锌和镉，然后送水处理车间回收砷。

2.6 火法冶炼

目前我国废杂铜的分类较为粗略，其含铜量为 50% ~99.9%。把废杂铜分为三类：第一类为 1#铜，其纯度为 99.9%，可直接供铜材加工厂使用；第二类为 2#铜，其纯度为 92% ~99%，通常需要进一步精炼，但部分也可直接使用；第三类为纯度小于 92% 的杂铜，需要被再次精炼。而美国对废杂铜的分类有极高的要求，多达 53 种，这是导致美国大量出口难分类的杂铜，而成为世界最大的杂铜出口国的主要原因。

2.6.1 典型废料的回收利用技术

2.6.1.1 废杂铜火法熔炼

对于高品位废杂铜可以采用直接回收利用方式；而低品位废杂铜的回收利用主要采用火法熔炼，通过火法精炼，采用二段法、三段法生产阴极铜。它约占再生铜总产量的 55%，约占中国精炼铜总产量的 1/3（王冲，2011）。大部分废铜只需重熔和浇铸，无须化学冶金处理。但有一部分铜废料需精炼处理才能再用，这些废料包括：①与其他金属混合的废料；②包覆有其他金属或有机物；③严重氧化了的废料；④混合的合金废料。无论如何，必须在熔炼中除去铜二次原料中的杂质并铸成适当的锭块，然后再加工。处理这些废料有两种方式：①在专门的铜二次原料冶炼厂处理；②在原生铜冶炼厂与原生铜原料一起处理。图 2-14 是铜二次原料冶炼厂处理低品位铜废料的原则流程。处理的铜废料包括：①废旧汽车马达、开关和继电器等拆卸的铜和铁不能分离的物料；②粗铅脱铜浮渣；③铜熔炼和铜合金厂的烟尘；④铜电镀产生的（泥）渣。

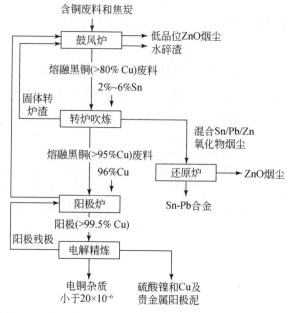

图 2-14　铜二次原料冶炼厂处理低品位铜废料的原则流程

鼓风炉的原料品位低并经高度氧化，需通过冶炼还原。其主要杂质是铅和锡（来自废青铜料、焊料、脱铜浮渣）、锌（废黄铜）、铁（汽车废料）和镍（蒙乃尔及其他合金）。这些金属往往以金属混合物或氧化物存在。冶炼过程应用冶金焦，发生的燃烧反应主要是

$$C_{焦炭}+1/2O_2 \longrightarrow CO+热$$

CO 将各种金属氧化物还原成金属或低价氧化物：

$$CO+Cu_2O \longrightarrow CO_2+2Cu^0 \quad (1)$$

$$CO+ZnO \longrightarrow CO_2+Zn^0 \quad (g)$$

$$CO+PbO \longrightarrow CO_2+Pb^0 \quad (g, 1)$$

$$CO+NiO \longrightarrow CO_2+Ni^0 \quad (1)$$

$$CO+SnO_2 \longrightarrow CO_2+SnO \quad (g, 1)$$

$$CO+SnO \longrightarrow CO_2+Sn^0 \quad (1)$$

废料中的金属铁也有还原作用：

$$Fe+Cu_2O \longrightarrow FeO+2Cu^0$$

这些反应的结果是鼓风炉产生 3 种产品：①黑铜，典型成分为 Cu（74%～

80%）、Sn（6%～8%）、Pb（5%～6%）、Zn（1%～3%）、Ni（1%～3%）和 Fe（5%～8%）；②炉渣，主要成分为 FeO、CaO 和 SiO_2，其中含 Cu（包括 Cu_2O 形式的 Cu）0.6%～1%、Sn（包括 SnO 形式的 Sn）0.5%～0.8%、Zn（包括 ZnO 形式的 Zn）3.5%～4.5% 和少量 PbO 和 NiO；③烟气，主要成分为 CO、CO_2 和 N_2 以及挥发的金属和金属氧化物。烟尘的成分为 Cu（1%～2%）、Sn（1%～3%）、Pb_2O（20%～30%）和 Zn（30%～45%），需进一步处理以回收金属。

现在鼓风炉冶炼已有两方面改进：①采用 23%～24%（体积分数）的富氧鼓风；②炉料中配入适量的废铁。富氧可减少鼓风量和节能，铁可减少 CO（或焦炭）消耗。尽管如此，鼓风炉仍要消耗大量昂贵的冶金焦，使生产经济效益下降，过去几十年来世界已关闭了许多鼓风炉，现在仅有几家鼓风炉在操作。代替鼓风炉处理低品位铜废料的有顶吹回转炉（TBRC），TBRC 的给料和产出类似于鼓风炉，主要优点是：①采用工业氧-油燃烧器，无需焦炭；②反应容器旋转，使反应加速而提高了生产能力。TBRC 工艺能耗比鼓风炉低 70%，烟尘量小 50%，现已在美国、欧洲和南非等许多国家及地区应用。下面详细介绍不同含量杂铜的回收工艺。

（1）含铜 90%～99% 的 2 号杂铜

对于含铜在 90%～99% 的 2 号杂铜，可采用 FRHC 工艺，通过火法精炼将铜的品位提高至 99.93%，并在精炼过程加入了特殊的添加剂，使杂质生成微化合物铜合金，使其不影响铜杆的导电性和机械性能，直接轧制成铜杆等铜产品。

20 世纪 80 年代中期，西班牙拉法格－拉康巴公司（LaFargaLacambra）成功开发了一项废杂铜熔炼、连铸、连轧生产的专利技术 FRHC 废杂铜精炼工艺，即"火法精炼高导电铜"，目前全球已有 29 家企业相继采用了该项技术。此工艺以含铜量大于 92% 的废杂铜为原料，进行熔炼、连铸、连轧技术生产火法精炼低氧光亮铜杆的工艺，铜杆质量达到 EN1977（1998）CW005A 标准（欧洲废杂铜火法精炼生产高导电铜标准）。含铜量大于 99.93%，导电率从 100.4% IACS 提高到 100.9% IACS。

FRHC 火法精炼技术的精髓和核心是调整杂质成分和含氧量，而不是最大限度地去除杂质。他们利用计算机辅助设计，对废杂铜中主要的 15 种杂质元素进行了分析研究，通过对各种元素长期的研究和实验，找到各种元素相互化合后形成的微化合物铜合金，不影响铜杆的导电性和机械性能。这样，使 FRHC 火法精炼生产的铜杆中铜含量大于 99.93%、杂质含量小于 400×10^{-6} 时，导电率大于 100.4% IACS。因此其主要技术是化学精炼而不光是深度氧化还原。

（2）含铜 10% ~ 90% 的废杂铜

对于含铜在 10% ~ 90% 的废杂铜生产精炼铜，一般采用二段或三段法处理。其熔炼工艺有反射炉工艺、倾动炉（NGL）工艺、卡尔多炉工艺、ISA/Ausmelt 工艺。其中反射炉工艺多用于处理含铜在 30% ~ 90% 的废杂铜；倾动炉工艺处理含铜在 90% 以上的废杂铜；卡尔多炉工艺处理含铜在 20% ~ 60% 的废杂铜；ISA/Ausmelt 工艺处理含铜在 10% ~ 90% 的废杂铜。

1）反射炉工艺。通常情况下，废杂铜通过火法精炼产出 Cu ≥ 99.0% 的阳极板，再进行电解精炼。而废杂铜火法精炼工艺包括进料、熔化、氧化、还原和浇铸 5 个阶段。反射炉是广泛应用于废铜回收的炉型，也是目前我国应用最普遍的回收设备。在废铜火法回收工艺中，对其中的杂质进行脱除主要是在氧化过程中完成的。因此，铜熔体中氧的控制成为关键。杂质氧化的次序可通过其对氧的亲和力大小来判断。其氧化次序和氧化程度受杂质在铜熔体中的浓度、杂质在氧化后所生成氧化物在铜熔体中的溶解度、杂质及其氧化物的可挥发性及杂质氧化物的造渣性等因素影响。

2）倾动炉工艺。倾动炉（NGL）技术处理废杂铜工艺克服了固定式反射炉精炼存在氧和还原剂利用率低、自动化程度不高、工人劳动强度大、操作环境恶劣、环境污染严重等诸多问题，具有环保、安全、自动化程度高等优点，但是倾动炉没有熔体微搅动装置，传热传质能力较差，结构复杂。针对现有废杂铜处理技术的不足，中国瑞林工程技术有限公司研发了倾动炉废杂铜火法精炼工艺和装备，现已在国内几个大型废杂铜处理工厂应用。倾动炉工艺处理废杂铜步骤为：用加料设备将废杂铜从侧面的炉门装入炉内，采用燃料燃烧加热熔化物料，既可使用气体燃料，也可使用粉煤等固体燃料，可采用普通空气助燃，也可采用富氧或纯氧助燃。当物料熔化了 1/5 左右，开始从炉底的透气砖供入氮气，物料熔化后将炉体倾转一定角度，使氧化还原口埋入铜液，将氧化风送入铜液中进行氧化作业，出渣时将炉体转到出渣位倒渣。将炉体转回到氧化作业位置，采用天然气或液化石油气作为还原剂，经氧化还原口送入炉内铜液中进行还原作业，还原完成后将炉体倾转进行浇铸。除装料外，一直持续稳定地经透气砖向炉内鼓入氮气对熔体进行微搅拌。倾动炉工艺具有热效率高，加料、扒渣方便，安全性高，环保条件好，自动化程度高的优点。

3）卡尔多炉工艺。卡尔多炉适宜处理品位在20%~60%的各种废杂铜，其熔炼、吹炼过程可在同一个熔炉内完成，集鼓风炉、转炉功能于一体，产出粗铜品位可达98%。卡尔多炉熔炼不需要对废料进行预处理，当炉子里没有未熔化的原料时可以加入潮湿原料。卡尔多炉处理废杂铜主要可分成5个工艺步骤，即加料、熔炼、出渣和造粒、精炼、出铜或铜合金。通常废杂铜原料中的铁作为氧化物的还原剂，硅作为熔剂。采用卡尔多炉进行熔炼，首先通过翻斗车进行加料，但物料不能含水和油。加料后，将氧油喷枪插入炉内进行熔炼。在熔炼过程中，卡尔多炉不停地旋转，转速由1r/min逐渐加快至5r/min左右。炉内温度保持在1250℃以下，待熔炼阶段完成后，开始出渣。接下来开始精炼步骤，这时向炉内吹入压缩空气，同时卡尔多炉以15r/min的速度旋转。在精炼过程中，Fe和Zn首先被除去，并可进一步精炼除去Pb和Sn，以形成粗铜。精炼阶段得到的富铜渣转入下一批料中循环处理。然后将形成的粗铜或铜合金从炉内倒入铜包进行铸锭。卡尔多炉处理废杂铜可得到3种产品，即粗铜、ZnO尘和粒化渣。卡尔多炉作为一种强氧化熔炼方法，具有将熔炼、还原和吹炼在同一个熔炼炉内完成，热效率高，对物料品味适应性强，渣含铜低，污染小，生产灵活的优点。其缺点是间歇作业，操作频繁，烟气量和烟气成分呈周期性变化，炉子寿命较短，造价较高。

4）ISA/Ausmelt工艺。ISA/Ausmelt炉冶炼低品位废杂铜包括2个阶段。第1阶段：熔炼期。将含铜物料、熔剂加入炉内，熔炼反应风和氧气通过金属软管送入从炉顶喷枪孔插入熔池的喷枪，并高速喷入熔体中，在炉内形成剧烈湍动的高温熔池，为固体炉料、熔体与反应气体三相之间的快速传热、传质创造了极为有利的条件。熔炼过程完成原料熔化和部分吹炼造渣期的反应。在熔炼过程中，喷枪的浸入深度依据喷枪出口工艺反应气体的压力变化由喷枪驱动装置自动进行升降调节，防止喷枪的侵蚀过快或产生熔体喷溅，对炉况和耐火材料寿命造成不利影响。熔炼产物有98%的粗铜、含铜10%的渣、烟尘和烟气。粗铜将从炉中分批排入配套的阳极精炼炉，渣将在第2阶段（还原期）还原回收铜。在熔炼过程中产生的可燃物，通过喷枪套筒鼓入来自风机的压缩空气，在熔池上方燃烧完全，出炉烟气进入余热锅炉回收余热和烟气净化系统处理。第2阶段：还原期（渣贫化期）。熔炼期所产出的含铜10%的渣在该阶段将被还原，产出黑铜和富含Zn/Pb/Sn的烟尘。通过浸没喷枪，燃料和压缩空气将直接鼓入渣的熔体中，同时从加料口加入焦炭或块煤，在炉内形成强还原气氛，同时维持熔池一定温度。当渣含铜品位达到要求后，即可停止给料、鼓风和供应燃气。在本阶段，留在渣中的铜被还原成黑铜，黑铜将留在炉内，在下一个周期中重新反应回到粗铜中。渣中的 Pb、Zn 和 Sn 也被还原，在高温和强搅拌的熔体中挥发出来，在通过熔池上方时又被氧化成金属氧化物，经冷却后通过收尘系统产出富含 Zn/Pb/Sn 的烟尘。产出的弃渣含铜量为 0.65%，从排渣口排出经水碎后外售。在排渣时，需要留有部分的渣，作为下一阶段的起始熔池，以保护炉体和喷枪。

　　年产 30 万 t 再生铜的德国凯瑟（Kayser）冶炼厂，采用 KRS 流程，用 1 台 ISA 炉处理含铜量低至 10%，甚至更低品位的含铜炉料，生产成本大幅降低。通过对引进的 ISA 炉进行了大量的改造工作，形成了自己的 KRS 工艺。图 2-15 为 KRS 的工艺流程图。含铜物料的熔炼和吹炼在艾萨炉内间歇进行。在还原熔炼阶段，含铜 1% ~80% 的铜残留物和碎铜加入艾萨熔炼炉内，产出黑铜相和残留经济金属含量非常低的二氧化硅基炉渣。炉渣排放后粒化，产出含铜大约为 95% 的粗铜。此外，也产出富锡铅吹炼渣，并在单独的炉子中处理。由于 KRS 工艺的性质，艾萨熔炼炉可以在较宽的氧气分压范围内操作。艾萨熔炼技术具有生产率高、能耗低、污染小、铜的总回收率高的优点。在处理低品位杂铜的 4 种工艺中，ISA/Ausmelt 工艺具有最好的动力学特性。因此，具有最好的火效率、脱杂能力；但对入炉物料的尺寸要求较高，一般要求小于 30mm。而其他 3 种工艺对进炉物料的尺寸要求范围较宽，可加入大块物料。因此，ISA/Ausmelt 工艺对废铜的预处理要求较高（王冲等，2011）。

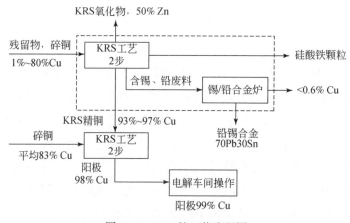

图 2-15　KRS 的工艺流程图

2.6.1.2 废杂铜火法精炼

（1）精炼设备

使用固定式反射炉。床面积 28.8m²，炉子容量为 150～160t，以城市煤气为反射炉供热，炉内衬为镁铝砖。反射炉熔炼过程中，采用高压空气氧化-煤气还原法。

（2）精炼工艺需要注意的问题

杂铜火法精炼工艺包括加料、熔化、氧化、还原、出铜五个阶段，其中氧化还原阶段是除去杂质和脱氧的过程，直接决定着冶炼产品的品质，最为关键。氧化还原的机理在很多文章中均有论述，需要注意的问题如下。

Ⅰ. 扒渣过程

虽然经过了预处理，但与粗铜相比，废杂铜中的成分比较复杂，有许多不熔性的渣存在。这部分渣主要由耐火材料、可燃物灰烬等物质组成。其熔点高，难以熔化，黏度大，流动性小，我们习惯称这部分渣为浮渣。如果直接加入熔剂，熔剂会被浮渣包裹住，难以和杂质氧化物接触反应造渣，达不到除杂的效果。鉴于此，在物料完全熔化后，应先将浮渣扒出炉外，再加入熔剂，避免上述现象的发生，促进造渣反应的进行，缩短氧化时间。

由于渣的黏度大，流动性小，刚开始扒渣时，比较困难，效率低，且带出的铜较多。如果单纯靠提高炉内温度来降低其黏度，效果不明显，而且浪费大量的燃料，增加成本。为此，可以根据炉内渣量的多少，加入 100～300kg 的助熔剂——萤石。萤石的有效成分为氟化钙，高温下分解产生氟离子，氟离子能够破坏炉渣之间的连接键，缩短链长，可降低炉渣的熔点，改善炉渣的流动性。将萤石颗粒均匀地撒入炉内，以高压风搅拌，一般情况下，20～40min 后，炉渣黏度显著降低，很容易扒出炉外。

Ⅱ. 深度氧化

在杂铜火法精炼中，要脱除杂质通常有以下四类：①比铜显著负电性的元素，如锌、铁、锡、铅、钴、镍；②比铜显著正电性的元素，如银、金、铂族元素；③电位接近铜的元素，如砷、锑、铋；④其他杂质，如氧、硫、硒、碲、硅等。深度氧化的目的就是保证铜液中的 Cu_2O 有足够的浓度，以便将杂质氧化为氧化物，再与加入的熔剂（石英砂、碳酸钠、石灰石、萤石等）结合造渣。通过深度氧化，锌、铁、硫可除去90%~99%，钴的行为和铁极为相似，形成硅酸盐和铁酸盐造渣除去，铅、锡可除去70%~90%。在氧化造渣过程中，铜首先氧化，溶解在铜熔体中的氧化亚铜起着氧化剂的作用，去氧化对氧的亲和力大于铜的杂质：

$$2Cu+O \rule[0.5ex]{3em}{0.4pt} Cu_2O$$

$$Cu_2O+Me^{①} \rule[0.5ex]{3em}{0.4pt} MeO+2Cu$$

$$MeO+SiO_2 \rule[0.5ex]{3em}{0.4pt} MeO \cdot SiO_2$$

除镍的量较少，且镍需要在电解过程中回收，因此，在精炼时不希望过分除镍。砷、锑在液态时和铜完全互溶，并生成化合物 Cu_3As、Cu_3Sb，当精炼含砷、锑较高的杂铜时，可以通过反复氧化-还原法来除去铜液中的砷、锑。这种生产方法有较大的难度，主要表现在以下几个方面：①氧化后期，氧化亚铜处于饱和状态，将其还原（目的是将 Sb_2O_5、As_2O_5 还原为 Sb_2O_3、As_2O_3）难度较大；②氧化时间过长，产生过量的氧化亚铜，浮于铜液表面，这部分氧化亚铜易随炉渣被扒出炉外，造成大量的铜损失，降低铜的直收率；③增加各种材料的消耗。

可以采用向熔体中加入苏打或石灰石等碱性熔剂的方法来达到除去砷、锑的目的。加入的碱性熔剂使砷、锑形成不溶于铜的砷酸钠、锑酸钠、砷酸钙、锑酸钙，这些化合物大部分浮于熔体表面上，形成炉渣被扒出炉外。当砷锑含量较高时，实际生产中很难有效除去，如过分追求脱除效果，不但增加了生产成本，加大了劳动强度，而且效果往往达不到预期设想。因此有一大部分砷锑留在精炼铜中，在电解过程中脱除。铋的含量一般很少。它与氧的亲和力和铜与氧的亲和力大致相当，大部分铋残留在铜液内，需在电解精炼过程中才能除去。银、金、铂族元素在火法精炼时不发生氧化而留在铜液中，但有少量的金、银会被杂质氧化物夹带到精炼渣中，这些渣在冶炼过程中被处理后，金、银仍进入铜中，绝大部分金、银留在铜中，电解精炼后，进入阳极泥中。硒、碲在氧化精炼过程中可少量氧化，其二氧化物随炉气逸出，大部分仍留在铜液中，在电解过程中除去。

Ⅲ. 还原应准确

完成氧化除杂后，铜液中存在8%~12%的氧化亚铜，还原的目的是要将铜液中的氧化铜还原成铜，即

---

① Me 代表被氧化亚铜氧化的杂质。

$$4Cu_2O+CH_4 \!\!=\!\! 8Cu+CO_2+2H_2O$$
$$Cu_2O+CO \!\!=\!\! 2Cu+CO_2$$
$$Cu_2O+H_2 \!\!=\!\! 2Cu+H_2O$$

若还原不充分,铜液中的氧含量过高,会使阳极板表面起泡、不平整,而且造成电解过程槽电压升高及硫酸消耗增加,阳极泥量增大,严重影响电解过程的正常进行。若还原过于充分,当铜液内氧含量降低到 0.5% 以下时,氢含量迅速增加,造成过还原。

Ⅳ. 温度的控制

与正常铜冶炼过程中的粗铜、残极的铜液相比,杂铜的铜液杂质含量较高,含渣量多,流动性差。因此在生产过程中要控制好铜液的温度,氧化阶段铜液温度为 1200 ~ 1220℃,比粗铜液高出 20 ~ 40℃;还原期间铜液温度应维持在 1200℃左右,由于还原剂的燃烧,铜液温度变化不大,一般不需向炉内供热;浇铸期铜液温度一般控制在 1150 ~ 1160℃,比粗铜液高出 10 ~ 20℃。这样做有以下几个好处:①增加铜液的流动性,减少因阳极"耳部"浇注不饱满或造成阳极板分层现象;②产出的阳极板致密,细化晶粒;③避免出现粘"包子"、溜槽现象;④铜液温度过高会吸附大量的有害气体,使阳极板凝固时出现大量的气孔;⑤铜液温度过高会使铸模过热,缩短使用期限(康敬乐,2008)。

(3)再生铜火法精炼炉型选择(刘建军,2008)

铜精炼炉有回转式、倾动式和固定式 3 种。回转式精炼炉适用于精炼熔融粗铜,仅允许加入 20% ~ 25% 的固体料。倾动式阳极炉和固定式反射炉则适于处理固体冷料,如粗铜锭、残极、经打包成型的杂铜冷料等。目前国内外处理品位在92% ~ 96% 废杂铜主要有固定式反射炉和倾动式阳极炉 2 种,它们用于杂铜精炼时的原理和过程基本相同。倾动式阳极炉是 MAERZ 公司开发的,综合了固定式反射炉和回转式阳极炉的长处,其主要优点:①热效率高,熔化速度快,节约燃料;②机械化自动化程度高,可适用于气体还原剂,取消了反射炉需人工持管进行氧化、还原作业和扒渣的繁重劳动;③氧化还原管固定在炉体上,借助炉体的倾转,可调节氧化、还原口埋入铜液的深度,有利于氧化、还原作业;④炉子寿命长,维修方便,年工作日可达 330 天以上;⑤环保效果好,炉门在氧化还原期均密闭,无烟气外逸,操作环境好。该炉型目前在国外杂铜处理工厂采用较多,江西某铜冶炼厂于 2003 年引进了我国第一台 350t 倾动式阳极炉。

固定式反射炉火法精炼废杂铜是国内杂铜处理厂广泛采用的一种传统工艺。传统反射炉除了工人劳动强度大外，其最大的缺点是环境污染严重。环保效果差的主要原因：①氧化还原期需要人工持管，操作时炉门不能关闭，大量的烟气从炉门外逸，造成严重的低空污染。②由于需要人工持管，按国家劳动安全的有关规定，不能由人工送入易燃易爆的天然气或液化石油气作还原剂，一般只能采用重油作还原剂。重油在还原期的利用率很低，大部分成为未燃烧的炭黑进入烟气造成黑烟污染。③重油裂解出未燃烧炭黑不易在空气中完全燃烧，所以设置在炉后的二次燃烧室效果也不好，而且炭黑带油性极易黏结在布袋收尘器上，影响除尘效率。

2.6.2　再生企业生产实例

2.6.2.1　废杂铜再生工艺

德国凯塞冶炼厂是典型的再生铜厂，也是一个有代表性的老企业。该厂位于特蒙德市，建于 1861 年，现有 700 名职工，厂区面积约 30km²，年产电解铜 11.5 万 t，同时还生产铜线锭、硫酸铜、硫酸镍、氧化锌、铅锡合金等产品。以下主要对该厂废杂铜再生工艺进行介绍。

（1）工艺说明

凯塞厂采用两段法与三段法相结合的工艺流程处理废杂铜，采用此种流程有利于降低能耗并能提高有价金属的综合回收率。生产设备为传统的鼓风炉、转炉、固定式反射炉与常规的电解设备。该厂有两台鼓风炉，风口区截面积 3.75m²（2.5m×1.5m），日处理量为 150t，产能率 40t/（m²·d），焦率 17%，鼓风炉废渣含铜<1%。其中一台鼓风炉用来处理铜碎屑和粉状含铜物料，物料在入炉之前要经过制团；另一台鼓风炉处理黄杂铜及块状含铜渣料。鼓风炉产出的品位为 75%～85% 的黑铜在两台 30t 转炉中吹炼。两台阳极炉为固定式反射炉，床面积 60m²·d，单位油耗 70～80kg/t 阳极，炉内衬为铬镁砖。反射炉熔炼过程中，采用氧气氧化、插木还原法。

电解精炼的始极片生产采用钛母板，电解槽用塑料盖板加盖以减少热损失。蒸汽消耗为 0.8t/t 铜，电流密度为 200A/m²，电流效率为 95%～97%，电力消耗

250kW·h/t 铜。线锭炉为 85t 固定式反射炉两台，内衬为铬镁砖，用氧气氧化、插木还原。油耗 80kg/t 铜，产品含氧<250ppm，硫 20ppm，原料除电解铜外，还配入约 7% 的高品位紫杂铜。

（2）工艺特点

该厂废杂铜的分类管理十分完善，按品位、类别、物料形态分别堆放，分别处理，铜的回收率高，并且原料中的铅、锡、锌均能得到综合回收。此外，铜电解车间的始极片生产线设计成阶梯形始极片架，有独到之处。

2.6.2.2 再生铜加工铜材工艺

德国好望金属制品厂是一个大型铜加工厂，以电解铜为原料生产各种铜材。同时利用部分高品位（92% 以上）的紫杂铜，经过相当于阳极炉的火法精炼后，直接与其他铜熔融体混合浇铸成棒坯或板坯。该厂有 2700 名职工，年产值 3.65 亿欧元。主要产品有各种类型的紫铜管、紫铜带、紫铜板、铜合金棒材、型材，月产各类铜材约 12 000t。

（1）工艺说明

好望金属制品厂有（ASDRCO-SHAFT-RURNACE）竖炉一台。竖炉的熔炼能力为 20t/h，1000Nm³/h 天然气，采用 SiC 内衬。

竖炉按不同铜料熔化出来的铜液做不同的处理。当熔炼高于 99% 的紫杂铜及阴极铜时，铜液经保温炉后进入连续浇铸机，或直接将铜液送往半连续浇铸机生产各类棒坯或板坯。当竖炉熔炼 92% ~99% 废铜物料时，将铜液送往转炉或平炉进行火法精炼，然后经连续浇铸机或半连续浇铸机生产棒坯或板坯。

（2）工艺特点

1）为保证产品质量，废杂铜的分类与管理十分严格。

2）对于铜品位在 92% ~99% 的紫杂铜，经竖炉熔化后进入转炉或平炉精炼。精炼后的铜液直接浇铸成各类板坯、棒坯，避免了反复熔炼，可提高铜的回收率 0.2% 以上，节约燃料折合标煤 400kg/t 铜，经济效益好。

3）该厂具有目前世界上唯一的大直径铜管铸造生产系统，其直径为 300 ~1500mm，最长可达 11 000mm。

2.7　湿法冶炼

湿法炼铜给铜工业带来了巨大的影响：①湿法炼铜可以处理低品位铜矿，美国采用堆浸处理的铜矿石品位甚至低到0.04%。过去认为无法处理的表外矿、废石、尾矿等均可作为铜资源被重新利用，因此大大扩大了铜资源的利用范围。②湿法炼铜由于工艺过程简单，能耗低，因此生产成本低。1997年西方SX-EW铜平均的生产成本为43美分/磅（1磅=0.453 59kg），这包括8美分/磅采矿费、15美分/磅浸出费用、18美分/磅SX-EW费用、2美分/磅管理费用。而1997年西方火法铜的平均生产成本为70美分/磅。③投资费用低、建设周期短。国外大型的湿法炼铜厂的单位投资费用为2300美元/t Cu，而火法铜的单位投资费用超过4500美元/t Cu。中国湿法炼铜厂由于设备简陋，单位投资费用只有1万~1.2万元/t。④没有环境污染问题。湿法炼铜工艺没有SO_2烟气排放，也避免了硫酸过剩问题。特别是地下溶浸技术不需要把矿石开采出来，不破坏植被和生态，从根本上改善了采矿工人的劳动条件。⑤阴极铜产品质量高。由于溶剂萃取技术对铜的选择性很好，因此铜电解液纯度很高，产出的阴极铜质量可以达到99.999%，再加上采用了Pb-Ca-Sn合金阳极以及在电解液中加CO_2等措施，有效地防止了铅阳极的腐蚀，保证了阴极产品的质量。⑥生产规模可大可小，这尤其适合于中国企业的特点。

正因为湿法炼铜有这样一些显著的优点才使其得以迅速的发展，当1997年下半年到1998年由于亚洲金融危机而引发了有色金属价格急剧下滑，铜价持续走低，西方一些铜公司关闭了成本较高的火法炼铜厂，但在此期间世界湿法炼铜产量仍然强劲地增长，由此可以说明湿法炼铜技术的生命力。

湿法冶金工艺和设备简单，环境条件好，投资省，见效快，伴生成分综合回收好。局限性是处理量小，只适合一些单一碎铜料，故适于中、小厂应用。湿法炼铜是采用各种浸出手段包括堆浸、生物堆浸、搅拌浸出、加压浸出、地下溶浸等，直接从铜矿石或铜精矿中提取铜，然后用特效的萃取剂将铜选择性地提取、富集，再用电积技术生产阴极铜，即通常说的浸出-萃取-电积。

2.7.1　典型废料的回收利用技术

湿法炼铜目前主要用于处理氧化铜矿，有氧化铜矿直接酸浸和氨浸（或还原焙烧后氨浸）等法。酸浸应用较广，氨浸限于处理含钙镁较高的结合性氧化矿。处理硫化矿多用硫酸化焙烧–浸出或者直接用氨或氯盐溶液浸出等方法。硫酸化焙烧–浸出法是将精矿中的铜转变为可溶性硫酸铜溶出；氨液浸出法是将铜转变为铜氨络合物溶出，浸出液在高压釜内用氢还原制成铜粉，或者用溶剂萃取–电积法制取电铜；氯盐浸出法是将铜转变为铜氯络合物进入溶液，然后进行隔膜电解得电铜。以下具体介绍典型工艺流程。

2.7.1.1 氧化铜矿酸浸法流程

氧化铜矿一般不易用选矿法富集，多用稀硫酸溶液直接浸出，所得溶液含铜一般为 $1 \sim 5g/L$，可用硫化沉淀、中和水解、铁屑置换以及溶剂萃取–电积等方法提取铜。近年来，萃取–电积法发展较快。其主要过程包括：①用对铜有选择性的肟类螯合萃取剂（LiX-64N、N-510、N-530 等）的煤油溶液萃取铜，铜进入有机相而与铁、锌等杂质分离。②用浓度较高的 H_2SO_4 溶液反萃铜，得到含铜约 $50g/L$ 的溶液。反萃后的有机溶剂经洗涤后，返回萃取过程使用。③电积硫酸铜溶液得电铜，电解后溶液返回用作反萃剂。酸浸法是湿法处理氧化铜矿的主要手段，一般用稀硫酸作浸取剂。酸浸工艺适合处理含酸性脉石为主的矿石，常用于从低品位、表外矿、残矿中提取铜。根据矿体的产状及矿石的性状，酸浸法可分为渗滤浸出和搅拌浸出。

渗滤浸出适用于粒度较粗的矿石和已经爆破松动的矿体，包括堆浸、柱浸、原地浸及槽浸（王双才和李元坤，2006）。

1）堆浸：堆浸又可分为废石堆浸和矿石堆浸。废石堆浸是将露天开采剥离的低品位矿石和残矿石堆积在一起进行浸出，废石含铜品位较低，形状与大小保持原采出形状不变，利用既有场地堆放和浸出；矿石堆浸主要用来处理某些低品位氧化铜矿，相对废石铜品位稍高。堆浸具有投资少、成本低等优点，但浸出周期长、浸出率偏低。王成彦（2001）对某铜矿进行了堆浸试验研究，现场生产统计该厂 1 号电铜的生产成本约为 9000 元/t，经济效益十分明显。项则传（2004）对某难选氧化铜矿进行了堆浸提铜的研究和实践，每吨阴极铜可获利 7000 元，其经济效益良好。

2）柱浸：实验室一般用柱浸方式来模拟堆浸，先将矿石破碎成一定粒度或将矿粉制成具有一定强度的矿粒，然后将制好的矿粒装入浸出柱中，从柱顶喷淋稀硫酸进行浸出，浸出液从柱底流出汇集，可通过电积或置换得到铜。张大维（1994）对某铜矿粉进行了柱浸试验研究，试验结果（浸出率 >80%）表明制粒柱浸是氧化铜矿粉利用的有效途径之一。王中生（2003）对某氧化铜矿进行了柱浸试验研究，其铜浸出率高达 89.47%。

3）原地浸：即在矿石原来地质赋存位置上就地浸出。其布液方式可通过注液孔或直接从地面布液，浸出液向下流经矿石渗入矿体，使铜溶解，然后将富铜液泵送地表提取铜。原地浸具有设备简单、成本低、环保等优点，但同样存在浸出周期长、浸出率低等缺点。张峰和常晋元（2003）对某低品位氧化铜矿进行了地下溶浸工业试验研究，该工艺的生产成本为 9000 元/tCu，大致相当于火法炼铜电铜成本的 70%，经济效益可观。余斌（2003）对某铜矿做了原地溶浸采矿技术研究和全流程工业试验，试验结果达到了先进的技术经济指标（铜综合回收率为 71.06%），形成了适应地下铜矿原地浸出回收铜金属的完整技术。江亲才（2001）对某氧化铜矿进行就地溶浸试验研究和工业化试验（工业化试验的生产成本为 9990 元/tCu）后，认为该工艺对矿产资源的综合利用、企业经济效益的提高具有一定的意义。

4）槽浸：即将铜矿置于预先备好的浸出槽中，在浸出槽上面喷淋稀硫酸浸出得到硫酸铜。该法具有设备简单、操作方便、成本低等优点，但浸出周期长、浸出率较搅拌浸出低，劳动强度大。此方法应用的报道较少。搅拌浸出是处理氧化铜矿最成熟的工艺，一般用来处理磨细的物料以及为渗滤浸出备料的细粒部分。浸出时将矿粒与酸液一起加入槽内，借助搅拌使矿粒与浸液充分接触加速溶解。搅拌浸出效率较高，但此法投资费用高、能耗高。谢福标（2001）对某氧化铜矿进行了搅拌浸出提铜的生产实践研究，取得了可浸铜总收率>95%、电流效率>94%、阴极铜质量 Cu>99.97% 等良好的技术经济指标。氧化铜矿经酸浸后一般可通过萃取–电积工艺得到阴极铜，也可经置换得到海绵铜等。

2.7.1.2　硫化铜精矿焙烧浸出法

硫化铜精矿经硫酸化焙烧后浸出，得到的含铜浸出液经电积得电铜。此法适于处理含有钴、镍、锌等金属的硫化铜精矿，但铜的回收率低，回收贵金属较困难，电能消耗大，电解后液的过剩酸量须中和处理，所以一般不采用此法。

孙留根等（2012）对地铜钴精矿焙烧浸出试验进行了研究，采用硫酸化焙烧、浸出、萃取、电积流程处理刚果（金）当地产出的硫化铜精矿，浸出前进行硫酸化焙烧的目的是使铜尽量转化为可溶于稀硫酸的 $CuSO_4$，同时使铁尽量转化为不溶于稀硫酸的氧化物，如 Fe_2O_3，以便于下一步处理。最佳焙烧条件为：粒度 −0.0074mm 占 90.77%，添加 7.5% 的 Na_2SO_4 在 700℃焙烧 30min。焙砂进行两段浸出，铜钴的浸出率分别达到 97.61% 和 95.92%（孙留根，2012）。

2.7.1.3 从贫矿石和废矿中提取铜

矿开采后坑内的残留矿、露天矿剥离的废矿石和铜矿表层的氧化矿，含铜一般较低，多采用堆浸、原浸出和槽浸等方法，浸出其中氧化形态的铜，而所含硫化铜则利用细菌的氧化作用使之溶解。浸出液中的铜可用铁置换得海绵铜，或者用溶剂萃取–电积法制取电铜（刘爽，2007）。

细菌浸铜技术将微生物学与湿法冶金技术交叉使用，不仅能充分回收低品位、难处理的矿石及矿渣中的铜，而且具有对环境友好、投资少、能耗低等优点，目前已得到了迅速发展。微生物细菌浸矿技术是近代湿法冶金工艺中的一种新工艺，它是利用细菌自身的氧化还原特性及其代谢产物，如有机酸、无机酸和三价铁等，使金属矿物的某些组分氧化或还原，进而使有用组分以可溶性或沉淀形式与原物质分离，最终得到有用组分的过程。细菌浸铜适用于处理硅酸盐型或碳酸盐含量较少的含硫化铜的氧化铜矿和含铜炉渣等。该法是利用细菌作用浸出有用矿物铜，当铁硫杆菌发生生物化学反应，可产生硫酸高铁和硫酸作为浸矿剂，该浸矿剂能把铜矿物中的铜呈硫酸铜溶解出来。如我国德兴铜矿采用细菌浸出技术已建成了年产 2000t 阴极铜的试验工厂。路殿坤（2001）等对某低品位铜矿做了细菌浸出试验研究，其铜浸出率可达 80%，比硫酸和 Fe^{3+} 联合浸出时的浸出率高约 5%（付静波和赵宝华，2007）。虽然细菌浸出具有许多优点，但也存在菌种选择及培养困难、浸出周期相对较长、对环境要求高、浸出率不高等缺点，尽管如此，该技术目前还是获得了良好的发展。氧化铜矿由细菌浸出得到硫酸铜粗液，可用铁置换得到海绵铜，也可经萃取–电积得到阴极铜等（王双才和李元坤，2006）。

2.7.2 再生企业生产实例

2.7.2.1 铜炉渣

北京矿冶研究总院曾对北京冶炼厂（铜炉渣浮选生产）的二次精矿进行过矿浆电解法回收铜的研究。这种二次精矿为铜熔化、铸造、加工等过程的炉渣、炉灰和工业垃圾的选矿产品，一般含铜 10%～15%、锌 5%～7%，试验样品粒度 80% 以上小于 0.074mm（–200 目）。试验使用的浸出–电解槽如图 2-16 所示。

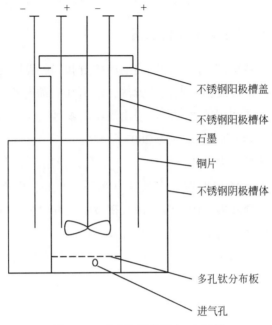

图 2-16 试验使用的浸出–电解槽

矿浆电解（或浸出–电解）法的基本含义是将浸出和电解结合在一起，主要过程的电化学反应如下：

浸出反应：$2Cu+2H_2SO_4+O_2\!=\!=\!=\!=2CuSO_4+2H_2O$

通入直流电时，阴极：$2Cu^{2+}+4e^-\!=\!=\!=\!=2Cu^0$

阳极：$2H_2O\!=\!=\!=\!=O_2+4H^++4e^-$

阳极产生的 H^+ 和 O_2 正好供给浸出反应。因此，从理论上说，铜的浸出不需外加酸，但过程中其他金属（锌、钙、镁等）溶解消耗的部分酸需予以补充。

下面对浸出–电解阳极铜和电解铜粉的试验进行研究，以电解铜粉为例，主要的工艺条件见表 2-8。

表 2-8 浸出电解工艺条件

项目	区域	工艺条件
浸出–电解温度/℃	阳极区	72±1
	阴极区	70±1
浸出–电解时间/h		4

项目		区域	工艺条件
浸出–电解 pH		阳极区	2.0 ~ 3.0
		阴极区	2.0 ~ 2.2
电流密度/(A/m²)		阳极	200 ~ 230
		阴极	1600 ~ 1800
槽电压/V			2.6 ~ 3.2
异极距/mm			35 ~ 40
电解液循环速度/(L/h)			3 ~ 10
刮铜粉频率			1 次/10min
废电解液涂硅条件	温度/℃		80
	反应时间/h		1
	pH		3.0

产出电铜的试验工艺条件与产出铜粉的试验相近。浸出的锌可用溶剂萃取进行铜–锌分离，锌最终可以电锌或化工产品产出。除硅是在阳极矿浆过滤后的溶液中进行的，100g 矿浆可得（干）中和渣 14 ~ 16g，渣含铜少于 1%。试验结果列于表 2-9。

表 2-9　试验结果

项目	指标
碳酸钙消耗/(t/t 矿)	0.050 ~ 0.060
硫酸消耗/(t/t 矿)	0.38 ~ 0.42
电耗/(kW·h/t 铜粉)	3600
浸出渣含铜/%	0.5 ~ 0.6
浸出渣含锌/%	0.2 ~ 0.3
铜回收率/%	94.8
锌回收率/%	96.2

工艺主要技术经济指标：金属总回收率 Cu 93% ~ 96%，Zn 94% ~ 97%；

电铜纯度达到国标一号铜标准；

铜粉纯度 99.5%，杂质含量达到国标一号铜标准；

硫酸锌中 $w(\mathrm{Zn})/w(\mathrm{Cu}) > 1000$；

硫酸消耗 0.38 ~ 0.42t/t 矿；

碳酸钙消耗 0.05 ~ 0.06t/t 矿；

直流电耗电铜 1800 ~ 2400kW·h/t Cu；

铜粉 3400 ~ 3800kW·h/t Cu。

2.7.2.2 低品位铜矿

德兴铜矿是中国最大的铜矿山，每年堆到废石场的低品位铜矿在 2500 万 t 以上。现在废石场已堆有几十亿吨废石，其中铜金属含量在 200 万 t 以上。德兴铜矿与北京有色冶金设计研究总院（现中国有色工程设计研究总院）等单位合作采用细菌浸出技术已建成了年产 2000t 阴极铜的 L-SX-EW 试验工厂。堆场面积 7.5 万 m²，堆高 80m，废石平均含铜 0.09%，1997 年 5 月开始喷淋，1997 年 10 月产出了质量达到 A 级铜标准的电铜。

这个厂在电解液净化中采用了阴离子膜渗析除铁技术，除铁率可达到 95% 以上，同时可回收电解废液中的硫酸。

2.7.2.3 氧化铜矿

汤丹铜矿位于云南省东北部，这里山势险峻，是世界上著名的泥石流发育地区。汤丹铜矿金属储量 116 万 t，这是一个具有独特性质的氧化铜矿，主要特点是矿石中碱性脉石含量很高，CaO+MgO 的含量大于 40%，因而用硫酸浸出是不可能的。北京矿冶研究总院和东川矿务局合作提出采用氨浸−萃取−电积工艺处理汤丹地区氧化铜矿，于 1997 年 10 月建成一座年产 500t 铜金属量的试验工厂，这个厂可以处理该地区的两种原料：一种是经浮选产出的低铜低硫高碱性脉石精矿（Cu 14% ~16%、S 3% ~4%、CaO+MgO 20%），这种精矿由于含 S 低、含 MgO 高，采用传统的火法冶金不能单独处理，只能作为配矿使用；另一种是汤丹地区品位较高的氧化铜矿，含 Cu 3% ~5%。

当处理低铜低硫精矿时，首先将其在回转窑中于 500~600℃ 下进行半氧化焙烧（其目的在于将精矿中不容易浸出的硫化铜转变为氧化铜或硫酸铜），然后在管式高压釜中用氨性溶液浸出，温度 80~100℃、压力 0.2MPa。当处理氧化矿时，则不需要经过焙烧，氨浸可以在常温常压下进行。浸出后的矿浆在浓密机中进行固液分离，浸出液进入萃取系统。萃取剂采用汉高公司生产的 LIX54-100，这种萃取剂的特点是负载能力高、黏度小、反萃取容易。这个流程除可以生产高质量的阴极铜外，还可以生产氧化铜和硫酸铜。铜氨溶液在 130 ~ 140℃、0.3MPa 压力下直接蒸氨即可以得到氧化铜粉，氧化铜粉可广泛用于玻璃、搪瓷、陶瓷工业中，反萃液经浓缩蒸发即可以得到硫酸铜。通过蒸氨母液的排放可有效地控制整个系统中的 SO_4^{2-} 和其他杂质浓度。

此外，北京矿冶研究总院针对低品位高碱性脉石氨性溶液的堆浸技术即将进行工业试验。西藏玉龙铜矿是一个大型铜矿，铜金属储量 650 万 t，上部氧化矿储量 274 万 t，这个铜矿地处海拔 4500 ~ 5000m 的高海拔地区。对氧化矿进行的矿物工艺学研究发现氧化矿具有以下特点：矿石品位高（平均品位 5%），泥化严重；矿石中 Fe、Si、Al 含量高，Fe 和 Al 易于被硫酸浸出，部分 Si 以硅胶进入浸出液；该地区雨量丰富，矿石含水量高。北京矿冶研究总院针对上述矿石的处理进行了多种方案的比较，在大量研究工作的基础上提出一种"强化搅拌浸出"技术。这种浸出方式有以下显著优点：对原料含水量高、含泥量高可以适应，矿石不需要细磨，粒度达到 1mm 即可；能浸出矿石中部分硫化铜和结合状态的铜，铜的浸出率可以达到 94% 以上；对于抑制硅胶有突出的效果，浸出液中 ρ_{SiO_2} < 0.1g/L，对液/固分离和萃取工序没有不利的影响（刘大星，2000）。

2.8 电 解 精 炼

转炉的主产品是液体粗铜，含铜95% ~ 97%。这种粗铜一般采用反射炉或回转炉精炼，同样也需控制性氧化精炼，然后浇铸成阳极。电解的残极也加入此工序熔炼，再铸成阳极。操作过程与原生铜生产中类似。

再生铜的生产企业通常都愿意处理 1 类和 2 类铜废料，可省去熔炼-吹炼过程，直接进行火法精炼后铸成阳极电解。如果加入火法精炼炉处理的仅仅是 1 类废铜，就不需要进行电解精炼。精炼产品可直接铸成后续加工用的紫铜锭或棒。然而，粗铜通常可能还含有少量的镍和锡，这是因为在转炉吹炼中这些杂质的除去很难彻底，此外还可能含有金、银和铂族金属，这取决于原料的成分。这些"杂质"的回收对企业的经济效益来说很重要，因此，精炼炉的产品总是铸成阳极电解精炼。再生铜阳极中的杂质通常总是比原生铜阳极高，所以再生铜的电解车间一般也比原生铜企业大，但电解作业和原生铜没有差别。

电解车间的主产品是电铜，镍是从电解液净化和阳极泥处理中以硫酸镍回收。阳极泥中有价成分的回收包括：①铜，以硫酸铜的方式回收并返回电解车间；②金、银和铂族金属，与原生铜企业处理阳极泥的方式类似，或外销。

2.8.1 典型废料的回收利用技术

2.8.1.1 废杂铜的硫酸铜–硫酸溶液直接电解精炼

根据电解过程所用阳极的形式，废杂铜的硫酸铜–硫酸溶液直接电解法可分为框式阳极电解法和冷压阳极电解法（贺慧生，2010）。

（1）框式阳极电解法

用酸性硫酸铜溶液作为电解液进行废杂铜的直接电解精炼，与传统的整体铜阳极电解精炼没有本质区别，但废杂铜经预处理后一般为碎块、碎屑或泥灰状，还必须利用一种称为阳极框的装置，和装填于其中的待精炼废杂铜碎料一起构成特殊的框式阳极，才能置于电解槽中进行电解。按照阳极框的制作材料，大体上可将其分为以下两种类型。

Ⅰ. 导电型阳极框

这种阳极框不仅用以容纳和支承阳极的废铜碎料，还充当阳极框中碎铜料与外电源之间电连接。因此，制作导电型阳极框的材料应当具备三个基本特征：①必须是良好的导电体；②必须具有足够的机械强度；③在电解的操作条件下，在电解液中必须保持钝性，即能耐化学腐蚀和电化学腐蚀。常用的导电型阳极框材料有钛、不锈钢等金属。

重庆钢铁研究所提出一种不锈钢阳极框废杂铜直接电解精炼的工艺方法。阳极框为 1Cr18Ni9Ti 不锈钢板制成的方框，钢板穿孔，孔率为 20% ~ 35%。在阳极框外套装一个形状尺寸和阳极框相同的涤纶布套。框中装填的废杂铜碎料应高出电解液面 5cm 以上，保证废杂铜与不锈钢阳极框上端接触良好，使阳极电流主要集中在废杂铜上，以减轻不锈钢阳极框的电化学腐蚀。电解精炼的最佳操作参数：槽电压 0.7V，电流密度 $200A/m^2$，合成电解液由含 Cu 45g/L 和 H_2SO_4 150g/L 组成。采用本方法可处理含铜量在 60% 以上的废杂铜，铜的一次回收率在 95% 以上，阳极平均电流效率约为 99%，阴极平均电流效率约为 97%。

智利天主教大学利用钛网框阳极在硫酸介质中进行铜废料（Cu>95%）的直接

电解精炼。所用钛网框有穿孔的平行平面侧壁。理论上,利用钛网框阳极电解精炼的可行性是基于这种金属在 $-225 \sim +600\text{mV}$ (vs. SCE),在硫酸 180g/cm^3 和 60℃ 条件下仍然保持钝性。而在相同条件下,铜的溶解电位为 $+75\text{mV}$ (vs. SCE)。经过 14 天电解后获得高质量阴极铜 (Cu > 99.98%),电流效率是 98.5% ~ 99.0% (Figueroa et al., 1994)。

Ⅱ. 非导电型阳极框

非导电型阳极框的框体由绝缘材料构成,仅起盛放废铜碎料的作用,而在框体上设置有导电极板,连接电源正极与废铜料。范有志(2006)提出一种直接电解杂铜的网架组合式阳极筐装置,它包括绝缘条板制成的筐架,内衬相应涤纶袋,筐架上编有绝缘绳,网筐上设有内、外导电极板,且与电源正极连通。采用该阳极框直接电解以废电线为主的紫杂铜,应用常规电解体系和技术条件,阳极电效大于 98%,生产的阴极铜符合 GB/T 467—1997 标准,铜纯度达到 99.97%。

中南大学进行了紫杂铜直接电解制备铜粉的试验。阳极采用环氧玻璃钢框架,四周钻小孔,内放紫杂铜和阳极导电铜板。阳极导电板用铜材,主要是因为其槽压低。阴极也采用铜板,因其不易引入杂质,但需要严格控制电解条件,否则,铜粉不易从阴极板上刷掉。研究结果表明,适宜的电解条件为:铜离子质量浓度 15 ~ 25g/L,H_2SO_4 质量浓度 120 ~ 180g/L,电解温度 25 ~ 60℃,阴极电流密度 500 ~ 1000A/m²,其电流效率达 96% 以上。产品纯度 > 99.5%,粒度 < 300 目。

(2) 冷压阳极电解法

为了替代火法精炼和铸造成型的铜阳极,缪树槐将纯净紫杂铜碎料用压型机压制成阳极铜“整体”极板,并将其置于耐酸的微孔涤纶布袋中,然后悬挂于电解槽中进行电解。涤纶布袋的作用是避免铜阳极上的细碎铜渣丝等落入电解液中,与始极片阴极造成短路,还能够防止铜泥吸附在阴极上生成粒子,影响阴极铜质量。

意大利罗马大学将废金属粉碎到 4cm 大小,然后,用压力 150t 的液压机和调质钢模进行冷压。产品为圆柱形阳极,直径 25mm,重 35g。电解精炼在含 Cu 40g/L 和硫酸 180g/L 的合成电解液中进行。阴极使用优质铜板。阳极铜被电化学氧化,溶解于电解液中,而后沉积在阴极上,利用电积法获得优质铜(Rao,2006)。

2.8.1.2 废杂铜的氟硼酸铁-氟硼酸溶液直接电解精炼

在 20 世纪 80 年代末，意大利人 Olper 开发出一种湿法冶金新工艺——利用氟硼酸铁和氟硼酸溶液从方铅矿直接电解生产电解铅和单质硫。稍后，瑞士生态化工公司 Zoppi 将此技术用于废杂铜的直接电解精炼，所提出的工艺包括以下步骤（Olper et al.，1991；Zoppi，1994）：

1）废杂铜在氟硼酸中用氟硼酸铁溶液浸出，铜按以下反应溶解：

$$2Fe（BF_4）_3+Cu \longrightarrow 2Fe（BF_4）_2+Cu（BF_4）_2$$

随着铜的溶解，废杂铜中所含杂质 Pb 和 Sn 也被溶解。通过在电解液中添加少量硫酸（按化学计量），使铅以硫酸铅（$PbSO_4$）的形式沉淀；锡在溶液中被氧化成四价的锡离子 Sn^{4+}，然后以氢氧化锡 $[Sn（OH）_4]$ 的形式沉淀。惰性比铜大的杂质不溶解。

2）过滤所得到的溶液，从其中除去 $PbSO_4$ 和 Sn（OH）$_4$沉淀和悬浮物。

3）过滤后溶液供给隔膜式电解槽的阴极室，铜在其中以极纯和致密的形式沉积在铜或不锈钢母板上。提铜后的电解液送阳极室，氟硼酸亚铁在石墨阳极上被氧化成氟硼酸铁，浸出溶液的氧化性能得到恢复。电解槽内发生的电化学反应可表示如下：

$$Cu（BF_4）_2+2e^- \longrightarrow Cu+2BF_4^-$$

$$2Fe（BF_4）_2+2BF_4^--2e^- \longrightarrow 2Fe（BF_4）_3$$

$$2Fe（BF_4）_2+Cu（BF_4）_2 \longrightarrow Cu+2Fe（BF_4）_3$$

4）将再生的氟硼酸铁溶液返回步骤 1）以继续浸出废杂铜。

废杂铜直接电解工艺流程如图 2-17 所示。来自工序 1 的废铜碎料在浸出柱 2 内用氟硼酸铁和氟硼酸组成的溶液浸出，同时产生不溶性残渣 8。在 3 中过滤后，由于不溶性部分 4 被分离，铜富集达 30g/L 的溶液 5 被送至隔膜电解槽 7 的阴极室 6，在 5 天的电解期间，一层厚 3mm 的电解铜沉积在不锈钢阴极板上。废渣 9 送至隔膜电解槽 7 的阳极室 10，在其内的石墨阳极上，氟硼酸亚铁被氧化成氟硼酸铁，通过 11 返回至浸出柱 2。整个流程是闭路循环，在电解液中，除氟硼酸铁和氟硼酸外，可能还有氟硼酸亚铁、氟硼酸铜和硫酸。

使用氟硼酸铁和氟硼酸溶液作为电解液，其主要的特点是可使溶液中的金属离子形成络合物。这对于废杂铜的电解精炼具有重大意义。一方面，从络合物电

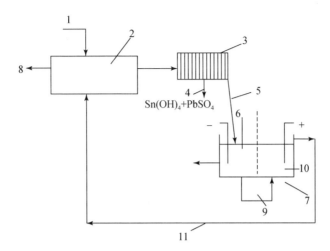

图 2-17　废杂铜直接电解精炼流程框图

1—废铜锌；2—溶解装置，如浸出柱、搅拌反应器或回转反应器；3—过滤装置；
4—不溶物；5—富铜液；6—阴极室；7—隔膜电解槽；8—不溶性残渣；9—废渣；
10—阳极室；11—再生氟硼酸铁溶液

积金属能获得更好的细晶粒沉积物，因此沉积物中杂质夹杂物较少；另一方面，BF_4^- 离子对 Fe^{3+} 离子的强络合能力形成了 $[Fe(BF_4)_3]_{3+n}^{n-}$ 型络合物，阻止氧化状态的铁从阳极室通过隔膜进入阴极室，使阴极室中沉积的铜溶解。

2.8.2　再生企业生产实例

2.8.2.1　废杂铜精炼工艺

江西某铜业集团新产业开发公司利用现有鼓风炉系统，处理低品位杂铜和精炼炉渣，所产黑铜及外购废杂铜再生资源进行配料，利用反射炉对阳极铜进行精炼（刘建军，2008）。

（1）工艺说明

以外购杂铜和公司杂铜鼓风炉自产黑铜为原料。进厂杂铜原料首先存放在原料堆场，经分拣、压力打包机打包后，用叉车送往反射炉车间，用地面式加料小车加到反射炉内。整个精炼过程由加料熔化、氧化、还原、浇铸 4 个阶段组成。

炉料在熔化期分批加入，采用重油为燃料。加料及熔化时间共 10～12h。氧化期鼓入压缩空气，并加入石英石造渣，部分杂质挥发进入烟气。还原剂为新型固体还原剂，还原后的铜液经圆盘浇铸机浇铸成阳极板，合格阳极板堆放在阳极板堆场，不合格品返回反射炉。含铜35%的炉渣经冷却后返回杂铜鼓风炉系统。

反射炉冶炼过程中产生的高温烟气进入余热锅炉进行余热回收，将温度高达约1300℃的烟气降至350℃左右。低于350℃的烟气经空气冷却器再次冷却，烟温降至220℃以下与环境烟罩所吸入的低温空气（约80℃）进入混气室中，两股气体在混气室中混合，冶炼烟气的温度再次得到冷却。混合烟气一同进入布袋收尘器，经布袋收尘器过滤收尘后，净化后的烟气经主排烟风机排至烟囱而放空，收尘系统收集的含铅、锌高的烟尘外售。反射炉精炼工艺流程见图2-18。

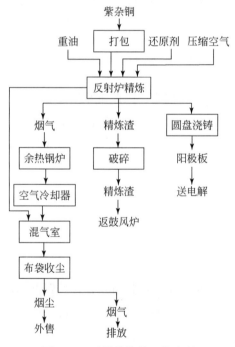

图 2-18　反射炉精炼工艺流程

（2）主要技术经济指标及原材料消耗

反射炉再生铜精炼工艺的主要技术经济指标及原材料消耗见表2-10和表2-11。

表 2-10 主要技术经济指标

序号	项目	单位	10 万 t	备注
一、综合指标				
1	阳极铜年产量	t/a	100 000	Cu 99.2%
2	年工作日	d/a	300	
3	铜回收率	%	99.6	杂铜至阳极铜
二、火法精炼				
1	年产合格阳极铜板	t/a	100 000	Cu 99.2%
2	处理杂铜量	t/a	101 864	Cu 95%
3	处理黑铜量	t/a	5 500	Cu 93%
4	反射炉能力	t/炉	100	
5	反射炉台数	台	4	
6	反射炉作业周期	h	24	
	其中：加料及熔化	h	12	
	氧化	h	8	
	还原	h	1.5	
	浇铸	h	2.5	
7	精炼渣率	%	6	
8	精炼渣含铜率	%	35	
9	单台炉最大烟气量	Nm³/h	16 000	
10	重油单耗	kg/t 铜	105	
11	还原剂单耗	kg/t 铜	17	
12	阳极板合格率	%	96	
13	阳极板质量	kg/块	380	
14	阳极板规格	mm×mm	1000×960	
15	浇铸机能力	t/h	40	
16	浇铸机台数	台	2	

表 2-11 主要原材料消耗

序号	项目	单位	数量	备注
1	外购杂铜	t/a	101 864	Cu 95%
2	鼓风炉产黑铜	t/a	5 500	Cu 93%
3	石英石	t/a	2 240	

序号	项目	单位	数量	备注
4	重油	t/a	10 500	
5	轻柴油	t/a	25	
6	耐火材料	t/a	540	
7	固体还原剂	t/a	1 700	

（3）工艺特点

1）建立烟罩集烟系统，防止烟气外泄，较好地解决低空污染问题。

2）对重油流量比例实现自动调节，保证重油完全燃烧，减轻工人劳动强度，使烟气排放达到国家环保要求。

3）采用新型煤基固体还原剂减少黑烟污染。

4）采用镁铬砖代替部分高铝砖做耐火材料，提高了反射炉寿命。

5）采用环境烟气与反射炉烟气混合，避免烟尘黏附布袋，提高布袋收尘器寿命。

2.8.2.2　废杂铜精炼加工工艺

宁波金田铜业（集团）股份有限公司是一家以循环铜冶炼-加工为主的国内大型有色金属企业之一。公司下设冶炼、铜棒、铜管、铜线、板带、阀门、电工材料、磁业、贸易、进出口等共9家生产型（分）公司、3家经营型公司。主要产品有阴极铜、铜合金、无氧铜线、各类铜丝、漆包线、各类铜棒、铜管、铜线、板带以及不同规格的铜阀门、管接件、水表、不锈钢材料、钕铁硼永磁材料等。2003年该公司利用各种循环铜原料约15万t；2004年利用各种循环铜原料二十余万t，产品销售量达25.65万t；2005年预计利用各种循环铜原料三十余万吨，产品销售量超过35万t。

公司处理的主要原料包括一、二号紫杂铜，黄杂铜以及各种低品位废铜料。入库的循环铜原料进行两次分拣，按不同的原料品质和种类分别进行冶炼-加工，从而大大提高了循环铜资源的利用水平。一、二号紫杂铜经反射炉熔炼—铸成线锭—加工成各种线材；次一些杂铜用反射炉熔炼、精炼—铸成阳极—电解精炼—电铜；各种铜合金废料经电炉熔炼—生产各种棒、管、板带材等；有两个漆包线车间，产能约为 1.5 万 t/a。

　　该公司生产过程的废水经过水处理，基本实现了全部循环利用；采用布袋收尘取代了原来的湿法除尘，提高了收尘效率，并从布袋收尘中回收了氧化锌，弥补了部分环保开支。该公司单位产品的烟尘排放已从原来的 1.25kg/t（产品）降至 1.12kg/t（产品）；通过对反射炉熔炼的余热回收等节能措施，使总能耗下降 5%，单位产品能耗从 485.9kW·h/t 降至 461.8kW·h/t。

第3章 废铝再生技术

3.1 铝的存量与需求

根据美国地质调查局资料显示，截至 2005 年全球已探明铝土矿储量 250 亿 t，远景储量 350 亿 t，储量非常丰富。按目前开采规模（1.4 亿 t/a 左右）计算，现有铝土矿储量可满足世界铝工业近 180 年的开采需要，这不包括一些新增储量及其他含铝矿物的储量。因此，全球铝工业资源的开发保证程度很高，铝土矿资源，世界不缺中国缺。全球铝土矿资源量估计约 550 750 亿 t，分布情况：南美 33%，非洲 27%，亚洲 17%，大洋洲 13%，其他地区（北美、欧洲）10%。另有资料报道，我国周边国家铝土矿储量：越南铝土矿探明储量为 20.3 亿 t，居世界第五位；印度尼西亚总证实储量达 8.79 亿 t。从表 3-1 可看出世界铝土矿储量中几内亚 29.6%，澳大利亚 22.8%，上述两国合计 52.4%，即一半以上储量在上述两国。另，牙买加 8%，巴西 7.6%，上述四国合计 68%。这说明世界铝土矿藏资源相对集中。

表 3-1 世界铝土矿储量、基础储量

国家	储量		基础储量/kt
	数量/kt	所占比例/%	
几内亚	7 400 000	29.6	8 600 000
澳大利亚	5 700 000	22.8	7 700 000
牙买加	2 000 000	8	2 500 000
巴西	1 900 000	7.6	2 500 000
印度	770 000	3.08	1 400 000
圭亚那	700 000	2.8	900 000
中国	700 000	2.8	2 300 000
希腊	600 000	2.4	650 000

国家	储量		基础储量/kt
	数量/kt	所占比例/%	
苏里南	580 000	2.32	600 000
哈萨克斯坦	350 000	1.4	360 000
委内瑞拉	320 000	1.28	350 000
俄罗斯	200 000	0.8	250 000
美国	20 000	0.08	40 000
其他国家	3 400 000	13.68	4 000 000
全球合计	25 000 000	100	32 000 000

数据来源：2006 年美国地质调查局资料

我国是世界铝消费大国，1990 年以来国内精炼铝的生产和消费是同期世界上消费增长最快的国家之一。2000 年，我国生产精炼铝 298.92 万 t，消费量大（349.91 万 t），生产不能满足消费需求（表 3-2）。此后，特别是 2000 年以来，我国精炼铝生产的年均增长率达 19%；消费的年均增长率达到 18.32%，生产和消费逐渐持平。2005 年我国生产精炼铝 780.60 万 t，进口未锻轧铝 64 万 t，出口未锻轧铝 132 万 t，表观消费量为 711.86 万 t，是 1990 年的 9.3 倍。2010 年我国精炼铝产量 1624.41 万 t，进口未锻铝 36.48 万 t，出口未锻铝 75.44 万 t，精炼铝消费量 1650.00 万 t，是 2000 年的 4.7 倍。我国除消费大量精炼铝外，还大量使用国内外的废杂铝及进口铝加工材，其中废杂铝的年使用量 2005 年已经接近 200 万 t。如果包括废杂铝，那么 2005 年国内全部铝产品消费量已经达到 898 万 t，比 2000 年增长 87.2%。

表 3-2　2000～2010 年我国精炼铝生产、消费变化情况

年份	精炼铝产量/万 t	产量增长率/%	精炼铝消费量/万 t	消费量增长率/%
2000	298.92	—	349.91	—
2001	357.58	19.62	354.54	18.32
2002	432.13	20.85	550.91	55.39
2003	554.69	28.36	566.71	2.87
2004	668.88	20.59	619.09	9.24
2005	780.60	16.70	711.86	14.98
2006	935.84	19.89	864.81	21.49

年份	精炼铝产量/万 t	产量增长率/%	精炼铝消费量/万 t	消费量增长率/%
2007	1258.83	34.51	1234.70	42.77
2008	1317.82	4.69	1241.25	0.53
2009	1289.05	−2.18	1315.0	5.94
2010	1624.41	26.02	1650.00	25.48

数据来源：2011 年中国有色金属工业年鉴

3.2 铝的再生概况

近几十年来，世界铝废杂料的回收量飞速增长，再生资源在整个铝工业原料中的比例也越来越大。从 1950 年开始直到今天，再生铝产量逐年递增，发达国家原铝与再生铝的占有比已接近或超出 1∶1。1988 年全球再生的废杂铝为 743万 t，1998 年攀升到 978 万 t，10 年的净增长率为 31.6%。2010 年全世界生成再生铝及合金 1071.03 万 t，占原生铝的 26.2%，其中中国 400 万 t，美国 267 万 t，日本 81 万 t，德国 61 万 t，与世界相比，尽管中国再生铝产量在 2010 年达到世界第一，但是中国精炼铝产量及消费量也为世界第一，分别为 1624.4 万 t 和1650 万 t，再生铝产量分别占精炼铝产量和消费量为 24.62% 和 24.24%，但是美国、德国等发达国家再生铝产量占精炼铝产量均超过 100%，在 2009 年甚至达到了 150%，如图 3-1 所示。从消费的角度来看，发达国家再生铝占精炼铝消费量均达到了 40% 以上，美国在 2009 年达到了 80%，而中国还低于发达国家及世界平均水平，如图 3-2 所示。从图 3-1 和图 3-2 可以看出，中国与发达国家再生铝产量差距还很大，但是中国正处于飞速发展阶段。

中国目前再生铝产量保持平稳，但再生铝产量占铝产量和消费量的比例持续走低，分别低于西方发达国家 40 和 20 个百分点。我国是世界上铝金属生产和消费大国，但对再生铝的生产重视不够，再生铝的生产能力和工艺水平比较低下，产量也不高。根据有色金属总公司的统计资料，"七五"期间的再生铝产量仅4.09 万 t；"八五"期间再生铝产量有较大提高，达到 25.54 万 t，分别占精炼铝产量和消费量的 1.2% 和 3.8%。2011 年中国有色金属工业年鉴统计：从 2001 年到 2010 年，我国再生铝产量飞速增长，从 2001 年产量为 20.44 万 t 增长至 2010年产量为 400 万 t，年均增长率达到 81%，如图 3-3 所示（注：图中的再生铝产

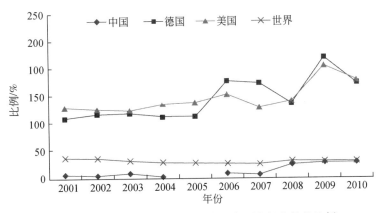

图 3-1　中国及主要国家再生铝产量占原生铝产量的比例

数据来源：2011 年中国有色金属工业年鉴

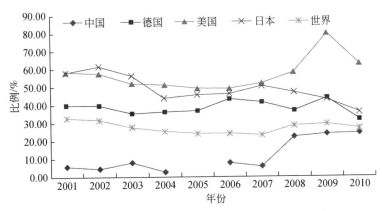

图 3-2　中国及主要国家再生铝产量占铝消费量的比例

数据来源：2011 年中国有色金属工业年鉴

量不包括以废料形式直接应用的铝量）。

2001~2007 年，尽管我国再生铝产量飞速增长，但是精炼铝产量和消费量逐年增加且增加速度很快，所以再生铝产量分别占精炼铝产量和消费量的比例上升趋势不是很明显，2001 年再生铝产量占精炼铝产量和消费量的比例分别为 5.72% 和 5.85%，2007 年分别为 5.62% 和 5.73%，比较起来略有下降，但是从 2008 年开始，我国加大了再生铝力度，使得再生铝所占比例明显上升，2008 年再生铝产量占精炼铝产量和消费量的比例分别为 20.87% 和 22.16%，2010 年则

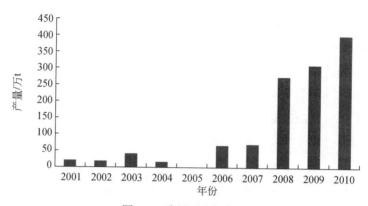

图 3-3　我国再生铝产量

数据来源：2011 年中国有色金属工业年鉴

达到了 24.62% 和 24.24%，如图 3-4 所示。由于精炼铝产量和消费量逐年增加，所以再生铝产量分别占精炼铝产量和消费量的比例基本持平，2001~2010 年 10 年的平均值分别为 11.36% 和 11.63%。

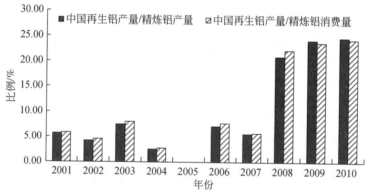

图 3-4　我国再生铝分别占精炼铝产量和消费量的比例

数据来源：2011 年中国有色金属工业年鉴

美国 Alcoa Inc. 公司应用 1950~2002 年美国地质调查局和铝业协会的数据分析并预测，欧洲 1998 年金属消费和废铝供应量之间的差距大致是 400 万 t，到 2010 年是 600 万 t，2040 年是 900 万 t。在德国，这个差距大致是 80 万 t，到 2010 年达到了 130 万 t，2040 年是 180 万 t。根据估算，到 2040 年欧洲铝材的需求将增至 2150 万 t，德国将达 420 万 t。与此同时，欧洲收集和加工的废铝将分别从 1998 年的 360 万 t 增至 1320 万 t，而德国则从 70 万 t 增至 260 万 t。表 3-3

表示相应的数据。表 3-3 估算的欧洲和德国铝的需求量、废料量和循环的铝量可以看出，到 2040 年产品报废后的废铝收集量和加工量，德国和欧洲的情况差不多，都约在 40%。用于新铸造和锻（轧）制品循环的铝基本就是回收的总铝量。这些数值在欧洲是从 320 万 t 增至 1200 万 t，德国从 70 万 t 增至 230 万 t。这些数值是根据未来铝的生产和需求、铝材的应用领域、产业链的技术进步以及可能的废铝产生量、回收量（率）和循环量等各种综合因素详细分析后得出的（Gunter Kirchner，2001；Hagen，2001；Rombach，2002a，2002b；Bruggink and Martchek，2004）。

表 3-3　估算的欧洲和德国铝的需求量、废料量和循环的铝量

国家或地区	年份	总废料量/t	老废料量/t	循环铝/t	需求量/t
欧洲	1998	5 610 430	869 500	3 194 180	7 213 000
	2010	6 005 070	1 572 360	5 372 870	11 665 040
	2020	8 527 700	2 712 300	7 700 400	15 303 670
	2030	11 113 130	4 151 100	10 014 700	18 321 060
	2040	13 226 900	5 050 500	11 913 650	21 516 780
德国	1998	749 840	240 790	668 050	1 439 600
	2010	1 281 470	390 450	1 158 730	2 449 800
	2020	1 780 720	600 380	1 628 850	3 216 160
	2030	2 238 790	864 920	2 044 760	3 730 450
	2040	2 568 630	1 020 060	2 345 510	4 195 170

数据来源：2004 年矿物金属材料学会文献

日本的废易拉罐回收率约为 80%，是世界上回收率最高的国家之一。由于资源缺乏和为了环境保护，日本全部关闭了在日本本土的原生铝电解厂，改为原铝的消费完全依靠进口，同时还进口部分二次铝原料。2002～2012 年，年循环铝产量一直保持在 115 万～125 万 t，约占铝消费量的 30%。利用铝合金的下游产业如铸造业和汽车业，循环铝用量比例过半。2002 年用于铸件或压铸件的总用铝约为 150 万 t，其中循环铝约占 75%。现在日本有循环铝企业 120～130 家，月产量多在 100～1000t。月产量 3000t 以上的企业约十五六家，但其产量却占循环铝总量的 70% 以上。

德国宏泰铝业设备公司属于奥拓容克集团，是专业设计和生产铝熔炼和加工设备的公司，它的技术和设备已在世界许多国家和地区被应用。现代最新多室熔炼炉作为灵活的设备用于铝工业来熔化各种固态铝，包括被污染的铝和铝

锭。废铝来源于不同形式，污染程度各不相同。侧井炉用于工业上已有很长时间，在美国应用很普遍，现在世界各地都有企业使用。图 3-5 是多室熔炼炉的示意图。

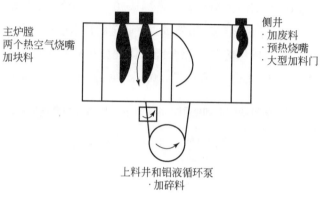

图 3-5 多室熔炼炉的示意图

宏泰铝业设备公司认为，多室熔炼炉的主要优点有：①废铝的污染物（涂料、油污等）可在炉内燃烧，不仅不污染环境，还可节省部分能源；②加料过程封闭，加料机与炉门紧密结合，作业现场环境条件好；③废铝在侧井中的熔化过程是废料在侧井炉的斜坡上被加热，料中的污染物氧化燃烧，当下一批炉料被加料机推上斜坡时，将已被预热的炉料推入侧井的铝水中，在液面下逐渐熔化，所以废铝是被液铝熔化的，而非燃料燃烧加热熔化，从而大大降低了金属的烧损率（约2%），提高了金属回收率；④工艺能耗仅相当于电解铝的约5%；⑤由铝液循环泵使主炉膛中的铝水和侧井炉中的铝水循环，不仅为侧井炉中的废铝的熔化不断提供了热量，而且铝水的成分更均匀，铝水质量易达到浇铸板坯、挤压坯、压铸铝件等各种用途需要。

美国 Almex 公司在提高各种废铝及合金资源再利用效率和产品质量方面取得了突出成绩（Ravi，1999，2004）。为了使循环铝产品的质量完全可与原生铝的产品质量相媲美，Almex 公司开发了液铝精炼系统（liquid alurninium refining system，称 LARS）。该技术作为用于从熔融铝及合金中除去氢气、夹杂物、碱金属及其盐类方面已申请了专利，LARS 是美国 Almex 公司的注册商标。冶金工程师设计的 LARS 是专门用于从循环铝及合金熔体中高效率除杂质的技术，以提供最纯净的金属坯锭。LARS 已被许多工厂用来制造硬质合金，用于生产挤压、锻造、片和板材。在某些工厂当其获取了 LARS 技术的信息后，他们便使用 LARS 取代了自己原来的精炼技术。表 3-4 是采用 LARS 技术前后产出的挤压坯料质量的对比实例。

表 3-4 采用 LARS 技术对挤压坯料质量的影响

挤压坯料缺陷类型	采用 LARS 前	采用 LARS 后	改善的原因
模具衬造成的废品率	7%	2.5%	除去了夹杂物颗粒
氧化镀层处理后的颜色一致性	6.5%	1%	碱金属和碱土金属大大降低
超声检测缺陷率	3.5%	0.25%	气体、夹杂物、碱金属盐大大降低
拉伸和延伸强度下降率	4%	2%	气体、碱金属盐大大降低
抗弯强度下降率	5%	2%	大量缝隙被熔合
气孔率	4%	1%	氢除至低于 0.09ml/（100g Al）
挤压速度		提高 3%～5%	坯料纯度较高

中国循环铝生产技术与国外先进水平相比，存在以下差距：①欧、美一些发达国家建立了完整的废铝回收体系，按不同质量进行回收、分离和仓储，设立专门的废铝回收站；国内的回收市场则很混乱。②发达国家政府对循环铝行业建立了严格的环境标准监督机制。如欧洲标准中排放的烟气烟尘含量不得超过 $10mg/m^3$，排放的废水中有害物总量必须低于 $10×10^{-4}\%$。循环铝厂必须有完善的环保措施，如废热利用设施、除尘系统、渣和废水处理系统等。③先进和完善的预处理技术，对提高循环铝的产品质量有很大关系。除按分类打包外，还要对含有油污、水、铁等杂物的废铝进行切屑、干燥、净化除杂、分选等处理；而我国的企业预处理不尽完善。④在生产技术上，国外普遍采用的是高效节能的双（多）室反射炉、侧井反射炉、处理铝灰的倾斜式转炉（热效率达 90%），类似 LARS 技术的除杂、除气净化装置，现代化自动控制的铸造结晶技术、高效燃烧技术等；我国循环铝的生产技术差距还较大，到 2005 年年底，我国的循环铝企业采用单室反射炉进行再生铝及合金的熔炼，能耗高、金属回收率低。特别是小冶炼的燃烧效率仅为 25%～30%，环境污染严重。中国已是世界铝饮料罐的第一消费大国，废弃铝饮料罐的回收率也可能很高，但回收的铝饮料罐与其他废铝资源一起混炼，资源利用率低，造成大部分铝饮料罐生产用铝材仍依赖进口；发达国家是将废弃铝饮料罐单独处理成铝饮料罐生产用铝材。⑤国外少数企业在循环铝的生产中通过采用深度净化技术，能产出高强度、大规格、大板锭和直径在 1080mm 的圆锭，以满足航空航天、军事领域需求的高级铝合金等产品；我国尚无这类产品。

3.3 废铝的种类

废铝分为两类：新废铝与旧废铝。前者是指铝材加工企业与铸件生产企业在制造产品过程中所产生的工艺废料以及因成分、性能不合格而报废的产品，它们一般都由生产企业自行回炉熔炼成原牌号合金，也有一部分以来料加工形式运到铝电解厂等串换所需的铸坯，在作废铝统计时这类新废料不予统计。旧废料是指从社会上收购的废铝与废铝件，如改造与装修房屋换下来的旧铝门窗、报废汽车、电器、机械、结构中的铝件、废弃铝易拉罐与各种铝容器、到期报废或电网的铝导体与铝金属件、破旧铝厨具等，但也包括用铝半成品加工成品铝产品时产生的废料与废品，如加工铝门窗，深拉易拉罐，加工铸件与锻件时产生的废料、切屑与废件等。通常所说的废弃铝或废杂铝就是后一种废铝。再生铝的计算方法，由于回收的废铝未严格按标准分类与分等级，可按 82% 净铝含量计算，如按添加 25% 新料（最大量）并扣除 7% 烧损与机械损失，则 1998 年中国回收的 1250kt 废弃铝相当于 1217.6kt 再生铝，这就是说回收的废弃铝大体上相当于再生铝的产量。

中国产生的废铝几乎全部得到回收，是世界上回收率最高的国家，对一切可视为商品的东西都会有人收集、整理、出售；中国政府从来就对废旧物资的回收、再生与利用非常重视，建立了从中央到地方、从城市到农村的庞大回收系统与网络。目前全世界生产的循环铝合金约 80% 是用于汽车制造业铸件和锻件的生产，而据报道目前世界汽车中的铝废料回收率最高的已达 95%。废铝罐的回收也有很大进展，全球平均回收率在 50% 以上。2001 年美国的废铝罐回收率为 55%，日本为 83%，欧洲为 45%，瑞士和瑞典最高，分别达 91% 和 88%。

废料中的主要杂质是 Si、Fe、Ti 和 Mg，在技术和经济上还没有好办法除去这些杂质。这样熔炼前的废料分类就特别重要，如果分不开，通常采用的方法是将这些杂质转入铸造合金。但对于锻造合金，许多企业采用的方法是用纯（原）铝稀释这些杂质，从而增加了原铝的消费量并增大了能耗及生产成本。

废铝按照物理形态、废料名称分为六类：即 I 类，纯铝废料；II 类，加工铝合金废料；III 类，铸造铝合金废料；IV 类，铝及铝合金屑；V 类，其他铝及铝合金废料；VI 类，铝灰渣。按照每类废铝的化学成分或废料的名称分成不同组别，每组按照废铝的名称来区分不同级别，具体见表 3-5。

表 3-5　废弃铝资源的品级

类别	组别	名称（级别）	ISRI 名称	要求	ISRI 代号
I 类：纯铝废料	废铝线及电缆	光亮铝线	新纯铝线和电缆	包括新的、洁净的、非合金化的铝电线和铝电缆，不含毛丝、丝网、铁、绝缘物和其他杂质	Talon
		混合光亮铝线	新混合铝线和电缆	包括新的、洁净的、非合金化的铝电线和铝缆，可含有不超过 10% 的 6×××系列的线和缆不含毛丝、丝网、铁、绝缘物和其他杂质	Tann
		旧铝线	旧纯铝线和电缆	包括旧的、非合金化得铝线和电缆，允许含有低于 1% 的表面氧化物和污物，不含毛丝、丝网、铁、绝缘材料和其他杂质	Taste
		旧混合铝线	旧混合铝线和电缆	包括旧的、非合金化的铝线和铝缆，可含有低于 10% 的 6×××系列的线和缆，允许含有低于 1% 的表面氧化物或污物，不含毛丝、丝网、铁、绝缘物和其他杂质	Tassel
		废电线	绝缘废铝线	包括各种型号的废铝电线	Twang
		废导电板		变压器、电解设备及其他电器设备产生的废导电板，不含夹杂物	
	铝箔	新铝箔	新铝箔	包括洁净的、新的、纯的、无涂层的 1×××和/或 3×××和/或 8×××系列的铝箔，不含电镀箔、雷达箔和箔条、纸、塑料或其他任何杂质	Terse
		旧铝箔	旧铝箔	包括涂层的 1×××、3×××和 8×××系列的家用铝箔和成型的铝箔容器构成、无合金的铝箔。电镀箔和有机残物低于 5%，不允许含有雷达箔条、化学腐蚀箔、层压箔、铁、纸、塑料和其他非金属杂质	Testy

类别	组别	名称（级别）	ISRI 名称	要求	ISRI 代号
Ⅱ类：加工铝合金废料	废铝板	新易拉罐	新铝罐	包括洁净的、已印刷或未印刷的、带有油漆层的低铜铝罐，但不含密封用罐盖、铁、污物及其他杂质，油脂不超过1%	Take
		废易拉罐	旧铝罐	包括洁净的、旧的、已印刷或未印刷的食物和饮料铝罐，不含其他废金属、铂、锡罐、塑料瓶、纸、玻璃和其他非金属	Talap
		废铝饮料罐碎片	废碎铝饮料罐碎片	$\rho = 190 \sim 275 kg/m^3$。4目以上的应小于5%。必须通过磁选并不含铁、铅、铜盖、塑料罐及其他塑料制品、玻璃、木头、污物、油脂、垃圾和其他杂物，不含其他任何铝制品必须经过磁选分离的材料，不含钢、铅、瓶盖、塑料罐和其他塑料、玻璃、木料、污物、油脂、废物及其他杂质，不允许含有废铝饮料罐以外的任何铝产品	Talcred
		新的废印刷铝板	新的洁净的铝印刷薄板	包括1100 和/或 3×××系列的铝合金，无涂层和油漆，不含纸、塑料、过多油墨的薄板及其他杂物，最小尺寸为80mm×80mm	Tablet
		旧废印刷铝板	洁净的铝印刷薄板	包括1100 和/或 3×××系列的铝合金，不含纸、塑料、过多油墨的薄板及其他任何杂物，最小尺寸为80mm×80mm	Tabloid
		废旧铝板	洁净的混合旧铝合金板	包括两种以上洁净的铝合金板，不含箔、百叶帘、铸件、毛丝、丝网、食物和饮料罐、散热器片、飞机铝板、瓶盖、塑料、污物及其他非金属物品。油脂低于1%，可以有低于10%的油漆板	Taint 或 Tabor
		废油漆铝板	含油漆的铝板	洁净的低铜废铝板，一面或两面有油漆，不含塑料涂层、铁、污物、腐蚀、纤维、泡沫、玻璃纤维衬或其他非金属物品	Tale

类别	组别	名称（级别）	ISRI 名称	要求	ISRI 代号
Ⅱ类：加工铝合金废料	废铝板	废低铜铝合金板	混合低铜铝合金板	包括新的、洁净的、无涂层、无油漆、低铜的两种或多种的废铝板，厚度大于 0.38mm（0.015 英寸）不含 2000 和 7000 系，不含毛丝、丝网、直径小于 1.27mm（1/2 英寸）的冲屑，污物和其他非金属物品，油脂含量小于 1%	Taboo
		废铝合金板	混合新铝合金板	包括新的、洁净的、无涂层和漆层的两种以上的非合金铝板，厚度大于 0.38mm（0.015 英寸）；不含毛丝、丝网、污物和其他非金属物品。含油量不超过 1%，不小于 1.27mm（1/2 英寸）的冲屑	Tough
		废飞机铝板	废飞机铝板	包括新的、洁净的、无涂层和漆层的两种以上的废铝板，不含塑料涂层、毛丝、丝网	Tepid
		废船用铝板	废船用铝板	包括新的、洁净的、无涂层和漆层的两种以上的废铝板，不含塑料涂层、毛丝、丝网	
	废铝型材	1 级废铝型材		由同一合金牌号、同一用途的废铝型材组成，如 6063 的废铝门窗等，表面有无涂层均可，不能有其他夹杂物	
		2 级废铝型材		由同一合金牌号、不同用途的废铝型材组成，不含其他杂质	
		3 级废铝型材		不同合金牌号的废铝型材	
Ⅲ类：铸造铝合金废料	铸造铝合金	废铝铸锭	热熔铝	利用废铝熔化成的某种形状的锭、块等。不夹杂其他任何杂质	Throb
		废散热器	铝铜散热器	包括洁净的铝和铜散热器片，或铜管上的铝翼片，不含铜管、铁和其他杂质	Talk
		混合废铝铸件	混合铝铸件	包括洁净的各种废铝铸件，允许含有汽车或飞机铝铸件，不含铝锭、铁、黄铜、巴氏合金及其他任何杂质、污物，油污和油脂不能超过 2%，含铁量低于 3%	Tense
		废汽车铝铸件	汽车铝铸件	包括各种汽车铝铸件，尺寸应达到目视容易鉴别的程度，不含铁、污染物、黄铜、轴套及其他杂物，油污和油脂低于 2%，含铁量低于 3%	Trump

类别	组别	名称（级别）	ISRI 名称	要求	ISRI 代号
Ⅲ类：铸造铝合金废料	铸造铝合金	废飞机铝铸件	飞机铝铸件	包括各种洁净的飞机铝铸件，不含铁、污物、黄铜、轴套和其他异物，油污和油脂不超过 2%，含铁量低于 3%	Twist
		1 级废铝活塞	铝活塞	洁净的铝活塞，可以含拉杆、轴套、轴、铁环和其他杂质，油污和油脂不超过 2%	Tarry
		2 级废铝活塞		洁净的铝活塞，可以含拉杆，不含轴套、轴、铁环和其他杂质，油污和油脂不超过 2%	
		3 级废铝活塞		含铁废铝活塞	
Ⅳ类：铝及铝合金屑	纯铝屑	1 级纯铝屑		纯铝屑，无锈蚀，不含铁、油、水及其他杂质	
		2 级纯铝屑		纯铝屑，不含铁和其他合金屑，允许含有一定量的锈蚀，油、水及其他杂质总含量低于 5%	
	合金铝屑	1 级合金铝屑	单一牌号铝屑	单一牌号的洁净的铝合金屑，小于 20 目网筛的细屑低于 3%，不含氧化物、污物、铁、不锈钢、镁、油、易燃液体、水分和其他非金属	Teens
		2 级合金铝屑	混合牌号铝屑	包括两种以上牌号的、洁净的、未腐蚀的铝合金屑，小于 20 目网筛的细屑低于 3%，不含污物、铁、油、水分和其他非金属。不含铁超过 10% 以上的物质或不含镁、不锈钢或含有易燃的不易运输的车屑混合物	Telic
		新铝零部件	新铝零部件	包括单一牌号的、新的、洁净的、无涂层的铸件、锻件和挤压件，不含屑、不锈钢、锌、铁、油、润滑剂和其他杂质	Tread

类别	组别	名称（级别）	ISRI 名称	要求	ISRI 代号
V类：其他铝及铝合金废料	新废料	边角料	—	包括单一牌号的、新的、洁净的、无涂层的边角料、管棒、型材的切头，不含箔、毛丝、丝网和其他杂质。油污和油脂总含量不超过1%	—
		混合边角料	—	包括两种以上的、新的、洁净的、无涂层的合金废铝边角料、块，不含7×××系列的合金，不含油、毛丝、丝网和其他杂质，油污和油脂总含量不超过1%	—
	切片	切片	—	干燥的切片，金属锌低于3%，金属镁低于1%，铁和不锈钢低于1.5%，非金属总量低于5%	Twitch
		混合切片	废有色金属混合切片	由废有色金属的碎料构成，含有铝、铜、铅、镁、不锈钢、镍、锡和锌，各种金属的比例不限，各种金属可以为零。可含有石块、玻璃、橡胶和木材，不含放射性物质	Zorba
	生活废铝	熟铝废料	—	如铸铝盆、锅、家电零部件等铸造铝的日用品，不含夹杂物	
		生铝废料	—	如废锅、废盆等纯铝的日用品，不含夹杂物	
		合金铝废料		如废高压锅、铝瓶罐、家电零部件等，不含夹杂物	
VI类：铝灰渣	熔渣	熔渣（撇渣）	—	铝及其合金在熔炼过程中产生的撇渣，不含夹杂物。可松散状也可块状	—
	炉底结块	炉底结块	—	铝及铝合金炉底结块	
	铝灰	铝灰	—	铝及铝合金熔炼或铸造过程中产生的灰	—

铝废料的种类：铝废料可分为新废料和旧废料两类。新废料又称过程废料，即在电解铝冶炼和加工过程中产生的废料，这类废料一般是在大冶炼厂和加工厂

现场回收重熔。而独立的重熔厂也回收生产铝板和挤压件等产品时产生的边角料和切屑。旧废料是产品使用期结束和报废后产生的废料，这类废料可获量与产品使用期限有关，如汽车中铝制品制件使用期限为12年，建筑业中为30年。前者回收率高于后者（后者的最高回收率为85%）。旧废料一般是在独立的再生铝厂中处理和重熔，大部分转化成生产铸件的铸锭，通常加入合金添加剂硅、铜、镁；也有一部分转化成钢铁工业用的铝脱氧剂。旧废料在今后10年甚至更长时间将继续增长，目前约占总废料量的一半。通常所说的铝废料，包括废旧铝或废杂铝，后一种废铝即旧废料。其中的大部分用于生产再生铝合金，少部分成分单一的杂质含量低的优质废料也用于熔炼特定成分的铝合金，如废1350铝电线电缆可大量用于熔炼1350合金，废弃铝易拉罐可直接熔炼3004合金，废铝门窗可用于熔炼6063合金，但为了精确调定成分，必须添加一定量的原铝锭或合金元素添加剂。

3.4　废铝资源的预处理

我国废杂铝的来源有两部分，大约40%的国内废料和大约60%的进口废料。国内废杂铝就其使用状态可分为纯铝、铸造铝、变形铝三类。就使用领域而言，可分为生活废杂铝和工业废杂铝。

废杂铝的预处理是再生铝生产的头道工序，也是确保再生铝质量的重要环节。使用混杂的废铝只能生产劣质产品，造成恶性循环，这是我国小型再生铝行业普遍存在的问题。目前，一些大型再生铝厂对废杂铝的处理主要靠人工拆解与分选，对于一些大尺寸的、标志明显的废料，人工分选尚能适应，但对于一些小尺寸的、互相机械连接在一起的，特别是对各种牌号混杂在一起的废料，人工分选就难以达到要求，这就在很大程度上制约了再生铝的应用范围，难以生产出符合相关标准的铝合金材料。废杂铝预处理目的：一是将废杂铝表面的油污、氧化物及涂料等除去；二是除去废杂铝中夹杂的有机物及其他金属；三是将废杂铝按成分分类，不仅使其中的合金成分得到最大程度的利用，提高其商业价值，而且大大提高产品的质量。以下具体介绍不同的预处理技术。

3.4.1　废杂铝中夹杂物的分离技术

1）废杂铝中非金属夹杂物的分离。废杂铝中非金属夹杂物的分离方法主要有以下三种：①风选法。废杂铝中或多或少地含有废纸、塑料和泥沙等，采用风选法可以将其除去。②浮选法。废杂铝中夹杂的废塑料、木头、橡胶等轻质物料，可采用浮选法除去。该法以水为介质，污水经过多个沉降池澄清，循环使用。该法可以全部分离密度小于水的轻质材料，是一种简便易行的方法。③热分解法。可以利用烟气余热对废铝进行预加热，使水分、油污、塑料、纸张等有机物在热分解炉中预先除去，这样，既利用了烟气的余热，又使上述杂质得到彻底的清除。

2）废杂铝中磁性夹杂物的分离。采用磁选设备可以分选出废钢铁等磁性物料。铁在铝及其合金中是有害杂质，对其性能影响很大，因此，应在预处理工序中最大限度地将铁除去。磁选法适合处理切片和碎铝废料等尺寸不大的废杂铝。

3）废杂铝表面涂层的分离。许多废杂铝的表面都涂有油漆等防护层，尤其是废铝包装容器，其中数量最大的是废易拉罐等包装容器和牙膏皮等。如果此类废料不做任何预处理就直接入炉熔炼，漆皮在熔炼过程中燃烧会使部分铝氧化，不仅降低金属回收率，而且严重污染环境。脱漆方法很多，硝酸溶液浸泡是使用较广泛的方法。用脱漆剂除漆效果很好，但成本高。国外较先进的脱漆法是用带有干冰的高压水冲刷工件表面。对于易拉罐等轻薄料表面的油漆可用焚烧法，使油漆气化、分解、燃烧，使用设备有流动床式，也有回转窑。

4）废杂铝中有色金属的分离。废杂铝中夹杂有铜、铅等有色金属，可采用如下方法从中除去。①重介质选矿法：利用重介质重选的办法分选出密度大于铝的铜等重有色金属，使废杂铝浮在介质下面，而重有色金属沉在底部，达到分离的目的。②抛物选矿法：利用各种体积基本相同的物体在受到相同的力被抛出时落点不同的原理，可以把废杂铝中密度不同的各种废有色金属分开。此种方法可使废铝、废铜、废铅和其他废物均匀地分开。根据此种原理制造的设备已在国外采用，国内正处于研究阶段。

3.4.2　废杂铝的分类技术

废杂铝种类很多，若严格按合金牌号分开十分困难，即使在技术上可行，在经济上也不合算。较实用的方法是按化学成分把废杂铝分成五大类，有些废机件可从原来的使用部位和用途加以分类，如废导线、牙膏皮为纯铝，铝母线为 2# 防锈铝，废门窗为 LD2 或 LD31，活塞为 ZL108 等。有些铝合金如果表面氧化不严重，可从颜色和质地加以鉴别，如表 3-6 所示。

表 3-6　废杂铝按外观特征分类

分类	区别特征	区别特征
纯铝	银白色	质软，车屑卷曲状
铝铜	亮灰色	有弹性，车屑卷曲状
铝硅	蓝灰色	质脆，车屑易碎，颗粒状
铝锌	暗灰色	铸件
铝镁	银白色	最轻，脆

当许多废杂铝从表面状态已无法鉴别其所属合金系列时，可以使用化学点滴法等其他方法加以分类。其主要方法如下所示：

1）热处理方法。对废杂铝的分类最先采用热处理方法，可粗略地将铸造铝合金与变形铝合金分开。

2）着色法。着色分检，即利用化学腐蚀（如 15% NaOH 溶液）使不同牌号变形合金产生颜色差异，对其进行处理、检测和自动分检。该法的光学识别系统采用高性能彩色电荷耦合摄像机，通过光学传感器技术实现颜色鉴别。

3）激光致熔光谱法。先用一个激光器烧蚀传送过来的废杂铝块（件），净化其表面，然后用另一个激光器将光束打在从传送带掉下来的废杂件的表面，使材料小量蒸发，产生小而高发光的等离子云团，再用发射光谱定量测出其化学成分。采用该项技术能将铸造铝合金与变形铝合金分开，特别是各种变形铝合金彼此分开，较之迄今必须手检慢而费时的分检过程更有利于批量运作。一个工业规模的分检中心每年可同时分析并分检 454t 废杂铝，这是用高技术改造传统产业的典型范例。该技术能提高再生铝的附加值，降低成本，提高效率，可以大规模用于再生铝的预处理过程。这是 2001 年初美国的汽车铝业联盟报道的一项新技术。

4）化学点滴法。此法是以废杂铝及其合金与某一种或几种试剂发生反应形成特定的颜色或元素的沉淀物为基础，经过目测对比，实现对废杂铝的分类。经过试验，使用几种廉价的试剂就可将废杂铝分成 5 大类。此法简单、易行，尤其适用于对大块废料的快速鉴别分类。根据上述分离技术，提出废杂铝预处理工艺流程，以期得到高质量的入炉料，其工艺流程如图 3-6 所示（蔡艳秀等，2006）。

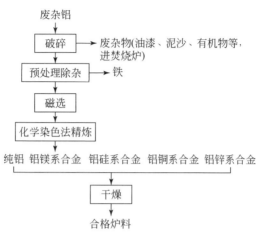

图 3-6　废杂铝预处理工艺原则流程图

对于包覆的铝电缆、电线类废铝，采用与铜电缆、电线类似的机械拆解；报废汽车中的铝通常是以铝合金部件的形式应用，在汽车拆解时大多是整件拆解下来；其他如建筑用铝、饮料罐等收集后，许多是混料，在中国主要是先进行人工分类、清洗脏物（除去污泥、油污等），对薄材和碎屑等在入炉前还需进行压块等处理。

5）涡流选矿法。这是荷兰 Delft 技术大学开发的一种新工艺，用来从汽车切块碎屑和城市垃圾焚烧灰等废料中回收金属（铝），称为涡流（eddy current）选矿法。1996 年，荷兰循环铝与消费量之比为 74%，此比例每年还在上升，2000年的目标是大于 80%。荷兰铝回收的铝废料成分都是很复杂的，以生活垃圾来说，平均大致含铝 0.4%，在荷兰这就意味着每年有 2 万 t 可潜在回收的铝。其他金属有如碳钢、不锈钢、铜、黄铜和锌等，都有很高的回收价值。有的金属废料如报废的建筑物和汽车，几乎完全可回收。在荷兰 Delft 技术大学进行了大量垃圾分离技术的研究工作，许多方法已在 VAN 和 VAGRON 垃圾处理厂进行了工业试验，试验方法为：在涡流分离器中，一个变换的磁场使之在导体（如有色金属废料）中产生一种力。在分离器中颗粒的分离效率与颗粒的电导率（σ）成正比，而与它的密度（ρ）无关。这种组合形式使该技术很适合从混合物废料中回收铜和铝。这种技术的理论基础在 100 年前就为人们熟知，但在 20 世纪 80 年代才有显著的进步。原因如下：①旋转磁鼓技术的开发。②永磁的工业应用。进一步的研发是产生新一代有色金属分离器，理论计算是基于基本物理原理，形成最佳的磁系统。③干式密度分离法。干式密度分离法是基于颗粒在细粒沸腾床中的不同运动状况，沸腾用筛分法分离。细料沸腾床可看作是具有一定表观密度的重液介质，在沸腾床中给料粒子或上浮或下沉，如轻金属（铝）上浮，重金属（铜）则下沉。通过一个分离器将金属分离。为防止沸腾介质黏结，所以必须是干燥床。物料通过沸腾床的时间大约为 20s，因此仅需短时间的外部干燥即可。金属物料分离后通过一个小的鼓形筛以除去沸腾床介质，这部分介质再返回沸腾床。介质损失很少，可忽略不计。已研制了几种干密度分离器，包括直通式或旋转圆筒式。④图像分析。图像分析有两种可能的应用方式，即铸造和锻造合金分离，废料通过旋涡电流时的图像分析。当有色金属物料用切碎机处理时，锻造和铸造合金就会表现出不同的外观，由于其易碎，铸造合金有更为尖锐的边缘，锻造合金则塑性较好，形状变化会使锻造合金粒子变得圆滑。当这些合金的混合体通过摄像镜头时，就可分辨出来并使之分离。Delft 技术大学研制了一种磁选机和涡流分离器在线质量分析的传感器装置，该系统可使操作者进行黑色和有色金属产品回收率和品位的最佳化作业，并预测分离作业的效益。涡流分离器的主要优点是：这种新型磁鼓效率很高；铜和铝的分离和回收率都很好；回收的金属纯度较高；沸腾床分离器可使饮料盒与硬铝分离；3～4 年可收回投资。

3.5　火　法　冶　炼

再生循环铝的生产工艺和原生铝完全不同，所以再生铝原料通常都不回到原生铝冶炼厂去处理，而是单独建立再生铝生产厂。另外，再生铝的熔炼技术和设备比再生铜要简单些，基本工艺是一个熔化过程，而且，几乎再生铝全部以铝合金形式产出。除熔化过程外，需按产品要求适当进行合金成分调配。回收来的废铝一般经过重熔炼或精炼，然后经铸造、压铸、轧制成再生铝产品。

再生循环铝及合金的生产一般采用火法，熔炼设备有坩埚炉、反射炉、竖炉、回转炉、电炉，选用何种工艺一般由原料性质、当地的能源结构（煤、电、油和气等）以及拥有的技术等决定。废杂铝宜生产再生铝及合金；废杂灰料可生产硫酸铝、铝粉、碱式氯化铝；优质废铝可生产合金、铝线或铸件，炼制 Al-Si-Fe 复合脱氧剂；废弃飞机的铝合金可直接重熔再生。

火法熔炼必须在熔剂覆盖层下进行，防止铝的氧化，还可起到除杂质的作用。常用的熔剂是氯化钠、氯化钾（1∶1），再加 3%～5%的冰晶石。中国循环铝及合金熔炼的原则流程如图 3-7 所示。

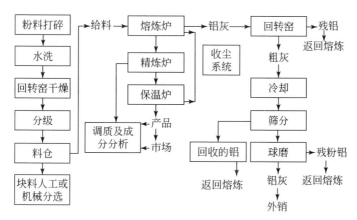

图 3-7　中国循环铝及合金熔炼的原则流程

1）反射炉熔炼。这是国内外用得最广泛的工艺设备，世界 80%～90%的循环铝是用反射炉熔炼的。反射炉适应性强，可处理各种铝废料。工业上有一（单）室、二室和三室炉。中国多采用单室，其主要缺点是热效率低（25%～30%）。

2）电炉。常用的有熔沟式有芯感应电炉和坩埚感应电炉，适宜处理铝屑、打包废料、饮料罐、铝箔等，多用于合金熔炼，热效率为 65%～70%。

3）回转炉。回转炉多用于处理打包易拉罐和炉渣，以油或天然气加热。炉子和炉料是活动的，效率高。

4）竖炉。竖炉后一般再接一个平炉，竖炉熔化，平炉精炼。竖炉的优点是传热好，熔化速度快，能耗低；缺点是物料烧损大，只适宜处理块料。

目前中国生产的绝大多数为循环铝合金，其中大部分是生产车用铝合金，还有小部分生产炼钢用脱氧剂。日本、美国常用的压铸铝合金有 A380、ADC10 等，中国常用的铝合金牌号为 Y112。熔炼设备主要是火焰反射炉，分单室（中国）或双室（国外），容量一般为 10～50t。燃料用油、煤、煤气或天然气，电价便宜时也可用工频电炉。铝合金一般为多元合金，常含有硅、铜、锰，有的还含钛、铬、稀土等，合金元素的添加一般是将熔点较高或易氧化烧损的元素配制成熔点较低的中间合金使用，从而也使最终产出的成品铝合金成分更均匀。中间合金的种类很多，如 Al-（10%）Mn、Al-（10%）Mg、Al-（50%）Cu、Al-（5%）Ti、

Al-(5%) Cr 等。车用循环铸造铝合金应用比例在不断增加，但对一些含铁、锌、铅等杂质较高的废铝，只能熔炼成炼钢脱氧剂铝锭。在熔炼过程中，经计算配比的炉料先过秤，分批加入预热炉中。一般先加大块料，使炉内形成一定量的熔体，此时炉内温度不能过高。如原料中混有铁块，则将熔体中的铁块捞出后再加热升温。然后加薄片、碎料等，并将它们压入熔体中以减少氧化烧损。熔体表面通常会有一定量的渣，需加熔剂精炼以除气除渣。熔体加热到 800~850℃ 时按熔炼的合金品种需要加中间合金块，中间合金块也要埋入熔体中，避免氧化烧损。中间合金块加入的另一作用是使熔体温度适当降低，充分搅拌熔体使成分均匀，取样化验合金成分合格后浇铸成锭。浇铸温度一般控制为 750℃ 左右。另外，也可以直接将合金浇铸成产品毛坯。加入的熔剂量视渣量而定，熔剂成分一般为 50% Na_3AlF_6、25% KCl、25% $NaCl$，有时也加入 $ZnCl_2$。从混合炉渣中回收的铝一般含铁硅较高，有时当回收的废铝含铁超过 1%、含锌超过 2% 时，这类铝通常用于熔炼成炼钢的脱氧剂。通常，铝渣灰含有一定的金属铝及氧化铝，经湿法浸出、过滤、浓缩、蒸发后可产出硫酸铝、氯化铝等化工产品，用于水净化、配制灭火剂、造纸工业用胶以及印染工业的媒染剂等（蔡艳秀，2010）。

再生铝熔炼存在以下四种特点：

1）原料碎。目前国内再生铝工业原料大量从国外进口，2009 年进口铝废碎料已经达到 263 万 t，净含量也达到 230 多万 t。进口的废铝基本上是碎料。国内产生的废铝也以碎料居多，而且呈上升的趋势。如上所述，碎料的表面积大，采用传统反射炉熔炼的方式无法解决烧损严重的问题。

2）铝的熔化潜热高。铝的熔化潜热高，为了说明问题，以铝和铜的熔化潜热做一比较。铝在固态时的比热为 0.215J/（kg·k），液态时的比热为 0.1J/（kg·k），熔化潜热为 94.6J，而铜的上述对应值分别为 0.092J/（kg·k）、0.127J/（kg·k）、50.6J。将每千克铝从 20℃ 加热到 800℃ 总计需提供热值 275.6kcal（1cal = 4.184J），将每千克铜从 20℃ 加热到 1200℃ 总计需提供的热值仅为 163.3kcal，前者为后者的 1.69 倍。因此，熔炼废铝的能耗要远高于其他金属。

3）铝的易氧化性和氧化铝的无法还原性。铝是极易氧化的金属，氧化后会形成一层致密的氧化膜，氧化膜阻止了继续氧化。在熔炼再生铝过程中，熔融的铝液表面会形成一层致密的氧化铝膜，起到保护铝熔体的作用。但由于生产过程中的加料、搅拌、扒灰等操作，氧化膜会被不断破坏，并不断生成新的保护膜，这样反复进行，结果导致了铝的大量损失，同时造成了熔体中氧化铝的夹杂，不仅降低了金属回收率，同时也降低了铝合金的质量。进入熔体的氧化铝是无法还原的，这也是再生铝的一个特点，再生铝的生产不可能像再生铜熔炼那样采用还原的办法还原氧化铝，也不可能通过氧化造渣的方法除掉夹杂物。在再生铜的熔炼过程中，混入废铜中的杂质可以用氧化造渣的方法除去，而在氧化过程中，生成的氧化铝无法在熔炼过程得到还原，这是再生铝金属回收率低的主要原因。

4）熔融的铝熔体有强烈的吸气倾向。再生铝合金熔体有强烈的吸气现象，吸气与原料中的杂质、含水分、操作环境、操作技术、炉床面积、控制技术等有直接的关系。吸气导致产品内部气孔率增大。减少铝熔体中的吸气，是熔炼再生铝合金的技术难题。实践表明，传统反射炉生产过程中合金熔体吸气严重，这是因为在熔炼温度下，有下述主要反应发生：

$$2Al+3H_2O（汽）=\!=\!=Al_2O_3+6 [H]$$

$$C_mH_n=\!=\!=mCO_2+n [H]$$

反应的水分主要来源于燃料、炉料及添加剂含的水分，此外，空气中的水分也是反应的重要原因。反应中的 C_mH_n 主要来自燃料，是燃料的主要成分，燃料燃烧后也进入炉气。以上反应生成的原子 [H]，是造成铝液吸气的主要原因，也就是通常所称的针孔。这是铝熔炼中必须解决的关键问题。

3.5.1 典型废料的回收利用技术

中国回收的废旧铝通过三条途径得到利用：①熔炼成再生铝合金锭，供重熔用；②熔炼成加工铝材用的锭坯，如轧制用的小扁锭、挤压用的圆锭；③直接熔炼与铸造铸件。从整体来看，中国废旧铝的熔炼技术水平相当低。中国废旧铝的熔炼技术可分为三类：国内先进的、国内一般的、国内落后的。第一类，如上海新格有色金属有限公司、上海华德铝业有限公司等，这类企业使用废铝量约占废旧铝总量的15%；第二类企业为位于中小城市的铝加工厂与再生铝厂、铝铸造厂等，如浙江万泰铝业有限公司、永康力士达铝业有限公司、河北立中集团有限公司等，它们使用的废铝量约占废旧铝总量的40%；第三类为作坊式的小企业与家庭式的土炉，所使用的废铝量占废旧铝总量的45%左右。

目前中国已成为全球仅次于美国的废旧铝回收与再生铝生产利用大国，同时是一个发展中国家，虽然各级政府对环境保护极为重视，但在废旧铝再生过程中仍产生了较为严重的环境污染，熔炼与焚烧产生的烟气基本不处理直接排放（王祝堂，2002）。而发达国家对再生金属从回收、加工到最后制出再生产品，其中的每个环节都必须满足环保要求，并都有法规保证，所以必须高度重视熔炼环节的环境保护。废铝熔炼过程会产生大量的烟尘，要减少其污染，设计中在熔化炉和精炼炉炉门上等处设置排烟罩，总烟道终端采用旋风除尘器和布袋除尘器二级除尘，减少了厂房内部和厂房外部排烟的污染，厂房外排烟的含尘浓度（<50mg/m³）和烟气黑度都远低于国家环保的排放标准。在设计中，采用先进的计算机控制系统，对熔炼工部生产的全过程进行跟踪监测，每台炉子的热工参数包括炉膛温度、炉膛压力、换热器前后的烟气温度、布袋除尘器前后的烟气压力和温度以及燃烧系统实行自动检测和调节。各控制室和车间、厂部联网，各工序的在线工况和各热工参数均可随时掌握，以便及时处理。

欧洲熔炼技术最好的国家应属德国，其次是意大利。在实际生产中有多种炉型：铝废料在旋转炉中盐溶液覆盖下熔化，该技术应用很广；双室反射炉和侧井炉应用也很广。我国再生铝所用熔炼炉种类繁多，如反射炉、回转窑、竖平炉、坩埚炉和工频炉等。这些炉子原来都是用来熔炼铝锭的炉子，不完全适合废铝熔炼，如进行适当改造，可适应废铝的重熔。专门用来废铝重熔的炉子有铝屑炉、铝渣处理回转窑以及最常用的室式反射炉。

3.5.1.1　铝屑炉

侧井炉分切片炉和铝屑炉。铝屑不同于铝锭，体积小，质量轻，所以铝屑炉必须解决以下问题：

1）铝屑一般都呈粉粒状，体积很小，很容易被火焰吹起和氧化，有时最高烧损率在70%以上，如何减少烧损，提高铝的回收率。

2）铝屑由于质量很轻，一般都漂浮在铝液表面，如何使铝屑快速地沉到铝液下面，使其"安全"熔化。

为解决好以上问题，在铝屑炉的设计中采取了如下措施：

1）用高温铝液作为铝屑熔化的热源，不用火焰直接加热铝屑，从而减少了铝屑的氧化烧损。

2）采用旋流卷吸铝屑，使铝屑快速沉入铝液中。产生旋流的主要办法有机械法和电磁法两种。机械法就是通过铝水泵+"马桶"的方法可以取得较好的效果。电磁法又分电磁和永磁两种，电磁+"马桶"的技术比较成熟，在国外已普遍采用，但电耗大；永磁+"马桶"是我国首先用于铝屑炉，目前正在试验阶段，发现永磁搅拌所产生的旋流强度比机械泵要小得多。

由于铝屑炉的工艺与一般的熔铝炉和废铝熔化炉不同，所以炉子结构也与一般的熔铝炉有较大的不同，主要包括主熔池、副熔池、保温池（溢流储液池）和侧井组成。

通过以上措施，铝屑的烧损率大大降低（30%以下），废铝的回收率达到80%。侧井即"马桶"，是铝屑的加入口和旋流的产生处。该炉还可用于废铝切片熔化，那时就无须使用侧井。

3.5.1.2 铝渣处理回转窑

回转窑多用于熔化，这里所讲的回转窑用于铝渣（灰）中铝的回收。从熔炼炉中扒出来的热铝渣，一般含铝量达到50%～60%，经回转窑加热处理后，可回收其中35%～40%的铝。这里要说明一点：铝渣在回转窑内加热是采用内热式，即利用铝渣中铝的自燃造成高温（纯铝的理论燃烧温度在1240℃以上），从而提高了铝的熔化速度和铝水温度，并降低了铝水黏度，有利于铝水和铝灰的剥离。为防止熔化温度过高，燃烧速度过快，引起铝渣的爆炸，在操作中可加入工业盐（NaCl、KCl）以降低其燃烧速度，防熔渣飞溅。有的冶炼企业对铝渣（灰）中的铝没有回收，造成该企业铝的烧损率高。

3.5.1.3 反射炉

反射炉具有结构简单，操作方便，容易控制，适应性较强，适合大规模生产等优点。目前世界铜冶炼反射炉冶炼占30%～50%，80%～90%的锡是在反射炉熔炼的。反射炉在铝熔炼中也占有较大的比例。它主要的缺点是燃耗高、热效率低（一般只有15%～30%）、污染严重（张正国，2006）。

3.5.2 再生企业生产实例

3.5.2.1 铝锭和各种废铝熔炼工艺

德国宏泰铝业设备公司采用多室熔炼炉技术循环铝，传统的侧井炉允许同时熔炼铝锭和各种废铝，这种炉子的改进主要是为了减少熔炼薄型废铝时的金属损失。

铝锭和其他清洁的厚材在炉膛里熔炼。侧井炉安装了烧嘴，为熔炼过程输入热量。废铝在侧井炉中熔化并且潜没于铝液中，不直接接触火焰。

直接火焰加热薄型的清洁废铝可能导致金属损失 25%~30% 或者更多。潜没熔炼可以使损失减少到小于 2%。传统侧井炉的上料可以通过叉车、铲车等完成。炉子有一个相对封闭的侧井，侧井的作用：一是降低热辐射，提高炉子热效率；二是燃烧废铝中可能存在油污。炉膛和侧井之间的热交换通过自然对流，炉膛和侧井间的墙是个"幕墙"，一直延伸到铝水里。炉膛和侧井间有连通口，宽度与炉子宽度相等。应当指出的是，没有强制铝液循环的炉子的熔化速度相对较低，强制铝液循环可防止熔池表面过热从而减少金属的损失。从铝的熔炼过程温度分析可看出，温度超过 770℃ 时铝渣形成加速，因此要尽量使铝液温度低于此值。

为了提高这种炉子的熔化速度，用机械式铝液泵使铝液在炉膛和侧井之间循环。视泵的能力大小，每小时铝液循环量可达 30~300t。循环泵可使炉子的熔化速度提高 25% 以上。铝液循环除提高熔化速度外，还可降低过程能耗，减少铝渣形成，使熔池中铝液温度均匀，使铝合金更均质化。

侧井炉对污染铝屑的重熔也起到很重要的作用。污染的铝屑直接加到铝液中熔化往往导致较大的金属损失，而先在侧井中处理则可缓解这个问题。侧井炉的一个重大革新是给炉子添加封闭上料系统，上料时烟尘不外逸，德国 Grevenbroich 的 VAW 厂建于 1991 年，按这种新概念建造了熔炼炉。该炉配备封闭式上料系统，利用炉子产生的废气对炉料进行干燥及预热。该炉利用新系统将侧井烟气输送到主炉膛，含油污的废铝在侧井燃烧产生热量被烟气带入主炉膛，从而节省了熔炼作业燃料。

在这些经验基础上，德国宏泰铝业设备公司为比利时 Duffel 的 Corus 铝厂设计并建成了环保熔炼炉。该炉增加了先进的侧井设计，有一套专门的废铝油污焚烧系统，特别开发了废铝油污焚烧烟气循环风扇和一套 PLC 及 SCADA 控制系统。侧井加了一个延长的干燥斜坡，在斜坡上加废铝；而热的气体从热氧化室的底部再返回侧井，在斜坡上对废铝预热和脱除涂层。废铝通过斜坡由下一批料推进铝水中，自动上料机靠在炉子上完全密封与周围环境隔开，然后通向侧井的门打开，上料机进入侧井，把已经在斜坡上的料推进铝液中，同时将下一批料安置在斜坡上。所有的焚烧烟气都通过热氧化室，在需要的温度下和时间内进行处理，保证所有的可燃气体充分燃烧，当废铝中含有氯化合物可能产生二噁英有害物时，这样做特别重要。

氧气控制装置调整二次空气加入量，保证烟气里的污染物充分燃烧，同时保持热氧化室出口氧气含量尽量接近于理想比值，保证金属损失最小。因此，此时需要热气体再循环风扇。由于考察市场上的各种风扇均不能满足要求，所以 Thermcon 公司开发了一种专用风扇，并已证明其可靠性高，使用寿命超过 5 年。该环保熔炼炉由于能净化空气，大大改善了环境条件。表 3-7 是收尘前后的效果对比。

表 3-7　环保熔炼炉的典型逸散量（标态）

成分	收尘前	收尘后
NO_x	$400mg/m^3$	$200mg/m^3$
CO	$100mg/m^3$	$100mg/m^3$
烟尘	$40mg/m^3$	$1mg/m^3$
Hcl	$30mg/m^3$	$1mg/m^3$
HF	$5mg/m^3$	$0.1mg/m^3$
二噁英	$0.1ng/m^3$	$0.01ng/m^3$

除炉子本身外，还有氧气烧嘴、交流换热器以及布袋收尘器等辅助设施。采用氧气可减少烟气量。以下介绍多室炉的各种结构，如图 3-8 所示，有各种选择可以满足不同生产需要。该公司根据图 3-8 的设计，在 2003 年制造了多室炉并在法国 Pechiney 公司薄板连铸设备厂投产。多室炉典型尺寸如表 3-8 所示，不同的设计可以达到不同的熔炼效率和处理量。

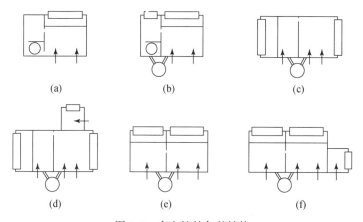

图 3-8　多室炉的各种结构

注：（a）带侧井口和泵；（b）带封闭铝渣室，EMP，在线上料井；（c）带封闭侧井，EMP，上料井，背对背；（d）同时带干燥室的炉子；（e）带封闭侧，EMP，上线上料井；（f）同时带干燥室的炉子

表 3-8   多室炉典型的尺寸、熔化率及容量

熔化率 /(t/h)	主炉膛区 /m²	侧井 /m²	侧井门长 /mm	侧井内长 /mm	主炉膛门长/mm	主炉膛内部长/mm	炉料 /t	残料 /t
2.5	10	8	3000	2800	3600	2800	18	10
5	20	16	4000	4200	4800	4200	36	20
7.5	30	24	5000	5000	6000	5000	60	30
10	40	32	6000	5600	7200	5600	80	40

多室炉控制系统较复杂,专门的 PLC 软件自动控制系统可保证炉子自动控制作业时间、温度、氧气含量等各种参数。开发的 SCADA 视频使操作者和监测者能详细看到设定值和炉子实际数据,同时提供足够的数据存储功能。

炉子的加料系统是全封闭式的,从而保持了车间作业区的空气清洁,劳动条件大大改善。表 3-9 是环保部门对现场实测的典型数据。

表 3-9   环保现场检测值

排放物	法定限度/(mg/m³)	实测值/(mg/m³)
颗粒物	5	1.5
氯化物	30	2.5
氟化物	5	1.3
NO$_x$	400	252
CO	60	13
有机物	50	7.4
二噁英/呋喃	0.1	0.01

3.5.2.2   铝炉渣反射熔炼工艺

在铝电解厂生产原铝锭与供加工厂用的锭坯、铝材加工厂的熔铸车间熔炼铝合金、铸造厂生产铸件与再生铝厂回收铝的过程中,都会产生一定量的热铝炉渣,按熔炼设备的不同与生产工艺的差异,铝炉渣量为 0.5% ~ 7%,而渣中的铝含量为 20% ~ 70%。采用正确的炉渣处理方法可回收其中的大部分铝与其他资源。

中国处理铝炉渣的技术较为落后,几乎全采用人工选拣与筛分技术,使用坩埚炉与反射炉熔炼,劳动强度大,工作场所粉尘、烟雾多,对环境污染也较大。

1996 年，全国有 82 个铝电解厂、1400 多个铝材加工厂与七八百个生产铝铸件的厂、几千个作坊式的个体再生铝厂，前面的那些工厂都有自己的炉渣处理车间，将处理后的残灰又卖给个体户，可从其中提取约 5% 的铝。中国铝炉渣极为分散，所以至今还没有一个专门的炉渣处理厂，也没有一台现代化的先进炉渣处理设备。亚洲铝厂有限公司有两台自制的热炉渣搅拌处理机，能就地回收较多的熔融铝；深圳华加日铝业有限公司将热渣扒于有孔的渣箱内，通过沥滤也可就地回收一定量的熔融铝。尽管如此，中国从炉渣中提取铝的回收率还是相当高的，并不比工业发达国家的回收率低。同时，回收的再生铝也有相当高的质量，例如，某铝合金型材厂从本厂生产的 6063 合金炉渣中回收的再生铝锭 72.5t，其平均成分为 0.376% Mg，0.454% Si，0.283% Fe，Cu、Mn 等的含量均小于 0.01%，其余为铝。中国处理铝炉渣的典型工艺流程如图 3-9 所示（刘贤能等，1998）。

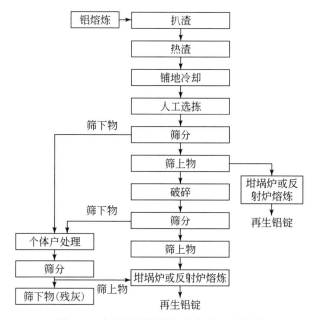

图 3-9　中国处理铝炉渣的典型工艺流程

日本处理铝炉渣的典型工艺流程如图 3-10 所示。从炉内扒出的渣，迅速在炉前的金属回收机（metal reclaiming machine，MRM）内回收铝，残渣冷却后送往专业炉渣处理厂进一步回收铝。MRM 法是将热渣放进处理容器内，旋转叶片搅动铝炉渣，熔融铝沉集容器（罐）底部，排出铝铸成再生锭，再用旋转水冷装置冷却剩下的渣。然后运往专业炉渣处理厂作进一步的处理。通过粉碎→筛分→熔化等工序回收铝。一般采用雷蒙破碎机或球磨机粉碎，筛上物含有相当多的铝，送往转炉或坩埚炉熔炼回收。在熔炼过程中可加入少量的熔剂，以分离氧化物与铝熔体。筛下物为残灰，还含有一定量的铝，可作为炼钢脱氧剂，即造渣剂。最后剩下的废渣即残灰可送往垃圾场作废弃物处理。目前，日本每年产生的铝炉渣约310kt，从其中回收90kt铝，其余的220kt作为渣继续处理，其中60～70kt成为炼钢造渣剂，剩下的那部分（150～160kt）作为工业固体废弃物处理，即被掩埋。

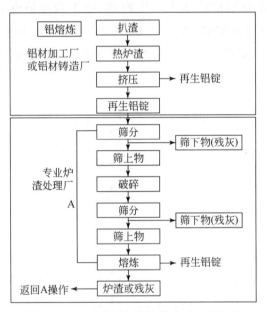

图 3-10　日本处理铝炉渣的典型工艺流程

在欧美诸国处理铝炉渣的技术是：破碎、筛分工序与日本工艺基本相同，但在熔炼时为了提高铝的回收率，使用了大量的盐熔剂（氯化钾与氯化钠混合物）。欧洲与美洲的处理技术虽可以回收更多的铝，但却会产生大量的盐饼，需用湿法处理以回收盐。仅德国每年产生的盐饼（盐渣）就有200kt左右。盐渣中的铝最多可达10%，通常为4%～6%。用盐在回转炉内处理铝炉渣，所有夹杂物和氧化物溶于熔融盐，从而将铝分离出来。欧美处理铝炉渣的典型工艺流程如图3-11。

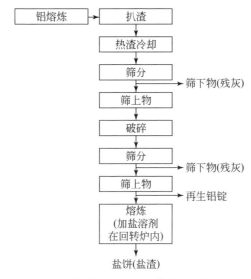

图 3-11　欧美处理铝炉渣的典型工艺流程

3.6　电　解　精　炼

消费者从市场购买的循环铝制品，无论是金属锭还是合金，都可能在不同程度上含有一些杂质。这是因为循环铝和其他再生有色金属（如铜、铅、锌等）不同，其他二次有色金属原料部分可与原生料一起处理，或金属加工时通过电解或蒸馏法提纯后，产品质量与原生金属相差不多；循环铝的生产则与原生铝相差很远，这无疑使循环铝及其制品的质量受到较大影响。目前循环铝工业存在的主要问题是：重熔损失大，特别是用有油污的废料、轻量化的废铝罐和铝箔等原料时。重熔时为了防止铝的氧化，通常加入熔盐（NaCl、KCl 等），这不仅增加了生产成本，而且对环境不利。一般循环铝质量比原铝低。通常，循环铝及其制品生产过程中最容易出现的有害杂质有三种：氢、碱金属和非金属夹杂物。

1）氢。如图 3-12 所示，液态铝可溶解大量氢，主要取决于温度。当铝从液态变为固态时，氢的溶解度几乎降至零。因此，溶解的氢是以气态脱去的，这就会导致固态产品的多孔性。孔径范围可从微米级到某些金属锭中明显的空洞，这种空洞在铸造或热加工的制品中可能会使产品的强度大大降低。这是一个众所周知的问题，人们已进行了许多研究来寻求除去溶解氢的方法。一种典型的脱气方法是浇铸之前脱气，或采在炉内，或在保温包内脱气（间断作业），或采用在线脱气装置（连续作业）。高的金属温度（典型的温度在800℃以上）和液相内的紊流作用对脱气不利。脱气和冷凝固化之间的时间间隔越长，产品氢含量就可能越高。对于以液态状运输的金属，可在装货前脱气，但氢含量会随保温时间延长而上升，此时应严格控制金属的温度，长距离运输时金属过热也会使金属的氢含量上升。应当指出，固化过程是一种有效的除氢办法，对于锭块需重熔时，用熔剂除氢不是好办法。

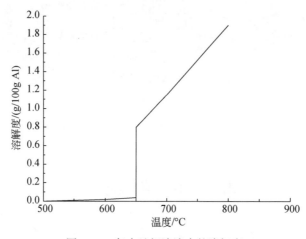

图 3-12　氢在纯铝溶液中的溶解度

2）碱金属。熔融的铝可与某些碱金属混合物反应，使铝合金中溶解碱金属。通常所谓的碱金属是指 Li、Na 和 K，有时还有 Ca。Hall-Heroult 电解将 Al_2O_3 还原成金属铝时 Na 也会同时析出。如不经处理，原生铝含 Na 要远远高于循环铝。有时 Hall-Heroult 电解还采用碳酸锂以提高电流效率，这样做的一个负面影响是增加铝中的锂含量。无论是原生铝还是循环铝，杂质 Ca 都是个问题，用适当的盐（类）溶剂或气态溶剂可克服这一问题。碱金属的一般来源包括盐（类）溶剂、熔池耐火材料和（金属浇铸溜槽涂的）白垩。通过三种方式可避免碱金属进入铝中：①从上述源头上避免碱金属进入；②用气态溶剂（特别是含少量氯）处理熔融金属；③用盐（类）溶剂脱除碱金属。

3）非金属夹杂物。非金属夹杂物一般是指金属中的固体颗粒或片的非金属物质，它们大多是金属氧化物，如氧化铝、氧化镁和铝-镁尖晶石等。非金属夹杂物引起的主要问题是降低最终制品的强度，引起裂纹，降低加工性。其他夹杂物还包括石墨颗粒、铝的碳化物或氮化物颗粒、TiB_2和盐类。从熔融铝中脱除非金属夹杂物的基本办法是基于两者之间的物理性质差异。无论是原生铝还是循环铝，上述所有杂质的脱除都必须在送用户以前完成。

3.6.1　典型废料的回收利用技术

为了脱除再生铝中的杂质，必须对再生铝进行精炼。一般的精炼方法有：①过滤。将熔体通过过滤材料，除去固体夹杂物。②通气精炼。往熔体通入氯、氮等，除去氧和氢。③熔盐精炼。常用的盐类有冰晶石和金属卤化物，以除去熔体中气体和非金属夹杂物。④真空精炼。除去易挥发性杂质及氢气等。⑤金属杂质脱除。用氧化法除去镁、锌、钙等，氮化或氯化法除去钠、锂、镁、钛等。总体上，循环铝生产工艺和设备比再生铜简单。从设备上说，国外发达国家多采用双室反射炉熔炼，而国内目前是采用单室反射炉。以下介绍几种典型再生铝的处理技术。

3.6.1.1　再生铝精炼

利用含铝废料生产金属铝的熔炼过程是一个高温作业过程，在高温下，气体在金属中的溶解度会大幅增加，导致气体在金属铝中夹杂。尤其是含铝废料的表面常有油漆、油脂等有机物，在高温作用下这些有机物发生燃烧，所产生的气体一部分以气体溶解的形式进入金属铝中。同时，在高温作用下，金属铝还可以同这些有机物反应，形成氢气和碳化铝，其反应式如下：

$$\frac{4m}{3}Al + C_mH_n = \frac{m}{3}Al_4C_3 + \frac{n}{2}H_2$$

这些因素综合作用的结果是铝包含较多数量的气体夹杂和固体非金属夹杂。这些夹杂物的存在将造成金属铝的材料品质和性能下降，严重时影响加工和使用，因此必须除去。

除去这些气体或固体夹杂物的工艺方法可采用原铝净化除杂的工艺，因所含杂质种类、数量的差异，对于要控制的净化除杂工艺条件也会有所不同，具体的工艺技术条件可通过试验来确定。

经过净化除杂后，铝的纯度得到较大的提高，可以直接作为商品金属铝按牌号出售，也可以将所生产的金属铝进一步提纯成满足要求的精铝或高纯铝，以提高再生铝生产金属铝的附加值。为节约能量消耗，精炼提纯过程可以紧接着废铝熔炼以及净化除杂过程进行，从而省去铝精炼提纯前的熔化工序。精炼可以采用前述的原铝精炼工艺技术进行，这里不予赘述。

3.6.1.2 再生铝合金精炼

再生铝合金在熔炼和浇铸过程中，金属熔体与炉气和大气相接触，发生一系列的物理化学反应，生成气体和氧化物。合金锭中的这些气体和夹杂物会使锭坯在加工、变形时产生真皮、分层和撕裂等现象，降低金属或合金的强度和塑性，因此在铸锭之前熔体进行精炼很有必要。

精炼方法根据精炼原理可以分为吸附法、非吸附法以及过滤法等；按去除的杂质种类可以分为非金属杂质的脱除和金属杂质的脱除（刘业翔和李劼，2008）。

（1）脱除非金属杂质的精炼

再生铝合金熔体冷却时，气体的溶解度降低，原来溶解在熔体中的气体氢呈独立相析出，在铸件中生成气孔，降低铸件的机械性能。此外，固体非金属杂质（氧化铝等）分布在晶界上，也会降低合金的机械性能。为使再生合金的性能与原生金属配制的合金性能无大差别，通常采用下面方法来精炼去除再生合金熔体中的非金属杂质。

1）过滤。采用活性或惰性过滤材料使熔体过滤。当合金通过活性过滤器时，因固体夹杂颗粒与过滤器发生吸附作用而被阻挡；而当合金通过惰性过滤时，则借助机械阻挡作用把杂质过滤出来。惰性过滤器是用碱的铝硼玻璃制成的网状物，又称网式过滤器，过滤时固体非金属杂质物粒度若大于过滤孔，将被阻留。但网孔不能大于 $0.5mm \times 0.5mm$，因为铝熔体不能通过 $0.5mm \times 0.5mm$ 的滤孔玻璃布。采用适宜筛网过滤可将合金中固体夹杂物含量降低为原含量的 $2/3 \sim 1/2$。采用块状过滤材料过滤可以用黏土熟料、镁砂、人造金刚石、氯化盐和氟化盐的碎块或预先在这些盐浸渍过的惰性材料。浸润的过滤器比不浸润的效率高2.3倍。例如，用 NaCl 和 KCl 共晶混合物浸渍过的粒状氧化铝做成的过滤器，过滤后熔体中固体夹杂物大大降低，而且由于夹杂物吸附铝中含氢气，故又能脱气。

2）通气精炼。即通氯、氮、氢气对熔体进行精炼。为了使气体与被净化合金的接触良好，精炼气体应呈分散状鼓入熔体。通气精炼通常有脱除熔体中氢的作用，这其中的原因是合金液中的氢可扩散到鼓入气体的小气泡中；另外，通气精炼也可脱除氧化物和其他不溶杂质，正如浮选一样，气体吸附在固体夹杂物上，随后就上浮到熔体表面。精炼气体要预先脱除氧和水分。因氧和水蒸汽可以在气泡内表面上生成氧化膜，阻碍合金中的氢气扩散到气泡内，而降低脱气效果，不管原合金中氢的饱和度如何，精炼气体鼓入合金液后，溶解的气体量均降为 $0.07 \sim 0.1 cm^3/100g$ 合金，而非金属杂质含量降为 0.01%。用氯气精炼效果最好，但因有剧毒而不适于采用。为了尽量减少氯气对周围大气的有害影响，又达到要求的净化程序，近年来，采用氯气与惰性气体的混合气，如含 15% 氯气、11% 一氧化碳、74% 氮气的混合气体精炼铝合金（称为三气法）能保证溶解的氢含量从 $0.3 cm^3/100g$ 合金降为 $0.1 cm^3/100g$ 合金，其含氧量从 0.01% 降为 0.001%。此法在同样除气效果的情况下，比用纯氯气精炼法更价廉，危害更少。

3）盐类熔剂精炼。用熔剂处理合金以脱气和除去非金属夹杂物是有效而广泛应用的方法。铝合金常用冰晶石粉及各种金属氯化物进行铝合金脱气，反应如下：

$$2Na_3AlF_6 + 4Al_2O_3 =\!=\!= 3\,(Na_2O \cdot Al_2O_3) + 4AlF_3 \uparrow$$

$$Na_3AlF_6 =\!=\!= 3NaF + AlF_3 \uparrow$$

$$3ZnCl_2 + 2Al =\!=\!= 2AlCl_3 \uparrow + 3Zn$$

$$3MnCl_2 + 2Al =\!=\!= 2AlCl_3 \uparrow + 3Mn$$

所生成的 $AlCl_3$ 在 183℃时沸腾，在铝液中呈气泡上升，将熔体中的气体和氧化物清除。此法的缺点是因反应结果增加了合金成分中锌或锰的含量，这在有些情况下是不允许的。加入冰晶石时生成的氟化铝的沸点较高（1270℃），但可与许多氧化物组成低熔点化合物造渣。

铝合金用六氯乙烷脱气精炼是目前固体脱气中最有效的脱气化合物，因为反应时产生大量的气体：

$$3C_2Cl_6 + 2Al =\!=\!= 3C_2Cl_4 \uparrow + 2AlCl_3 \uparrow$$

最近研究出的一种新型精炼除气剂，其主要成分是硝酸钠和石墨粉，表 3-10 中列出了该新型除气剂的组成。在铝合金熔化温度下，该除气剂产生氮气和碳氧化合物气体达到精炼目的，故这种方法又称无毒精炼。

表3-10　新型除气剂的组成

名称	分子式	组成质量比/%		
		I	II	III
硝酸钠	$NaNO_3$	36	36	36
石墨粉	C	6	6	6
聚三氟氯乙烯	$\left(\begin{array}{cc} F & F \\ \| & \| \\ CH & C \\ \| & \| \\ F & Cl \end{array}\right)_n$	4		
食盐	NaCl	24	23～25	28
六氯乙烷	C_2Cl_6		3～5	
耐火砖屑		30	30	

4）合金熔体的真空精炼。合金熔体的真空精炼比其他方法脱气更完全，在 399.966～499.96Pa 下真空脱气 20min，液态铝合金含氢量可从 $0.42cm^3/100g$ 降为 $0.06～0.09cm^3/100g$。真空脱气速度快，可靠性大，且费用低。

铝合金的脱气在很大程度上取决于熔体中氢的传质过程。因此熔体的强烈搅拌大大缩短了脱气所需的时间。熔体表面有氧化膜存在会减慢脱气过程。真空脱气往往与向合金中鼓入惰性气体的方法相结合。鼓入惰性气体时破坏了覆盖的氧化膜，并把悬浮的固体夹杂物带到熔体表面上。

（2）脱除金属杂质的精炼

由于含铝废料生产的铝合金往往超过规定标准的金属杂质，因此必须将其脱除。采用选择性氧化，可将对氧的亲和力比铝大的各种杂质从熔体中除去，如镁、锌、钙、锆，搅拌熔体时可加速上述杂质的氧化。这些金属氧化物不溶于铝而进入渣中，然后从合金表面将渣捞去。往合金熔体鼓入氮气也可降低钠、锂、镁、钛等杂质含量，因为它们能生成稳定的氮化物。当用含水蒸汽的氮气鼓泡的方法时能使过程强化。

铝合金中许多杂质对氯的亲和力比铝大，当氯鼓入铝镁合金时发生如下反应：

$$Mg+Cl_2 = MgCl_2$$

$$2Al+3Cl_2 = 2AlCl_3$$

$$2AlCl_3 + 3Mg \Longrightarrow 3MgCl_2 + 2Al$$

生成的氯化镁溶于熔剂中。镁与氯反应放出大量热因而合金被强烈加热。故要在低温下将氯气或氯的混合气体通入熔体中，这样可同时脱除钠和锂。

采用上述方法会有氯气逸入大气中。因此可用氮气将粉状氯化铝吹入熔体中以脱去合金中的镁，此时镁含量可降至 $0.1\% \sim 0.2\%$，脱镁反应如下：

$$3MgCl_2 + 2Al \Longrightarrow 2AlCl_3 + Mg$$

未反应的氯化铝被氯化钠和氯化钾组成的熔剂层吸收。在工业上广泛应用冰晶石从铝合金中除镁，其反应为

$$2Na_3AlF_6 + 3Mg \Longrightarrow 2Al + 6NaF + 3MgF_2$$

每千克镁冰晶石理论消耗量为 6kg。实际用量为理论量的 $1.5 \sim 2$ 倍。用此法镁含量可降至 0.05%，上述反应在 $850 \sim 900℃$ 下进行。为了降低过程的温度，将含 40% NaCl、20% KCl 以及余量为冰晶石的混合物加在被精炼的熔体表面上。

根据冷却时杂质在铝合金中溶解度变小的原理来精炼合金的方法称为凝析法。过程中从合金溶液中析出的含杂质高的相可用过滤方法或其他方法分离。还可利用溶解度的差异来精炼除去合金中的金属杂质，如将被杂质污染的铝合金与能很好地溶解铝而不溶解杂质的金属共熔，然后用过滤的方法分离出铝合金液体，再用真空蒸馏法从此合金液体中将加入的金属除去。通常再加入镁、锌、汞来除去铝中的铁、硅和其他杂质，然后用真空蒸馏法脱除这些加入的金属。例如，被杂质污染的铝合金与 30% 的镁共熔后，在近于共晶温度下将合金静置一定时间，滤去含铁和硅的初析出晶相，再在 $850℃$ 下真空脱镁，同时蒸气压高的锌、铅等杂质也可以和镁一起脱除。

3.6.1.3 再生铝熔体的净化

为了提供再生铝的机械性能，使其更适应市场的需求，必须对再生铝熔体进行精炼。铝熔体的精炼处理包括熔体净化处理、变质处理和晶粒细化处理等。其中，净化处理是铝熔体处理的关键，是变质和细化的基础。回收的最先进的精炼技术。与重熔电解铝相比，在废铝重熔时，铝液中可能形成的冶金杂质更多也更复杂，主要包括：①氧化物和铝渣；②钛、硼聚集夹杂物；③耐火尖晶石颗粒；④沉积物（如 Al-Fe-Mn-Cu 等）；⑤氢气（来自油和水）；⑥阳极氧化和涂漆表面造成的夹杂物。这些铝液中的杂质必然对铝锭的质量及后续的加工造成显著影响，造成生产成本的增加。因此，对于废铝的再生利用，最重要最关键的就是有

效地对废铝熔体进行净化处理，以下简单介绍再生铝熔体净化处理的方法。

铝熔体中的有害物质主要有溶解气体（氢最有害）、机械夹杂的化合物以及金属杂质。铝合金净化方法按其作用原理可分为吸附净化和非吸附净化 2 个基本类型。

（1）吸附净化法

吸附净化是指通过铝熔体直接与吸附剂（如各种气体、液体、固体精炼剂及过滤介质）相接触，使吸附剂与熔体中的气体和固态氧化夹杂物发生物理化学或机械作用，达到除气、除杂的目的。属于吸附净化的方法有吹气法、过滤法和熔剂法等。吹气法又称气泡浮游法，它是将惰性气体（如氮气、氩气等）通入铝熔体内部，形成气泡，熔体中的氢在分压差的作用下扩散进这些气泡中，并随气泡的上浮而被排除，达到除气的目的。气泡在上浮的过程中还能吸附部分氧化夹杂，起到除杂的作用。过滤法是让铝熔体通过中性或活性材料制造的过滤器，以分离悬浮在熔体中的固态夹杂物的净化方法。过滤材质一般使用玻璃布、刚玉球以及泡沫陶瓷。过滤法主要是去除熔体中的夹杂物，除氢效果甚微，所以在实际应用中，过滤法往往与吹气法相结合。熔剂法是在铝合金熔炼过程中，将熔剂加入熔体内部，通过一系列物理化学作用，达到除气除杂的目的。根据不同要求，还可以加入覆盖剂、精炼剂、变质剂、晶粒细化剂、脱气剂、发热剂、除渣剂、炉壁净化剂等。熔剂基本上是一些氯化物、氟化物、硫酸盐、硝酸盐、碳酸盐等。一般熔剂为多元化合物，按其需要配制。

目前已经较为成熟的吸附净化法包括以下几种：

1）旋转喷粉法。它是熔剂法和旋转喷吹法相结合形成铝合金净化新工艺。该法与炼钢中的喷粉冶金类似，它是借助惰性气体作为载体，将熔剂以粉末状喷入熔体来实现铝合金的净化处理，与传统的方法相比，旋转喷粉法的净化效果更佳，如 FIP 法和 Heproject 法等。由我国研发的喷射熔剂法（flux injection process, FIP），是一种除气、熔剂排杂净化兼优的方法，于 20 世纪 80 年代初出现，是未来很有发展前途的先进净化技术。Heproject（heproject mobile rotary flux feeder）铝熔体处理法，即旋转喷射溶剂法，是一种移动式高效熔剂旋转喷射搅拌处理系统，是当前处理铝合金最先进的工艺，是近些年工业发达国家广泛使用的净化铝熔体的先进技术，它集净化处理（除气、除杂、除钙等）、钠变质处理、磷晶粒细化处理等于一体，且对环境无不利影响，成本费用适中。

2）泡沫陶瓷法。双级除气和双级过滤工艺（DDF）处理铝液的过程是将熔体先导入有旋转喷头的双级除去室，除去熔体中的氢，再将其导入装有两块不同孔径泡沫陶瓷过滤器的双级净化室，去除熔体中的细微杂质。该法的缺点是：①装置分散，占用空间大；②使用转子喷吹，引起熔体液面起伏，加剧氧化；③双级过滤还不能除去大部分尺寸 $10\mu m$ 以下的杂质，除气后氢的含量在 $0.08 \sim 0.12mL/100gAl$；④采用了污染环境的净化气体。铝及铝合金熔体复合净化方法是一种以除不溶性夹杂物为主的净化处理方法。该过滤净化装置由 3 种不同规格的泡沫陶瓷过滤器和 2 层溶剂过滤器组成。不同规格的陶瓷过滤器实现不同尺寸的非金属杂质的分级捕获，可完全除去尺寸 $10\mu m$ 以下的非金属杂质，使铝合金中含氢量下降到 $0.08 \sim 0.12mL/100gAl$ 以下。这种工艺能过滤微量级的氧化物夹杂，效果好而且成本低，设备结构简单，使用方便，适用于各种合金。其缺点是该工艺本身不具有除氢功能，过滤板需定期更换，易破损，通常会给企业生产带来麻烦。

3）LARS。LARS 是 20 世纪 90 年代中期开发成功的一种新型在线铝液精炼系统，是目前国际上最先进的铝熔体精炼系统之一。LARS 系统采用独特的构思，对设备结构进行精巧的改进，使其在线精炼效果得到明显提高。LARS 系统的工艺可简单描述为：在 LARS 工艺过程中，熔体金属被惰性气体和卤素气体混合处理；气体通过特殊设计的石墨转子注入熔体金属中，从熔体金属熔池底部产生细微分散的气泡，转子切割气泡并帮助去除结块的粉末杂质；这些气泡携带的杂质、吸附的气体和碱金属杂质上升到熔体表面；熔体金属表面上的惰性气体压力保持正压，以避免铝和石墨砖被氧化，以及避免加热装置被腐蚀；加入一定量的卤素气体，以便与碱金属反应生成氯化物，这些氯化物将依靠浮力上升到液面上并被排出。LARS 系统采用的独特技术包括净化气体原位预热、净化气体与铝熔体的摩擦搅拌、反应室的体积变化以防止气泡聚集、保护气体覆盖等。正是这些独特技术的应用，使 LARS 系统实现了有效地消除铝熔体内的杂质，达到了铝熔体纯净化的目的。如上所述，LARS 在线铝液精炼系统可以去除 99.9% 的粒度大于 $20\mu m$ 的所有杂质，因此最适合应用于废铝的精炼（傅长明，2010）。

（2）非吸附净化法

非吸附净化是指不依靠向熔体中加吸附剂，而通过某种物理作用（如真空、超声波、密度差等）改变金属气体系统或金属夹杂物系统的平衡状态，从而使气体和固体夹杂物从铝熔体中分离出来的方法。属于非吸附净化的方法有静置处理、真空处理和超声波处理等。静置处理是指将铝熔体在浇铸前静置一段时间，由于夹杂物的密度比铝熔体的大，所以夹杂物会自发下沉，从而达到从熔体中分离的目的，小颗粒的夹杂很难用该方法除去。真空处理是将熔体置于有一定真空度的密闭保温炉内，利用氢在熔体中和气氛中的分压差，使熔体中的氢不断生成气泡，并上浮逸出液面而被除去的方法。超声波处理是利用超声波在熔体中的空化作用，使液相连续性破坏成孔穴，该孔穴使溶解在铝液中的气体聚集在一起，超声波弹性振荡促使气泡的结晶核心形成，并促使气泡聚集到一定尺寸，从而保证气体的析出。由于超声波发生器的局限性，该方法很难处理大批量的铝熔体，限制了其工业应用。

目前已经较为成熟的非吸附净化法包括以下几种：

1）真空处理。在熔炼温度范围内，铝液表面有致密的 $\gamma\text{-}Al_2O_3$ 膜存在，阻碍氢的析出，因此，必须清除表层氧化膜的阻碍作用才能获得好的除气效果。真空处理是物理净化的一种方法，包括静态真空除气和动态真空除气。静态真空除气是在真空处理的同时，在熔体表面撒上一层溶剂，以便使氢气通过氧化膜除气，但除气效果并不是很好。相对于静态真空除气而言，动态真空除气是一种以除气为主的净化处理方法。其工艺过程是先将真空炉抽成 10mmHg（1mmHg = 1.333 22×10² Pa）的真空，然后打开进料口密封盖，把从保温炉来的铝熔体借真空抽力喷入真空室内，喷入真空室内的熔体，呈细小弥散的液滴，因而，溶解在铝液中的氢能快速扩散出去，钠被蒸发燃烧掉。经动态真空处理后的铝熔体氢溶解度低于 0.12mL/100gAl。动态真空除气工艺的优点是：除气效果好、无公害、处理过程造渣少；缺点是：除其他有害杂质的效果差，不能实现连续处理，设备结构复杂，设备价格昂贵，而且设备的密封性难以保证。

2）电磁净化法。这种净化方法的原理是利用金属与非金属电导率的不同而引起的电磁力差异来实现金属与非金属的分离。无论夹杂物与金属液之间的密度多么接近，二者的分离都能实现。这种方法理论上可有效去除粒径 10μm 以下的夹杂物。该装置的最大优点是，可以自动分割富含夹杂熔体与净化后的纯净熔体，并将其连续不断地移除。不仅效率高、无污染，而且稳定性高，不受夹杂状态和热动力学因素影响。尤其对于那些粒径细小、密度与母液密度差别不大，并且用传统的净化方法难以除去的非金属夹杂物分离效率很高。但也存在着磁场分布不均匀引起的流动、电极浸渍而污染金属、设备投资相对较大和电磁场能利用率低等问题。

3）稀土元素精炼法。这是一种熔剂净化法，稀土化合物可与铝熔体反应生成稀土单质，这些单质既能与铝液中的氢反应，生成 REH_2 和 REH_3，起到除氢的作用，又可与 Al_2O_3 反应置换出 Al 从而明显降低铝熔体中氧化夹杂的数量。该工艺充分运用稀土元素与铝熔体相互作用的特性，发挥稀土元素对铝熔体的精炼净化和变质功能，能够实现对铝熔体的净化、精炼及变质的一体化处理，不仅简洁高效，而且能够有效地改善再生铝的冶金质量。在处理的全程中均不会产生有害废气和其他副产品，有望使废铝回收冶炼业的环境污染问题得到彻底解决。

铝熔体的净化处理是铝熔体精炼的基础，在实际生产应用中，常用到的铝熔体净化处理技术往往都是上述几种净化法综合应用的最佳组合。

3.6.2 再生企业生产实例

3.6.2.1 再生铝熔体净化技术

美国铝业公司于 1974 年公布了一种铝熔体炉外净化方法——熔体 ALCOA469 净化法（melt purification by ALCO469 method），它有两个净化处理室，每一室的底部有净化气体扩散器。净化气体为氯和惰性气体混合物，氯的体积含量为 1% ~ 10%。第一净化室的过滤介质均为直径 13 ~ 19mm 的氧化铝球，厚 152 ~ 381mm。第二净化室的过滤介质有两层，底层是直径 13 ~ 19mm 的氧化铝球，厚 51 ~ 254mm；上层是粒度 3.37 ~ 6.35mm 的氧化铝片，厚 152 ~ 254mm。铝熔体连续经两次气体过滤净化后，每 100g 含气量为 0.08 ~ 0.15cm³。Na 含量小于 0.0001%，夹杂物含量很低。该装置成本低，结构简单，但由于要定期更换氧化铝球，使用前要加热过滤床，使用不方便。现今已经比较成熟并已引入我国的铝熔体净化技术是由美国相继研发的 SNIF 法、Alpur 法和 MINT 法。SNIF 法和 Alpur 法这两种方法都是利用快速旋转的石墨气体喷头使精炼气体呈微细气泡喷出分散于熔体中，从而达到去除熔体中的氢和部分氧化物夹杂的目的。Alpur 较 SNIF 装置除气效果好，使用方便，设备结构简单，价格便宜，使用寿命长，炉内不用气体保护，清渣方便，深受广大用户的青睐。生产上常将 Alpur 和 SNIF 与泡沫陶瓷过滤相结合，净化效果更好。MINT 法是通过固定在反应器底部锥形截面处的喷嘴向熔体中吹入净化气体，同时从上部沿圆筒形处理器切线方向注入铝液,使之呈螺旋状向下流动,把细小气泡均匀弥散分布到熔体中,把熔体中的氢除去。熔体从反应器底部流出,通过上升管流入泡沫陶瓷过滤器,氧化物夹杂则被过滤掉。该装置结构非常简单,没有同熔体接触的运动部件,占地面积小,更换合金品种方便,除渣效率高,更加适用于在多合金生产的熔铸机组上使用。这三种方法和设备在线处理方法(炉外精炼)上虽然效果显著,但不适于中小铝厂使用,必须寻求适合我国国情的方法与设备。

3.6.2.2　再生铝精炼技术

美国 Almex 公司在提高各种废铝及合金资源再利用效率和产品质量方面取得了突出成绩:

(1) 保持合金化学成分均质化

对于提高循环铝生产的资源利用率,保持循环铝的产品质量(接近或达到原铝)至关重要。为了达到熔炼炉中合金均质化,Almex 公司应用了液态金属循环装置。废铝的加料顺序也很重要,特别是处理含高硅、镁和锌的废铝合金时。应当强调必须重视熔融铝中的铁量,因为铁将影响最终铝产品的机械强度。炉子耐火材料及涂层的成分也很关键,它们有可能成为进入金属中钙和磷的来源。还应指出,在回收厂仓库中应按合金成分不同将物料分开存放。通常看到工厂按物料的物理形状不同来分别堆放,这不尽合理。从安全和最佳金属回收率来说,原料的堆放还要远离水和油。

(2) 熔炼成本控制

为了控制废铝再熔化的成本,Almex 公司考虑了两种类型的燃烧系统:①用氧化铝小球作热回收介质的蓄热式燃烧器;②用镍铬铁耐热合金管预热燃烧空气的同流换热式燃烧器。与冷空气燃烧器相比,这两种燃烧系统分别节约熔炼能源费用30%和20%。Almex 公司还承诺,无论是蓄热式燃烧器,还是换热式燃烧器,它们的操作都能满足犹他州的环境条例标准,做到环境污染程度最小。Almex 公司设计了不同废料的预热及视何种废料在炉内需优先熔化的分步熔炼工艺。为了熔炼碎屑、油污废料、涂漆废料、箔类废料等,该公司推出了一种三室炉设计方案。三室炉设计方案中,废料是加入一个完全与主燃烧室隔开的炉室铝液中,这就保证了生成的浮渣量最少并达到高的金属回收率。这种形式的炉子设计还保持了浮渣的"铝热效应"作用最低。Almex 炉的设计照样可采用盐类熔剂改善渣的流动性易于撇渣，以及采用氮气进行铝液的连续精炼。

（3）用循环铝原料生产原铝质量的产品

Almex 公司提供了全部用循环铝原料生产循环铝产品的高质量技术保证，使循环铝产品的质量完全可与原生铝的产品质量相媲美。

熔融铝合金中的杂质，如溶解的氢、杂质夹杂物、碱金属及碱金属盐类，它们对（铝坯料）高速挤压不利。它们还将影响产品的表面粗糙度和力学性能，损坏挤压模具，延误生产。Almex 公司开发的 LARS 系统就是为了解决这些问题，保持坯料的质量。坯料的挤压速度与金属的冶金结构完好性有直接关系。该公司拟定的坯料挤压控制参数主要包括：①溶解和析出的氢；②夹杂物（包括所有外来或内部的非均质颗粒）；③存在的碱金属及其盐类；④元素的化学分析（理想或非理想的元素及其含量）；⑤缩孔和气孔的分布；⑥凝固过程是否出现对流；⑦表面下离析层厚度；⑧均质化完好率；⑨坯锭中的机械缺陷（裂纹等）；⑩采用的结晶设备类型及晶粒大小；⑪树枝状晶相的特性（晶格大小）；⑫均质化后的冷却条件；⑬挤压前坯锭的预热速度；⑭坯料的预热温度。采用 LARS 技术后，从普通铝合金 AA6063 到航空用材 AA7050 合金，世界已生产了数十万吨的纯循环铝产品。

表 3-11 表明采用 LARS 技术杂质的脱出效果。

表 3-11 采用 LARS 技术杂质的脱出效果

项目	合金	用 LARS 前	用 LARS 后
氢	6063	0.45mL/100g	0.07mL/10g
氢	7075	0.39mL/100g	0.085mL/100g
碱金属	6061	0.0009% Na，0.001% Ca，0.0006% Li	均低于 0.00015%
夹杂物	6063	20lbf/in² CFF 过滤器挡渣芯片	50lbf/in² CFF 无冒口装置过滤器
碱金属盐	7050	超声检测废品率为 30%	超声检测废品率为 3%

从以上的数据可看出坯锭浇铸前铝熔体的深度净化的重要性，还可说明采用深度净化可避免因铝熔体中的大量杂质而引起的生产过程的种种麻烦。

为了产出优良质量的坯锭，熔铸车间必须控制熔炼、熔体精炼、铸造以及均质化的一些重要的作业参数。根据挤压材的最终用途，在熔铸车间实行严格的质量控制是一项很重要的原则。大多数熔铸车间都能做到较严格的质量管理和成本控制，但有些因素往往容易被人们忽略。为了保持每批坯锭质量的优良和均衡，表 3-12 列出了一些最重要的控制参数和因素。

表 3-12　一些最重要的控制参数和因素

操作	参数	重要性原因
原料分析	碱性物控制 原料的形状、类型	关系到铸件最终用途，过分的金属熔体损失及安全性
熔炼	加料顺序或次数 搅拌设备和方式	成分控制，金属熔体的损失，安全性，炉龄和熔体成分
合金化	材料标准 炉子热析 温度最佳化	成本、质量和成分控制
加熔剂及造渣	熔剂枪操作 采样分析 燃烧操作 保温温度和时间	质量和成本控制
撇渣	浮渣收集方法 撇渣程度 燃烧器配置 撇渣安排 浮渣安排	熔体损失及成本控制
晶粒细化	细化剂添加位置 细化剂类型和加入速度	质量控制
在线脱气	惰性气体量及流速 氧和水分加入量 消费者对氢含量的要求	质量控制
过滤	CFF 预热操作 流槽清洁度	质量控制
遥控程序设置	初始冒口接法 初始浇铸量控制 流槽升降频率	质量控制
遥控浇铸	浇铸速度 冷却水流速 冷却水质量	冶金质量控制
坯锭检查	坯锭表面与铸模条件的关系 超声检查	质量和美观

操作	参数	重要性原因
均质化（退火）	T/C 位置 冷却控制	冶金质量控制，负荷稳定性控制
挤压	预热操作 保持等温挤压条件	质量与生产率
剪切	废品因素 标记和入库	质量改进反馈意见收集和处置

第4章 废铅再生技术

4.1 铅的存量与需求

世界已查明的铅资源量 15 亿多吨，铅储量 7900 万 t，基础储量 17 000 万 t。主要分布在澳大利亚、中国、美国和哈萨克斯坦四国，其储量占世界储量的 60.3%，基础储量占世界基础储量的 71.2%，见表 4-1。与 1998 年相比，2008 年世界铅储量增加 1300 万 t，基础储量增加 3000 万 t。世界铅储量占铅查明资源量的 4.9%，铅基础储量占到查明资源量的 10.6%，全球铅锌勘察潜力很大。自 1998 年以来，世界铅锌矿山总计生产了 3636 万 t 铅金属，但是世界铅储量却增加了 1300 万 t，铅基础储量增加了 3000 万 t。以 2008 年矿山产量计算，世界现有铅储量的静态保证年限为 20 年；而以基础储量计算的铅的静态保证年限则为 44 年。另外，对基础储量进行勘察升级尚可新增储量。从现有世界铅生产和消费趋势来看，较长时间内不会出现资源短缺。

表 4-1 世界铅储量分布

国家或地区	储量/万 t	占世界储量/%	基础储量/万 t	占世界基础储量/%
澳大利亚	2400	30.4	5900	34.7
中国	1100	13.9	3600	21.2
美国	770	9.7	1900	11.2
哈萨克斯坦	500	6.3	700	4.1
加拿大	40	0.5	500	2.9
秘鲁	350	4.4	400	2.4
墨西哥	150	1.9	200	1.2
其他	2590	32.9	3800	22.4
世界总计	7900	100	17000	100

数据来源：Mineral Commodity Summaries 2009

2001～2010 年，世界精炼铅消费量从 644.26 万 t 增加到 956.30 万 t，年均增长率为 5.02%。同期中国精炼铅消费量从 64.34 万 t 增加到 395.00 万 t，年均增长率为 25.46%，见图 4-1。2010 年与 2001 年相比，世界消费量增加了 312.04 万 t，中国消费量增加了 330.66 万 t，超过了世界消费量的增加量。中国消费量占世界消费量的比例从 2001 年的 9.98% 增长到 2010 年的 41.31%。

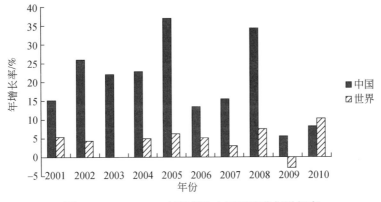

图 4-1　2001～2010 年世界和中国铅消费年增长率

数据来源：2011 年中国有色金属工业年鉴

4.2　铅的再生概况

20 世纪 80～90 年代，世界循环铅的产量就超过了原生铅产量。1998 年世界循环铅产量已达到 294.6 万 t，占铅总产量的 59.8%，循环铅工业在世界铅工业中占有重要地位。世界循环铅的生产主要集中在北美洲、欧洲和亚洲，北美洲循环铅产量占世界循环铅总产量的 47.3%；循环铅生产主要分布在美国、中国、英国、法国、德国、日本、加拿大、意大利、西班牙等国，说明循环铅产量受汽车工业和汽车保有量的影响较大。从 1990 年到 1996 年，美国循环铅产量由 87.8 万 t 增至 95.7 万 t；欧洲从 77.1 万 t 增至 87.4 万 t；日本从 11.1 万 t 增至 14.7 万 t；1997 年，美国的总铅产量为 148 万 t，循环铅产量约为 114 万 t，占总产量的 77%，美国循环铅的原料 95% 来自废铅酸蓄电池的回收铅。表 4-2 是 2010 年世界一些国家铅的生产情况。从各国循环铅产量在铅总消费量中所占比例看，可分为三种情况：①不生产原生铅的国家，只产出少量循环铅，这类国家有西班牙、法国、意大利、爱尔兰、葡萄牙、瑞士、尼日利亚、新西兰等；②循环铅与消费之比超过50%的国家有美国、德国、意大利、英国、日本、加拿大、比利时、法国等；③循环铅的消费比低于50%的国家主要是发展中国家。

表4-2 2010年一些国家铅的生产情况

位序	国家	精铅产量 /万t	循环铅产量 /万t	铅消费量 /万t	(循环铅/ 铅消费量)/%
1	美国	127.58	113.98	141.00	80.84
2	中国	415.75	136.35	395.00	34.52
3	德国	39.18	27.03	32.90	82.16
4	日本	26.72	16.56	22.38	74.00
5	英国	29.75	14.4	20.76	69.36
6	意大利	18.02	18.02	27.51	65.50
7	加拿大	27.29	16.70	2.01	830.85
8	法国	3.65	3.65	3.12	117.00
9	西班牙	13.00	13.00	22.94	56.67
10	墨西哥	25.72	11.50	18.81	61.14

数据来源：2011年中国有色金属工业年鉴

中国目前再生铅产量呈上升势头，但再生铅产量占精炼铅产量和消费量的比例整体下滑，分别低于西方发达国家40和25个百分点。《中国有色金属工业年鉴》数据显示：我国是自20世纪90年代以来铅生产和消费增长最快的国家，但增长的部分几乎都是原生铅，再生铅工业发展处于徘徊状态，我国的再生铅工业始于20世纪50年代，多年来产量一直在几千吨左右徘徊，直到1990年才达到2.82万t。1994年以后我国再生铅工业发展迅速，1995年产量达到17.53万t，2004年为31.26万t，进入21世纪，我国再生铅工业处于飞速发展阶段，如图4-2所示。2010年再生铅产量达到136.35万t，是1990年的48.3倍，年均增长率达到27.3%，如图4-3所示。在2000~2010年这11年中，再生铅的产量占精炼铅产量在逐年升高，如图4-4所示。再生铅产量占精炼铅消费量的比例在2000~2001年有明显上升，但是从2001年后却下降明显，直至近年比例才显上升趋势，如图4-5所示。近25年来，全球铅二次资源正在不断地积累，铅再生工艺的逐步完善和再生铅工业的发展，使世界铅工业发生了根本性的变化，再生铅与原生铅的生产构成已由再生铅居次要地位转变为再生铅、原生铅各占半壁江山的局面。2000~2010 年，发达国家（如美国、日本、德国）的粗铅生产中，再生铅已上升到超过 60%，尤其是美国，近些年再生铅占铅产量 90% 以上，占据了主导地位，再生铅已成为欧美各国的主流产品。世界再生铅占铅产量的比例也上升到超过 50%，中国再生铅明显低于世界水平。

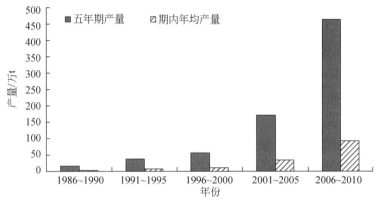

图 4-2　1986~2010 年各个五年期再生铅产量

数据来源：2011 年中国有色金属工业年鉴

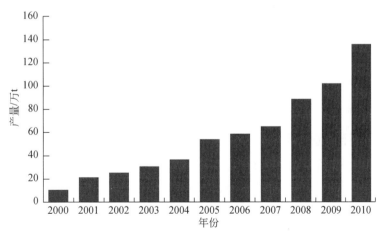

图 4-3　2000~2010 年我国再生铅产量

数据来源：2011 年中国有色金属工业年鉴

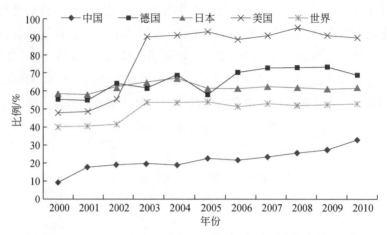

图 4-4　2000~2010 年中国及主要国家再生铅产量占铅产量的比例

数据来源：2011 年中国有色金属工业年鉴

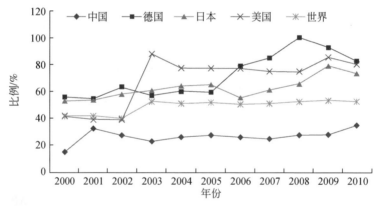

图 4-5　2000~2010 年中国及主要国家再生铅产量占铅消费量的比例

数据来源：2011 年中国有色金属工业年鉴

全国循环铅企业数量多，规模小。例如，我国有循环铅厂 300 余家，产能从几十吨到上千吨，2 万 t/a 以上的企业只有两三家，家庭作坊式有 30 家以上。循环铅的生产几乎遍布全国各省、市、自治区。江苏、安徽、河北三省在 20 家以上；山东、湖北、河南、四川、陕西五省在 10 家以上。全国已形成江苏的邳州、金坛、高邮，河北的保定、徐水、清远，山东的临沂，湖北的襄樊、宜昌，安徽的界首、太和等几个循环铅集散和生产区。循环铅产量的 80% 以上集中在江苏、山东、安徽、河北、河南、湖北、湖南和上海等。与中国的情况相反，在美国等一些发达国家，基于铅的剧毒性，从环保、技术和经济观点出发，循环铅的生产只允许集中在少数大型企业手中。

世界发达国家铅的循环已经形成规模。图4-6表示日本铅的物流。铅仍然广泛应用于车用蓄电池的生产，对射线的防护也是不可缺少的。由于铅具有毒性，许多应用领域正在采用铅的替代品。表4-3是各种应用领域铅的回收情况。日本铅酸蓄电池中铅的回收率很高，地下电缆铅护套的回收率基本为100%。但在其他许多应用领域及含铅废料中铅回收率却很低。由于从废料中除去铅常会引起严重问题，铅在废料中保持稳定也是通常采用的做法（Tsuyoshi et al.，2003）。

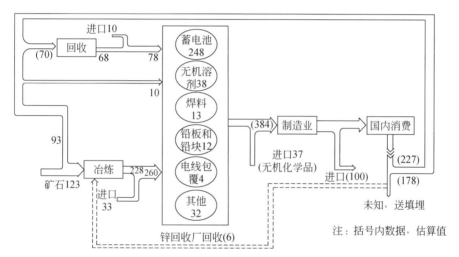

图4-6　日本铅的物流（单位：kt，1997年）（邱定蕃和徐传华，2006）

表4-3　从用过的产品和含铅废料中铅的回收（1997年）

种类		废料/kt	回收量/kt	回收率/%
蓄电池		160	153	95
地下电缆铅护套		25	25	100
焊料		17	0	0
无机试剂		36	0	0
铅板和铅管		10	0	0
其他	汽油罐	29	0	0
	从 EAF 中回收		6	
总计		277	184	66

从 1990 年开始，美国道依能公司计划并实施将布依克原生铅冶炼厂改造为年处理 60 000t 废铅酸蓄电池的循环铅冶炼厂，但要尽量利用原来的基础设施。1991 年 7 月蓄电池解体系统投产，以后产能不断扩大，到 1999 年铅年产量已达 120 000t（Moeenster and Sankovitch，2000）。1996 年烟尘烧结炉投产，可将氧化铅烟尘熔炼成粗铅，减少了反射炉处理的烟尘负荷。大块的烧结烟尘用鼓风炉处理。1995 年建了一台 A1-Jon/W-3000 型废电缆回收炉以处理铜电缆的铅护套。剥离下的铅护套可进行熔析、净化。1997 年扩大了电缆剥离作业并建了第二台炉子。公司生产的循环铅最终铸成 1t 的块锭出售或送公司精炼系统处理。现在，公司为满足市场需要还能生产 70 多种铅合金，为此还研究了许多新的化学净化方法，如向铅液中通氯除锡等。

加拿大托诺宁有限公司在安大略省的米西索加市建设一家铅回收和精炼厂，工厂 80% 的原料是从商人和蓄电池生产者那里购进的废铅酸蓄电池（Olper and Asano，1989）。为了达到工艺改善和环境控制的目的，托诺宁有限公司决定采用意大利 Engitec 公司开发的 CX 系统。这套 CX 系统是包括未排液的废蓄电池整体破碎、各种成分的分离和蓄电池膏糊的脱硫。除蓄电池的破碎和铅的分离工艺有明显的改进之外，该 CX 系统还有助于克服或减轻一般循环铅厂常遇到的三废治理问题。该 CX 系统已成功在欧洲的两家工厂得以应用。托诺宁有限公司的 CX 系统设计为每年处理 60 000 只完整的车用蓄电池，包括塑料或硬橡胶外壳，回收工业纯硫酸钠 7100t，如表 4-4 所示。工艺是基于破碎的蓄电池湿式筛分以将蓄电池的各组分分开。回收的硫酸铅和铅氧化物加苏打粉处理以产出碳酸铅（低硫）和硫酸钠。碳酸铅送冶炼厂生产金属铅，饱和铅的电解液用专门设计成分的阳极在串联电解槽中进行铅电积，采用不锈钢永久阴极。每周期大约沉积 80kg 铅，电流密度为 350A/m^2，阴极沉积周期约为 48h，电铅成分大于 99.99%。生产的硫酸钠经结晶、干燥，最终产出工业纯的粉状产品。系统设计为可回收下列产品：

1）脱硫的氧化铅膏。这种产物水分含量约 9%，锑含量小于 0.5%，硫含量小于 1%，可以用适当的炉子处理以回收铅。

2）板栅和电极。送熔炼炉处理产出金属铅，金属回收率在 90% 以上。

3）聚丙烯。这种物料可直接销售，或通过破碎、洗涤和提纯，产出高质量的片状产品销售。

4）无水硫酸钠。这是一种工业纯的产品，出售给制造业或玻璃工业。

表 4-4 托诺宁厂工艺设计的主要基本参数

参数	数值
蓄电池的处理能力	60 000t/a
废酸液产生量	900 万 L/a
回收的工业纯硫酸钠	7 100t/a
熔炼用的碳酸铅饼	2 400t/a
金属铅（板栅/电极/浓缩物）	16 000t/a
聚丙烯片	3 000t/a
硬橡胶、PVC、纸等（作燃料）	2 000t/a
作业制度	24h/d，7d/周，48 周/a

20 世纪 90 年代以来，中国开始在再生铅冶炼技术方面进行了研究并取得进展，近 10 年来，一些新的再生铅技术开始应用，但是国内整体再生铅冶炼技术与世界先进水平相比还有较大差距，主要表现在先进的技术与传统的技术并存，并且传统的冶炼技术形成的产能占总再生铅产能的 60% 左右。国内再生铅冶炼技术主要两大类：一类是火法冶炼技术，包括传统的沉淀熔炼冶炼工艺、简陋的小反射炉冶炼技术，废铅蓄电池破碎分选后铅屑与铅膏分开冶炼（短窑/反射炉冶炼）技术；另一类是湿法冶金技术，包括固相电还原技术、预脱硫-电解沉积技术等。当前，占中国企业总数 95% 以上的非国有小型企业，主要采用落后的小反射炉、冲天炉等熔炼工艺，极板和浆料混炼，铅回收率低，一般只有 80% ~ 85%，每年约有 10 000 多 t 铅在混炼过程中流失，且合金成分损失严重，综合利用程度低。国内一般循环铅企业吨铅能耗为 500 ~ 600kg 标煤，国外吨铅能耗平均为 150 ~ 200kg 标煤，中国循环铅生产能耗是国外的 3 倍以上。此外，小型企业许多没有或无完善的收尘设施，熔炼过程中大量的铅蒸气、含铅烟尘、二氧化硫等有害物排入大气，不仅作业现场劳动条件恶劣，也造成严重的环境污染。假设以全国这些小企业年处理 30 万 t 废铅酸蓄电池（金属量）计，仅能产出 24 万 ~ 25.5 万 t 循环铅，但年排放的烟尘将达 2.4 万 t。烟尘中约含有大量的铅、锑和有害物质砷等。大约每年有 1.8 万 t 铅、锑，1.05 万 t 二氧化硫排入大气。此外，还将耗水 168 万 m³，产出有害弃渣 6 万 t。这些弃渣中含有铅 6000t、砷 600t、锑 2000t。

4.3 废铅的种类

铅的用途广泛，西方国家近期铅的消费结构大致为：蓄电池72%、化学品11%、铅板/锻件6%、子（炮）弹2%、合金2%、电缆护套2%、其他5%。表4-5的数据说明世界铅的消费中，近几十年来蓄电池的生产用铅在迅速上升。

表4-5 20世纪末铅的消费领域所占比例 （单位:%）

年代	蓄电池	化工	军工	电缆护套	焊料等	四乙基铅	其他
20世纪70年代	38	12	16	12	8	10	4
20世纪80年代	48	15	11	8	6	8	4
20世纪90年代	64	13	9	4	3	2	5

应当指出，并非所有的废铅资源都能回收，如处理核废料用的铅容器使用期限上万年，电缆护套约40年，铅管约50年，这些废铅难以回收。目前，循环铅的主要来源是废铅酸蓄电池。汽车用的蓄电池使用期限为3~4年，牵引用的蓄电池为5~6年，固定用的蓄电池为5~15年，这些蓄电池都有回收的可能性。

车用蓄电池是废铅回收最大的来源，占循环铅原料的80%以上。车用蓄电池大致分为三类：汽车启动-照明-点火用的蓄电池（SJI）；电动汽车用的蓄电池（BPV）；作为备用不间断电源用蓄电池（UPS）。其中，SJI约占70%，BPV和UPS约各占15%。2000年全球汽车产量为5754万辆，必须配相应数量的蓄电池。全球汽车保有量在7亿辆以上，每年约需替换蓄电池2.3亿个，平均每辆汽车蓄电池用铅9~15kg，由此推算每年车用蓄电池的铅消费量在230万t以上。再考虑到非车用的铅酸蓄电池，则每年蓄电池的铅消费量约在300万t，这是循环铅生产的巨大原料来源。

循环铅的原料比较集中。当前中国循环铅原料85%以上也来自废铅酸蓄电池。过去，中国的汽车工业不发达，所以循环铅的原料基础薄。"七五"以来，国家把汽车工业作为国民经济的支柱产业之一，随着汽车工业的发展，车用蓄电池的产量将迅速增长。2001年我国精铅消费超过74万t，按60%以上的铅消费在蓄电池工业计，且汽车用铅酸蓄电池的使用寿命仅为3~4年，因而今后每年废铅酸蓄电池将有40万~50万t铅可用于生产循环铅。2004年以前，据统计我国循环铅产量的最高年份（2003年）也仅为28.25万t，说明废弃蓄电池没有充分回收利用（也可能大多数循环铅的民营企业生产数字统计不上来，或者对蓄电池的回收利用率很低）。次要的循环铅原料有电缆包皮、化工用耐酸衬铅板、铅管、印刷合金、铅锡焊料、轴承合金、含铅碎屑和下脚料、冶炼厂的含铅渣、烟尘和阳极泥等。但通常我们所说的循环铅主要指从废蓄电池回收的铅。

废铅按照其物理形态、废料名称分为四类：Ⅰ类，铅及铅合金块状废料；Ⅱ类，废铅电池；Ⅲ类，铅及铅合金屑料；Ⅳ类，铅及铅合金灰渣（李松瑞，1996）。按照每类废铅的成分或废料的名称分成不同的组别，每组按照废铅的名称来区分不同的级别，具体见表4-6。

表 4-6　废铅的级别 GB/T13586/200x

类别	组别	原金属标准号	原金属名称	原金属牌号	级别	典型举例
Ⅰ类：铅及铅合金块状废料	纯铅废料	GB/T 1470—2005 GB/T 1472—2005 GB/T 1473—2005 GB/T 1474—2005	纯铅	Pb1 Pb2 Pb3 Pb4 Pb5 Pb6	1级：同一牌号的金属，无杂质； 2级：同一牌号的金属，含有小于3%的杂质； 3级：不同牌号的金属，无废铅夹杂物； 4级：不同牌号的金属，含有小于3%的杂质	主要为废铅板、管、棒和线，如耐腐蚀用的铅板衬里，铅管、废铅包衬材料，电解残极等
	铅合金废料		铅锑合金、铅银合金、铅锡合金、保险铅丝	PbSb0.5 PbSb2 PbSb4 PbSb6 PbSb8 PbSb3.5 PbAg1 PbSn4.5-2.5 PbSn2-2 PbSn6.5	1级：同一牌号的金属，无杂质； 2级：同一牌号的金属，含有小于3%的杂质； 3级：不同牌号的金属，无夹杂物； 4级：不同牌号的金属，含有小于3%的杂质	报废的铅及铅合金板、管、棒和线、报废的铅及其合金制的零部件，废印刷铅板、铅字等
	废铅电缆护套				1级：干净的铅护套，表面不含泥土，不含夹杂物； 2级：铅护套，含有杂质	报废的电缆铅护套

类别	组别	原金属标准号	原金属名称	原金属牌号	级别	典型举例
I 类：铅及铅合金块状废料	铅及合金新废料	GB/T 1470—2005 GB/T 1471—2005 GB/T 1472—2005 GB/T 1473—2005 GB/T 1474—2005 GB/T 5192—1985 GB/T 3132—1982	纯铅、铅锑合金、铅银合金、铅锡合金、保险铅丝	Pb1 Pb2 Pb3 Pb4 Pb5 Pb6 PbSb0.5 PbSb2 PbSb4 PbSb6 PbSb8 PbSb3.5 PbAg1 PbSn4.5-2.5 PbSn2-2 PbSn6.5	1级：同一牌号的金属，无杂质； 2级：同一牌号的金属，含有小于3%的杂质； 3级：不同牌号的金属，无废铅夹杂物； 4级：不同牌号的金属，含有小于3%的杂质	铅和铅制品在生产和加工过程中产生的边角料和残次品等
	杂铅锭					
	废铅容器					各种报废的铅及其合金的容器，如工业上报废的铅罐等
	民用的废铅制品、包装品					废铅容器、药管等包装物，仪表的铅封、铅及其合金的器皿等
	特殊废铅		子弹头			报废的子弹头
II 类：废铅电池	栅极板				1级：洁净的栅极板，不含任何杂质 2级：栅极板，表面含有灰渣	汽车、火车、电瓶车等交通运输设备中的废铅电池的栅极板

类别	组别	原金属标准号	原金属名称	原金属牌号	级别	典型举例
Ⅱ类：废铅电池	混合废料				主要指碎的铅栅极和铅灰的混合物	
	铅灰					
	整体废铅电池				电池壳完整、酸不外泄；电池壳完整，不带酸	
Ⅲ类：铅及铅合金屑料	纯铅屑				1级：单一牌号，不含油和杂质；	
	铅合金屑				2级：单一牌号，含油和杂质；3级：混合牌号，不含油和杂质；4级：混合牌号，含油和杂质	
Ⅳ类：铅及铅合金灰渣					1级：铅含量大于60%，含水小于8%的铅废渣；2级：铅含量大于30%，含水8%的铅废渣、灰料；3级：铅含量大于10%，含水小于8%的铅灰渣、废料	

4.4 废铅资源的预处理

4.4.1 废蓄电池

再生铅原料主要是废蓄电池，这是一种含铅70% ~90%的富铅原料，其成分复杂，并含有大量塑胶有机物，因此有必要了解其组成。除废蓄电池外，其他的废铅物料如电缆护套、各种铅材和合金等的处理较简单，只须按不同组成分类，单独熔炼成相应的合金即可。

4.4.1.1 铅蓄电池简介

蓄电池是化学电源的一种，它是一种能量转换系统，是实现化学能直接转变为直流电能的一种装置。构成铅蓄电池的主要部分是正负极板、电解液、隔板、电池槽。此外，还有一些零件如极柱、连接条、排气栓等。各种蓄电池根据其用途的不同，对其各有不同的要求，因而在结构上也有差异。

极板是由板栅和活性物质构成。板栅一般是由 Pb-Sb 合金浇铸而成，含锑 4%～8%，现在的发展趋势是少含锑（2% 左右）或不含锑（如 Pb-Ca 合金）。充电状态下，正极板上的活性物质是二氧化铅（PbO_2），呈深棕色，负极板上的活性物质是海绵状纯铅粉（Pb），呈青灰色。它们与电解液中的 H_2SO_4 和 H_2O 相互发生化学反应：

$$PbO_2 + Pb + 2H_2SO_4 \longrightarrow 2PbSO_4 + 2H_2O$$

放电时，正负极板上都有 $PbSO_4$ 生成，电解液中 H_2SO_4 减少，H_2O 增加；由此不难理解废蓄电池中硫（硫酸根态）的来源。充电时，正负极板上的 $PbSO_4$ 分别还原成 PbO_2 和 Pb，电解液中 H_2SO_4 增加，H_2O 减少。在 15℃ 时，电解液的密度一般为 $1.24～1.28g/cm^3$。

极板上的活性物质层内有大量的微孔，这样它们与电解液接触时才能够充分起反应。正极板上的反应较负极板上剧烈得多，正极板上的 PbO_2 较疏松易脱落，因此正极板易腐蚀损坏，每一组极板（称为极群）中，负极板比正极板多一片，极群内用汇流排并联，极群之间用连接条串联。汇流排、连接条与极柱一起称为连接物。槽体一般用硬橡胶制成（黑色），但现在多用聚丙烯（PP）及改性聚丙烯等塑料制造（白色），可回收再生。隔板有木质、纸浆、微孔橡胶、微孔聚氯乙烯（PVC）塑料、烧结 PVC、玻璃纤维丝、非织布纤维（PP）以及聚乙烯（PE）袋式等各类材料制成。国内现以橡胶和 PVC 塑料隔板为主。在国外，板栅加连接物与活性物质质量比一般为 3∶5，而国内一般为 1∶1，原因是板栅较厚，现正在向 3∶5 发展。

4.4.1.2 废蓄电池物料组成

倒去废电解液后，废蓄电池可分为三个部分：第一部分为尚未腐蚀的板栅和连接物，基本上保持原有合金的成分分离出来，经简单重熔，稍加调整成分，即可重新铸成板栅使用。这部分的质量占电池铅总量的45%~50%。第二部分为腐蚀后的板栅和少量填料（活性物质），一般称为铅膏。这部分质量占50%~55%，其化学成分一般为 Pb 67%~76%，Sb 0.5%，S 3%~6%，其中的铅形态大部分为硫酸铅或碱式硫酸铅，还有 PbO_2、PbO 和 Pb 等；其组成和数量不是一定的，它取决于循环次数和蓄电池寿命长短。第三部分为蓄电池外壳和隔板。

根据这三部分的密度差可采用重介质分选，得到相应的三种产品，其化学成分见表4-7。1984年温州冶炼厂处理的废蓄电池化学成分见表4-8。湖北金洋冶金股份有限公司曾解剖了一批废弃蓄电池，部分结果见表4-9。

表4-7　废电池重介质分选得到的产物成分及铅的分配

产物	产出率/%	化学成分/%							铅的分配/%
		Pb	Sb	Sn	As	S	Cl	有机物	
金属部分	34.0	90.8	5.45	0.002	0.01	0.6	0.05	0.78	50.25
填料	43.0	68.9	0.65	0.003	0.03	7.48	0.20	2.24	48.25
有机物	23.0	3.9				8.36	11.80	76	1.47

表4-8　温州冶炼厂处理的废蓄电池物料化学成分　　　　（单位:%）

名称	总 Pb	金属铅	PbO	PbO_2	$PbSO_4$	Sb	外观颜色
极板	92~95	92~95	微	—	微	3~6	灰
正极填料	76.28	—	8.59	44.75	31.82	0.54	红褐
负极填料	78.55	18.95	23.39	0	21.45	0.5	灰
混合填料	81.9	17.22	16.92	26.8	31.5	—	褐

表4-9　废蓄电池解剖结果　　　　（单位：kg）

蓄电池原型号	金属部分	铅膏部分	有机物部分	废电解液	总量	备注
6-QA-60	5.95	6.73	PP 槽 1.15 袋式隔板 0.7	4.87	19.4	完整未倒液
6-QA-105	9.78	12.91	硬橡胶槽 6.6 橡胶隔板 1.05	6.96	37.3	完整未倒液

4.4.1.3　废铅蓄电池的破碎分选

分选（选矿）是利用原料物理性质和化学性质的差异，借助特有的设备和化学药剂，把含不同成分的混合物彼此分开，使目的成分达到一定程度的富集。废蓄电池经破碎后采取适当的分选方法可将其各组分分离。分选方法一般有两类：一类是手选，即依靠人的感官按原料的特性人工进行预先分离、分选。此法劳动强度大，劳动环境差，所以一般在废蓄电池工业化处理中最多只能用于废蓄电池的脱壳倒酸及分拣异物。另一类是重选。重选是在活动和流动的介质中按各组分密度或粒度分选混合物的工艺过程。作为分选介质有空气、水和悬浮液（如磁铁矿浆）等，一般处理粒度范围是 0.25 ~ 50mm。重选法根据作用原理可分为分级、跳汰选矿、重介质选矿、溜槽选矿、摇床选矿及洗矿等六种工艺，其中以重介质分选在废蓄电池预处理中应用最广。图 4-7 和图 4-8 分别是前苏联采用的重介质选别预处理流程和奥地利的风选流程（BBU 法）。

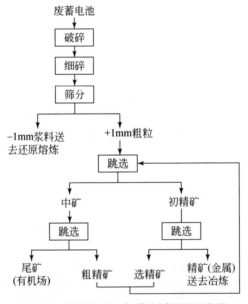

图 4-7　废蓄电池重介质选别预处理流程

4.4.2　废蓄电池的分选技术

国外大约从 20 世纪 60 年代起研究废蓄电池的分选技术，并出现了很多种流程。一般可分为两类：干法分选和湿法分选。BBU 法实际上属于干法分选流程。干法要求设备密闭良好，并且必须配备相应的收尘设备。这一点似乎限制了该法

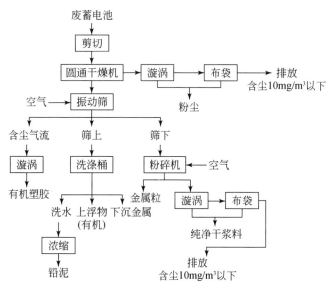

图 4-8　废电池风选预处理流程

的推广。与之相反，湿法分选得到了普遍应用，目前较有代表性的湿法分选技术有两种：意大利 Engitec 公司开发的 CX 破碎分选系统和美国 M. A. 公司开发的 M. A. 破碎分选系统，均有成套的设备（Olper and Maccagni，2005）。

4.4.2.1　CX 破碎分选系统

CX 破碎分选系统主要有两部分：一是破碎与筛分部分，如图 4-9 所示；二是水力分离器部分，如图 4-10 所示。经处理后的废蓄电池可得到以下四种组分：铅膏、金属板栅与极柱、聚丙烯、硬橡胶与隔板。破碎和筛分蓄电池经提升机倒入防酸料仓中压碎，放酸并收集酸液。预压碎的蓄电池由装载机送到料仓，然后由振动给料机和输送带至锤破机。输送带上装有磁分选器以分离铁质和镍镉电池。特殊设计的锤破机进一步破碎蓄电池，保证碎片最大不超过 50mm。破碎料进入湿式振动筛中筛分。筛下物（铅膏和浆料）收集在储槽中进入下一工序（脱硫），筛上物（金属和有机物）则送至水力分离器进一步分离。振动筛筛孔径一般小于 1mm，可以保证产生锑含量低的铅膏；筛面封闭起来并用循环水喷射以洗去塑料、金属料及其他组分上的铅膏。水力分离器是 CX 系统的关键设备之一。水力分离器是利用一股上溢水流，通过控制其流速，根据物料密度差别分离各组分。

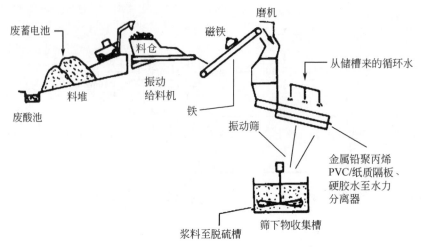

图 4-9　CX 系统的破碎与筛分流程图（邱定蕃和徐传华，2006）

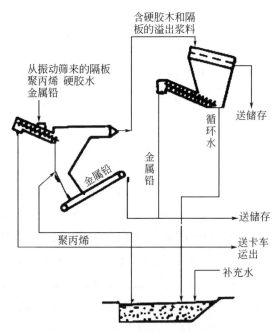

图 4-10　CX 系统的水力分离系统图（邱定蕃和徐传华，2006）

聚丙烯漂浮在水面，由旋转桨叶翻至螺旋输送机后送出进一步处理，隔板、硬橡胶随水溢出至振动筛进一步处理。水收集在储槽中循环使用。

CX 系统既可以处理带电解液的废蓄电池，也可处理不带液的干燥废蓄电池，还可以处理蓄电池生产过程中产生的废料。CX 系统的主要特点是：分选效果好，铅膏中锑含量<0.5%。Engitec 公司目前又在此基础上开发了 CX 小型装置——CX Compact。该装置设计紧凑，总重只有 50t，处理废蓄电池能力为 5t/h。

4.4.2.2 M. A. 破碎分选系统

与 CX 分选系统一样，M. A. 分选系统也是专利技术，其关键部分是铅金属分选器和氧化物脱除分选器。分选后也是得到四种产品，即金属料、铅膏料、聚丙烯、硬橡胶和 PVC 隔板。工作过程参见图 4-11 所示。

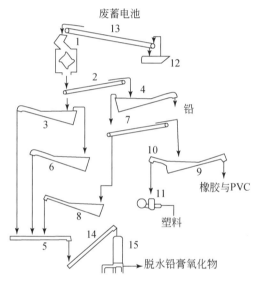

图 4-11 M. A. 破碎分选流程图（邱定蕃和徐传华，2006）

1—锤式破碎机；2—螺旋出料器；3、6 和 8—氧化物脱出分选器；
4—铅金属分选器；5—氧化物收集螺旋；7—氧化物分选输送带；
9—塑料橡胶分选器；10—末端冲洗器；11—空气输送装置；12—板
式给料机；13—破碎机进料输送带

完整的 SLI 废蓄电池以相对稳定的速率送至锤破机，锤子是钩形（hook type）摆锤；破碎料用螺旋移送至铅金属分选器后，一般上溢水流将塑料等有机物送至氧化物分选输送器；金属料及少量铅膏则被螺旋从铅金属分选机底部卸走。铅膏料从氧化物分选输送器冲洗筛至氧化物脱除分选器，在扁平刮板式输送机上脱水，然后浓密进一步脱水。有机物碎片进入硬橡胶/塑料分选器后分别得到硬橡胶/PVC 和聚丙烯塑料。

M. A. 破碎分选系统的特点是：①设备全部采用不锈钢制造，耐腐蚀性能好，使用寿命长；②整个系统结构紧凑，占地面积小，机械自动化水平较高。

4.4.2.3 铅膏的脱硫转化

由于铅膏中存在一定量的硫酸铅，这给废蓄电池的火法冶炼带来很多麻烦。首先是要完全分解还原出硫酸铅中的铅，温度需要在 1000℃ 以上，一般在 1200℃ 左右，这不仅要消耗大量的能源，还有大量的铅被蒸发进入炉气，从而造成铅的损失和铅污染；其次，硫酸铅中的硫在还原过程中最终主要以二氧化硫形式进入炉气，进一步造成环境污染。因此，必须设法将硫酸铅转化为易还原处理的其他化合物形态，即脱硫转化。目前技术比较成熟，且有工业应用实践的脱硫转化工艺有两类：

一类是用可溶性碳酸盐、碳酸氢盐作为脱硫剂将硫酸铅转化为碳酸铅，而硫酸根以可溶态进入溶液，从而实现脱硫目的。这类脱硫剂通常有 Na_2CO_3、$NaHCO_3$、$(NH_4)_2CO_3$、NH_4HCO_3 等，其中国外多用 Na_2CO_3，并有工业应用；我国做过的脱硫工艺试验则多用 $(NH_4)_2CO_3$、NH_4HCO_3。除此之外，湿法炼铅研究中采用一些类似浸出体系如氨性碳酸氢铵、$NH_3 \cdot H_2O + CO_2$，以及氨性硫酸铵等体系也可资借鉴。

另一类是采用强碱作脱硫剂，将硫酸铅转化为氧化铅，而硫酸根则多以可溶态硫酸盐进入溶液。这类脱硫剂通常有 NaOH、KOH 等。以 NaOH、$Ca(OH)_2$ 为脱硫剂的有工业应用实例。国外还有同时使用 $Na_2CO_3/NaOH$ 的工业应用。

硫酸铅转化为碳酸铅 $PbSO_4 - PbCO_3 - Pb_3(OH)_2(CO_3)_2 - PbO_2$ 体系电位-pH 如图 4-12 所示。由图 4-12 可见，在 $pH = 6 \sim 9.5$ 时，$PbCO_3$ 是比 $PbSO_4$ 更为稳定的化合物，因此在常温下就可实现 $PbSO_4$ 向 $PbCO_3$ 的固相转化过程。该转化过程可由下述方程式表示：

$$PbSO_4 + CO_3^{2-} \longrightarrow SO_4^{2-} + PbCO_3 \downarrow$$

$$\Delta G^{\ominus} = -61.93 \text{kJ/mol}$$

$$PbSO_4 + 2HCO_3^- \longrightarrow SO_4^{2-} + PbCO_3 \downarrow + CO_2 \uparrow + H_2O$$

$$\Delta G^{\ominus} = -47.61 \text{kJ/mol}$$

上述方程式表示了用可溶性碳酸盐和碳酸氢盐浸取硫酸铅的过程，其 $\Delta G^{\ominus}$ 均小于零，说明常温下转化反应可以自发进行。在转化过程中，PbO_2 和铅不参加反应，脱硫剂的消耗主要在 $PbSO_4$ 的转化上。

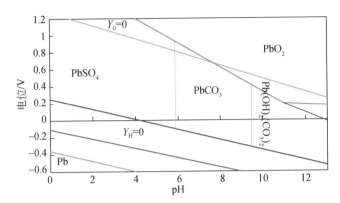

图 4-12　$PbSO_4$–$PbCO_3$–$Pb(OH)_2(CO_3)_2$–PbO_2 体系电位–pH 图

$PbSO_4$ 转化为 PbO 使用强碱作脱硫剂时，$PbSO_4$ 转化产物主要是 PbO：

$$PbSO_4 + 2OH^- \longrightarrow SO_4^{2-} + PbO + H_2O$$

$$\Delta G^\ominus = -75.44kJ/mol$$

此反应是放热反应，转化过程中温度将升高。若使用石灰转化法，则有

$$PbSO_4 + Ca(OH)_2 + H_2O \longrightarrow PbO + CaSO_4 \cdot H_2O$$

由于生成的 $CaSO_4 \cdot H_2O$ 是微溶物质，转化反应后将与生成的 PbO 一起入炉熔炼，熔炼时仅发生脱除结晶水成为 $CaSO_4$，或部分还原成 CaS 一道造渣，从而可消除或减轻 SO_2 的危害。由于转化产物与形态同 pH 有关，因此转化反应结束前应将 pH 调节到合适的值。

国外托诺利有限公司的脱硫过程，如图 4-13 所示，先将 Na_2CO_3 溶液加入脱硫槽，再将浆化的铅膏泵入，待反应 2h 后，再加入废硫酸以中和过量的 Na_2CO_3 至 pH=8.0。硫酸铅转化为碳酸铅的转化率为 85%～90%。反应热和搅拌产生的热可以使脱硫过程的温度从开始的 35～40℃上升到反应完成时的 50～55℃。中和后的反应物料再泵至压滤。滤液送副产品回收，滤饼则送还原熔炼。

国外类似再生铅厂多采用 Na_2CO_3 作脱硫剂，我国虽无工业实例，但也有人先后试验过以 Na_2CO_3、$(NH_4)_2CO_3$、NH_4HCO_3 为脱硫剂。孙佩极等试验了正负极板上的铅膏分别在 Na_2CO_3、$(NH_4)_2CO_3$ 溶液自然浸泡脱硫，发现脱硫剂用量为 Na_2CO_3[$(NH_4)_2CO_3$]：$PbSO_4$=1.5：1 时，正极板上的铅膏浸泡两天脱硫率可达 95%，负极板上的铅骨浸泡四天脱硫率可达 92% 以上。他们还对以酸式碳酸

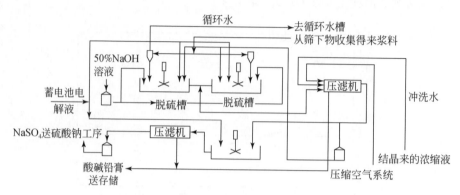

图 4-13　托诺利有限公司脱硫工艺流程

盐为脱硫剂进行了较系统研究。柯家骏（1981）作了 $(NH_4)_2CO_3$ 为脱硫剂的试验，发现在温度为 25～30℃，时间为 1.5h，液固比 $L/S=2.0$，搅拌速率为 1150r/min，$PbSO_4/(NH_4)_2CO_3$（质量比）＝2.0 时，脱硫率可达 98.2%。实验还发现转化反应是典型的固液反应，动力学速控步是 $(NH_4)_2CO_3$ 试剂在 $PbSO_4$ 颗粒表面形成的产物中的扩散过程。为了降低脱硫剂的消耗，提高脱硫深度，便于副产品回收，孙佩极等提出了两段脱硫工艺。第一段脱硫过程是配入理论量的脱硫剂，使脱硫后溶液中脱硫剂含量尽量降低，以减少脱硫剂在副产品回收过程中的损失；第一段脱硫得到的物料进入第二段脱硫工序，此时溶液中配入过量倍数较大的胶硫剂，以使残存的硫酸铅最大限度地转化，得到的溶液中含有较多的脱硫剂，可用于第二段脱硫，也可返回第一段脱硫过程。他们试验了以 NH_4HCO_3、Na_2CO_3 为脱硫剂的两段脱硫过程，结论是：①用 NH_4HCO_3 为脱硫剂进行第一段脱硫时，脱硫率可达 90.4%，最佳条件为：温度 20℃，时间 1h，液固比 4:1；二段脱硫时可使脱硫率由 90.4% 到几乎 100%，最佳条件为：温度 30℃，时间 1h，试剂过量倍数为 4:1。②用 Na_2CO_3 作脱硫剂。一般脱硫时，脱硫率可达 70.8%（试剂中配有 20% Na_2SO_4），最佳条件为：温度 30℃，液固比 3:1，时间 1h；二段脱硫时，脱硫率可由 70.8% 提高到 98.4%，时间固定为 1h，最佳条件为：温度 40℃，液固比 4:1，试剂过量倍数为 2.5:1。③用 NH_4HCO_3（或 Na_2CO_3）脱硫时，生成的 $(NH_4)SO_4$（或 Na_2SO_4）浓度对脱硫过程影响不大，可以用含 $(NH_4)_2SO_4$（或 Na_2SO_4）的溶液循环进行多次脱硫，使溶液中 $(NH_4)_2SO_4$（或 Na_2SO_4）的浓度达到蒸发结晶的要求。

4.4.2.4 副产品回收

预处理过程中可作为副产品回收的主要有两类：一类是蓄电池的有机物料，其中电池槽体聚丙烯可直接出售，或经洗涤、压碎、挤压生产出质量等级很高的颗粒状塑料出售；硬橡胶（电池槽体）和 PVC（隔板）可作为辅助燃料。另一类是脱硫过程中产生的硫酸盐；当使用 Na_2CO_3 脱硫剂时，副产品是 Na_2SO_4。加拿大托诺利有限公司年处理废蓄电池能力为 6 万 t，年可回收 Na_2SO_4 7100t，聚丙烯料 3000t，硬橡胶和隔板 2000t。

1）聚丙烯的回收。破碎分选过程中产生的聚丙烯纯度一般为 97% ~ 99%，还含有 0.5% 左右的铅。CX Compact 装置产出的聚丙烯含量为 97%，可以用作制作厨房用具、汽车零部件等的原料。

分选出的聚丙烯含有少量铅，这在一定程度上限制了其应用：国外有些公司开发或应用下塑料清洗提高质量等级的技术与设备，如 BSB 公司、奥地利永菲尔（Jungfer）公司等。回收的硬橡胶和隔板可作为部分燃料或还原剂入炉燃烧。

2）硫酸钠的回收。从硫酸铅脱硫转化反应式可知，当使用 Na_2CO_3 作脱硫剂时，Na_2SO_4 作为产物进入滤液，可以予以回收。回收流程一般是：滤液先澄清除去其中的悬浮物，再进入蒸发结晶器中，用蒸汽加热蒸发，得到的母液进行离心分离得 Na_2SO_4 固体，经干燥、冷却即得成品无水硫酸钠。它可作为洗涤剂、添加剂等。国外某厂生产的洗涤剂级无水硫酸钠的技术指标如表 4-10 所示，工艺流程如图 4-14 所示。

表 4-10　无水碳酸钠技术指标

项目	指标
外观	白色
气味	无味
NaCl 含量%	1.5
$NaCO_3$ 含量%	1
硫化物含量（以 H_2S 态计）/ppm	5
H_2SO_4 含量%	0.01
不溶物含量%	0.1
灼烧失重/%	0.25
Fe 含量 ppm	100

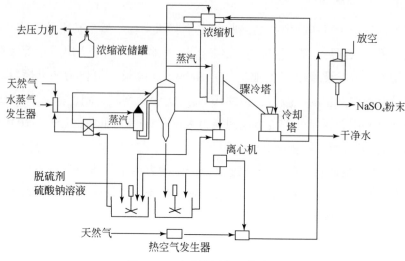

图 4-14　硫酸钠回收工艺流程

含 Na_2SO_4 滤液要求其含量达到一定浓度，以便于进行蒸发结晶。但脱硫转化过程产生的 Na_2SO_4 浓度一般最高只有百分之十几，为了提高其浓度，国外通常先以过量的 Na_2CO_3 进行脱硫，脱硫完成后再加入废硫酸中和剩余的 Na_2CO_3。但此法在我国不适用。若将脱硫循环使用以提高 SO_4^{2-} 浓度，则循环次数较多。为此，我国提出了二段脱硫转化工艺。采用该工艺试验所得无水硫酸钠可达化工部部颁二级标准。用碳铵作脱硫剂，副产品 $(NH_4)_2SO_4$ 的用途有限。

4.5　火法冶炼

蓄电池碎料在原生铅冶炼厂与铅精矿混合处理，生产技术和设备与原生铅冶炼没有多大区别。再生铅火法熔炼炉型主要有反射炉、回转短窑、鼓风炉等其他专业炉型。西欧发达国家主要采用废蓄电池经预处理后进入回转短窑熔炼的方式，个别厂家采用电炉熔炼。

短窑的燃烧器与排气口在同一端，燃烧器的设计使火焰在整个窑内循环，热利用率高；再生铅短窑的直径与长度比通常在 1/1 ~ 1/113。熔炼过程中窑体以 0.15 ~ 8r/min 的速度旋转，从而使反应更加充分彻底；炉子对原料的适应性广，处理对象可以是未经预处理料，也可以是经分选后的物料，并且可按后道工艺的需求不同，采用一段或分段熔炼。此外，利用燃油或燃气等多种燃料，可减少一半以上烟尘量，烟尘含铅品位可提高到 65% ~ 70% 。同时短窑的密闭性和工作环境较好。

国外对铅膏在回转短窑中的熔炼已推广应用，欧洲在 1995 年的 36 家再生铅厂中，有 24 家采用短窑熔炼。国内目前只有两家企业拥有短窑设备。板栅的熔炼温度较低，一般在 650 ~ 700℃ 即可熔化，生成 Pb-Sb 合金。也可同铅膏按一定比例混合进行分段熔炼。以下介绍不同废料的火法再生技术。

4.5.1 典型废料的回收利用技术

4.5.1.1 铅膏的再生熔炼

由于在铅膏各含铅化合物中，$PbSO_4$ 的熔点最高（1170℃），达到完全分解，温度要在 1000℃ 以上，这也是熔炼过程中产生 SO_2 气体的主要来源之一。围绕如何降低金属损失和控制污染，在进行预处理后采用短窑进行熔炼分为以下两类：窑内用 Na_2CO_3 固硫再生熔炼方法（未脱硫料的熔炼）和窑外先行脱硫转化后进行熔炼（脱硫料的熔炼）。

（1）未脱硫料的熔炼

该方法的过程是在短窑中加入一定量的碳、铁屑和苏打，将各类含铅化合物还原成金属铅以及将 $PbSO_4$ 中的 S 以 $Na_2S \cdot FeS$ 的形态固定在渣中来提高金属的回收率和减少烟气中的 SO_2 含量。焦碳或无烟煤作为还原剂加入短窑后，在还原气氛下，以布多尔反应 $C+CO_2 \Longrightarrow 2CO$ 为主，CO 与铅膏中的 PbO 起最主要的反应。实践证明：在 160 ~ 185℃ 时，PbO 已开始被 CO 还原，在 700℃ 前，绝大部分 PbO 已被还原成金属铅，其次 Sb_2O_5 分解可得 Sb_2O_3。由于在铅膏中锑的含量很低（<0.5%），当温度在 680 ~ 750℃ 时，锑转入炉渣的趋势越大。在铅膏熔炼过程中属次要反应，因此只考虑与 PbO、PbO_2、$PbSO_4$ 之间的反应，另一部分 PbS 与 $PbSO_4$ 反应生成 Pb 和 SO_2。在反应过程中，焦碳起着重要作用，但过量很容易形成难溶渣，直接影响铅液的流动性和铅与渣的分离。当加入铁屑后，铁屑也作为一种还原剂，可与 PbO 发生反应。但只有在铅、锑的氧化物完全还原后，Fe 才能进入熔体中。同时，铁屑与 PbS 发生沉淀反应形成炉渣，物料中适量加

入 Fe 有利于造渣，但是，Fe 加入过多也可能造成渣量过大，影响金属的回收率。加入 Na_2CO_3，同时发生了还原、固硫反应以及造渣反应，$PbSO_4$ 的分解造渣反应要在 1030℃才能强烈进行。$PbSO_4$ 与苏打、碳、铁屑共同发生反应：

$$4PbSO_4+2Na_2CO_3+C+2Fe = 4Pb+2Na_2S+3CO_2+2FeS=2Pb+N_2$$

并且窑内保持气体区、炉渣区、铁钠硫层和液铅层 4 个区域，Na_2CO_3 约有 60% 是以 Na_2S 形态进入冰铜，另一部分（约 40%）以 Na_2O 形态进入渣中。这样一方面可使得冰铜及炉渣的熔点降低，也使得冰铜的含铅量大大减少；另一方面可使 $PbSO_4$ 中的硫大部分以 Na_2S 形态进入渣中，从而可大大降低排放烟气中的 SO_2 含量。因而，整个熔炼过程是一个造渣过程，造渣的成功与否直接关系到金属的回收率以及污染的控制。在实践中，炉中的反应还要复杂，与添加的焦炭、铁屑和苏打的量以及炉中温度的控制有着直接关系。

意大利著名处理废蓄电池含铅废料的 Engitec 公司的 Olper 等也在论文中提出，处理未原西德普罗伊萨金属公司（Preussag AG Metall）所属的哈尔茨（Harz）冶炼厂采用回转短窑分别处理经破碎处理后的板栅和铅膏，以焦炭作为还原剂，铁屑、苏打作为熔剂，产出炉渣成分为 Pb 4%，Fe16%～20%，S11%～15%。

（2）脱硫料的熔炼

废蓄电池经破碎粉选、铅膏脱硫转化后，$PbSO_4$ 转化成 $PbCO_3$，这使熔炼反应要比未脱硫料的熔炼简单。在熔炼过程中 $PbCO_3$ 在 340℃反应生成 PbO，在 700℃时，大部分的 PbO 即被 CO、C 等还原剂还原成金属铅。在实践中，由于转化不彻底，一般还会有 5% 左右的 $PbSO_4$，但此时的主要反应是 $PbCO_3$ 的分解反应、碳的气化反应和 PbO 的还原反应。在熔炼过程中 $PbSO_4$ 将进入渣相中，当渣在窑内积累到一定量以后，再加入的铁屑、苏打等助剂进行造渣熔炼，即分段熔炼法。而造渣熔炼过程同未脱硫料的造渣熔炼过程相当。

4.5.1.2　含铅废料的再生熔炼

目前全球再生铅熔炼工艺主要有三种：回转炉、反射炉和鼓风炉。此外，还有少量的公司采用相对较新的浸没式喷枪熔炼工艺。

（1）短回转炉熔炼工艺

用短回转炉作熔炼设备，因炉体不停地转动，炉料会不停地沿炉衬运动而被搅动,有利于传热、传质,使炉料各组分很好地接触,有利于提高炉子的生产效率。炉身短,容易将燃烧器和废气排出口设计在炉子的同一端,这样能保证燃烧火焰在炉内可来回穿行两次,最大限度地把热传给炉料。这样的设计还允许在装料时可不用关闭燃烧器,使熔炼过程连续进行。如法国某公司有两台 $\phi3.6m×5m$ 的短炉,每炉的生产效率达到 59t/d。生产 1t 粗铅的消耗为燃油 92kg,铁屑 50kg,碳酸钠 62kg,煤 65kg;电力消耗为还原熔炼 45kW·h,烟气净化 105kW·h。目前,国外短回转炉有用氧气-燃料喷枪取代空气-燃油喷嘴的趋势。其优点是热效率高,熔炼时间短,可在同一容器内有效地造成氧化性或还原性气氛;废气量减少而显著减轻了控制污染的负担。德国布劳巴赫炼铅厂在熔炼废铅蓄电池的短炉中安装氧气-燃料喷枪,节约燃料和电能 60%,废气量减少 70%,烟尘量由 193kg/h 减到 57kg/h。

(2) 反射炉熔炼技术

含铅废料的反射炉熔炼既可生产粗铅,也可生产铅合金。同时还可用来精炼。因此,反射炉熔炼再生铅在国外比较普遍。其优点是操作简单,投资少,适应性强,可以处理粉状物料,不需预先制团。可借助炉内氧化性气氛或所含氧化物进行铅的精炼。若往炉内加入煤、碳或焦屑还可进行还原过程。反射炉熔炼的缺点是生产率和热效率较低,且是间断作业。

(3) 鼓风炉熔炼技术

鼓风炉熔炼的特点是对原料成分适应性强,生产能力大,过程连续。该法的缺点是烟尘率大,细粒物料需要烧结或制团,并使用昂贵的焦炭。丹麦的 Psulbergsoe 和 Son Konzern 公司开发的 SB 炉的鼓风炉,在结构上与传统鼓风炉有较大区别,其特点是:炉身较宽,能直接处理未经分离的废铅蓄电池,省去了破碎分离和细粒物料的烧结;炉顶两侧设有 U 形烟道,使有机物在低于 500℃ 的温度下预热分解并充分燃烧,降低了燃料消耗;宽炉膛使热气流上升缓慢,炉顶保持冷状态,烟尘率仅为 2%,比一般鼓风炉减少 8 个百分点。该公司空气消耗量一般为 $12\sim15m^3/(m^2\cdot min)$。生产每吨粗铅的燃料消耗为:天然气 $36\sim40m^3$,焦炭 0.15t。粗铅生产能力为 $17\sim19t/(m^2\cdot d)$,在瑞士、英国等国家也有采用类似 SB 熔炼炉。

（4）分段熔炼技术

分段熔炼实际上是一种半连续操作，即第一段进行氧化熔炼以产出含锑较低的软铅，第二段则是还原反应，产出含锑较高的硬铅在第二段集中造渣。①第一段熔炼是在 800℃下进行氧化熔铁，使锑发生氧化反应而进入渣中。其中，在40%左右铅从料中熔炼出来，通过放铅口放出，此时得到的铅为一种含锑量较低的软铅，其成分为：Pb≥99.5%，Sb≤0.2%，Cu≤0.3%。重新加入废蓄电池料进行熔炼，直至炉内全部是富锑熔渣后即进行第二段熔炼。②第二段熔炼即在短窑中的富锑渣配入还原剂如焦炭、铁屑、苏打熔剂等，温度升到 1100～1200℃进行还原熔炼，使铅和锑的氧化物还原，炉料中 $PbSO_4$ 也被还原。在此过程中，约有60%的入炉铅以高锑硬铅产出，硬铅的成分为：Pb 85%～95.3%，Sb 3%～4.5%，Cu 0.01%～0.03%。产出的炉渣成分：Pb 1%～4.0%，Sb 0.5%～1%，Cu 0.5%～1%，这种炉渣还可进行再熔处理（周正华，2002）。

我国基本上多采用传统的反射炉处理未经预处理炉料的方式，一些小企业和个体户甚至人工将废板栅和铅膏分离后采用原始的土炉土罐生产。反射炉大多以烟煤为燃料，熔炼炉烟气温度达 1260～1316℃，能耗 400～600kg 标煤/t 铅，烟气含尘浓度达 10～20g/m³，SO_2 浓度达 0.1075kg/kg 金属料；工人操作带铅烟含量达 0.04～4mg/m³，操作环境差；金属回收率一般只有 80%～85%，渣的含铅量达 10%以上；采用人工投料的方式，劳动强度高。

4.5.1.3　铅再生环保技术

（1）废气控制技术烟气收尘

目前国外在铅熔炼中各类烟气处理基本上均采用布袋收尘或电除尘器。据欧盟有色金属工业最佳可得技术参考文件（BREF 文件），新型覆膜布袋将极度光滑精细的聚四乙烯制膜覆盖在衬底材料上，可提高布袋寿命，降低对烟气温度的要求，并相应地降低了运行费用。近年来采用密闭的抽风过滤系统和后置风机，负压操作，这项技术的使用意味着更长的布袋寿命、更小的操作和维护费用。在欧盟的再生铅厂中有多个比较成功的陶瓷除尘器实例。使用这类除尘器可以达到极高的除尘效率，很细微的颗粒包括 PM10 都可以收集。粉尘排放浓度可以达到0.1mg/m³以下。

（2）烟气制酸和脱硫

欧盟有色金属工业烟气中 SO_2 治理的最佳可得技术（BAT）主要如下：浓度很低的 SO_2 烟气，采用湿式或半干式的洗涤器，如果生产石膏外卖可行，被认为是最佳可得技术；对于浓度高一点的烟气，采用洗涤器连接硫酸装置的冷水吸收烟气中 SO_2，并从溶液中再生生产液态 SO_2，被认为是最佳可得技术；最小四段的双接触法和进口烟气浓度的最大化均被认为是最佳可得技术；对于一套制酸装置，当烟气 SO_2 含量在 14% 及以上时，铯催化剂的使用是必要的；对于 SO_2 含量低且变动（1.5% ~4%）的烟气，单接触法如 WSA 法可以被采用，铯催化剂在最后一段可以达到最佳的效果。

（3）废水控制技术

目前国外重金属废水处理技术以中和法、硫化法为主。在装备上，国外发达国家的污水处理具有较高的自动化控制水平，能保证污水处理达到预期目标。

（4）固废控制技术

国外废铅蓄电池水力分选后互含率低于 0.5%，为减少固废量打下良好的基础；国外对于再生铅生产中产生固体废物进行全过程管理，废渣中含有部分铅、铁等金属元素，循环冶炼后，部分送至铁冶炼厂和水泥厂作生产原料（陈曦，2009）。

4.5.2 再生企业生产实例

4.5.2.1 含铅废料再生技术

循环铅的新生产技术和设备主要有瑞典的布利登（Boliden）公司的卡尔多炉熔炼法，澳大利亚的奥斯麦特（Ausmelt）和艾萨（Isasmelt）法，这些工艺都有环境条件好、产能高等优点，已有较广泛工业应用。例如艾萨法，主体设备是一个立式圆柱体熔炼炉，内衬耐火材料，专门设计的浸没式喷枪将燃料和熔炼粉料以及空气或富氧空气喷入熔池，引起强烈搅拌，产生高速反应。燃料可用天然气、石油或煤。通过调节喷枪中的燃料和氧气的比例，很容易控制炉内的氧化或还原性气氛。现在，用艾萨法建立的循环铅厂有：1991 年不列颠尼亚精炼金属公司

（Britannia Refined Metals）在英国的诺斯弗里特建立的年产 3 万 t 铅合金（以铅计）的工厂；1997 年比利时的联合矿业公司在霍博肯建立的一家年处理 20 万 t 铜、铅废料的工厂；2000 年马来西亚的金属回收工业公司（Metal Reclamation Industries）在因达（Indah）岛建立的一个年产 4 万 t 循环铅的循环铅厂。

瑞典布利登公司隆斯卡尔冶炼厂（Bolden's Rönnskär Smelter）是一个有悠久历史的炼铅厂，并以开创"卡尔多炉熔炼法"而著称世界（Lehner and Wiklund, 2000）。原建厂宗旨是为处理当地的矿石，现在已将金属二次资源的回收利用纳入生产流程，其工艺流程图 4-15 中标示出的再生回收符号表明流程中的各切入点。从回收的物料中生产的金属比例数据列于表 4-11 中所示。

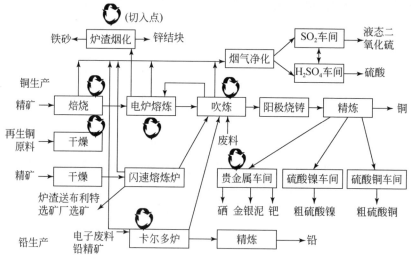

图 4-15　隆斯卡尔冶炼厂现在的工艺流程（邱定蕃和徐传华，2006）

表 4-11　从二次资源中生产的金属比例

金属	目前产量/(t/a)	从二次资源回收的金属比例/%
铜	125 000	30
锌块	37 000	90
金	9	50
银	285	45
钯	2	大于 50
硫酸镍	2 000	大于 90
硒	30	小于 50
铅	41 000	小于 1

此外，生产用的部分辅助原料也是二次资源，其详细种类见表4-12。该厂开发了专有技术可从各种复杂的再生原料中回收有价金属，采用的技术包括：

1）用于电子废料处理的卡尔多炉技术。

2）焙砂和干铜-锌再生原料的电炉熔炼。

3）用于锌提取的炉渣烟化技术。

4）从低浓度烟气中回收二氧化硫技术。

5）从含贵金属的淤泥中用卡尔多炉回收贵金属技术。

6）从烟气和其他余热的回收，用于发电或地区供热。

表4-12　其他回收物料的应用

物料	应用	二次资源料
硅石	炉渣烟化	（废）玻璃、陶瓷
油	加热/还原	废油
油	加热/还原	废塑料
硫化物	金属沉淀	纸浆废液

德国布劳巴赫公司是一个有悠久历史生产铅和银的具有采、选和冶作业的联合企业（Gerhard et al.，2000）。由于地质条件优良，人们在布劳巴赫区两千年以前就开始采矿了。第一个冶炼厂的建立可追溯到1691年，当时建立的是布劳巴赫炼银厂。在以后的几个世纪中，生产的重点从银转向了铅。1977年，成立了布劳巴赫铅银冶金回收公司，现在有一个年产能约为30 000t 铅及合金的循环铅冶炼厂。冶炼厂采用环境友好工艺处理废铅酸蓄电池、废铅、含铅废料、废铅箔等。该回收公司是德国第一家在环保方面通过 DIN EN ISO 9002 认证的循环铅冶炼厂，其生产流程示意图如图4-16所示。近二十几年来，在铅酸蓄电池应用的各种塑料中，聚丙烯越来越多。20世纪80年代中期以前，分离过程中回收的有机物约50%是胶木，一般用填埋法处理。基于越来越多用聚丙烯的趋势，公司初步意识到了回收利用聚丙烯的重要性，尝试在从废料中回收铅的传统流程中增加一个回收利用聚丙烯的车间。如今，公司可从废铅酸蓄电池物质回收利用中向市场提供10~15种不同规格和品种的聚丙烯产品。

4.5.2.2　废铅酸蓄电池再生技术

河南豫光金铅集团有限责任公司（以下简称豫光公司）是亚洲最大的铅冶

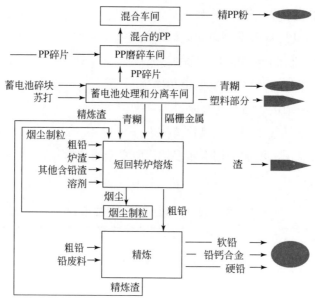

图 4-16　BSB 公司循环铅生产流程（邱定蕃和徐传华，2006）

注：PP 为聚丙烯

炼企业，其电铅年产量超过 20 万 t。自 20 世纪 80 年代中后期以来，该公司连续四次进行了大规模技术改造，特别是进行了"铅冶炼烟气（尘）综合治理工程"的改造后，企业规模大幅扩大，技术水平迅速升级，使公司步入可持续发展轨道。目前除铅的生产外，年产硫酸 10 余万 t，白银 300t，黄金 2t；"豫光"牌电铅已在伦敦金属交易所注册。随着规模的扩大，对生产原料的需求也迅速增加，除国内原料外，自 2001 年以来，公司开始大量进口铅精矿；与此同时也开始寻求循环铅资源，2004 年月处理废弃铅酸蓄电池约 4000t（金属量），年产循环铅 3 万多吨。其他企业对发展循环铅也有准备，正在筹建氧气底吹炉，许多大型原生铅企业，如株冶集团、水口山有色金属集团有限公司等都在发展循环铅生产。

　　循环铅的生产与原生铅生产相结合，是豫光公司在工艺技术和经营管理上的又一大进步，并取得了良好的效果。

　　铅再生利用的工艺过程见图 4-17，图中虚线以上是废铅酸蓄电池的预处理过程。目前预处理工艺是采用自行开发的拆解工艺，即以拆解分级设备为主，辅以人工作业。将电池彻底解剖分离后，分解为塑料、格栅、铅膏、隔板等。该工艺可将塑料完全分离出来并回收利用。格栅与铅膏分别进行处理，铅膏用熔炼法回收铅，格栅采用低温熔铸处理，使铅得到了充分的回收利用。

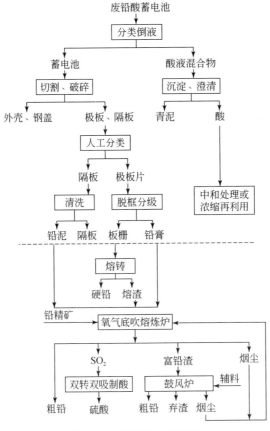

图 4-17　循环铅工艺流程

该公司从意大利安吉泰公司引进 CX 废铅酸蓄电池的预处理系统，实现自动化和全封闭无污染预处理作业。未来的预处理流程如图 4-18 所示。

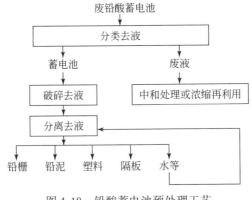

图 4-18　铅酸蓄电池预处理工艺

由于在原生铅的生产工艺中结合了循环铅的生产，未来的工艺较单一的循环铅生产企业更有它的优势，主要表现在：

1）通常单一的循环铅生产企业（包括国外）是将铅膏加碱（如碳酸钠）脱硫后再用熔炼炉熔炼，而在豫光公司是将铅膏和铅精矿一起直接配料，加入氧气底吹炉进行熔炼产出粗铅，氧气底吹炉的烟气送去制酸，省去了铅膏脱硫工序。

2）板栅经低温熔铸生成硬铅，硬铅可电解，也可配制合金铅，产品形式更灵活。

3）实现氧气底吹熔炼炉处理低硫原料。通常，原生铅生产企业处理的原料含硫约为22.5%，最高可达到44%，而在豫光公司的生产中氧气底吹炉入炉原料最低含硫量可在11%左右。由于采用了富氧技术，同样能达到炉子的热平衡并使烟气中的SO_2浓度满足制酸要求。加上制酸所采用的双转双吸制酸技术，解决了低浓度的SO_2制酸问题。

氧气底吹炉处理铅泥过程中铅泥的主要成分为$PbSO_4$，发生的主要反应为

$$2PbO+PbS \longrightarrow 3Pb+SO_2$$
$$PbSO_4+PbS \longrightarrow 2Pb+2SO_2$$

上述反应方程式中，PbS主要来自铅精矿，在氧气底吹炉中，铅泥中主要成分有利于沉淀反应生成金属铅单质。

目前，氧气底吹炉的总处理量已达25t/h以上，公司拟建成年产10万t循环铅的企业，须处理铅泥近10万t。为适应循环铅的发展规模，豫光公司拟再建一条8万t粗铅的生产线。引进预处理系统后，蓄电池预处理产品指标大大改善（表4-13），其硬橡胶和隔板可以直接回收利用。采用氧气底吹炉进行熔炼，弃渣中含铅2.0%~2.5%，铅回收率大于98%，总硫的回收率在97%以上；环保指标均符合或优于国家标准，污水达标排放，车间粉尘及铅尘含量低于国家规定的标准。工艺的其他优点还有：①投资少，不到引进工艺（如奥斯麦特法和艾萨法）的50%；②综合能耗低，循环铅物料的加入又进一步降低了能耗；③环保效果好；④金属回收率高；⑤生产成本低。

表4-13 蓄电池预处理产品指标

铅栅和电极	铅泥	聚丙烯
金属含量大于96%	含水小于98%，金属含量大于76%	纯度为98%~99%，铅含量小于0.1%

蓄电池的废料火法冶炼的主要设备有鼓风炉、竖炉、回转炉和反射炉，多数情况是这些设备的两种甚至三种联合应用。鼓风炉还可处理含有硅渣、石灰、焦炭、氧化物、铅精炼浮渣、反射炉炉渣等物料，生产硬铅。图 4-19 为火法熔炼原则流程示意图。

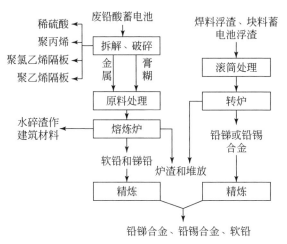

图 4-19　火法熔炼原则流程示意图

废蓄电池中的 $PbSO_4$ 导致熔炼温度升高，对铅回收率、能耗、环保均不利。废蓄电池经破碎分选、铅膏脱硫转化后，$PbSO_4$ 转化为 $PbCO_3$，这使熔炼反应要比 $PbSO_4$ 存在时简单得多。$PbCO_3$ 在加热时易分解为 PbO 和 CO_2：

$$PbCO_3 \xrightarrow{\Delta} PbO+CO_2$$

此反应在 340℃ 即可进行，生成的 PbO 可被 CO、C 等还原剂还原为金属铅：

$$PbO+CO \longrightarrow Pb+CO_2$$

$$PbO+C \longrightarrow Pb+CO$$

在 700℃ 时，大部分的 PbO 即可被还原成金属铅。$PbSO_4$ 转化为 $PbCO_3$，可使熔炼具有以下特点：①熔炼温度低，这将带来低能源、很少的铅挥发损失；②烟气中不含 SO_2，从而避免了熔炼产生 SO_2 对环境的污染；③由于不需加铁屑、Na_2CO_3 等助剂，故熔炼过程中基本上不产生渣或渣量少。

实践中，由于 $PbSO_4$ 转化为 $PbCO_3$ 不彻底，一般还会含有 5% 左右的 $PbSO_4$，仍需加入少量的铁屑、Na_2CO_3 等助剂，因此还原反应仍然比较复杂。但此时主要的反应是 $PbCO_3$ 的分解反应、碳的气化反应和 PbO 的还原反应。

4.6　电　解　精　炼

废蓄电池经破碎分选后，分选产物的金属部分可熔铸成阳板，或直接用框、篮、袋等类容器盛装后，在 $H_2SiF_6+PbSiF_6$ 电解液中进行贝兹（Betts）法电解精炼得到纯铅；而铅膏部分经转化后用硅氟酸、氟硼酸等溶液进行浸出，浸出液进行电积即可得到金属铅。

（1）金属部分的电解处理

粗铅的电解精炼正常情况下阳极的成分要求是：Cu<0.05%，Sb 0.3%～0.8%，Pb>98%。然而废蓄电池破碎分选所得的金属部分主要是板栅合金，其含锑较高，一般在 4%～8%，其他金属元素如铜、锡、铋的含量有时也较高。这种含杂质较高的阳极按正常矿铅电解条件进行电解，是难以进行的。为了得到质量较高的阴极铅和好的经济效益，应作如下处理：①薄阳极由矿石冶炼出的粗铅铸成的阳极厚度多在 20mm 以上。但再生粗铅的阳极却多在 10mm 左右。若含铅只有 60% 左右的阳极，则厚度应为 6mm。虽然薄阳极的经济效果不太好，但可维持连续进行电解精炼。②电解液中加入适量的硝酸杂铅电解。当金属溶解时，阳极表面生成紧密覆盖层，如果这些产物形成独立相，将阳极金属表面与电解液机械地隔离开，使阳极金属溶解速度大为降低，甚至阻止电解过程的进行。据分析证实，钝化了的金属表面上有大量小晶体，且多为氧化物组成的钝化膜。实践证明，加入适量的硝酸就能破坏钝化膜，促进铅的溶解。③电解液适当加热杂铅电解时，阳极活性较低，要适当加热电解液。对含杂质产高的阳极进行电解还可采取其他方法，如低电流密度、短电解周期以及更换阴极和阳极的半周期性擦洗等。但这将导致生产效率降低及增加工人劳动强度。电解过程一般控制电流密度 $140～160A/m^2$，槽电压 0.4～0.6V，同极距 80mm，电解液循环量 30～35g/L，电解周期 3 天。添加剂为骨胶和木质素磺酸钠。电解铅总回收率可达 99.5%，电流效率 95.2%，直流电单耗 140kW·h/t 电铅。

（2）铅膏部分的电积处理

Ⅰ. 铅膏的转化和浸出

铅膏中含有金属态铅以及 PbO、$PbSO_4$、PbO_2 等铅的化合物，必须全部将其

转化成 $PbSiF_6$ 或 $Pb(BF_4)_2$ 等形态才能进行电积。金属铅、PbO 可顺利地溶解在 H_2SiF_6 或 HBF_4 溶液中：

$$Pb+H_2SiF_6 \longrightarrow PbSiF_6+H_2\uparrow$$

$$PbO+H_2SiF_6 \longrightarrow PbSiF_6+H_2O$$

但 PbO_2、$PbSO_4$ 却不能溶解。对 $PbSO_4$ 可采用脱硫转化法将其转化为 $PbCO_3$ 或 PbO；$PbCO_3$ 可顺利地溶在 H_2SiF_6 或 HBF_4 溶液中：

$$PbCO_3+H_2SiF_6 \longrightarrow PbSiF_6+CO_2\uparrow+H_2O$$

此反应迅速，为避免 CO_2 大量产出而发生"冒槽"，需将 $PbCO_3$ 缓慢加入 H_2SiF_6 溶液中。PbO_2 是不溶于酸或碱的强氧化剂（$E^{\ominus}_{PbO_2/Pb^{2+}}=+1.691V$），须还原成 PbO。常用的还原方法有以下几种。

火法低温（$<400℃$）：将 PbO_2 还原为 PbO，或在 $600℃$ 下煅烧 PbO_2 分解成 PbO：

$$2PbO_2+C \longrightarrow 2PbO+CO_2$$

$$PbO_2 \longrightarrow PbO+1/2O_2$$

湿法还原：即在还原剂存在情况下，使 PbO_2 在溶液中还原成 PbO。还原剂通常有铅粉、Na_2SO_3、$Na_2S_2O_3$、H_2O_2、SO_2 等，其反应分别为

$$PbO_2+Pb \longrightarrow 2PbO$$

$$PbO_2+Na_2SO_3 \longrightarrow PbO+Na_2SO_4$$

$$PbO_2+2Na_2S_2O_3+H_2O \longrightarrow PbO+Na_2S_2O_6+2NaOH+2S$$

$$PbO_2+H_2O_2 \longrightarrow PbO+H_2O+O_2\uparrow$$

$$PbO_2+SO_2 \longrightarrow PbO+SO_3 \longrightarrow PbSO_4$$

采用上述方法处理铅膏，铅的浸出率可达 90% 以上；所得浸出液中，Pb^{2+} 可达 $100g/L$ 左右。

Ⅱ. 不溶性阳极电沉积铅

采用石墨或 PbO_2-Ti 为阳极板，纯铅为阴极或以不锈钢为阴极板，在直流电作用下进行电沉积铅过程。电积反应如下：

阴极反应：$Pb^{2+}+2e^- \longrightarrow Pb\downarrow$

阳极反应：$2OH^--2e^- \longrightarrow H_2O+1/2O_2\uparrow$

总反应为：$PbSiF_6+H_2O \longrightarrow Pb\downarrow+1/2O_2+H_2SiF_6$

与粗铅电解精炼法不同，电积铅时电解液铅离子浓度贫化，因而电解液循环量要大，以保持电解液中铅离子浓度，其他条件基本相同。但是电沉积通常在较高的电流密度下进行（$150 \sim 300 \mathrm{A/m^2}$），阳极极化使氧的析出电位升高，结果氧不易形成气泡从阳极析出，初生态的氧易将溶液中二价铅按下式氧化成 PbO_2：

$$PbSiF_6 + 2H_2O \longrightarrow PbO_2 + 2H^+ + H_2SiF_6 + 2e^-$$

所以如不加以控制，在铅的电沉积过程中，阴极上和阳极上几乎有等物质的量的金属铅和 PbO_2 生成。阳极上生成的 PbO_2 不仅使槽电压升高，能耗增加，而且铅的直收率大为降低。这为铅电沉积工业化的大障碍。据报道，变价元素如磷、砷、锑、钴等能在电解槽内阳极附近形成高价离子区，这种价高离子区能降低氧的析出电位，使初生态的氧原子易于变成分子氧鼓泡析出，减少其氧化二价铅离子的机会，从而减少和避免 PbO_2 在阴极上的析出，从而也解决工业上不能实现不溶性阳极铅电沉积的问题。

4.6.1 典型废料的回收利用技术

4.6.1.1 高锑粗铅

利用电解法对高锑粗铅进行精炼。在初步火法精炼装锅时，对该批粗铅进行了选择性搭配，考虑到部分粗铅含锑>5%，最高的粗铅含锑达到了 8.63%，为使阳极铅含锑控制在合理水平，我们有针对性地将含锑较低的粗铅与锑高的粗铅搭配进行调锑作业，并通过计算搭入残极铅，使生产出来的阳极板含锑控制在 5% 以下水平。同时，在火法精炼过程中，还进行了除杂作业，一部分杂质进入锑铜浮渣中得到了有效脱除。为确保电解作业的顺利进行，稳定析出铅的质量，选择了低电流密度作业，电解工艺条件控制如下：电流密度 $150 \mathrm{A/m^2}$，电流强度 5000A，电解液成分 H^+ $80 \sim 100 \mathrm{g/L}$，ΣH^+ $145 \sim 160 \mathrm{g/L}$，$Pb^{2+}$ $115 \sim 140 \mathrm{g/L}$，电解液温度 $40 \sim 45 \mathrm{℃}$。在实际生产中，有意提高了电解液中游离硅氟酸的浓度，同时对电解液中的铅离子浓度进行了适时监控，随着电解作业的进行，Pb^{2+} 浓度贫化趋势逐渐加大，通过合理补加黄丹粉，使 Pb^{2+} 浓度基本处于受控状态，电解槽压也稳定在 $0.4 \sim 0.5 \mathrm{V}$ 的水平。减少高锑粗铅生产过程阳极泥产率过大对电解液的污染，一方面加大电解液循环流量的控制，加强对电解液的过滤处理，除去其中的悬浮污染物和部分胶质；另一方面缩短掏槽的周期，将沉积在槽底的阳极泥及时清理出系统（邹征良，2011）。

在实际的电解生产过程中，可能对生产造成的影响有以下几种。

1）对析出铅质量的影响：①溶液中铅离子浓度的太低时会影响析出铅的结晶质量，并且生成海绵状的阴极沉积物而导致析出铅质量的降低，同时又增加了杂质元素在阴极上的析出概率。②由于粗铅中的杂质含量比较高，会大幅度增加阳极泥的产量，部分阳极泥掉入电解液后会使电解液污染而变得浑浊，造成析出铅结晶不好，质量变坏。过量的杂质进入阳极铅后，将严重影响着阳极泥的物理性质，还会降低析出铅质量。

2）对电效、对电耗的影响：①根据工厂实践，降低槽电压对减少电能消耗，提高电流效率，保证析出铅的质量都是十分重要的，而降低槽电压必须要降低电解系统的电阻，系统的电阻由导体电阻、接触点的电阻、电解液电阻、泥层与浓差极化电阻组成。含杂质较高的阳极铅在电解过程中产生大量的阳极泥，势必造成泥层与极化的电阻加大，显著增加电能消耗。②高锑铅电解精炼中，电流密度的选择既要考虑阳极溶解过程的正常进行，也应考虑阴极过程的正常运行，如果按照正常铅电解时所采用的高电流密度，会造成较正电性杂质金属从阳极上的溶解，并在阴极上析出，严重时会引起阴极结晶恶化，短路增多，电流效率也随之降低。

3）对锑直收率的影响：工业实践证明，当电解液中的 Sb>0.2g/L，阴极含锑随电解液中的锑量增加而呈正比地增加。这样给析出铅质量造成影响，还影响锑的回收。

4.6.1.2 废铅酸蓄电池

目前世界上废铅酸蓄电池处理的工艺主要有三种：一是废铅酸蓄电池经去壳倒酸等简单处理后，进入反射炉火法冶炼；二是废铅酸蓄电池经破碎分选后分出金属部分和铅膏部分，铅膏部分脱硫转化，然后分别进行密闭低温转窑熔炼，得到还原铅；三是废铅酸蓄电池经破碎分选后分出金属部分和铅膏部分，铅膏部分脱硫转化为 $PbCO_3$ 或 PbO，经酸溶，通以直流电，Pb^{2+} 在阴极沉积得金属铅，金属部分可熔铸阳极精炼或调整成分成铅基合金。

废铅酸蓄电池生产再生铅的湿法破碎沉积电解技术，其工艺过程为自动破碎分选—铅膏脱硫转化—$PbCO_3$、PbO_2 分解—硅氟酸浸出—过滤净化—电解沉积—精炼。主要消耗燃油：<30t 燃油/t 铅，折标煤：43.8kg/t，$NaCO_3$：150kg/t 铅，电解电耗：350kW·h/t 铅，其他电耗：<200kW·h/t 铅。其铅回收率达到 98%。由于采用电化学原理还原金属氧化物，没有炉渣产出，没有废气产出（电解过程产出氧气），$PbSO_4$ 全部被置换成 Na_2SO_4，废酸全部中和回收处理。由于成本太高，不能大规模生产，国内目前没有用此工艺的厂家（诸建平，2011）。

4.6.2 再生企业生产实例——废铅酸蓄电池

意大利几那塔（Ginatta）提出的方法是，将废蓄电池切开，放出废酸后，将铅及铅膏溶解再电解沉积产出纯铅，采用氟硼酸作为电解液。为降低阳极制造成本，阳极采用不镀 PbO 的石墨棒。为获得平整的阴极，加入苯酚酞和 X-100Triton 代替动物胶，电解液温度 40℃，阴阳极电流密度分别为 400A/m^2、800A/m^2，槽电压2.7V，电耗 1000kW·h/t 铅。槽内一个阴极框架有 8 片 2000mm×2000mm 阴极，产铅 1.5t；一个阳极框架有 7 片阳板。电积过程中锑以氧化锑形态进入阳极泥。该法的优点是可在很低的 Pb^{2+} 浓度下电积。电解液含 Pb 40g/L，HBF_4 200g/L，H_3BO_4 30g/L。产出铅可直接出售。

美国矿业局罗拉研究中心采用电解精炼和电积的联合法，进行了工业试验，完全回收废蓄电池中的铅。将废蓄电池破碎后过 0.59mm 的筛。筛上的金属板栅熔铸成阳极进行电解精炼。筛下的铅膏作为电积用的原料。两种物料的成分见表4-14。

表4-14 美国矿业局工业试验用的物料成分　　　　　（单位:%）

元素	Pb	Ag	Bi	As	Ca	Cu	Fe	Sb	Sn
筛下的铅膏	68.9	0.01	0.02	0.04	0.04	<0.01	0.12	0.45	<0.01
筛上的金属	85.4	0.01	0.03	1.6	0.07	0.03	0.04	4.5	0.17

电积的工艺流程见图 4-20。采用 PbO_2-Ti 板作阳极，纯铅作阴极。为了防止不溶的 PbO_2 沉积阳极，可加入少量的磷（1.5g/L，以 H_3PO_4 形式）。电积过程的工艺技术条件见表4-15。

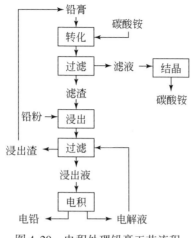

图 4-20 电积处理铅膏工艺流程

表 4-15 电积过程的工艺技术条件

项 目	数 据
电解液组成/(g/L)	Pb：70；游离 H_2SiF_6：90
添加剂浓度/(g/L)	骨胶：0.02~0.04；木质磺酸钙：4.0
电流密度/(A/m²)	170~600
电解液温度/℃	28~35
电积间距/cm	3
循环周期/d	1.7~6
电流效率/%	99
能耗/(kW·h/t 铅)	800
电积铅纯度/%	99.99

Engitec 公司从铅膏中生产电积铅工艺如图 4-21 所示。废蓄电池经 CX 系统破碎分选后，铅膏用 Na_2CO_3 进行脱硫处理；脱硫铅膏加入反应器中用 HBF_4 溶液浸出，以 Pb（BF_4）$_2$ 作为电解液而得电积铅。$PbCO_3$ 和 PbO 在溶液中可很快成为 Pb（BF_4）$_2$，而 PbO_2 在浸出介质中不溶；当铅膏中存在金属铅时会分解成可溶态，可在浸出中加入少量的 H_2O_2 以平衡 Pt/PbO_2 比。

在酸性介质中发生下述反应：

$$Pb^{4+} + Pb \longrightarrow 2Pb^{2+}$$

$$Pb^{4+} + H_2O_2 \longrightarrow Pb^{2+} + O^{2+} + H_2O$$

因此，铅膏中所含的金属铅由于 PbO_2 的分解而溶解了。PbO_2 的转化依赖于浸出温度和搅拌状况。当铅膏浆料由红褐变成灰色时，PbO_2 转化完成。过滤后，

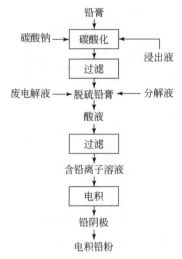

图 4-21　Engitec 公司电膏工艺流程

将浸出液送电积工序。含饱和铅离子的电解液在串联电积槽中电积处理，使用特别设计的阳极，阴极是不锈钢的永久性种板。每周期大约沉积有 80kg 铅。电流密度是 350A/m²，阴极周期是 48h，阴极铅纯度大于 99.99%。破碎、脱硫、浸出和电积的总能耗小于 1kW·h/kg 铅。电积系统处理废蓄电池与火法处理的工艺比较见图 4-22。

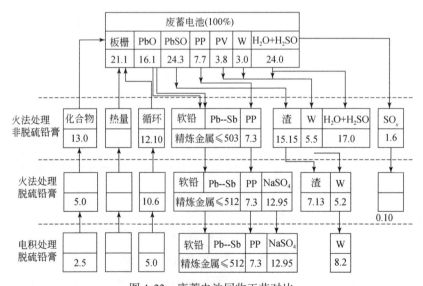

图 4-22　废蓄电池回收工艺对比

注：W 表示弃物料

东北大学对废蓄电池铅渣进行了全湿法处理试验研究，其流程如图4-23所示。

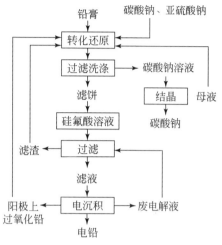

图4-23 东北大学电积铅流程

实验所用铅膏的组成成分如表4-16所示。电积实验时使用了连续石墨阳极和不连续铅始极片。

表4-16 东北大学电积铅用铅膏组成 （单位:%）

组成	20目~60目	60目~90目	90目
PbO$_2$	20.23	23.83	24.18
PbO	4.35	4.86	5.64
PbSO$_4$	41.22	46.05	53.44

Na$_2$CO$_3$为PbSO$_4$的转化剂，Na$_2$SO$_3$为PbO$_2$的还原剂，在55℃，液固比L/S=5:1时，对60目~90目的废蓄电池铅膏浸出2h，结果脱硫率为99.24%，PbO$_2$还原率85.22%。

用含Pb^{2+}浓度≤40g/L的废电解液，在55℃，L/S=3:1时，浸出转化还原后的铅膏料，反应1h，铅的浸出率>95%。

采用不连续电积从PbSiF$_6$溶液中电沉积铅时，往电解液中单独添加磷1.5~2.0g/L，或在钴200ppm下联合添加锑>250ppm，均能有效地控制阳极PbO$_2$的生成，其生成量小于阴极铅质量的1%。

严格控制电解液循环量 > 124mL/min，电流密度 < 200A/m² 和初始锑浓度 < 300ppm，可保证得到纯度 > 99.99% 阴极铅。

1997 年，中国科学院化工冶金研究所研制成功了从废铅酸蓄电池回收铅的固相电解法，并将该技术转让给马来西亚的一家公司。该公司投资 1000 万马来西亚吉特，建立了一家产能为 1.2 万 t/a 的循环铅厂，获得了良好的经济和环境效益。该工艺先将废铅酸蓄电池用分离机分成塑料、隔板、板栅和铅泥四部分。塑料可直接出售；隔板无害化焚烧处理；板栅进行低温熔化并调配其成分，制成六元铅合金锭，用于生产新的铅酸蓄电池；铅泥经处理后涂在阴极板上进行电解，从 $PbSO_4$、PbO_2、PbO 等还原出铅，再经熔化、铸锭，供给蓄电池生产厂用。该法生产 1t 铅耗电 600kW·h，铅回收率达 95%，电铅纯度大于 99.99%，废水含铅小于 $0.5×10^{-4}$%，这是一种回收铅的清洁生产工艺。

第 5 章　废锌再生技术

5.1　锌的存量与需求

世界锌资源较为丰富。自然条件下并不存在单一的锌金属矿床，通常情况锌与铅、铜、金等金属以共生矿的形式存在。已知的锌矿物大约有 55 种，其中约 13 种锌矿物有经济价值。闪锌矿（ZnS）是最富含锌的矿物，占锌总产量 90% 左右。重要的锌矿物还包括纤锌矿、异极矿、菱锌矿、水锌矿、红锌矿、硅锌矿等。

据美国地质调查局公布的数据，2004 年世界锌资源量有 19 亿 t，锌储量 2.2 亿 t，基础储量为 4.6 亿 t。数据表明，世界锌资源有广阔的勘查前景。按照目前世界锌矿山锌金属产量 1000 万 t 计算，现有世界锌储量和基础储量静态保证年限分别为 22 年和 46 年。世界锌储量和基础储量主要分布在澳大利亚、中国、秘鲁、美国和哈萨克斯坦五国，其储量占世界储量的 67.2%，基础储量占世界基础储量的 70.9%，详见表 5-1 所示。

表 5-1　世界锌储量分布

国家或地区	储量/万 t	占世界储量%	基础储量/万 t	占世界基础储量/%
澳大利亚	4200	23.3	10000	20.8
中国	3300	18.3	9200	19.2
秘鲁	1800	10.0	2300	4.8
美国	1400	7.8	9000	18.8
哈萨克斯坦	1400	7.8	3500	7.3
加拿大	500	2.8	3000	6.3
墨西哥	700	3.9	2500	5.2
其他	4900	27.2	8700	18.1
世界统计	18000	100	48000	100

数据来源：Mineral Commodity Summaries 2009，世界总计数取整数

2008 年与 1998 年相比，年锌储量减少 1000 万 t，基础储量增加 3000 万 t。世界锌储量占锌查明资源量的 9.5%，锌基础储量占查明资源量的 25.3%，全球铅锌勘察潜力很大。自 1998 年以来，世界铅锌矿山总计生产锌金属 10 565 万 t，但是世界锌储量减少了 1000 万 t，而基础储量却增加了 4000 万 t。我国锌资源丰富，锌储量居世界排名第二位，占世界储量的 18.3%。我国铅锌矿的平均品位高于世界平均品位，铅锌比高于世界平均水平，而且矿石共伴生有价成分较多。以 2008 年矿山产量计算，世界现有锌储量的静态保证年限为 15 年；而以基础储量计算锌的静态保证年限则为 40 年。另外，对基础储量进行勘察升级尚可新增储量。从现有世界锌生产和消费趋势来看，较长时间内不会出现资源短缺。

据国家统计局初步统计，2010 年前 10 个月，我国锌精矿和精炼锌产量分别达到 431.1 万 t 和 309.2 万 t，居世界首位。同时，受国内和国际市场对镀锌材板等的需求拉动，国内对锌的消费需求也在不断增长。据中国有色金属工业协会等的初步统计，2010 年前三季度，国内锌表观消费量达到 391.7 万 t，占到世界消费总量的近 43%。根据国家统计局、中国有色金属工业协会、中国贸易经济信息网等单位以及个人的研究数据综合汇总出反映近年来国内锌生产和消费情况的变化趋势，见表 5-2。

表 5-2 2005～2010 年中国锌的生产和消费情况对比 （单位：万 t）

项目	2005 年	2006 年	2007 年	2008 年	2009 年	2010 年前三季度
产量	277.61	316.27	371.42	391.31	422	382.9
消费量	298.90	311.53	375.40	417.30	524	391.7

5.2 锌的再生概况

据国际锌协会（IZA）估计，目前西方世界每年消费的锌锭、氧化锌、锌粉和锌尘总计在 650 万 t 以上，其中 200 万 t 来自锌废料。世界锌（包括锌金属、合金和锌化合物）的循环利用量增长速度为原生锌产量增长速度的 3 倍。在锌金属方面，根据中国有色金属工业年鉴对部分国家历年的锌金属总产量和循环锌金属产量进行的统计，详见表 5-3。2006～2010 年日本和美国的锌锭、矿山锌产量保持稳定，基本维持在 60 万～70 万 t；而中国矿山锌产量较大，达 300 万 t 以上，且逐年增加，再生锌的产量更是在 2009 年和 2010 年实现快速增长，至 2010

年时，已达到 17.53 万 t。

表 5-3 部分国家循环锌产量

项目	2006 年	2007 年	2008 年	2009 年	2010 年
A 锌锭产量/万 t（日本）	61.43	59.77	61.55	54.06	57.40
B 矿山锌产量/万 t（美国）	72.7	80.3	77.8	73.6	75.1
C 矿山锌产量/万 t（中国）	314.76	370.73	400.53	—	—
D 再生锌产量/万 t（中国）	1.51	3.53	3.7	9.07	17.53

数据来源：2011 年中国有色金属工业年鉴

中国是世界上最大的锌生产国和消费国，2009 年中国精炼锌产量为 435 万 t，2010 年中国精炼锌产量为 520.89 万 t，大约占世界总产量的 40.5%。然而我国的再生锌产量比较低，与世界平均 30% 的再生锌利用率相比，我国再生锌产量只能占到精炼锌总产量的 13% 左右。但是长期以来，我国再生锌官方数据统计由于统计口径及数据涵盖范围等问题比较薄弱，远低于我们的统计，尤其是近几年来再生锌数据维持在 5 万 t 以下，这相当于不足精炼锌总产量的 1%。按原料分类的再生锌产量统计见表 5-4。

表 5-4 我国再生锌分类产量 （单位：10kg）

类别		2005 年	2006 年	2007 年	2008 年	2009 年	2010 年
新废料	镀锌	13	22	32	29	39	47
	黄铜材	2	2	2	2	2	2
	锌压铸	1	2	2	2	2	3
	锌材	1	1	1	1	1	1
	电池制品	1	1	1	1	1	1
	铅、铜等冶金系统	3	4	4	5	5	6
	小计	21	32	42	40	50	60
旧废料	EAF 烟尘	5	6	5	3	2	4
	锌压铸件	1	1	1	1	1	1
	锌材	0	0	1	1	1	1
	小计	6	7	7	5	4	6
合计		27	40	49	45	54	66

热镀锌灰锌渣是中国再生锌的主要原料，2009 年大约占接近 70%，2010 年大约占 71%。热镀锌灰锌渣中锌含量高，易于回收，回收率高达 90% 以上。根

据渣在锌锅中的不同位置，分为底渣、自由渣和浮渣，锌含量均在95%以上；批量镀锌（镀锌管、镀锌结构件等）除锌渣外还产生锌灰，锌灰由氧化锌和锌组成，锌含量也在80%左右。2009年在中国镀锌产品市场中，镀锌板占42%，镀锌管占20%，镀锌结构件占38%。考虑到近几年来建筑材料、高速公路等方面的镀锌结构件用量增长较快，对前几年的比例作相应调整。另外在镀锌板产量中约有5%左右为冷轧板，不产生锌渣。根据调研，热镀锌板中锌渣的产生量按平均3.5kg/t镀件计算，锌渣中锌含量按94%计算。其他热镀锌制品的单位镀件耗锌量按5%计算，这部分锌中只有73%附着在镀件中，其余16%和11%分别在锌灰和锌渣中。我国铜材综合成品率平均为60%。铜材中有很大一部分是铜杆，这部分基本不含锌，另外的黄铜材中也只有一部分是来自冶炼铜和锌作为原料，另外很大部分来自杂铜。在此部分只计算新生黄铜材的下脚料。在铜材加工过程的边角料中，80%直接被铜加工企业收回利用，20%返回铜的生产阶段间接利用。其中直接利用的黄铜废料中约90%的金属锌没有离开黄铜，另外10%的金属锌有75%被回收再用，间接利用的黄铜中的锌由于与铜相比，锌的价值偏低，90%没有被回收，只有15%左右以铜灰形式（含锌30%左右）生产电解锌。锌合金压铸时产生的锌废料主要来自压铸的熔渣。锌合金压铸生产有5%的金属损耗，另外还产生4%的熔渣，熔渣主要送锌冶炼环节制造锌锭，这是压铸锌合金再生锌的主要原料来源。锌材中的加工时产生的锌废料与锌电池中的加工过程中产生再生锌的途径基本一致，也是加工过程中产生的一些熔铸渣等。锌电池中锌废料主要来自锌饼、锌板加工过程中锌锭熔铸产生的锌渣。我国电池用锌的熔铸损耗率约为5%，熔渣产生率为4%，熔铸熔渣为再生锌企业的原料来源之一。由于锌与铅金属总是在矿石中伴生的，在铅冶炼过程中，锌会在烟尘中富集起来，这部分也是再生锌的原料。另外，在铜冶炼系统中由于废杂黄铜的存在，其中的锌也会在烟道中富集起来，成为再生锌的原料（孔明和王晔，2011）。

2004年，我国再生锌的资源总量为$171.06 \times 10^4 t$（扣除企业内部循环利用的锌），再生锌总产量为$35.6 \times 10^4 t$，这个数字要远大于我国统计年鉴的数字。综合再生率是指再生锌总产量与再生锌资源总量的比值，2004年，我国锌废料的综合再生利用率为20.8%，也就是说，有79.2%的锌再生资源没有得到回收利用（张江徽和陆钟武，2007）。2008年中国再生有色金属产量与2007年基本持平，约为490万t，其中再生锌约4万t。2010年中国再生有色金属产量715.84万t，其中再生锌约17.53万t（韩冰，2009）。

据《中国有色金属年鉴》统计，2001 年循环锌 6.97 万 t，占当年锌总产量的约 5.8%。在 1995 年循环锌量最高的年份（9.59 万 t），也仅占当年总量的 8.9%。2004 年循环锌量是 4.48 万 t，占当年锌总产量（271.95 万 t）的 1.6%，占总消费量（255.12 万 t）的 1.76%。中国是世界第一钢铁、锌锰电池生产和消费大国，又是汽车和金属锌的生产和消费大国，有非常丰富的二次锌资源，与之极不相称的是中国锌的循环利用量却很低。现在年总量不超过 10 万 t，这其中还包括 5 万~6 万 t 从国外进口的汽车零件的锌合金铸件，这说明国内二次锌资源的回收利用率很低。原料问题是再生锌产业面临的主要问题，锌在镀锌领域消费量最大，大约占到 50% 以上，但是目前我国在镀锌钢材重熔体系尚不完善，大部分镀锌钢混杂在其他废钢中一起重熔，这样得到的含锌烟尘中锌含量较低，低于 8% 的烟尘是不具备处理价值的。再生锌的生产工艺落后，环保不过关，严重制约了再生锌行业的发展。从事该行业的主要是一些私人小冶炼厂。

发达国家再生锌具有一定规模。图 5-1 表示日本锌的物流。锌主要是用于钢铁产品防腐，如镀锌钢板和钢结构材料、压铸合金、无机化学等。由于应用分散，加上锌的价值不很高，通常认为锌的回收很困难，所以不被人们重视，锌的回收比例很低，如表 5-5 所示。但从保护锌资源来看，应当重视锌的回收利用。钢铁工业中电弧炉烟尘是重要的回收锌的资源（Tsuyoshi et al.，2003）。

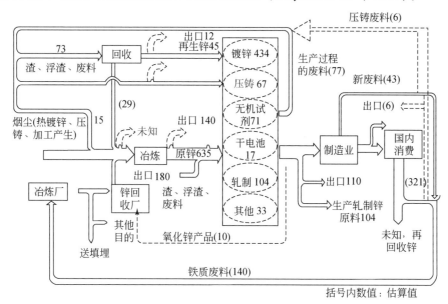

图 5-1　日本锌的物流（单位：kt，1997 年）

表 5-5 从用过的产品和含锌废料中锌的回收 (1997 年)

种类	废料/kt	回收量/kt	回收率/%
镀锌板	188	63	34
压铸合金	69	10	14
无机化学	32	0	0
干电池	15	0	0
其他	60	0	0
总计	364	73	20

在欧洲，除了部分专业的从二次原料中回收锌的企业外，几乎所有的大型锌冶炼厂都从事锌二次资源的回收和处理。德国的 Berzelius Umwelt Service A G (B.U.S) 是欧洲最大的二次资源锌生产者，公司在德国、西班牙、法国和意大利共拥有五家威尔兹法处理电弧炉烟尘的工厂。该集团总处理能力近 40 万 t，占欧洲电弧炉烟尘总处理能力的 60% 以上。产出的氧化锌出售给锌冶炼厂生产锌产品，其中 Pontenossa S. P. A 和 Aser S. A 产出的氧化锌经洗涤、净化后可送原生锌生产系统的浸出工序处理，最后产出电锌。欧洲金属公司是一家从事铅锌及特种金属生产、加工和回收的集团公司，拥有 Recvtech S. A 和 Harz-Metall 两家处理电弧炉烟尘回收锌的工厂，烟尘处理能力分别为 8 万 t/a 和 5 万 t/a。世界著名的锌公司联合矿业集团在比利时有两家锌冶炼厂。一家以锌精矿和电弧炉烟尘为炼锌原料，另一家则是全部从二次原料中回收锌。后者处理（热）镀锌和电镀锌过程中废料、汽车碎片、电弧炉烟尘等，产出的高纯氧化锌送该集团在比利时和法国的电锌厂作原料。2000 年 12 月，该集团收购了澳大利亚 Normandy Mining 公司的 Larvik Pigment 锌厂，这样该公司又增加了一套 13 万 t/a 的蒸馏法处理锌二次原料生产锌粉及氧化锌的装置。英国的 Britannia Zink 公司是世界上用帝国熔炼炉（ISF）处理混合铅锌精矿的开创者。该公司开发了用 ISF 处理电弧炉烟尘、火法炼铜含锌烟尘、锌合金生产过程产生的含锌烟尘等回收锌的工艺，该公司锌的产能为 10 万 t/a，年处理的总物料量为 30 万 t，其中 8 万 t 为锌二次原料。该公司随后还建立了一个用 ISF 处理废弃锌锰电池的工业试验厂，年处理 22 万 t 废弃锌锰电池，可产出 4000t 精馏锌。葡萄牙的 Befesa 公司是一家专业的从电弧炉烟尘中回收锌的公司，该公司与 Basque 钢铁公司达成了协议，每年后者的约 13 万 t 电弧炉烟尘送给 Befesa 公司处理。2001 年，Befesa 公司处理了 23.3 万 t 电弧炉烟尘。

美国是锌二次原料回收利用较好的国家之一。表 5-6 为美国锌的循环利用情况。美国锌的循环利用量已占锌总产量的 25% 以上，锌循环利用中约 1/4 的锌来自电弧炉烟尘和镀锌渣。2000 年以后美国每年产出电弧炉烟尘为 70 万 ~ 80 万 t（含锌 14 万 ~ 16 万 t），其中 80% 以上得到了回收利用，约 15% 经无害化处理后填埋，5% 用于铺路。Horsehead Resources Development（HRD）是美国最大的电弧炉烟尘生产公司，采用威尔兹法，年处理能力约 38 万 t，回收锌 6.5 万 t。美国的 IMCO 及 ZCA 也是世界知名的锌回收公司。1998 年，IMCO 收购了全球最大的二次资源锌回收公司 U. S. ZinkCorp.，后者包括位于伊利诺斯州、得克萨斯州和田纳西州的五个二次资源锌生产厂，每年二次锌原料的处理能力达 10 万 t。另外，ZCA（Zink Corp. of America）也是处理电弧炉烟尘回收氧化锌的公司。

表 5-6　20 世纪末美国锌的循环利用情况

项目	1996 年	1997 年	1998 年	1999 年	2000 年
锌循环利用量/万 t	37.9	37.6	43.4	39.9	43.6
占总锌产量比/%	26.1	25.2	27.5	24.8	27.1

数据来源：2001 年国际锌协会统计资料

在亚洲，二次锌资源回收利用较好的国家是日本和印度。由于日本资源匮乏，20 世纪 70 年代锌的生产就开始考虑了二次锌原料问题。1999 年，日本电炉炼钢产出烟尘 52 万 t，其中 70% 得到了回收，25% 经无害化处理后填埋，5% 用作水泥原料。参与回收利用的公司包括锌生产企业、专业的（烟尘）回收利用企业及钢铁企业。印度锌的循环利用始自 20 世纪 70 年代末，以后发展到印度总锌产量中 15% ~ 20% 来自二次资源，冶炼能力达 6 万 t/a，拥有 40 多家二次锌原料回收利用企业。由于印度的钢铁工业并不发达，因此可回收锌的二次原料有限，主要依靠进口锌浮渣、黄铜渣、热镀锌渣等二次原料。1996 ~ 1999 年，国家一度禁止废料进口，使 35% 的企业倒闭，印度不得不从国外进口原锌。后来解除了禁令，现在印度的锌循环利用行业又再度活跃起来。韩国和日本在废弃锌锰电池回收处理技术处于领先地位。韩国的资源回收技术公司开发的等离子体处理锌锰电池回收铁锰合金和金属锌，年处理锌锰电池能力达 6000t；日本 ASK 工业株式会社采用分选、焙烧、破碎、分级、湿法处理等技术，年处理锌锰电池达数千吨。但总体讲，当前世界从含锌废弃电池中回收的锌比例还很小，仅是一种尝试，主要原因可能是回收锌的成本太高，经济上不合算。

在北美和西欧一些发达国家中，既有一批专业的从二次原料中回收锌的企业，还有许多传统的原生锌生产企业也处理部分二次锌原料。如著名的大型联合或跨国锌公司，欧洲金属公司（Metalearop）、联合矿业公司（Union Miniere）、不列颠尼亚锌公司（Britannia Zinc）以及大河锌公司（Big River Zinc）等。随着现代世界钢铁工业的发展，特别是用废镀锌钢电弧炉生产不锈钢的比例不断上升，世界的含锌电弧炉烟尘（FAF dust）产生量也在不断增加，使近十几年来锌的生产原料结构发生了变化，从过去以各种含锌渣（如热镀锌渣、电锌厂的浸出渣）和废锌合金为主，变成以含锌电弧炉烟尘为主，即含锌电弧炉烟尘的重要性超过了上述含锌渣，一些大型联合或跨国公司便是顺应这种形势而成立的。中国从二次资源中回收的锌产量不大，比例低。

5.3　废锌的种类

根据 1988 年我国国务院制定的《国家中长期科技发展纲要》中对"再生资源"的定义，所谓再生锌资源是指在锌的生产、流通、消费过程中产生的不再具有使用价值并以各种形态赋存，但可以通过不同的加工途径而使其重新获得使用价值的各种锌物料的总称。

再生锌是指再生锌资源经过回收并按照不同再生工艺生产出的锌制品或中间品。再生锌按照来源不同可以分为三类。

1）加工再生锌资源又称新废料资源，即回收利用锌在冶炼及加工制造过程产生的含有锌元素的各种锌废料，主要包括来自镀锌行业、铜材厂、锌压铸行业、锌材加工行业、电池生产工业的锌渣、灰、边角料以及铅、铜冶炼系统的锌渣等。其中，将企业产生并在企业内部重新利用的再生锌资源称为内部再生锌资源。在锌制品的生产和加工阶段都会产生再生锌资源，锌制品主要有 6 种：镀锌、电池、黄铜、锌合金压铸、锌材、氧化锌等化合物，每种制品的加工制造工艺和再生锌回收途径不同。次锌原料主要是钢铁厂产生的含锌烟尘、热镀锌厂产生的浮渣和锅底渣、废弃锌和锌合金零件、化工企业产生的工艺副产品和废料、次等氧化锌等，这类废料属于旧废料。而生产锌制品过程产生的废品、废件及冲轧边角料则属新废料范畴。硫化锌精矿湿法冶金中产生的含锌渣主要有浸出渣、净化渣和熔锅撇渣，其中浸出渣是最主要的回收锌原料。其他的二次锌原料还包括废电池、汽车含锌废料等。中国的二次锌原料主要为热镀锌渣和各种锌合金。一些硫化锌精矿湿法冶炼厂的浸出渣用威尔兹法回收的部分氧化锌，通常直接在工厂处理。

2）折旧再生锌资源又称旧废料资源，即回收利用各种锌制品在使用报废后的锌废料。旧废料是产品使用期满报废后产生的废料，主要是来自镀锌制品报废回收重熔产生的电炉烟尘以及少量来自报废锌压铸件、锌材的回收。按原料分类的再生锌产量统计数据如表5-7所示。

表5-7　中国2004年锌制品生产阶段按照再生锌资源分类的再生锌分析（单位：万t）

再生锌资源	再生锌资源量	再生锌产量	内部再生锌	资源量占比*
散矿石、尾矿	54.50	0.00	0.00	0.82
浸出渣	30.80	23.60	23.60	0.11
竖罐渣	4.80	0.30	0.30	0.07
B号锌	12.80	12.80	12.80	0.00
合计	102.90	36.70	36.70	1.00

*是再生锌资源量扣除相应的企业内部循环使用的再生锌计算的结果

3）进出口再生锌资源。再生锌按照再生的经济技术条件来分，可以分为以下三类：①技术上和经济上都适合于回收利用的再生锌资源；②回收利用技术可行，但经济上不一定合算的再生锌资源；③经济和技术都不可行的再生锌资源，其基本数据如表5-8所示。

表5-8　根据再生锌产品现状分析2004年中国锌的再生率（单位：万t）

再生条件	再生锌资源	再生锌资源量	再生锌产量	内部再生锌	资源量占比*
经济、技术可行	B号锌 浸出渣	43.60	36.40	36.40	0.11
技术可行、 经济不可行	竖罐渣 散矿石、尾矿	59.30	0.30	0.30	0.89
合计		102.90	36.70	36.70	1.00

*是再生锌资源量扣除相应的企业内部循环使用的再生新计算的结果

5.4　废锌资源的预处理

根据废弃锌资源的不同，其预处理方式不同（Gordon et al.，2003；Harper

et al.，2006）。以下主要对镀锌制品、黄铜制品、锌合金压铸制品、锌电池、锌材、锌氧化物制品等进行介绍。

1）镀锌制品。镀锌制品的加工再生锌资源主要来自镀锌环节产生的镀锌灰、镀锌渣、加工制造环节产生的镀锌钢材边角料。一般而言，镀锌过程中锌总量的9%~13%进入底渣，14%~18%进入浮渣或烟灰中；连续镀锌过程一般有7%~9%锌进入浮渣。我国镀锌行业平均15%的锌进入镀锌渣和镀锌灰。镀锌灰和镀锌渣再生工艺成熟、经济效益明显，一部分镀锌灰和镀锌渣用于生产重熔锌锭和粗锌锭，另一部分生产氧化锌、锌粉等产品，其再生制备锌的工艺途径如图5-2所示。根据调研，我国这部分锌废料基本全部回收，回收后加工利用率约为80%。镀锌钢材边角料一般经过回收送至电弧炉炼钢，产生含锌烟尘。含锌烟尘回收送至回转炉形成粗氧化锌，最终送至锌冶炼和加工制造环节生产锌产品，有少部分镀锌钢材边角料经过电弧炉前脱锌，回收生产氧化锌。镀锌钢材的锌回收工艺比较成熟，但是经济效益不明显。

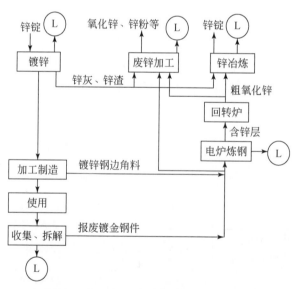

图5-2　镀锌制品再生锌的生成回收途径

根据调研，我国镀锌钢材加工废钢收得率为6%，这部分锌基本没有再生。镀锌制品的折旧再生锌资源主要来自折旧镀锌制品废料，如从报废的汽车、家用电器和其他设备中拆解下来的镀锌钢废料。这部分折旧再生锌的回收途径与加工再生锌相同。

2）黄铜制品。由于黄铜的价值高和含铜量高，因此，无论黄铜的加工废料还是折旧废料，大部分都在铜加工企业内回收，而不进入锌工业的回收系统。

黄铜制品的加工再生锌资源主要来自黄铜加工时产生的废品和边角料。废品作为企业内废料在企业内部循环使用，大部分金属锌没有从合金中脱离出来。黄铜边角料也被全部回收，一部分被送至废铜加工企业，首先重熔并调节合金配比制成黄铜锭，大部分锌直接进入黄铜锭，少部分形成锌灰，经回收分别送至锌冶炼和加工制造环节生产锌产品；另一部分被送至铜冶炼环节，形成的含锌铜炉渣，经回收同样送至锌冶炼和加工制造环节，其再生锌制备回收的工艺途径如图5-3 所示。

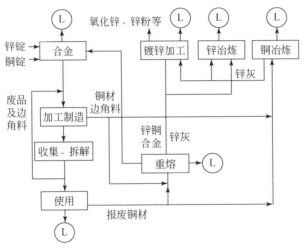

图 5-3 黄铜制品再生锌的生成回收途径

3）锌合金压铸制品。锌合金压铸制品的加工再生锌资源主要来自锌合金及压铸的撇渣、压铸的熔渣和废品。锌合金压铸的生产会产生 4% 的金属损耗，平均废品率为 20%。这些废料基本可以全部回收，其中压铸熔渣和废品一部分返回合金制造工序，另一部分返回压铸阶段再次利用；撇渣则主要送锌冶炼环节制造锌锭，少部分送加工环节生产氧化锌和锌粉等产品，其整个再生制备锌合金的工艺途径如图 5-4 所示。通过调研了解，我国锌合金及压铸的撇渣（约占金属损耗的 50%）在合金压铸环节之外再生利用；压铸废品废料、压铸熔渣全部回收，估算约 80% 返回压铸阶段，剩下返回合金阶段。

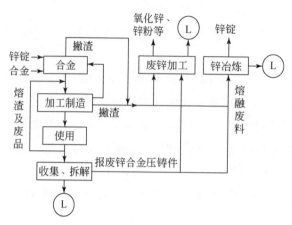

图 5-4　锌合金压铸制品再生锌生成回收途径

4）锌电池。锌电池中的加工再生锌资源主要来自锌饼、锌板的加工废品和边角料，以及锌锭熔铸时的锌渣。废品及大部分边角料在企业内部返回熔铸环节再次利用，另一部分边角料主要回到冶炼环节生产重熔锌锭，少部分在加工制造阶段生产氧化锌或锌粉等；熔铸锌渣则一部分送冶炼环节生产锌锭，另一部分送加工制造阶段生产氧化锌和锌粉等，其整个再生制备锌元素的工艺途径如图 5-5所示。

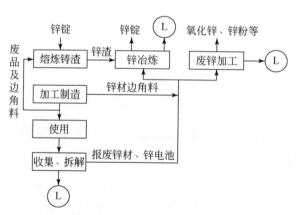

图 5-5　锌材/锌电池制品再生锌生成回收途径

锌电池中的折旧再生锌资源主要来自废弃的锌电池。由于锌电池的使用极为分散，而且废锌电池集中困难、回收利用途径不合理，现有的再生利用流程在经济和技术上都不成熟，全球废锌电池再生利用的量很少，多数流失到环境中，或者被回收统一处理。目前欧州、美国、日本等发达国家或地区废锌电池的回收管理工作相对完善，我国则几乎是空白（张江徽和陆钟武，2007）。

5）锌材。锌材中的加工再生锌资源来源及回收利用途径与锌电池中的加工再生锌相同。锌材中的折旧再生锌来源于折旧锌材制品废料，主要产生在欧洲，工业上应用的锌材大体上可分为电池锌材（锌板和锌饼）、印刷锌材（微晶锌板和胶印锌板）、电镀用锌材（锌阳极板）、建筑锌材、硬币和纪念品用锌材。废轧制屋顶板、印刷锌板、胶印锌板这部分废锌主要送到冶炼环节生产重熔锌锭，少部分送到加工制造阶段生产氧化锌或锌粉等。估算我国折旧锌材回收率约为70%。

6）锌氧化物制品。绝大部分锌的氧化物基本以添加剂为主，在技术上和经济上都不适于回收，其中的锌元素随着产品的报废或者使用流失到自然界中。

5.5 火法冶炼

我国再生锌的处理工艺分火法和湿法两种，以火法为主。其中处理锌含量较高的废金属杂料的方法有还原蒸馏法、湿法、熔析熔炼法、铝法等。处理含锌量较低的钢厂烟尘等主要用回转窑、平窑等工艺先生产氧化锌，再进一步处理。单纯的锌合金废料一般通过分类，可直接用火法熔炼成相应的合金，金属回收率高，综合利用好，生产成本低。锌的废金属杂料一般采用还原蒸馏法或还原挥发富集于烟尘中加以回收，设备主要是平罐蒸馏炉、竖罐蒸馏炉、电热蒸馏炉及回转窑烟化等，这些火法冶炼设备用于处理二次原料时，操作条件与处理原生锌原料类似。此外，还有氨法处理干电池的湿法冶炼工艺，废干电池经球磨、筛分，分选后可分别综合回收锌、铜、锰等金属。

火法也称高温分解法，可分为常压冶金法和真空冶金法。基本原理是在高温下使废锌中金属和化合物氧化、还原、分解、挥发和冷凝，优点是过程中不引进新的杂质，回收产品纯度较高、除汞效果好，缺点是能耗大、设备费用高。

5.5.1 典型废料的回收利用技术

根据废弃锌资源种类不同，其选择回收的火法冶炼工艺也不相同，下面针对不同废弃锌制品详细介绍回收火法冶炼过程。

5.5.1.1 镀锌制品

热镀锌灰和锌渣是中国再生锌的主要原料，2009 年大约占接近 70%。热镀锌灰和锌渣中锌含量高，易于回收，回收率高达 90% 以上。根据渣在锌锅中的不同位置，分为底渣、自由渣和浮渣，锌含量均在 95% 以上；批量镀锌（镀锌管、镀锌结构件等）除锌渣外还产生锌灰，锌灰由氧化锌和锌组成，锌含量也在 80% 左右。2009 年在中国镀锌产品市场中，镀锌板占 42%，镀锌管占 20%，镀锌结构件占 38%。考虑到近几年来建筑材料、高速公路等方面的镀锌结构件用量增长较快，对前几年的比例作相应调整。另外，在镀锌板产量中约有 5% 左右为冷轧板，不产生锌渣。根据调研，热镀锌板中锌渣的产生量按平均 3.5kg/t 镀件计算，锌渣中锌含量按 94% 计算，其他热镀锌制品的单位镀件耗锌量按 5% 计算，这部分锌中只有 73% 附着在镀件中，其余 16% 和 11% 分别在锌灰和锌渣中。估算（孔明和王晔，2011）结果见表 5-9。

表 5-9　热镀锌渣锌灰锌回收量估算　（单位：万 t）

类别	2005 年	2006 年	2007 年	2008 年	2009 年	2010 年
热镀锌板产量	803	1073	1549	1371	1881	2280
锌渣量	2.8	3.8	5.4	4.8	6.6	8.0
含锌量	2.6	3.5	5.1	4.5	6.2	7.5
回收锌量（a1）	2.5	3.4	4.8	4.3	5.9	7.1
其他热镀锌制品（批镀）产量	864	1560	2251	1993	2734	3314
含锌量	11.4	21.1	30.4	26.9	36.9	44.7
回收锌量（a2）	10.3	19.0	27.3	24.2	33.2	40.3
热镀锌锌灰、锌渣的锌量	12.8	22.4	32.1	28.5	39.1	47.4

热镀锌灰和锌渣来源于热镀锌过程。在热镀锌过程中，锌的直接利用率为 60% 左右，其余形成锌渣和锌灰，一般锌渣占 20% 左右，锌灰占 20% 左右。锌渣主要是镀件和槽体铁及残留在镀件表面未漂洗尽的铁盐和锌液作用形成的锌铁合金。根据锌渣在锅中的不同位置，分为底渣、浮渣和自由渣。锌渣中锌含量在 95% 以上，还有铁（占 3%~4%）及少量的铅、铜、铝等杂质。热镀锌渣中主要含金属锌，采用电解法或真空蒸发凝聚法即可进行高效的提纯回收。热镀锌灰是由锌熔体表面被氧化形成的氧化锌及某些含氯的助镀剂进入镀槽和液态锌作用

而形成的。锌灰主要成分是氧化锌、金属锌和氯化物，其中锌的质量分数一般在 60% ~85%，其现有的火法回收方法主要有以下两种。

（1）横罐炼锌回收工艺（铅锌冶金学编委会，2003）

将锌灰与焦炭（配比为理论量的 2 ~3 倍）经混合后装入横罐内，罐外燃烧煤或者煤气，产生 1250 ~1300℃ 的炉气对罐体进行加热。罐内温度升至 1000℃ 左右时，炉料中氧化锌被还原生成锌蒸气。罐内产生的 CO 气体和锌蒸气导入冷凝器后，锌蒸气便冷凝下来成为液体锌，残余锌蒸气与 CO 一道进入延伸器中，锌蒸气以"蓝粉"形式进一步回收锌，CO 则在延伸器出口处自燃。待氧化锌差不多全部被还原后，从罐内卸出蒸馏残渣。该工艺处理热镀锌灰具有投资少、设备简单等优点，但存在着锌直收率低（仅为 40% ~60%）、纯度低（一般只能达到 4 号或 5 号锌）、劳动强度大、操作条件差、燃料和耐火材料消耗大及生产效率低等缺点，现在该工艺基本被淘汰。

（2）密闭鼓风炉炼锌工艺

热镀锌灰通常需先经回转窑除去原来中大部分的卤素，再与还原剂混合制团后进入鼓风熔炼炉内发生反应。还原剂要求选用固定碳含量高，灰分和挥发性组分含量低，且要预先在温度为 150 ~200℃ 下进行脱水处理。在鼓风炉的受风口区，焦炭燃烧产生的高温还原气体与炉料发生还原熔炼反应，使氧化锌被还原，产生的金属锌蒸气随炉气上升后进入冷凝室中冷凝从而得到金属锌。不易挥发的杂质元素如铁、铝等与加入的熔剂化合造渣，从炉子的下部渣口放出，以炉渣的形式除去。该工艺处理热镀锌灰具有设备简单、易规模化处理等优点，但是脱氯成本较高，并且物料夹带量大，导致锌蒸气冷凝效率低，锌产品纯度较低。

5.5.1.2 黄铜制品

黄杂铜二次资源化的研究已经取得了很多进展，主要分为火法冶炼与湿法冶炼工艺。由于环境保护、有价金属的综合利用和生产元素硫及节能降耗等原因，湿法炼铜越来越受到世界各国的高度重视。火法炼铜与湿法炼铜优缺点对比见表 5-10。

表 5-10　火法炼铜与湿法炼铜优缺点对比

项目	湿法炼铜	火法炼铜
能耗	常温或低温（80℃以下）操作，能耗低，部分或全部化学试剂可循环使用和回收	高温操作，能耗高，化学试剂及溶剂难以回收
环保	硫转化为元素硫或化学试剂如铵盐、硫酸、高铁等	产生 SO_2，污染环境，矿尘及烟尘率高
原料	要求原料品位不高，利于提高回收率，且可合理利用资源	局限于含铜较高的紫杂铜，处理其他废杂铜不经济
劳保	低温操作，劳动条件好，反应体系的容器可密封	高温操作，劳动条件恶劣，有害气体、矿尘及烟尘逸漏，难以密封
回收利用	能综合回收有价金属	火法产品或中间产品金属较难分离，不易综合回收有价金属
热量损失	残渣含热量小，经洗涤后溶剂损失少，基本不产生有害气体	大量抛渣的显热难以回收，炉气中显热也仅部分回收
基建投资	冶金厂房和设备投资低	冶金厂房和设备投资高

由表 5-10 可知，传统的火法炼铜由于烟气污染和基建费用巨大等因素，再加上难过资源、能源关及日趋严格的环保关，故逐渐被淘汰。

5.5.1.3　锌电池

随着资源的日趋紧张和人们环境意识的增加。各国更加重视废电池的无害化和资源化，许多学者对此进行了研究，提出了很多工艺，有些工艺非常成功，已投入生产。日本非常重视资源二次利用和环境保护，废旧干电池处理的研究处于比较领先的地位。1977 年，土田敏（1977）提出焙烧–浸出–电解工艺，并申请了专利，这种方法后来被许多中国研究者借鉴。日本对锌锰干电池的回收，初期以回收汞为重点，1984 年由野村兴产公司伊藤木加矿业所在北海道成功开发了含汞废物再生利用的成套实验装置，并于 1985 年建成 6000t/a 的再生装置。其工艺流程为：将干电池在回转窑中加热至 600~800℃，使汞气化后送入冷凝器中冷凝为粉状，回收后经蒸馏成为纯度达 99.9% 的汞成品。对回转窑出渣中的锌、锰、钾、铁等金属，通过磁选机使锌、钾与铁、锰分离后，分别作次要原料使用。

瑞士发明的废旧电池回收新工艺首先将废旧电池送入高温分解炉中，然后用水冷却，使从炉中逸出的易挥发物质冷凝，气态物质在 300℃ 左右逸出。经冷却后的气体可能通过活性炭捕获汞，并通过一个燃烧室除去可燃物质，冷凝后的物质分成三部分，冷却水可再循环使用，油和汞则被取出，在处理过程中流出的水经过一系列的处理，除去其中的有机物、重金属和一些无用的离子后，送去处理厂。干燥和经高温处理的电池被储存在一个过渡塔里，然后送入粉碎机并经过振动筛分后，变成粉状和金属碎屑，金属碎屑还要经过磁选分选，非铁碎屑经感应分离后被分成导体材料，其中的铜和锌还可使用氟酸溶液电解出来，而铁碎屑可直接出售。瑞士的巴特列克公司（张肇富，1998）将各电池磨碎后送往炉内加热，在较低的温度下挥发，温度更高时蒸发锌，铁和锰融合后成为炼钢所需的锰铁合金，另一家工厂直接从电池中提取铁，并将氧化物氧化锌、氧化铜、氧化镍等金属混合物作为金属废料出售。

德国阿尔特公司将分拣出镍镉蓄电池后的废干电池，在真空中加热，其中汞迅速蒸发并将其回收，然后将剩余原料磨碎，用磁体提取金属铁，再从余下的粉末中提取锌和锰，此法加工成本不到 700 欧元，而掩埋 1t 废电池的费用大于 820 欧元。

从 20 世纪 70 年代起，我国开始研究废电池回收利用锌技术，陆续有不少单位和生产企业对废电池回收利用技术进行了研究，提出了多种工艺，其中火法冶炼中具有代表性的主要为焙烧–浸出–电解法（陈为亮和戴永年，1999）。其中，焙烧过程发生的主要反应为

$$MeO+C \longrightarrow Me+CO$$

浸出过程发生的主要反应如下：

$$Me+2H^+ \longrightarrow Me^{2+}+H_2$$

电解在阴极上发生的主要反应为

$$Me^{2+}+2e^- \longrightarrow Me$$

首先将废干电池破碎、筛分，然后拣出纸、塑料，分为粗、细两级产品。粗的金属混合物选出铁，余下的锌皮熔炼成铸锭，细的粉状物放入焙烧炉中还原焙烧。此时废电池中 NH_4Cl、$HgCl_2$ 等物质挥发为气相并用冷凝装置回收，而高价金属氧化物被还原成金属或低价氧化物，焙烧产物加酸浸出，浸出液过滤，滤液经净化电解回收锌与 MeO_2，滤渣另行处理。

5.5.2　再生企业生产实例

废弃锌原料与原生锌原料的生产方法不同，二次锌原料的处理生产方法主要

以火法为主。许多二次锌原料还可以在原生锌的生产过程中同时处理，如电热法、帝国熔炼法、QSL 法等生产过程中都可以处理部分锌废料，其中威尔兹法主要处理锌浸出渣及钢铁工业的含锌烟尘等二次锌原料。

5.5.2.1　富锌废料横罐蒸馏技术

横罐炼锌是一种古老的炼锌方法。这种方法的生产过程比较简单，不需要很多的机电设备，基建投资少，成本较低，目前仍被我国一些小型再生锌冶炼厂用于处理富锌废料，如热镀锌锌灰、锌渣、粗锌锭、边角料等。表 5-11 列出了我国某厂采用横罐炼锌原料的构成及主成分锌的含量（孔明和王晔，2011）。

表5-11　横罐炼锌原料构成及锌含量　　　　　　（单位:%）

锌废料	所占比例	主成分锌含量
锌灰	40.8	42.5 ~ 80.5
锌渣	25.4	85.3 ~ 97.2
粗锌锭	19.3	90.5 ~ 97.18
边角料	14.5	90 ~ 96

生产再生锌的横罐蒸馏炉与原生锌生产的横罐蒸馏炉相同，也是由炉体、横罐及其冷凝器、加热室和烟道等部分组成。

锌灰、锌渣或其他锌废料与焦炭（配比为理论量的 2 ~ 3 倍）混合后装入横罐内，将罐置于蒸馏炉内的托架上，用 1250 ~ 1300℃ 的炉气对罐体进行外加热，罐内产生的 CO 气体和锌蒸气导入冷凝器后，锌蒸气便冷凝下来成为液体锌。残余锌蒸气与 CO 一道进入延伸器中，以"蓝粉"形式进一步回收锌。CO 则在延伸器出口处自燃。当横罐炼锌的原料为锌渣时，锌回收率为 80% ~ 85%；如果是锌灰，则只有 40% ~ 60%，此外，若原料中含有 Cd，则 Cd 也进入液体锌中。

横罐蒸馏法炼锌是一种火法蒸馏炼锌。所用的设备有蒸馏罐、冷凝器、延伸器以及蒸馏炉。蒸馏罐、冷凝器与延伸器联成一套蒸馏体系，罐置于蒸馏炉内，其装置如图 5-6 所示。原料与还原剂煤混合后装入罐内，被蒸馏炉内约 1400℃ 温度的炉气加热，热量由罐壁传入炉料。在高温作用下罐内产生锌蒸气与一氧化碳。导入冷凝器后锌蒸气冷凝为液体锌，舀出铸锭成为成品，另有一部分未冷凝

的锌蒸气在延伸器内补充收集下来，就是蓝粉。一氧化碳由延伸器排出，点燃放
入大气中。罐内剩下的料就是蒸馏残渣。

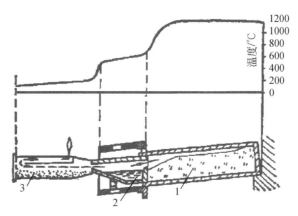

图 5-6　横罐蒸馏炼锌的装置示意图

注：1—蒸馏罐；2—冷凝器；3—延伸器

　　生产再生锌的横罐蒸馏炉与原生锌生产的横罐蒸馏炉相同，也是由炉体、横
罐及其冷凝器、加热室和烟道等部分组成。

　　蒸馏罐由截面形状不同，可分为三类，如图 5-7 所示。其中以图 5-7（c）类
型较好，这是因为这种类型蒸馏罐的机械强度较大、罐内受热程度也较好、又具
有相当的容积，因此广泛地被工厂采用。我国横罐蒸馏炼锌厂就使用这种类型。
各种形式蒸馏罐大小如表 5-12 所示。

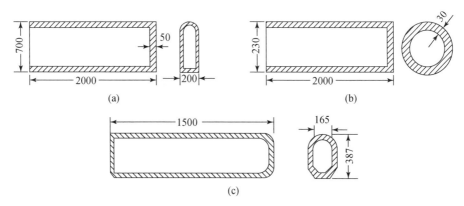

图 5-7　各种蒸馏罐剖视图（单位：mm）

表 5-12　各种蒸馏罐的尺寸　　　　　　　　　（单位：mm）

蒸馏罐形式	外部长	短轴	长轴	壁厚
矩形拱顶界面	1600~2000	150~200	500~600	25~30
圆形截面	900~1500	100~200	—	25~30
椭圆形截面	1200~1700	150~175	250~325	25~30

蒸馏罐在蒸馏过程中所经受的条件是非常恶劣的，因而，对于罐的质量要求就比较严格。优良的蒸馏罐应满足下列要求：

1）具有相当大的机械强度。当装满炉料的蒸馏罐支承在内外搁砖上时，罐腰不致受高温而弯曲，否则将引起裂纹。

2）构造致密。因为罐壁孔隙度大时，将使锌蒸气逸出而导致损失。此外，孔隙多将使机械强度减小。

3）耐火度高。被用作蒸馏的材料不能被熔化，不能显著降低其强度。

4）导热性良好。罐内外的温度不致差别太大，使热能更有效地利用。

5）抗蚀性强。对炉料中的氧化物和残渣的侵蚀有抵抗能力。

6）热的稳定性良好。在炉温发生急冷急热的变化时，能保持它的强度。

7）在经济上比较便宜。多数工厂都采用普通黏土耐火材料作蒸馏罐，且为了满足需要，都设耐火材料车间自制。蒸馏罐是由熟料、黏土和焦粉的混合物制成的。熟料是已经煅烧的页岩或黏土，具有高度坚实性。在制罐时构成骨骼，并减少烤罐时的收缩。黏土作胶合剂，当它与熟料充分混合时能填满熟料颗粒间的空隙，组成一个均匀体，另外也保证罐料有充分的可塑性。焦粉在负荷下具有较高的坚实性，能抵抗罐渣对罐壁的侵蚀作用，增加罐的导热性，并增大罐的热稳定性。蒸馏罐所用的耐火泥的成分如表 5-13 所示。泥的成分如表熟料、黏土和焦炭都要在粉碎机内加以研磨，并进行筛分。熟料颗粒分为 0.5mm 以下和 0.5~4mm 两种，黏土和焦粉则一律在 0.5mm 以下。熟料颗粒对于蒸馏罐的质量具有重要意义。工厂实际经验指出，按熟料颗粒 0.5~4mm 者占 70%，0.5mm 以下者占 30% 的比例配合，能增大蒸馏罐的热稳定性。蒸馏罐的配料比例是根据耐火泥的成分通过试验来决定的，一般的配料比例如表 5-14 所示。

表 5-13　耐火泥成分　　　　　　　　　　（单位:%）

项目	Al_2O_3	SiO_2	Fe_2O_3	其他碱土金属
苏联某厂使用的黏土	31~42	43~57	0.7~3.2	0.4~1.2
美国某厂使用的黏土	23~35	50~59	2.7~3.2	1.1~1.4

项目	Al_2O_3	SiO_2	Fe_2O_3	其他碱土金属
我国某厂使用的页岩熟料	42~51	44~57	0.5~1.4	0.9~1.2
我国某厂使用的黏土	28~33	50~58	0.9~2.0	1.1~1.8

表 5-14　横罐材料配比比例　　　　　　　　　（单位：%）

厂别	熟料	黏土	焦粉
苏联某厂	29	62	9
苏联某厂	35	55	10
波兰某厂	40	50	10
西德某厂	40	50	10
美国某厂	54	36	10
中国某厂	48	42	10
中国某厂	53	42	5

冷凝器装置在蒸馏炉前墙的格子砖里，其尾部与蒸馏罐口连接，其作用是使锌蒸气在此汇集，并将一定量的热能加以散发，而变成锌液。进入冷凝器的气体温度约为1000℃，而逸出气体的温度则为500~600℃。

冷凝器的形状、大小和壁厚对锌蒸气冷凝效果有极大的影响。因此，对于不同的精矿和气体温度等要通过实验决定它的尺寸。此外，其大小与蒸馏罐形状亦也有关系，因为其大口端插入蒸馏罐口内。通用的冷凝器形式如图5-8（a）所示。它的长度为0.5~0.9m。冷凝器是在低于1000℃以下进行工作的，因此，对于制冷凝器所用材料的要求并不严格。通常利用较差的熟料（可用已经去除渣壳的蒸馏罐或冷凝器的碎片代替）和耐火泥制作。它们的组成是：熟料50%，耐火泥50%，颗粒都通过0.5mm的筛孔。

由蒸馏罐导出的锌蒸气通过冷凝器以后，仍有少量蒸气逸出。为了捕集这些锌蒸气，通常使用延伸器。延伸器是用薄铁板（1~1.5mm）制成，有各种不同形状和大小，如图5-8（b）所示。图5-8（b）中（3）是我国工厂常用的一种形式。中间具有隔板。使用时紧套在冷凝器上，逸出的气体通过延伸器冷却，锌蒸气冷凝成蓝粉而沉积在器内。一氧化碳则从延伸器背上部小孔逸出而燃烧。

锌在还原时变成蒸气状态。如前所述，锌蒸气很容易被空气、二氧化碳或水蒸气氧化，因此在制取锌时，必须使炉料与加热系统隔离，即把炼料放在一个密闭的容器内从外面加热。由于氧化锌还原是一个强烈的吸热反应，如采用普通的

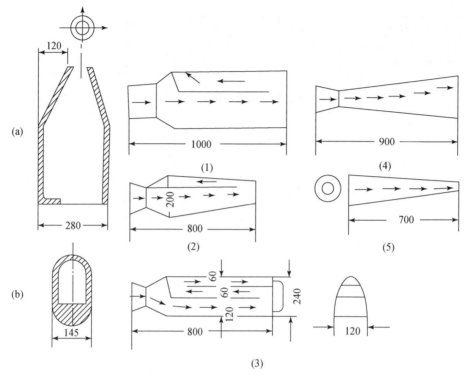

图 5-8　不同部件示意图（单位：mm）

注：（a）冷凝器；（b）延伸器

耐火材料做容器，只有当容器的截面很小时，才能使外面加热可以满足器内炉料所需要的热能。所以，横罐炼锌总是利用许多小罐（蒸馏罐）组成的一个炉体来进行生产。这些蒸馏罐是横跨的装置成层（一般为层）的排列，因此称为横罐蒸馏炉。蒸馏炉按照所用燃料可分成下列三种：①用固体燃料加热；②用液体燃料加热；③用气体燃料加热。用固体或液体燃料加热的蒸馏炉，燃料在火膛内燃烧，炉室各部的温度很难趋于均匀。气体燃料则能在炉子各部的许多烧口进行燃烧，因此，在作业室内可以获得很多燃料焦点。这样，炉内温度可以比较容易保持一致。用固体燃料加热的蒸馏炉构造和设备简单，建设费用较少，建成时间较快，适于小型企业。

　　根据火焰在作业室内的方向，蒸馏炉也可以分为下列三类：①火焰做水平运动的；②火焰做曲线运动的；③火焰做垂直运动的。火焰做垂直运动的蒸馏炉的整个空间温度，比水平或曲线运动的炉更趋于均匀一致，温度也较容易调节。建筑蒸馏炉时应力求做到使全部罐列受热均匀。这样才能使罐内还原速度一致，从而获得较高的实收率。但是，欲满足该条件实际上是很困难的。虽然横罐蒸馏法使用最老，多少年来，在砌筑上或使用上虽曾积累了不少经验，但迄今仍然没有被公认的标准设计。

横罐蒸馏炉的形式多种多样，气体燃料加热而火焰做垂直运动的蒸馏炉是一种我国工厂使用的比较满意的横罐蒸馏炉，如图 5-9 所示。用煤气发生炉的煤气作燃料，并且有蓄热室。其外形尺寸为 16.61m、宽 5.14m、高 4.05m。炉室被一长列横贯在炉中央的主墙划分为两个作业室。每个作业室的上部覆盖一个拱顶。拱脚一边支撑在前墙上，另一端则支撑在中间主墙上，作业室高 2.7m，宽 1.52m。主墙和拱顶都是用硅砖砌成的。修砌时以 3~6m 将炉分成几段，每段之间留有 30~50mm 的间隙，以便受热变形可以自由膨胀。炉拱一般以干砌为佳。作业室顶拱之上沿着全炉装设有四条与蓄热室相连的通道。其中靠中间两条是空气道，另两条为煤气道。通道底即作业室拱顶。针对每两个罐列之间留一个开口，空气和煤气由此进入而燃烧，此口称为烧口。在主墙的下部也设有许多孔道（它的位置与上部烧口相对应），借以沟通两个作业室。

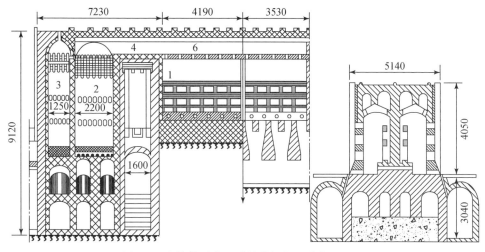

图 5-9　火焰做垂直运动的蒸馏炉（单位：mm）

注：1—炉膛；2—空气格子房；3—煤气格子房；4—空气道；5—烧口

煤气和空气蓄热室建筑在炉子两端的外边，和炉子一端相并列。炉子的作业过程是：已经预热的煤气和空气沿着各自的通道经过烧口进入作业室。两者随即混合而着火。火焰向下降落，掠过罐壁，并将其加热。赤热的煤气向下沉降，然后通过主墙下部的孔道进入第二作业室，随之向上升，并加热此室的罐列。从炉内逸出的废气再沿着第二对通道引入蓄热室，将其余热转给格子砖。冷却的废气借烟囱排入空中。在蒸馏过程中不可避免地会有破罐产生，因而废气中常夹杂氧化锌烟尘，以布袋收尘器收集之，可使金属实收率提高 1%。煤气和空气在第一个作业室燃烧 15~30min 之后，使气体流动变换相反的方向，这样预热煤气和空气，同时也使炉内罐列受热较为均匀。其烧口形状为狭长的，长宽比为 19：1~20：1。气体在进入作业室时，有很少部分煤气与空气接触。由于混合不充分，气体不立即充分燃烧，而是逐步地均匀地加热全部罐列。炉顶烧口和主墙下部的孔道位置要排列适当，以促使煤气和空气很好地混合，并保证能在炉的第二个作业室完全燃烧。烧口的大小可用砖盖覆而加以调节，使进入作业室任何一处的煤气和空气增多或减少，因而使炉温趋于一致。这样炉的特点为：调节炉温方便，并使炉温趋于均匀。烧口设在上面和蓄热室放在地面上被氧化锌堵塞时也易清扫，没有被破罐片堵塞的危险。

横罐蒸馏炼锌是一种间歇性的作业，每处理一批炉料所需的时间一般为 24h。在操作周期中主要作业有：从冷凝器中舀出最后一次的锌；卸下并清扫冷凝器；从蒸馏罐内扒出残渣；检查蒸馏罐并更换破罐；装入新炉料；安装冷凝器与延伸器；泥封冷凝器与蒸馏罐的接口；照顾炉温与出锌。前六项工作是蒸馏过程开始之前进行的，称为"馏前操作"；后两项工作是在蒸馏过程中进行的，称为"馏中操作"。蒸馏过程所得的产品有：①锌锭 78.09%；②蓝粉（延伸器灰）2.03%；③冷凝粉 5.89%；④布袋矿尘 2.04%；⑤蒸馏残渣 2.85%；⑥挥发损失 1.87%；⑦冷凝器破片（包括冷凝壳）6.93%；⑧旧罐 0.3%。

由于焙烧矿所含杂质不同，蒸馏锌的质量也不等，横罐蒸馏所得锌锭一般含锌在 98%~99.99%。按其纯度及用途上的要求，或者直接出售给用户，或者送去精炼。在延伸器收集的锌灰称为蓝粉（Zn 77.23%，Pb 0.189% 等），从冷凝器舀出和由液体表面捞出的灰渣称为冷凝粉（Zn 77.35%，Pb 0.192% 等）。它们通常作为返料进行二次处理。而蓝粉若含镉较高，可以作提镉原料。

横罐蒸馏炼锌具有不少缺点，如操作过程是间歇的，炉子每天"馏前操作"占很长时间；燃料和耐火材料消耗大；锌的直接实收率低（75%~78%），劳动条件差。但建厂时设备投资少，成本低，建厂较快。

我国横罐蒸馏炉生产再生锌的技术经济指标列于表 5-15。横罐蒸馏炉得到的再生锌的质量不高，一般只能达到 4 号或 5 号锌，甚至等外锌。要想得到高质量的再生锌，还需要对其进行精馏精炼。

表 5-15　再生锌冶炼厂横罐蒸馏炉的技术特性及指标

项目		上海锌厂	北京冶炼厂	天津冶炼厂	南京冶炼厂	西安冶炼厂	成都冶炼厂	武昌冶炼厂
炉体尺寸/m	长	1.8	4.7	—	4.7	4.7	4.7	4.7
	宽	5.3	4.5	—	4.5	4.5	4.5	4.5
	高	6.0	5.8	—	5.8	5.8	5.8	5.8
燃料种类		重油	煤	煤气	煤	煤	煤	煤
装罐层数		3	3	3	3	3	3	3
横罐个数/个		108	72	52	72	72	60	60
横罐形状		椭圆形	椭圆形	椭圆形	椭圆形	椭圆形	椭圆形	椭圆形

5.5.2.2　从电弧炉烟尘中回收锌

电弧炉炼钢时，由于气泡的炸裂形成了以金属和炉渣为基础的烟尘，由此可见烟尘主要是由挥发性组元，如锌、镉和氯化物等挥发而形成的。每吨钢产生的烟尘量为 10～15kg，这种烟尘的主要成分是铁酸锌、磁性氧化铁、金属铁、碳、氯化钠、氯化钾，以及含有铅、镉、铬、砷等可溶出的有害元素，烟尘通常含水 6%，粒度非常细。

电弧炉烟尘和合金钢烟尘由于粒度细，含锌、铅、卤化物、碱高而给操作带来麻烦，不能直接返回。美国每年产生的电弧炉烟尘超过 50 万 t，欧洲也在 50 万 t 左右，传统的处理方法是将烟尘填埋处理，然而用镀锌废料作原料增加了电炉烟尘中的锌、铅、镉、铬含量，在许多国家，电弧炉烟尘堆场被认为是环境不能接受的公害，因为有毒金属能溶出而污染地下水。

将电弧炉烟尘列为公害废物意味着处理成本的升高，许多钢铁厂已经堆存了大量的这种烟尘，这就需要研究开发在堆存前对烟尘进行脱毒处理的工艺。此类工艺的关键问题是能否经济地从烟尘中回收有价值金属，因为电弧炉烟尘中通常含有大于 15% 的锌，通过处理可以得到一定的经济回报。

（1）奥斯麦特技术处理电弧炉烟尘

奥斯麦特技术是一项在过去 20 年中发展起来的独特的强化熔炼技术，这项技术已被许多工厂的实践所证明，工业化的工厂包括铜/镍渣的熔炼、铅/锌渣的贫化、锡精矿的熔炼、灰吹提银。回收金、镍和钴，炼锡、炼铅和锌渣处理的冶炼厂目前正在设计和建设中，奥斯麦特公司还开发了从含铋、砷、锑和其他杂质的复杂物料中分离金属。

奥斯麦特炉采用顶吹浸没熔炼喷枪，圆柱形炉体上有加料口，排气道，放渣口，其熔炼炉的示意图如图 5-10 所示（周廷熙，2002）。喷枪受冷凝渣层的保护，枪尖浸没于静态渣面下。燃料、燃烧空气或氧气被喷入渣中，燃料油、粉煤、天然气和液化石油气都可作为燃料。

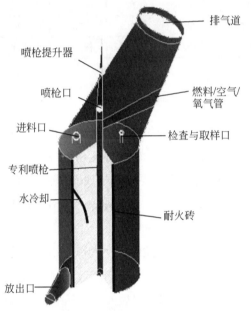

图 5-10　奥斯麦特熔炼炉（邱定蕃和徐传华，2006）

熔池上方可燃烧炉气二次燃烧的空气由喷枪的另一部分供应，这样，二次燃烧被控制在熔池面附近，在控制条件下，提高了燃料的燃烧效率，液态渣连续或间断排放。给料、熔剂和还原煤经炉顶给料口加入炉内，干料通过制粒，避免粉尘夹带入烟气。炉子在微负压下运行，烟气在常规余热锅炉或蒸发冷却器中进行冷却，经布袋收尘器，收尘后的烟气脱除 SO_2 后经烟囱排空。

两炉奥斯麦特系统，如图 5-11 所示。此系统可用于处理类似表 5-16 所列的高锌电弧炉烟尘，有价金属经烟化进入可供进一步处理的烟尘，同时产出弃渣，弃渣年产量和成分组成见表 5-17，下面描述应用奥斯麦特炉年处理 9 万 t 电弧炉烟尘的工艺过程。

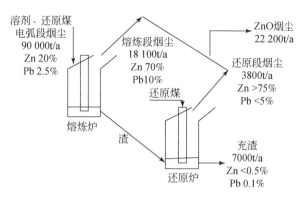

图 5-11 奥斯麦特两炉连续处理电弧炉烟尘系统

表 5-16 电弧炉烟尘各组成质量分数 （单位:%）

Zn	Pb	Fe	SiO$_2$	Cl	F	Na	K	H$_2$O
20	2.5	30	4	0.7	0.2	0.4	0.2	6

表 5-17 年处理 9 万 t 电弧炉烟尘的产品数量及其成分分析

项目	年产量/万 t	ω_{Zn}/%	ω_{Pb}/%	ω_{Fe}/%	ω_{Cl}/%
熔炼段烟尘	1.84	70	10	<1	<2
还原段烟尘	0.38	>75	<5	<1	3
烟尘总回收率		98	96		85
弃渣	7.00	<0.5	0.1	36	

在奥斯麦特工艺中，电弧炉烟尘和熔剂混合后与块煤一同加入炉内，细煤和含氧 40% 的富氧空气经喷枪喷入炉中，设计熔炼温度 1250~1350℃。电弧炉烟尘为氧化物，将块煤加入渣池中，使烟尘在还原气氛中烟化，锌蒸气在熔池上方二次燃烧形成氧化锌烟尘。这种含锌、铅有价金属的氧化烟尘经布袋收尘器收集。银、砷、镉、氯、氟、钾、钠也挥发进入烟气中，炉气通过烟气处理系统，经余热锅炉冷却，冷却后的气体经布袋收尘器收尘，如果必要，再洗涤脱去 SO$_2$ 后排空。熔炼炉的渣经流槽连续流到还原炉进一步脱锌。

还原炉比熔炼炉操作温度高 50℃，以提高金属回收率，还原炉不需富氧。将还原煤、燃料、燃烧空气加入炉内，烟气进入还原炉的烟气处理系统，经蒸发冷却器冷却，最好采用余热锅炉进行冷却，冷却后的烟气经布袋收尘后排空。还原渣连续排出炉外经水碎丢弃。

其他奥斯麦特工艺产出的炉渣,已经通过了美国国家环境保护局毒性特征溶出程序检测(TCLP),这种炉渣与处理电弧炉烟尘产出的炉渣具有相似的组成,尽管目前尚未进行检测,但处理电弧炉烟尘产出的炉渣可望通过 TCLP 测试。奥斯麦特技术在锌烟化中的优点如下:

1)燃料选择灵活:细煤、天然气或液化石油气、燃油都是合适的燃料,炉子允许根据当地的情况,采用以上燃料中最经济的一种。

2)廉价的还原剂:用块煤作为还原剂,不需昂贵的冶金焦。

3)良好的搅拌:工艺气体喷入渣中,在熔池内形成强烈扰动,使反应加速,传热、传质良好。

4)载体气体体积大:燃烧气体喷入渣池中,大的气体体积有助于带走金属蒸气和渣-气界面产生的烟气,为烟化和其他反应保持低的分压和高的反应推动力。

5)回收二次燃烧的热量,提高燃料利用率:二次燃烧空气可在熔池以上的任何部位喷入,当其定位于熔池渣面附近时,将二次燃烧产生的热量回收到熔池中,从而降低了燃料的消耗,且不会影响锌的烟化效率。

6)规模灵活:规模小时,采用单炉熔炼和渣还原两段交替操作工艺;规模大时,采用富氧、两炉连续工艺。

(2)威尔兹法处理电弧炉烟尘(Mager and Meurer,2000;B. U. S Metall GmbH and Duisburg,2000)

威尔兹法的基本原理是将作为粉尘中主要的锌化合物的锌铁氧体($ZnFe_2O_4$)和氧化锌(ZnO)进行炭热还原。$ZnFe_2O_4$ 和 ZnO 中的锌从威尔兹回转炉中还原为金属锌,随后金属锌在1200℃左右的高温下蒸发为气相。卤素或卤化物与锌一起挥发。控制窑出口末端空气的进入以及 Zn-CO-H 系统在低温下的化学平衡,但是锌蒸气仍再次氧化,且最终以 ZnO 而非金属锌的形式将锌回收。威尔兹法广泛用于从锌浸渣中回收锌,现在也开发用于从电弧炉烟尘以及其他低品位含锌粉料中回收锌。

原料包括电弧炉烟尘、各种含锌残渣、焦炭和熔剂,由公路或铁路以干的、湿的或制粒的形式送入厂。湿料(压密或制粒)、粗粒熔剂和焦炭是储存在箱式容器中,干式物料是由气动运输送至储存库。回转窑的给料是将物料充分混合后制粒,球粒加入窑的加料斗。球粒应当有固定的成分(烟尘、还原焦、熔剂和水分)和粒度，以保证窑的操作稳定，而且是以达到高的锌回收率和固定的渣成分为前提。威尔兹窑本身一般长 50m，直径 3.6m，稍微倾斜，通常转速为 1.2r/min。威尔兹窑的操作与通常电锌厂的锌浸出渣的威尔兹法类似，图 5-12 为威尔兹法工厂的简化流程示意图。

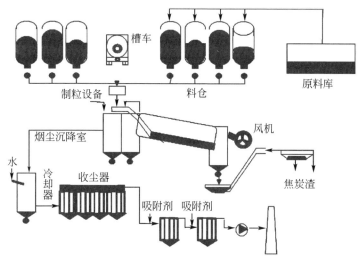

图 5-12　威尔兹法工厂的简化流程（邱定蕃和徐传华，2006）

在窑内燃烧烟气与炉料是逆流运动，湿的物料加入炉内后被窑的尾气干燥并预热。在窑内反应区，当温度约达1200℃时，金属氧化物开始被还原，锌和铅挥发进入烟气，窑内气氛要保持空气过剩操作（从窑的尾端引入空气），使锌和铅再氧化。氯、碱金属或部分重金属也可能一起挥发。这种烟气在烟气处理系统处理。首先，烟气中机械夹杂的粗颗粒物（如部分炉料）在烟尘沉降室沉降，沉降的这部分烟尘再返回窑内处理。然后将热的、含金属挥发物的烟气冷却，在收尘器分离出威尔兹氧化物。收尘后的烟气再经净化处理除去有害物（二噁英、Hg、Cd 等），烟气中污染物含量达到当地的排放标准后经风机排入大气。物料在窑内的停留时间为 4~6h，这取决于窑的内衬、窑长和转速等因素。窑渣通过湿式排渣系统排出。用磁选法将未反应的焦炭从渣中分离出来。由于在炉料中形成强的还原气氛，在炉膛空间保持氧化气氛，回转窑可分成两个不同的反应区。图 5-13 表示在回转窑的反应区的横截面及反应方程。炉料中的焦炭与氧反应，使碳转换成 CO_2。这种 CO_2 与炉料中的固体碳按布尔多（Boudouard）反应生成 CO。CO 又与炉料中的金属氧化物按 Richardson-Ellingham 反应使金属氧化物还原：

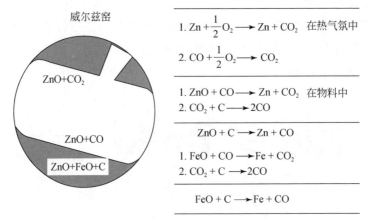

图 5-13　回转窑反应区的横截面及反应

$$Me_xO_y + CO \Longrightarrow Me_xO_{y-1} + CO_2$$

在还原区的1200℃温度条件下，锌、铅、碱金属以及它们的化合物有足够高的蒸气压，可选择性地从混合炉料中挥发，窑的给料和产品（威尔兹氧化物、酸碱性威尔兹渣）典型成分列于表5-18。

表 5-18　给料和产品的典型成分　　　　　　　　　　（单位:%）

成分	钢厂烟尘	渣（酸性）	渣（碱性）	威尔兹氧化物	威尔兹氧化物（洗涤后）
Zn	18 ~ 35	0.2 ~ 1.5	0.5 ~ 2	55 ~ 58	60 ~ 68
Pb	2 ~ 7	0.5 ~ 1	0.5 ~ 2	7 ~ 10	9 ~ 11
Cd	0.03 ~ 0.1	0.01	0.01	0.1 ~ 0.2	0.1 ~ 0.3
F	9.2 ~ 0.5	0.1 ~ 0.2	0.1 ~ 0.2	0.4 ~ 0.7	0.08 ~ 0.15
Cl	1 ~ 4	0.03 ~ 0.05	0.03 ~ 0.05	4 ~ 8	0.05 ~ 0.1
C	1 ~ 5	3 ~ 8	3 ~ 8	0.5 ~ 1	1 ~ 1.5
FeO	20 ~ 38	30 ~ 40	30 ~ 50	3 ~ 5	4 ~ 7
Fe	—	80 ~ 90	80 ~ 90	—	—
CaO	6 ~ 9	8 ~ 9	15 ~ 25	0.6 ~ 0.8	0.7 ~ 1.2
SiO$_2$	3 ~ 5	35 ~ 37	6 ~ 12	0.5 ~ 0.7	0.5 ~ 1
Na$_2$O	1.5 ~ 2	1.2 ~ 1.6	1.2 ~ 1.6	2 ~ 2.5	0.1 ~ 0.2
K$_2$O	1 ~ 1.5	0.7 ~ 0.9	0.7 ~ 0.9	1.5 ~ 2	0.1 ~ 0.2

在威尔兹法过程中，威尔兹渣以副产品产出，含有炉料中的全部物价成分以及加入的溶剂。作为威尔兹工艺的一种选择性，渣可以是酸性或碱性。为了说明炉渣的性质，当选择碱性威尔兹时，碱度可表示如下。

$$B = m \text{（CaO+MgO）} / m \text{（SiO}_2\text{）}$$

酸性工艺是添加 SiO_2 作熔剂，碱度为 0.2～0.5。碱性操作添加石灰或石灰石，碱度为 1.5～4。碱度介于上述两者之间的威尔兹工厂特别难以操作。当炉渣碱度在 1 左右时，容易生成炉瘤，如在炉窑入口区形成炉瘤，或在窑尾端形成富铁结环。

1999 年日本用电弧炉生产的粗钢为 9900 万 t，每吨钢约产出 18.3kg 烟尘，因此 1999 年电弧炉烟尘总量为 520 000t（博颜筱本，2001）。1995 年对日本 16 个电弧炉车间的烟尘进行了分析，平均结果列入表 5-19 中。预计近几年锌和氯的含量有所提高。电弧炉烟尘粒度很小，一般为 0.1～10μm，为了防止烟尘飞扬，运输中要特别小心。日本产出的烟尘中的二噁英为 4ngTEQ/g（TEQ，Tclxic Equivalent，毒性当量）。锌主要以 ZnO 和 $ZnFe_2O_4$ 存在，有时还有 $ZnCl_2$。通常 ZnO 约为 70%，$ZnFe_2O_4$ 约为 30%，而 $ZnCl_2$ 最大不超过百分之几。$ZnFe_2O_4$ 不溶于碱，这对湿法冶金很重要。

表 5-19　EAFD 化学成分　　　　　　　　（单位:%）

元素	含量	元素	含量	元素	含量	元素	含量
Zn	22.5	Co	2.6	Cu	0.2	Mn	2.6
Fe	22	Cl	3.1	Sn	0.05	Al	1.1
C	3.6	Cd	0.02	Pb	2.2	O	25
P	0.1	F	0.25	Na	1	总计	100
Cr	5.1	Ni	0.03	K	0.5		
Mo	6.3	Si	1.6	Mg	1.15		

1999 年日本的电弧炉烟尘处理状况如图 5-14 和表 5-20 所示。图 5-14 中"其他"项假定包括含 Ni 和 Cr 的 SUS 烟尘附属回收过程、EAF 烟尘的直接回收利用、烟尘以外的附属造渣过程等。总之，从 61% 的电弧炉烟尘中回收的锌是通过付费烟尘回收处理法以及其他方式回收的。

图 5-15 为威尔兹法流程图，图 5-16 为电蒸馏法流程图，图 5-17 为三井法流程图，图 5-18 为以电弧烟尘为原料生产其他材料的方法。

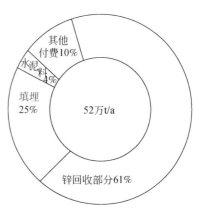

图 5-14　1999 年日本 EAFD 处理状况

表 5-20 日本的 EAFD 回收锌工厂

工艺名称	生产者	产能/(t/a)	抛光添加剂氧化锌 (99.5% ZnO)；残渣返回 EAF
电蒸馏法	东方锌公司小名滨厂	50 000	粗氧化锌出去铅和卤化物后送 ISP 处理回收锌
威尔兹法	宗哲金属公司	60 000	粗氧化锌出去铅和卤化物后送 ISP 处理；残渣销售给炼钢厂
	姬路钢铁公司	50 000	粗氧化锌出去铅和卤化物后送 ISP 处理；残渣填埋
	住友金属矿冶公司 Shisaka 厂	120 000	粗氧化锌出去铅和卤化物后送 ISP 处理；残渣填埋
三井法 （MF 法）	三池熔炼厂	120 000	粗氧化锌送 ISP 处理；并倒送炼钢厂回收铜和银；炉渣填埋

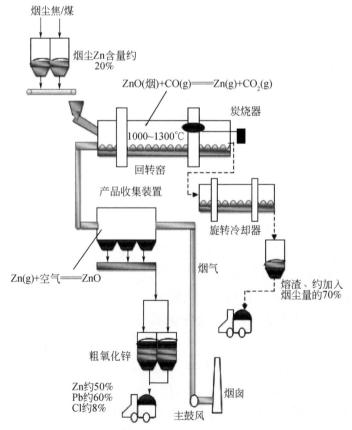

图 5-15 威尔兹法流程图（邱定蕃和徐传华，2006）

电蒸馏法

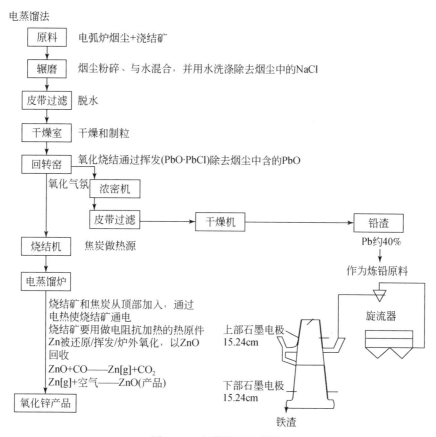

图 5-16 电蒸馏法流程图

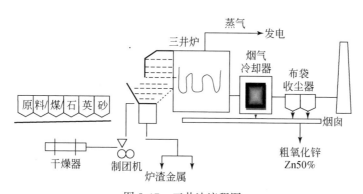

图 5-17 三井法流程图

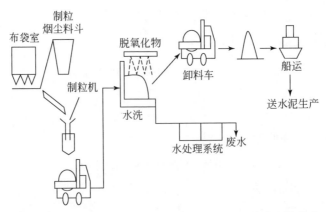

图 5-18 以电弧炉烟尘为原料生产其他材料示意图（邱定蕃和徐传华，2006）

日本 EAFD 年总产量约为 520 000t，含锌品位大致约为 20%，则每年产生的 EAFD 中有 104 000t 锌。按 71% 的 EAFD 进入锌回收系统计算，则有 370 000t 烟尘进入回收系统。约按 70% 的锌回收率计，则总锌量为 52 000t。因此，EAFD 中的锌约一半得到了回收。将来的发展方向是进一步提高电弧炉烟尘中锌的回收利用率。与 EAFD 处理有关的问题列于表 5-21。目前，从电弧炉烟尘中回收锌人们关注的焦点问题包括：①尽量降低生产成本；②解决二噁英问题；③开发回收锌和铁的新工艺；④如有可能开发就地回收锌的工艺。

表 5-21 EAFD 处理遇到的问题

处理类型	问题
委托付费锌回收方式	1. 加工成本高（成本：每吨烟尘 20 000 日元） 2. 大量残渣需处理（一般填埋） 3. 烟尘中含二噁英
填埋	1. 处置费高（成本：每吨烟尘 15 000 日元） 2. 未来有烟尘中重金属和二噁英被浸出的可能 3. 填充场地难找
油灰料	1. 加工成本高（成本：每吨烟尘 20 000 日元） 2. 未来有烟尘中重金属和二噁英被浸出

电弧炉烟尘处理的新发展趋势，主要是来自几大公司的技术创新：

1）DSM 法——Daido 钢公司。由 Daido 钢公司开发的 DSM 法流程如图 5-19 所示，现已在其 Chita 厂工业应用。该方法是将电弧炉烟尘和炉渣一起用 C 级重油和氧燃烧器进行还原熔炼，产出的炉渣作路基材料，而锌则以二次烟尘（粗氧化锌）回收，送 ISP 法回收锌。过程中为节省能源，Fe_2O_3 不还原。

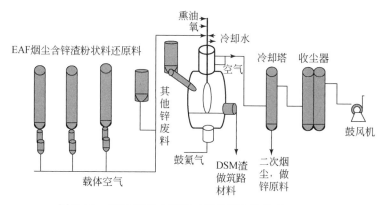

图 5-19　DSM 法基本流程（邱定蕃和徐传华，2006）

2）Z-星炉——日本川崎钢公司法。图 5-20 是日本川崎钢公司为处理 SUS 烟尘开发的一种处理工艺，其中包括用于回收粗氧化锌的文丘里洗涤器、浓密的二次烟尘从二次风嘴的顶端竖炉的焦炭层加入，烟尘在炉内被还原、熔炼，产出炉渣、锌及其他金属。该工艺的关键在于控制上部炉膛的温度以防止锌沉淀（冷凝）。锌先以粗氧化锌形式回收，再送 ISP 法进一步回收。被还原的其他金属以及炉渣从炉子底部放出。川崎钢公司已建成了一套该工艺的半工业试验装置，正在操作中。表 5-22 和表 5-23 分别为产出的金属、炉渣和回收物的成分示意。

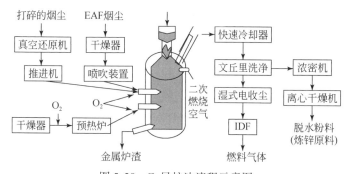

图 5-20　Z-星炉法流程示意图

表 5-22　回收物成分

成分	TZn	TFe	Pb	C	SiO_2	Al_2O_3	CaO	二噁英
含量	60%	1.71%	6.2%	2.27%	2.98%	1.14%	1.75%	0.0001ngTEQ/g

表 5-23　产出的金属和炉渣成分　　　　　　　　（单位:%）

金属成分		炉渣成分	
成分	含量	成分	含量
C	4.2	CaO	37
Si	2.5	SiO_2	36
Mn	1.7	Al_2O_3	15
P	0.28	MgO	6
S	0.09	Fe	1.5
Zn	0.005	Zn	0.01
Pb	0.001	Pb	0.001
Cu	0.52	Cu	0.01
Cr	0.63	Cr	0.12

3）VHR 法——爱知钢公司。爱知钢公司开发了一种真空热还原工艺，如图 5-21 所示。EAFD 与还原剂（Fe 或 FeO）一起混合，在真空下加热到 900℃ 使锌还原。该公司已建成了一个烟尘处理能力为 500t/m 的半工业试验装置，该技术现还在开发中。

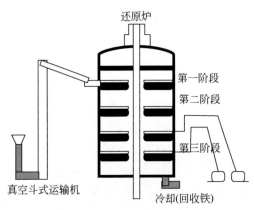

图 5-21　真空热还原法（邱定蕃和徐传华，2006）

4）烟尘加碳（或铝浮渣）喷吹电弧炉熔炼法，即二噁英的分解方法。在进行烟尘和铝浮渣喷吹的电弧炉熔炼过程中，根据表 5-24 中二噁英分解的研究表明，二噁英的减少量可达 50% 或更高，表 5-25 中数据为氯元素的物料平衡。

表 5-24   二噁英的降低率

项目	特种钢		碳素钢	
	吊桶加样	喷吹加料	吊桶加样	喷吹加料
烟尘中的二噁英量	1. 0ngTEQ/g 减至0. 38	1. 0ngTEQ/g 减至0. 40	2. 0ngTEQ/g 减至1. 30	2. 0ngTEQ/g 减至0. 94
降低率/%	62	60	35	53

表 5-25   氯的物料平衡   （单位：%）

烟尘来源	试验结果	传统方法	吊桶加料	喷吹加料
特种钢	渣	6.9	8.9	8.7
	金属	0	0	0
	烟气	0.5	0.3	1.1
	烟尘	92.6	90.8	90.2
碳素钢	渣	1.1	1.3	1.6
	金属	0	0	0
	烟气	4.7	9.3	7.6
	烟尘	94.2	89.4	90.8

5）JRCM 法——节能的金属烟尘回收技术。该方法中电弧炉是完全密封装置，如图 5-22 所示。分析炉子的烟气和烟尘表明，烟气温度高于 1100℃，V(CO)/V(CO$_2$)＝2，烟气量（标态）为 100m^3/(t·h)。电弧炉中的铁是以 Fe 或 FeO 存在，锌以锌蒸气存在，烟尘粒度小于 1μm。现在一个半工业规模装置（1t/h 的电弧炉）安装在 Chita 厂，正在进行可行性试验研究。据称这是一个"梦之工艺"，可达到废料零排放。

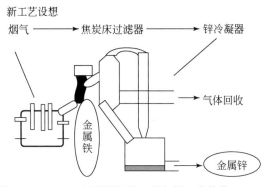

图 5-22   JRCM 法原则流程（邱定蕃和徐传华，2006）

美国钢铁公司的电弧炉烟尘处理厂，是用旋转膛式炉火法回收氧化锌并产出一种可回收铁的产品。该厂已操作了 3 年以上，目前该厂 4 个电弧炉熔炼车间产出的电弧炉烟尘全部自己处理。1997 年 11 月，美国钢铁公司将位于田纳西的杰克逊电弧炉烟尘处理厂的控制和经营接过来，该厂原来是美国钢铁公司田纳西分公司的财产。工厂最初是由佐治亚的亚特兰大的金属回收技术（MRT）公司设计并建成的，后来被美国钢铁公司收购，归其所有（Sloop，2000）。

在 MRT 管理时期，工厂打算生产采用两部分工艺产出高纯度氧化锌。第一步是高温金属还原（HTMR）；第二步是湿法冶金。工厂在建设时，MRT 公司遇上了财政问题，决定停止这项工程。美国钢铁公司接收过来后，继续开发这项工程。不久发现湿法工艺存在严重问题，要产出高质量的氧化锌，需增加的额外投资太多，而且湿法冶金最终的经济效果很难预料。另外，高温金属还原显示有一定的前途，于是公司决定继续完善这一工艺，而放弃湿法冶金工艺。

工厂由三个部分建筑组成。第一部分是电弧炉烟尘的进厂卸料以及氧化锌产品外运装料；第二部分是主工艺建筑，包括原料混合和制团设备、旋转膛式炉（RHF）；第三部分包括原来的湿法冶金设备、仓库、更衣室、维修区以及办公室。外部的原料是用密封的卡车或有轨铁路车厢运至厂内，西田纳西分公司的烟尘直接从仓库用气动输送法运来。烟尘的短程搬运是采用真空–气动运输系统完成。有轨车厢的卸料是通过车厢下边与真空–气动运输系统相连的管接头卸出。其他含金属的废料也是如此卸料，再与烟尘混合。然后将混合料筛分，除去大小不合格的物料，再送至一或两个料仓中。从料仓再将混合料送至失重（loss-in-weight）加料器，再经刮板运输机送至混合研磨机。煤也是铁路车厢运至厂内，煤的粒度一般在 32mm 以下，由斗式提升机送至料仓。再用螺旋运输机将煤送至锤磨机磨至 0.246mm（60 目）以下。磨后的煤从锤磨机送至一个较小的料仓，从此再加入失重加料器。该加料器将煤按一定的比例加至运输烟尘的刮板运输机，与烟尘一起送至研磨机。混合器将烟尘、其他含金属废料以及煤混合，再用刮板运输机将混合料送至制团机，将物料制成约 25.4mm×15.9mm×19mm 的团矿，然后用皮带运输机将团矿送至 RHF。团矿再用平板运输机运送，通过炉顶上的 3 个串联的加料孔加入炉膛。团矿在炉膛内布上一层，在炉内停留约 12min，炉膛的旋转是可调速的。用水冷的出料螺旋从炉内排除团矿；处理过的团矿经溜槽送水骤冷，再堆存，最终返回电弧炉熔炼回收铁。含烟尘的炉气进入衬耐火材料的烟道，再进入骤冷室，通入冷空气冷却后，送脉冲布袋收尘室收尘。

电弧炉烟尘是废钢用电弧炉熔炼时产生的一种产物。在靠近电弧区产生的温度超过8300℃以上，在这种温度条件下废钢中的许多元素和化合物都挥发。这些挥发物与炉烟气一起经烟道配料烟气处理系统。这些元素和化合物在烟道中燃烧氧化、冷却和冷凝，又转化成固体形式（氧化物等）。表5-26是美国钢铁公司的电弧炉烟尘的平均成分。

表5-26　美国钢铁公司电弧炉烟尘的平均成分

成分/%									密度
Zn	Pb	Fe	K	Na	Ca	Mg	Cd	水分	/(g/cm³)
30.3	3.1	21.7	1.3	1.6	4.4	2.2	5.78×10^{-2}	0.4	833.0

烟尘成分的变化主要取决于使用的废钢种类、生产的特种钢产品、石灰的加入方式、炉子的操作、烟气的处理等，表5-27是美国钢铁公司各钢厂的电弧炉烟尘的平均成分。电弧炉烟尘的物理性质也有较大变化，主要取决于炉子的操作，烟尘的化学成分，烟尘的收尘、储存和运输方式。松装密度（体积密度）在480~1440kg/m³，对水分含量有较大影响。石灰含量越高，烟尘越轻，流动性越好。

表5-27　各钢厂的电弧炉烟尘的平均成分

工厂	成分/%									密度
	Zn	Pb	Fe	K	Na	Ca	Mg	Cd	水分	/(g/cm³)
CHR	32.3	2.5	15.3	1.6	1.3	10.4	3.7	9.48×10^{-2}	0.6	929.1
JAX	27.4	2.7	28.6	0.6	0.9	3.5	2.6	6.23×10^{-2}	0.5	816.9
KNX	34.1	3.8	20.0	1.8	1.6	3.1	2.3	9.48×10^{-2}	0.5	913.1
WTN	31.9	3.5	21.5	1.3	2.0	4.0	1.9	5.23×10^{-2}	0.3	849.0

炉子的作业温度大致在1300℃，24h加热，炉墙安装有燃烧器。燃烧器是为炉子提供最初的加热，并控制炉内的气氛。24个燃烧器分布在炉子不同的6个温度控制区。向燃烧器提供的燃烧空气是固定的，根据区域所需控制的温度来增加或减少天然气用量。通过诱导风机保持整个系统呈微负压操作。

随着团矿加入炉膛并穿过炉子，团矿被炉顶、炉墙和炉膛的辐射迅速加热，烟尘中的锌氧化物和煤中的碳紧密接触，使氧化物很快被还原成金属，放出CO，CO又立即燃烧生成CO_2。金属迅速气化，然后立即与氧反应生成氧化物。这些反应都是放热的，既保持炉膛反应区所需的高温，又可节省能源及天然气。因此，炉子的生产率越高，经济效益就越好。接下来，氧化物开始冷凝成固体，与烟气一起离开炉子，在烟道至布袋收尘室的途中氧化物继续被冷却和冷凝，直到引入环境空气冷却后完成最后的冷却和冷凝，在布袋收尘室被收集。表5-28是收集的 RHF 烟尘平均成分，体积密度为 752.9g/m³，这种烟尘外销给锌工业部门。反应后的团矿用水冷的螺旋排料器从炉内排出，物料成分列于表5-29，金属铁含量 15.35%，铁金属化率 46.29%。这种团矿被称为还原了铁的物料（RIU）。

表 5-28　RHF 烟尘平均成分

组成成分	Zn	ZnO	Pb	Cd	Na	K	Cl	Fe	Cu	Mn	H₂O
百分比/%	61.4	80.3	5.3	0.2	2.2	2.2	6.9	590×10^{-4}	288×10^{-4}	152×10^{-4}	<1.0
组成成分	Ca	Mg	Al	Ba	Cr	Ni	Sn	Ti	Tl	V	
百分比/%	784×10^{-4}	172×10^{-4}	55×10^{-4}	10×10^{-4}	10×10^{-4}	11×10^{-4}	316×10^{-4}	3×10^{-4}	79×10^{-4}	2×10^{-4}	

表 5-29　RIU 成分

成分	Fe	Zn	Pb	Cd	Cu	Mn	Na
百分比/%	33.15	11.65	1.68	0.01	0.37	2.67	1.18
成分	Al	K	Ca	Mg	Cr	V	
百分比/%	0.73	0.74	7.05	3.14	0.13	0.01	

在电弧炉熔炼车间，RIU 与废钢铁一起加入电弧炉中。当 RIU 的加入量不超过炉料总量的 2% 时，对冶炼作业没有影响，实际上工厂也没有测定过影响数据。电弧炉烟尘团矿用的煤还原剂可能带入部分硫，通常 RIU 中的含硫范围在 0.3% ~ 0.8% 之间，由于 RIU 的添加量不大，对产品钢的质量没有明显影响。少量的硫化合物 SO₂ 都被氧化锌吸收，不会引起环境问题。

20 世纪 80 年代，美国国家环境保护局颁布了环境条例，其中包括电弧炉钢生产中烟放散的控制，并将电弧炉烟尘列为有害物。在 90 年代该条例又进一步完善，对电弧炉烟尘要求采用高温处理以回收金属，或经化学无害化处理以满足填埋要求。在加拿大也制定了类似的条例。现在，在美国和加拿大高温处理回收金属和填埋是电弧炉烟尘的两种主要处理方式。美国情报管理者协会商务研究部（Associative of Information Managers Market Research），于 2000 年 3 月 17 至 4 月 28 日对美国和加拿大的 76 家电弧炉粗钢生产者的电弧炉烟尘处理进行了调查（Marc，2000）。

在美国和加拿大，碱性转炉氧气炼钢正在不断下降，而电弧炉炼钢在不断上升，这表明电弧炉炼钢烟尘量也在不断上升。1999 年，在调查的 75 个电弧炉企业共生产了约 5470 万 t 钢，这相当于 6710 万 t 生产能力的 82%；调查的实例代表美国和加拿大总电弧炉炼钢当年产量的 94%，或相当于美国和加拿大当年总钢产量（12 380 万 t）的 44%。所有的被调查者表示在 2000 年将比上年电弧炉钢产量增长 10% 以上。被调查的对象中，碳钢产量约占 81%，合金钢占 15%，不锈钢为 3%，其余 1% 为脱硫钢和硅钢。

废料的种类和其他的含铁给料将对产生的电弧炉烟尘质量有很大影响。高质量的含铁废料将导致烟尘的产生量少。相反，含较高重金属（如锌、铅、镉等）的废料也将导致烟尘中这些重金属的含量升高。在被调查的对象中，切碎的废料是最普遍的含铁给料，约占 85%。至少 50% 的生产者还采用本厂的返料（home revert）、重熔料（heavy melt），在被调查的对象中至少有 25% 的企业可发现总共有 13 种不同品级的 IBCM 料。切碎的废料占电弧炉消耗的含铁给料最大比例（25%）。在被调查的对象中五种类型的含铁给料量总共占 62% 的比例，其次是切碎的高纯铁废料，占 16%，其他三种每种各占约 7%。

1999 年调查的电弧炉生产者共生产了约 1 069 457t 电弧炉烟尘，而美国和加拿大的总量约为 120 万 t。因此，调查数（1 069 457t）约占美国和加拿大产出的总电弧炉烟尘量的 90%。其中被调查的 40 家中小企业电弧炉烟尘量约占调查数的 49%，而 9 个小型碳素带钢企业的电弧炉烟尘量约占 27%。被调查的对象中 82% 的企业电弧炉烟尘产生率在吨钢 11 ~ 20kg 范围，图 5-23 是企业吨钢电弧炉烟尘的产量比例。

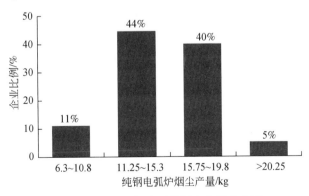

图 5-23　企业吨钢电弧炉烟尘产量的分配

小型碳素带钢企业的电弧炉烟尘产生率最大，其中 77% 的小型碳素带钢企业电弧炉烟尘产生率在每吨钢约 16kg（约 35 磅）以上。42% 的企业（31 个）每年产出的电弧炉烟尘在 7500 ~ 14 999t 之间。图 5-24 是年电弧炉烟尘产生率的分配。电弧炉烟尘的化学成分对技术回收的可能性至关重要。在碳素钢的生产中，通过电弧炉烟尘的回收处理，为回收烟尘中的有价物提供了最大的可能性。62 个企业中的 48%（29 个）企业氧化锌（ZnO）含量在 15% ~ 24.9%，其中 21%（13 个）的企业氧化锌的含量在 25% 以上。图 5-25 是各企业电弧炉烟尘中氧化锌含量的分配。

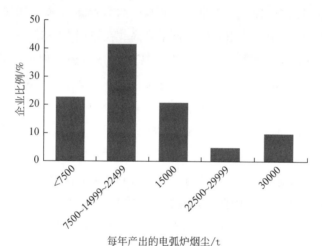

图 5-24 调查的 73 个企业年电弧炉烟尘产生率的分配

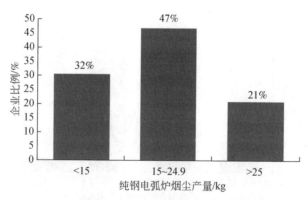

图 5-25 调查的 62 个企业的氧化锌含量的分配

61 个企业中 41%（25 个）的电弧炉烟尘中氧化铅的含量在 1% 以下，31% 的企业在 1% ~ 1.99%。在回收氧化锌时，氧化铅的含量可能会削弱氧化锌回收企业的经济性。当然，某些工艺可能最终将回收金属铅，如在高温回收金属锌的工艺中，氧化铅将与氧化锌一起挥发，夹杂在氧化锌中的氧化铅最终也可以回收。但无论如何，烟尘中的氧化铅对氧化锌的回收经济性起着副作用。图 5-26 是各企业在产出的电弧炉烟尘中氧化铅含量的分配。

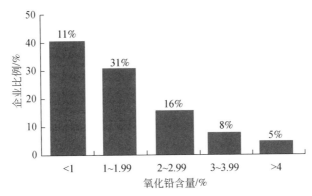

图 5-26 调查的 61 个企业产出的烟尘中氧化铅含量的分配

61 个企业中 47%（29 个）产出的烟尘中氧化镉含量为 0.4% 或更高。含氧化镉的烟尘与含氧化铅的烟尘存在的问题类似，对氧化锌的回收经济性也起着负面作用。图 5-27 是各企业在产出的电弧炉烟尘中氧化镉含量的分配。

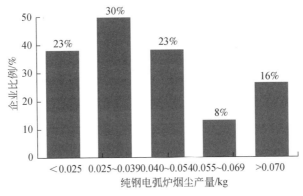

图 5-27 调查的 61 个企业产出的烟尘中氧化镉含量

64个企业中47%（30个）产出的烟尘中氧化铁的含量为30%或更高。烟尘中氧化铁的含量有正、负两方面的作用：一方面由于铁的价值低于锌，所以对锌的回收有着负面作用，此时应当限制烟尘中铁的含量；另一方面，也可以将铁的回收作为一种经济因素来考虑，特别是当将烟尘返回电弧炉中再炼（钢）时，此时的铁含量就有着正面作用。图5-28是各企业在产出的电弧炉烟尘中氧化铁含量的分配。47个企业中34%（16个）在烟尘中添加了10%或更高的石灰（CaO），图5-29是各企业在产出的电弧炉烟尘中添加的石灰量分配。

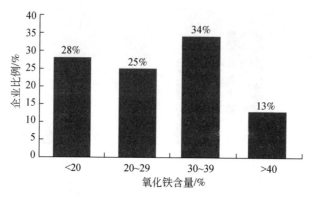

图5-28　调查的企业产出烟尘中氧化铁含量的分配

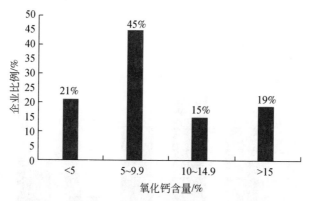

图5-29　调查的47个企业产出烟尘中添加的石灰量比例

钢生产者往电弧炉中加石灰是为了钢的脱硫，如图5-30所示。但这样对烟尘的产生量将有重大影响。例如，当石灰用气动法从电弧炉炉顶加入时，许多石灰就会从第四个孔随着炉子的烟气一起被抽出炉外。60个企业中63%（38个）

电弧炉熔炼石灰的添加是在第一次加料时（与废料一起）加入废料斗中。最普通的石灰添加方式（23%）是（用气动法）吹入炉内。这包括通过炉顶或炉子的第五个孔吹入炉子的前端或炉侧。当采用废料斗加石灰时，烟尘中石灰的含量就低；当石灰直接加入炉内或通过炉顶加入时，烟尘中石灰的含量就会增加。仅44%的企业石灰的加入量在15%以上，他们都是采用废料斗法加入石灰；当加入的石灰量在15%以下时，有70%～80%的企业是采用废料斗法加入石灰的。图5-31是这种情况的说明（吴占德，2012）。

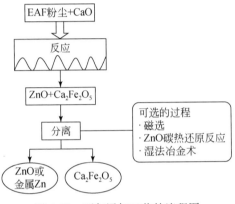

图 5-30 石灰添加工艺的流程图

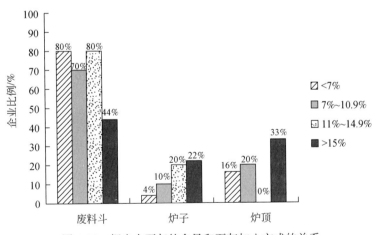

图 5-31 烟尘中石灰的含量和石灰加入方式的关系

电弧炉烟尘的处理有两个基本选择，即填埋和回收利用。决定选择何种方式取决于许多因素。主要因素有经济（运输和加工成本）、环境（条例和环境保护）以及长期的稳定性和公众舆论等。75个企业中63%（47个）对电弧炉烟尘的处理是采用高温金属回收（HTMR）方式，41%（31个）的企业采取填埋的方式，5%的企业采取其他的回收方式。图5-32中的数据说明了以上存在的状况。被调查的对象产出烟尘量的54%（586 939t）得到了回收利用；45%（470 518t）被填埋。

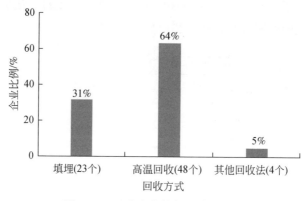

图 5-32　75 个企业的烟尘处理方式

在采取电弧炉烟尘填埋的企业中，77%（23个中的18个）企业的烟尘填埋率是100%；10%（2个）企业的填埋率至少在60%。93%（21个）的企业在填埋前采取了化学稳定化处理。在填埋处理的企业中，87%（20个）是采用外部的填埋场，余下的3个企业是采用自己的填埋场。59%（14个）企业是采用环境安全填埋，仅俄亥俄州就有41%（9个）是环境安全填埋。只有7个企业说明了他们采用外部填埋场填埋的安全期，其中2个表明安全期不到10年，2个预期安全期约为10年，有3个的安全期已超过10年。有15个企业说明了他们的外部填埋场地址，有28%（6个）企业是将填埋的烟尘运到约805km（500英里）以外的填埋场去填埋，不到一半的企业仅只将他们的烟尘运到约322km（200英里）以外的填埋场去填埋。

关于电弧炉烟尘回收处理的推动力问题，被调查企业普遍表示主要是经济问题；考虑国家的管理条例和工业动态（如废料类型）是第二位；技术因素也是大家公认的重要因素。但是，在必须考虑的上述诸因素中，重要的是寻求钢铁业电弧炉烟尘处理中难题的解决办法。

1）经济问题。除两个企业外，所有企业都认为，降低电弧炉烟尘加工成本是最重要的，也就是说生产者认为电弧炉烟尘处理的经济性是最大的推动力因素。调查企业中的 95%（72 个）表示需要给电弧炉烟尘加工处理者补贴费，但只有 11 家表明了补贴的费用或费用范围。有 3 个企业表明付费的范围为每吨烟尘 70～150 美元，这要比填埋费高（不计运费）。在 72 家要求付给烟尘加工处理者补贴费的企业中，有 10%（7 个）的企业认为付给的补贴费还应增加，53%（38 个）的企业没有表态，其余认为近期内可维持不变。

2）法规问题。企业都很关心制定的法规条款。62% 的企业认为条例中有关电弧炉烟尘处理的条款有利于烟尘的回收利用，表示推动力"大"；37% 的企业认为是"中"。

3）工业动态和废料问题。45% 的企业认为工业动态和废料（种类）发展动向有利于电弧炉烟尘的回收利用，活力程度"大"；54% 的企业认为是"中"。

4）技术因素。71% 的企业认为技术因素活力程度为"中"；26% 企业认为是"低"。所有企业都对未来应用的电弧炉烟尘处理技术有所表态。首推的技术是 Ezinex 法，其次是 Frit（Fertilizer-肥料）法和 Elkem（电炉）法，只有一两个企业提及了其他方法，如 Allmet、Inemetco、RMT 磷酸盐添加、Heritage 法等。所有电弧炉炼钢企业都对降低烟尘的产生量表现出很大兴趣。调查企业中有 64%（48 个）采用的是气动石灰加料法，而另外的 30%（27 个）操作者只知道这种工艺。尽管在调查的企业中没有一家采用可调速驱动布袋收尘风机作为减少电弧炉烟尘量的方法，但企业都知道有这个可能性。尽管企业都知道采用废料预热可作为减少电弧炉烟尘量的方法，但只有 5 家企业采用。

5）电弧炉烟尘处理的主导意向。有 68% 的企业认为他们最关心的问题是如何减少电弧炉烟尘处理中的开支，还有 45% 的企业表示他们对减少烟尘的产生量也很关心。总之，在 63 个企业中有 81%（51 个）表示，这些问题将影响企业的生存。在调查企业对三种主导技术和装备的认同性时，62 个企业中 98%（61 个）赞同 Horsehead 法；其次，74%（46 个）企业赞同 Envirosafe 法；63%（39 个）企业认同 ZincZacional 法。总之，调查的企业产出的烟尘有 36% 是 Horsehead 法处理，23% 是由 Envirosafe 法处理，15% 是 ZincZacional 法处理。在填埋处理中，53% 是具有环境安全保证，15% 是 SafetyKleen 法处理；在所有回收利用的烟尘中，采用 Horsehead 法占 65%，其次 ZincZacional 法占 27%，其余是其他工艺。

5.6 湿 法 冶 炼

湿法流程可分为可溶性阳极电解和浸出–净化–电沉积两种工艺。可溶阳极电解工艺适于处理锌渣，而浸出–净化–电沉积工艺适于处理锌灰。两种工艺都采用硫酸和硫酸锌的水溶液作电解液。

在炼锌工业中，湿法炼锌是目前的主要技术发展方向，湿法工艺的优点是锌回收率高，比传统的火法高 20% 左右，便于实现机械化、自动化，过程产生的废水、废渣少，对环境污染小。从二次锌原料中用湿法生产循环锌的量虽不及火法，但却有某些独特优势，如在处理钢铁工业废镀锌板以及电弧炉烟尘时，用火法处理也不很理想，而现在用湿法处理却有较大进展，特别是湿法处理中采用溶剂萃取技术分离和提纯，得到了业内许多人士的认同，预料未来 10 年内将会有较大发展。目前先用火法从烟尘中产出粗氧化锌，经净化后再将较纯的氧化锌加入电锌厂的湿法系统处理，最终产出高纯电锌。此外，湿法处理环境条件好。

5.6.1 典型废料的回收利用技术

根据废弃锌资源种类不同，其选择回收的湿法冶炼工艺也不相同，下面针对不同制废弃锌制品详细介绍回收湿法冶炼过程。

5.6.1.1 镀锌制品

目前镀锌制品的湿法回收工艺主要有以下四种：

(1) 酸浸–净化–电沉积工艺

热镀锌灰先经过热水浸出，将锌灰中的一些水溶物溶解并且使锌灰中部分氯化锌转变成氢氧化锌进入渣中。过滤后得到滤渣经过硫酸浸出，控制浸出终点的 pH 在 5 ~ 6，以尽可能减少杂质铁进入浸出液中。采用黄钾铁矾法除去浸出液中的杂质铁，向浸出液中添加硫酸银使溶液中的氯离子以氯化银沉淀的形式除掉。浸出液中氯离子浓度须控制在 100mg/L 以下，否则电极板将会被腐蚀从而大大缩短电极板的使用寿命。经净化处理后的浸出液经电沉积后得到电解锌。其工艺流程图如图 5-33 所示。

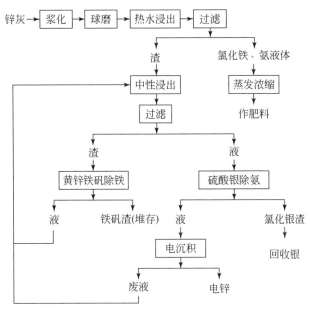

图 5-33 热镀锌灰浸出–浸化–电沉积工艺流程图

（2）改进的溶剂萃取工艺

溶剂萃取工艺是西班牙 TecnicasReunidas 公司开发的用于处理热镀锌灰、电弧炉烟尘和含锌废电池等再生锌原料。改进的溶剂萃取工艺是基于溶剂萃取工艺的发展和改进，其工艺流程如图 5-34 所示。

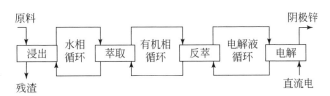

图 5-34 改进溶剂萃取工艺流程图

改进的溶剂萃取工艺主要流程包括浸出、萃取、洗涤、反萃取、电沉积和有机相再生。热镀锌灰经稀硫酸浸出后，浸出液经沉淀法除去铁、铝等杂质后进入萃取工序；萃取工序的有机相是萃取剂 2-乙基己基磷酸的煤油溶液，其对锌的萃取具有很高的选择性，萃取出浸出液中的 Zn^{2+}；在洗涤工序，萃取到有机相中的杂质可经过物理或化学作用而洗涤除去；在反萃工序，利用具有强酸性的电解

过程的剩余液将 Zn^{2+} 从有机萃取剂中进行反萃，生产出超纯硫酸锌溶液；硫酸锌溶液经电沉积后在阴极上得到金属锌产品。在再生工序中，贫有机相用盐酸处理，除去 Fe^{3+}，防止其在有机相中积累。

（3）酸浸-净化-沉锌-酸浸-电解工艺

热镀锌灰先用稀硫酸浸出，然后采用沉淀法和活性炭吸附法除去浸出液中的铁、铜、镉和有机物等主要杂质。向浸出液中添加氧化锌使浸出液的 pH 控制在 4 左右，同时控制溶液温度为 40℃，溶液中的铁元素以沉淀的形式从锌浸出液中除去。然后用活性炭吸附锌浸出液中的有机杂质，与此同时浸出液中的少量铝、硅杂质被吸附除去。然后向浸出液中加入锌粉，溶液的 pH 依然控制在 4 左右，溶液温度升高至 60℃，溶液中的铜离子和镉离子形成单质铜和镉的沉淀，从而从浸出液中除去。净化后的浸出液中加入碳酸钠，使浸出液中的锌离子全部形成碳酸锌沉淀。生成的碳酸锌沉淀继续用稀硫酸浸出，得到的锌浸出液通过电解后得到金属锌。其工艺流程如图 5-35 所示。

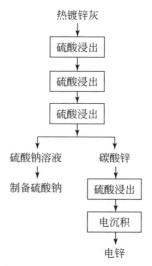

图 5-35 酸浸-净化-沉锌-酸浸-电解工艺流程图

（4）制备锌化工产品（马尚文，1987）

除了直接由热镀锌灰生产金属锌的回收工艺外，热镀锌灰还被用于生产制备锌化工产品活性氧化锌、硫酸锌和氯化锌。它们的生产工艺中前两步浸出、净化基本一样。热镀锌灰先用酸溶液浸出，固液分离后的锌溶液经两段净化除去铁、铜、镉、铝等杂质。如果要制备活性氧化锌则向浸出液中加入碳酸钠溶液沉淀锌后得到碳酸锌，碳酸锌经焙烧后得到活性氧化锌。如要制备硫酸锌则将净化后的浸出液压入浓缩罐中蒸发浓缩至饱和溶液，然后放入结晶池中冷却结晶。如要制备氯化锌则把净化后的浸出液蒸发浓缩，当溶液密度达到 $1.7g/mL$ 时停止浓缩，令其自然冷却。

5.6.1.2　黄铜制品

从 20 世纪 40 ~ 50 年代开始，广大科研工作者就对湿法炼铜开展了广泛和深入的研究并研发了多种处理废黄铜的工艺。目前，对于湿法资源化废黄铜提取有价金属基本处于研究阶段，主要方法有电积法、萃取法、酸溶法和碱性氨浸法。

（1）电积法（范艳青等，2007）

电积法是目前最常用的铜粉制备方法之一，在含有 NaOH 的 NaCl 水溶液中电解金属铜时，Cu_2O 粉末通过阳极铜溶解，随后水解沉淀生成。然而在阴极区，除了析出氢气的主反应外，同时还会发生 Cu_2O 被 H_2 还原或电化学还原生成海绵状金属铜粉的副反应。由于黄铜中锌的电位比铜低得多（$Cu^{2+}/Cu = 0.31V$，$Zn^{2+}/Zn = -0.76V$），电解时很容易从阳极溶解，以二价锌的形式与铜一起进入溶液中。在电解时会与 Cu_2O 粉一起形成沉淀，需碱洗分离。在强碱性溶液中，以 ZnO_2^{2-} 的形式进入溶液，与 Cu_2O 分离。

（2）萃取法（柳建设等，2002）

新型高效萃取剂的成功开发使铜浸出-萃取-电积技术得到了长足发展。该技术具有流程简单、投资少、成本低、环保好、产品质量高等优点，尤其该技术在铜的湿法冶金领域得到了广泛的应用。柳建设等以 Lix984 作萃取剂，从含铜、铁和锌的酸性浸出液中选择性萃取铜，讨论得出：萃取剂浓度为 3%，混合时间为 2min，$V_o : V_a = 1 : 1$，pH = 2.2 时，萃取效果最好，铜萃取率大于 96% 以上，且与铁、锌很好分离。

（3）酸溶法（薛福连，2010）

硫酸浸出法对含铜锌氧化物的物料浸出率高，浸出速度快。其缺点是铁、铝、钙等杂质大量进入溶液，浸出液净化工作量大。尤其是物料中含硅高时，若浸出酸度较高，硅部分转入溶液，易形成凝胶团，使固液分离困难，后序作业不能正常进行。薛福连采用硫酸浸出处理铜锌废渣生产氧化锌，工艺流程如图5-36所示。流程中采用二段浸出、二段置换、氧化中和除铁锰、碳酸盐沉锌等分离和净化工序，制取海绵铜和氧化锌。一次浸出实际上是用废料中和调整二次浸出液的 pH 和电位。一方面充分利用二次酸浸液中过量的酸与废料中的氧化物反应，浸出部分铜锌，pH 调整到 1.5～1.8；另一方面二次浸出中加入的过量氧化剂以及溶液中溶解的氧与废料中以金属状态存在的铜锌反应，降低电位。这两方面的反应都有利于下一步锌粉置换产出海绵铜。二次浸出是在适当的酸度、氧化剂用量等工艺条件下完全浸出废料中的铜锌。

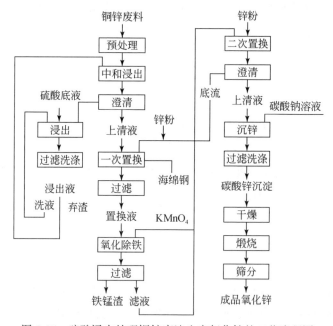

图 5-36　硫酸浸出处理铜锌废渣生产氧化锌的工艺流程图

（4）碱性氨浸法（李明建和陈庆邦，1997）

碱性氨浸法在有色金属二次资源利用方面得以广泛应用，其优越性在于能选择性溶解铜、锌、镍、钴、银等有价金属，而铁、铝、钙等常见杂质不溶解，浸出液纯净，产品纯度高，浸出剂可以循环使用，流程简单。采用湿法碱性浸取，选择适当的浸取条件，使废杂铜中的 Cu^{2+} 及 Zn^{2+} 选择性地与氨生成稳定的氨配离子 $Me(NH_3)_n^{2+}$ 进入溶液。整个浸取过程，利用反应物本身的化学能，而不需要外界提供大量的能量，并且反应在液–固、液–液相间比气–固相间容易进行，当加入催化剂后，更加促进了浸取反应速度，得到含 Cu^{2+} 和 Zn^{2+} 的溶液；蒸氨后，通过加酸调节适宜范围的 pH 形成 $MeSO_4$（$Me=Cu$，Zn）溶液，用还原剂使溶液中的 Cu^{2+} 还原为 Cu，将所得 Cu 从溶液中沉淀分离出来；而分离液经过浓缩、结晶、过滤、洗涤即可得到 $ZnSO_4 \cdot 7H_2O$ 产品。工艺流程图 5-37 所示。

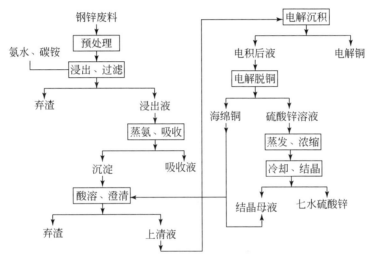

图 5-37　碱性氨浸法处理铜锌废渣生产氧化锌的工艺流程图

5.6.1.3　锌合金压制制品

郭瑞九和郭大刚（2004）利用废锌铁合金机械零件为原料制备硫酸锌，在带搅拌的耐酸反应器中加入 30% 的稀硫酸，然后加入破碎好过量的废锌铁合金零件，用水蒸气对反应器加热，温度控制在 80 ~ 95℃，可间断加热、搅拌、反应至无气体放出，pH 为 5.1 即为反应终点，反应终止后，趁热过滤（在过滤器中进行），滤出 Cu、As 混合的不溶黑色絮状杂质，向滤液中加入氧化剂 $NaClO_3$ 或 $KClO_3$，将 Fe^{2+} 全部转化为 Fe^{3+}，控制加热温度为 85 ~ 95℃，pH 在 1.6 ~ 1.8 范围。在搅拌的条件下，加入 Na_2SO_4，Fe^{3+} 在热溶液中生成黄色黄铁矾大颗粒沉淀，趁热过滤，除去杂质铁。将最后过滤所得纯净的硫酸锌溶液注入蒸发器中，加热蒸发溶液，外观溶液表面出现鳞片时，停止加热，趁热将浓溶液注入结晶器中，冷却结晶出无色的 $ZnSO_4 \cdot 7H_2O$ 晶体，最佳结晶温度为 18~12℃。工艺流程如图 5-38 所示。

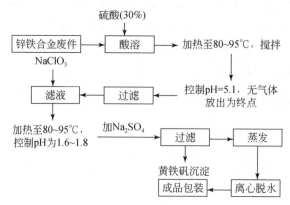

图 5-38　稀硫酸酸浸法处理废锌铁合金机械零件的工艺流程图

5.6.1.4　锌电池

根据锌电池回收最终产物的不同可以分为以下五种：

（1）从废锌电池中回收锌

同济大学成肇安等（2002）采用湿法工艺处理回收锌锰、碱锰及镍镉废电池中有用金属。以 N235、P204 及 TBP 为萃取剂、磺化煤油为稀释剂，对这些废电池中的有用金属镍、镉、锌、锰、铜、汞、铁等七种金属进行分离和回收。其中N235 主工艺可将金属分离为镍、锰、汞、铁、锌、镉、铜等四组，镍与锰以P204 萃取分离，铁与锌镉也能以 P204 分离，锌与镉可用 TBP 分离。与传统的干法相比，具有工艺简单、金属回收率高、回收金属种类多、无二次污染等优点，具有较好的环境效益和社会效益。北京科技大学曾平荣教授（王兰，2001）研制出一种废旧电池处理技术，其工艺流程：经物理分解、化学提纯、废水处理，最终可以获得铁皮、锌皮、铜针产品及通过电解加工获得高质量的锌、锰产品，还可回收汞及铁红等副产品。此技术处理后的废水可以达到国家环保标准，而且可循环使用，基本可以不排放废水。2001 年，根据此工艺在河北易县建了废干电池处理厂，并于 6 月投产，年处理量达 3000t，可部分缓解京津地区的废旧电池污染问题。但该项目无法自身获利，每处理一个电池亏损 1 分钱，须政府支持。

1984 年，易大展提出的直接–浸出法，与焙烧一酸浸工艺不同，电池不经焙烧，而是直接酸浸，浸出液过滤、净化后直接电解提取金属。原中南工业大学的研究者将热镀锌渣废电池与废干电池一起浸出，利用二氧化锰和锌的还原氧化作用，用铁作促进剂强化浸出，提高了二氧化锰和锌的浸出率，浸出液除氯，除铁净化，净液加以电解。综合回收电池中的锌、锰和金属锌渣的锌，省去了常规方法的焙烧工序，提高了金属回收率，降低了成本。苏永庆等（2001）提出多次酸浸–电解法，用专用粉碎机破碎电池（能完整保留碳棒、排气孔塑片和金属盖），再用二次酸浸分离液进行浸溶，使含有较高锌浓度的二次酸浸液的浓度进一步提高，降低溶液的酸度。同时保证在浸溶过程中含有过剩的金属锌，使酸浸溶液中汞、铁被置换出来，过滤分离，悬浮物为电池纸、塑料，捞出另行处理。滤液送去进行 pH 调整，使杂质沉淀生渣。再过滤，渣返回三次酸浸，滤液电解生产锌、二氧化锰。而三次酸浸分离出的渣用一次酸浸液进行二次酸浸，使金属锌进一步溶解、分离，浸出液返回三次酸浸，渣直接用酸浸出。然后通过铁磁场，使铁制外金属盖从酸浸液直接分离，剩余的液体混合物过滤分离，所得溶液返二次酸浸，渣水洗，分类拣出完整的碳棒、金属盖、排气孔热片。这些都可直接返回电池生产商使用，而碳粉及含其他金属（Hg）及盐（$HgCl$、NH_4Cl）的泥，可按特定电池的碳包组成进行组分比例调整或补充用于电池生产。具体工艺流程图如图 5-39 所示。

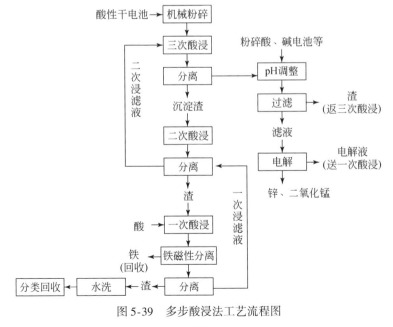

图 5-39　多步酸浸法工艺流程图

北京冶炼厂开发出一种选矿法，此法主要应用了选矿工艺，先将干电池球磨、筛分，分出大块锌、塑料、铁。筛下物再通过分级机分级粗级物，经摇床选出铜、小块锌，余下较细物质与分级后的细粉一起进入浓密机，底流过滤滤出不溶物二氧化锰，滤液与溢流进入搅拌槽，粗选，含金属量多的部分再经过二次精选选出汞、锌，尾矿部分扫选出 NH_4Cl。其工艺流程如图 5-40 所示。

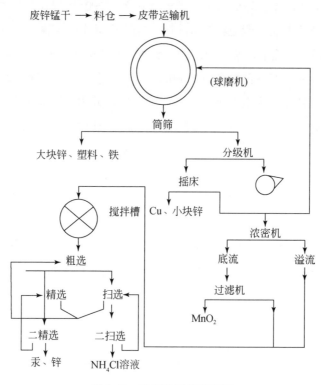

图 5-40　选矿法工艺流程图

(2) 利用废旧电池生产化工产品氧化锌与电池级二氧化锰的工艺

将废干电池破碎，除去外壳锌皮和外层包装后，再向磨碎并去除尽杂质的锰粉中加入一定浓度的盐酸，使之与锰粉反应，使锰氧化转化为二价锰盐。溶液经进一步处理进行氧化，使之生成较纯并具有一定活性的、可用于配制生产干电池的原料二氧化锰。电池的锌以氧化锌的形式回收，可做锌钡白，也可做催化剂。所发生主要反应：

$$MnO_2 + 4HCl \rlap{=}{=} MnCl_2 + Cl_2 + 2H_2O$$

$$MnO+2HCl \overline{\quad\quad\quad} MnCl_2+H_2O$$

$$Mn_2O_3+6HCl \overline{\quad\quad\quad} 2MnCl_2+Cl_2+3H_2O$$

$$MnCl_2+2NaOH \overline{\quad\quad\quad} Mn(OH)_2+2NaCl$$

$$Mn(OH)_2+氧化剂 \overline{\quad\quad\quad} MnO_2+2HCl$$

$$Zn^{2+}+2OH^- \longrightarrow ZnO_2^{2-} \longrightarrow Zn(OH)_2(无定形胶体) \longrightarrow ZnO(结晶体) +H_2O$$

（3）利用废旧干电池生产硫酸锌和立德粉的工艺

在湿法炼锌厂，用电解废液作为溶剂，将废干电池进行浸出，除锌及其化合物全部溶入稀硫酸溶液外，铜帽中已氧化的铜化合物等也溶入稀硫酸内。得到浸出残渣和硫酸锌溶液的混合物，通过钻有无数小孔的硬塑料槽或不锈钢丝的编织成的网框，实现固液分离。滤液主要为硫酸锌，经净化除杂质后提取金属锌，但电池中的氯化物几乎全部进入溶液，而锌电解沉积过程对氯的要求不能大于100mg/L。为此只能将废旧干电池的浸出液单独净化，然后浓缩，结晶生产硫酸锌或立德粉，其工艺流程如图 5-41 所示。

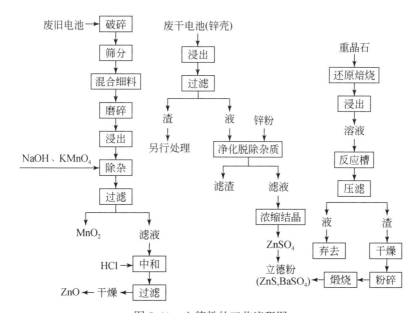

图 5-41 立德粉的工艺流程图

（4）利用废干电池生产锌锰复合肥工艺（张希忠，1991）

张希忠提出将废电池用来生产复合肥。首先将废干电池破碎、筛分，拣出纸类物，然后将筛下物磁选除铁，除铁后的混合物与锌皮加酸一起浸出，过滤除渣，滤液结晶得到锌、锰复合肥。其中含有 $ZnSO_4$、$MnSO_4$、$(NH_4)_2SO_4$ 等物质，对农作物的生长，氮磷钾的吸收及碳水化合物形成都有重要作用，其原则流程如图 5-42 所示。

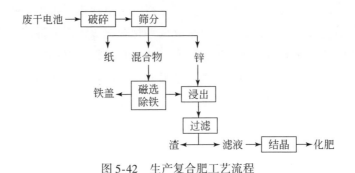

图 5-42　生产复合肥工艺流程

（5）利用废电池回收锌、锰生产出口饲料级一水硫酸锌及碳酸锰工艺（李朋恺等，2011）

湘潭大学李朋恺等发明一种新工艺，通过将废电池剥离，预处理使锌、锰、铁片、碳棒其他物质相互分离。对锌采用全湿法流程，用 H_2SO_4 浸取，并加入活性锌粉将浸取液中 Pb^{2+}、Cd^{2+} 置换成铅、镉，深度净化后浓缩得固体 $ZnSO_4 \cdot H_2O$。其工艺流程如图 5-43 和图 5-44 所示。

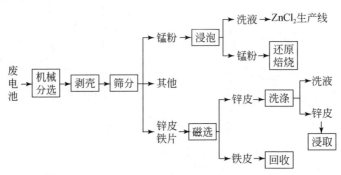

图 5-43　一水硫酸锌工艺流程

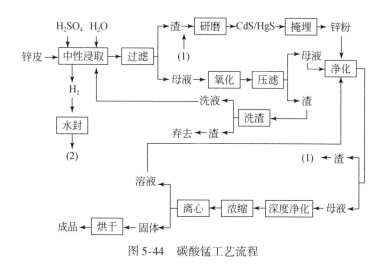

图 5-44　碳酸锰工艺流程

5.6.2　再生企业生产实例

20 世纪 70 年代，西班牙的 TécnicasReunidas 公司开发了 ZINCEX™法，并在 80 年代和 90 年代初改进了 ZINCEX 法（即 MZP 法）（Diaz et al.，2001；Olper and Maccagni，2005）。

ZINCEX 法的关键是在含有大量杂质的氯化物介质环境中，可以从原生和再生原料中回收锌。核心步骤是采用溶剂萃取来浓缩和净化锌溶液，以便能产出多种锌产品。当产品可以达到特别纯的锌锭时，同时也意味着可产出高纯的硫酸锌、氧化锌或其他的锌化工产品。原来开发的 ZINCEX 法包括两个溶剂萃取系统（阴离子和阳离子萃取）。由于它的复杂性，已被改进了的 ZINCEX 法（MZP）所取代。初期的 ZINCEX 法从氯化物溶液中回收锌的技术概念已过时。该技术可从氯化物浸出液中回收富液和其他氯化锌溶液，以及地下盐水。ZINCEX 法也可用来处理混合精矿，工艺的概念流程如图 5-45 所示。

改进的 ZINCEX 法称为 MZP 法，该技术可通过处理如热镀锌渣、威尔兹氧化物、电弧炉烟尘等二次锌资源回收锌。1991～1992 年，该方法在部分由欧共体资助建立的一个试验装置中获得了技术上、经济上和环境方面的可行性验证。1997 年，在西班牙巴塞罗那附近的一个试验厂通过该方法从含锰和汞主要杂质的电池中产出了 2.8kt 锌。该工艺如图 5-46 所示，基本过程是：①浸出。含锌原

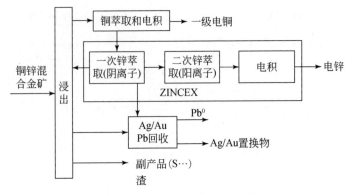

图 5-45 ZINCEX 法概念流程图

料采用适当的方法浸出。有许多浸出方法可得到浸出富液，视原料的性质，可以采用常压浸出、高压浸出、堆浸或微生物浸出等。②溶剂萃取。MZP 技术中的一个重要环节是浸出液与有机相接触，选择性地将锌萃取入有机相。有机相萃取剂是溶于煤油中的 D2EHPA（二-2-乙基–己基磷酸），在 MZP 的条件下这种萃取剂对锌有很高的选择性。由于 TecnicasReunidas 所采用的技术条件，像 CO、Cu、Ni、Cd、Mg、Cl、F 和 Ca 等杂质都不会被明显萃取。③洗涤。采用酸化的水在适当的条件下除去有机相中夹杂的水和痕量的共萃杂质，可获得一种很纯净的含锌有机相。④反萃。用酸溶液可从洗涤后的有机相反萃锌，产出一种很纯的硫酸锌溶液，适用于生产各种锌产品，如高纯锌、硫酸锌或氧化锌。⑤再生阶段。在这个辅助作业，分出少量有机相，用盐酸溶液进行处理以降低共萃杂质（如铁）的含量，部分杂质被洗涤和反萃除去。最近，正在考虑将 MZP 技术推广用于处理氧化锌矿和锌精矿，一些工程正在计划中。

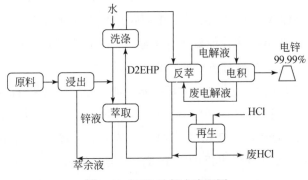

图 5-46 MZP 法概念流程图

Ezinex 法是设计用来将 C. Z. O. （锌与其他杂质离子的含氧化合物）转化成金属锌的，工艺是基于氯化铵电积不会有氯放出，当然，这种电解质对 C. Z. O. 中存在的杂质（特别是卤化物）是不敏感的。Ezinex 法的原则流程如图 5-47 所示。

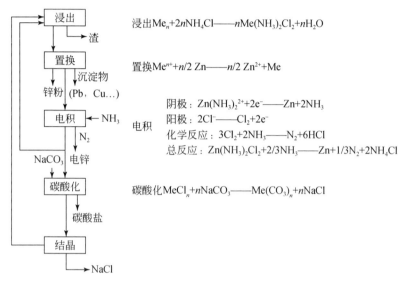

浸出 $Me_n + 2nNH_4Cl \longrightarrow nMe(NH_3)_2Cl_2 + nH_2O$

置换 $Me^{n+} + n/2\ Zn \longrightarrow n/2\ Zn^{2+} + Me$

电积
阴极：$Zn(NH_3)_2^{2+} + 2e^- \longrightarrow Zn + 2NH_3$
阳极：$2Cl^- \longrightarrow Cl_2 + 2e^-$
化学反应：$3Cl_2 + 2NH_3 \longrightarrow N_2 + 6HCl$
总反应：$Zn(NH_3)_2Cl_2 + 2/3NH_3 \longrightarrow Zn + 1/3N_2 + 2NH_4Cl$

碳酸化 $MeCl_n + nNaCO_3 \longrightarrow Me(CO_3)_n + nNaCl$

图 5-47 Ezinex 法流程图

过程主要由五个部分组成：①浸出。锌氧化物以氨络合物被浸出，铁不被浸出，铅也以络合物浸出。②置换。为了防止其他金属与锌在阴极上共沉积，必须将溶液中比锌更正电性的金属除去，方法是通过往溶液中加锌粉置换来实现。置换出的杂质包括银、铜、镉和铅。置换沉淀物送铅冶炼厂处理以回收有价元素。③电积。电解液为氯化铵溶液。采用钛制的阴极母板，阳极为石墨。阴极上沉积锌，阳极反应放出氯气。但放出的氯气立即与溶液中的氨反应放出氮，而氯则转化成氯化物返回过程使用。往电解液中通入空气搅拌，加强溶液中离子的扩散作用。电积中溶液中的锌浓度从 20g/L 降至 10g/L。④碳酸化。在该单元作业中通过添加碳酸盐以控制溶液中的钙、镁和锰含量。这些杂质沉淀物送 Indutec 工艺处理，钙、镁造渣，锰进入生铁中。⑤结晶。在该单元作业有两个主要任务：维持系统水平衡、碱金属氯化物结晶。该单元作业也很重要，因为绝大多数锌废料和循环料都含有碱性氯化物。碱性氯化物会对 C. Z. O. 转化成金属锌的其他工艺，如硫酸盐–电积和 ISP 工艺造成很大麻烦，所以，在这里进行 C. Z. O. 的预处理以除去碱金属氯化物。

Indutec/Ezinex 联合法上述两种工艺的联合，将为含锌废料和循环料的处理提供更有效的工艺和更多机遇，可使这类原料直接产出金属锌，并避免了其他工艺所需采用的麻烦作业，如洗涤。联合工艺的原则流程如图 5-48 所示。

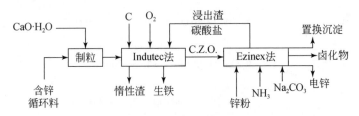

图 5-48　联合工艺的原则流程

这种联合使整个工艺的灵活性大大扩大了，拓宽了原料的处理范围，使过去许多填埋了的废料有机会处理。研究表明，许多其他工业部门的含锌废料都可用这种联合工艺处理，如可以处理碱性或锌碳电池、镀锌行业的含锌废料等。可将联合工艺中 Indutec 看作是 Ezinex 的前阶段作业。联合使过程更简化，提高了生产效率，原料中存在的氯化物、氟化物和金属杂质的问题很容易得到了解决。在联合工艺中，原来废料中的一些有害元素在这里成为有价元素，提高了经济效益。图 5-49 表示一个经过设计的高效、综合处理各种含锌废料和循环的全流程图。

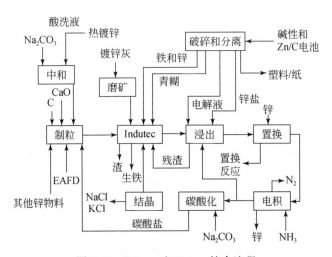

图 5-49　Indutec 和 Ezinex 综合流程

第6章 废钨再生技术

6.1 钨的存量与需求

世界钨储量主要集中在中国、加拿大、俄罗斯和美国，占世界总储量的76%。据美国地质调查局2009年公布的世界钨矿储量，中国是钨矿储量最大的国家，加拿大、俄罗斯和美国分别位居第二位、第三位和第四位，见表6-1和表6-2。除中国和美国外，具有重大资源潜力的国家有澳大利亚、奥地利、玻利维亚、巴西、缅甸、加拿大、哈萨克斯坦、朝鲜、韩国、葡萄牙、西班牙、土耳其、塔吉克斯坦、乌兹别克斯坦、土库曼和泰国。在此应说明，表6-1和表6-2仅是国外有关机构所作的测算，与各国钨实际储量有差异，估计中国、加拿大、俄罗斯和美国分别约占世界钨储量的40%、15%、13.5%和6.5%。

表6-1 2008年世界钨储量（钨含量）分布

国家或地区	储量/万 t	基础储量/万 t	位次
中国	180.00	420.00	1
加拿大	26.00	49.00	2
俄罗斯	25.00	42.00	3
美国	14.00	20.00	4
玻利维亚	5.30	10.00	5
朝鲜	—	3.50	6
奥地利	1.00	1.50	7
葡萄牙	0.47	6.20	8
其他国家	44.00	75.00	
全球	300.00	630.00	

数据来源：2009年美国地质调查局资料

表 6-2 1994~2007 年世界钨矿资源储量

年份	储量/万 t		中国储量占世界比例/%	基础储量/万 t		中国基础储量占世界比例/%
	中国	世界		中国	世界	
2007	180	290	62.06	420	630	66.67
2002~2006	180	290	62.06	420	620	67.74
2001	77	190	40.53	110	310	35.48
2000	82	200	41.00	120	320	37.50
1999	85	200	42.50	120	320	37.5
1998	87	200	43.50	120	320	37.5
1997	92	210	48.10	130	330	39.39
1996	94	210	44.76	130	330	39.39
1995	96	210	45.71	130	330	39.39
1994	102	230	44.34	137	330	41.52

数据来源：2009 年美国地质调查局资料

世界钨的消费与世界经济增长密切相关。20 世纪 80 年代，世界平均年消费金属原生钨为 4.5 万 t，90 年代以来由于世界经济发展缓慢，对钨的消费有所减少，1997 年以来全球钨的需求基本在 4 万 t 左右波动。2001 年世界钨需求量回落到 3.7 万 t，随后钨的需求量开始强劲增长。根据国际钨协会公布的数据显示，全球钨消费总量中，中国消费占 37%，欧洲约 27%，美国 15%，日本 11%。1995~2005 年，美国、西欧、日本三大钨市场平均增长率为 3.2%。从表 6-3 可以看出，世界钨的消费量近几年来在持续上升。2009 年，受金融危机的影响，钨的需求量相应有所降低。

表 6-3 中国钨供应量与世界消费量对比

年份	世界消费量/万 t	中国供应量/万 t	比例/%
2003	5.1	4.6	90.20
2004	5.7	4.8	84.20
2005	5.9	4.9	83.10
2006	6.2	5.1	82.26
2007	6.5	5.4	83.08

数据来源：2008 年国际钨协公布资料

随着中国经济持续、稳定、高速发展，中国钨工业水平不断提高，国内钨消费量也不断增加。"十一五"期间，国外钨金属消费量年增长率为2%。到2010年国外钨金属年消费量为41 600t，包括中国在内，全世界钨金属的年消费量约72 000t。

此外，从表6-3也可以看出，我国以35%的钨资源向世界提供着80%~90%的供应。除去国内消费的少部分钨外，我国大部分的钨都用于出口。如果按平均85%的比例来计算硬质合金产品中的钨含量，同时按20%的回收率来计算硬质合金行业对原钨的消费量，以中国钨业协会硬质合金分会的统计资料为基础，近五年中国硬质合金产品的国内消费量平均每年6400t以上，即对金属钨的需求量约为6400t。如果考虑到回收利用的情况，中国的硬质合金产品对原钨的消费量平均每年接近4400t。根据中国照明电器协会材料委员会的统计资料分析，目前中国钨加工材产能在1000t以上，其中钨丝的产能则超过100亿m，大大小小的钨丝厂有200余家。2009年底34家钨丝生产企业的钨丝生产能力达到400亿m（刘良先，2010）。由于钨丝的品种规格多，很难将其折合成金属吨来计量，但据有关专家分析，近年来中国钨加工材的产量一直在稳定增长，目前商品用粗钨丝和钨杆的年产量已超过735t。1996~2000年，按金属量计中国钨加工材的年平均进口量为185t，出口量390t。如果按目前中国商品粗钨丝和钨杆的年产量为735t，钨加工材产品的年均进口量为185t，出口量近390t来估计，国内消费量在530t以上。除上述硬质合金、钨材的消费外，在钨铁、高比例合金、钨触点材料、化工行业等方面，据有关资料统计，中国国内的总计用钨量已达到6000t。由上可知，目前中国每年所需钨产品的数量已在10 550t以上，硬质合金产品的钨消费量接近4400t；钨铁的对金属钨的需求量约3700t；钨加土材的用钨量已有1650t（其中钨丝与钨条杆的消费量在530t以上，钨电极材料的用量为420t左右，钨-铜合金与高比例合金的用钨量估计已达700t），化工及其他产品中的用钨量达到800t左右。从消费数量上来看，中国已是世界上金属钨消费的大国，比以往年均8000t的消费量有显著提高，占世界钨需求总量的1/3左右（夏文堂，2006）。

与此同时，我国可供开采的钨资源正在急剧减少，钨资源已面临严峻的形势。根据美国地质调查局提供的数据，中国是世界上最大的钨矿资源储藏国和生产国，估计储量达190万t，所占世界总储量的份额达66%；2010年世界钨产量为6.9万t，同比增长10%。其产量增长主要来自中国，2010年中国钨产量为

5.9万t，同比增长8000t，增幅为16%。显然，我国承担了世界80%~90%的钨消耗，2011年上半年，中国出口钨品13 934t（金属量，不含硬质合金），同比增长9.03%，我国现有钨储量的静态开采年限仅剩12年，因此，回收再利用废钨亟待进行。

6.2 钨的再生概况

随着钨矿开采和钨用量的增加，钨的储量越来越少，世界钨业面临严峻的原钨短缺。据国际钨协会统计，欧洲、美国和日本在2004年废钨的消费量占仲钨酸铵（APT）产量的64%。目前，美国钨的回收比例已达37%。美国的Martin合金公司将回收到的硬质合金通过物理分类分成硬碳化钨废料和软碳化钨废料，然后通过形状、尺寸、型号、含钴量和杂质含量对硬碳化钨废料进行分类。碳化钨的再生利用主要用于生产仲钨酸铵、工具钢和耐热合金等。目前，美国的回收加工设施较多，美国一直有兴趣发展成本效益较高的回收方法，原因有三点：其一，美国是较大的钨消费国，国内的工业生产产生了大量的废料，可进行大规模回收作业。此外，美国从国外进口废料，补充国内废料，以进一步加强本国废钨的回收。其二，基于国防上的考虑，有必要保障军事用途钨的较可靠来源。美国军械部门是钨的重要消费部门，从而产生了大量的废钨。其三，回收可以带来可观的商业利润，在一些碳化钨生产企业，回收废钨料可节省35%的生产成本。

近几年，由于日本和美国原生钨产量急剧下降，废钨已成为其国内钨供应的主要来源。碳化钨废料和某些含钨量高的特种钢废料是目前钨回收利用的主要材料。在西欧，碳化钨废料的重要性已日益突出。以钨为主要成分的烧结碳化钨中，钨含量往往高于90%。另一种成分是钴，含量为3%~25%，某些品级的碳化钨还含有钛等金属。由于回收技术所取得的进步，碳化钨废料中的所有元素几乎能被全部回收。含钨二次资源的回收已经引起了很多国家的重视，特别是主要钨消费国家，如美国、日本、德国等国家。德国的斯达可公司长期以来从世界各地主要厂家低价收购各种钨废料，在格斯拉厂设有一条处理各种钨废料的生产线，其处理量约占钨原料总量的30%。日本于1975年专门设立了钨回收委员会（WR），该委员会对回收钨废料的途径、废料处理工艺以及再生原料的利用进行了很多研究工作。据该委员会估计，每生产100t硬质合金可回收31t废料。美国以废硬质合金形式返回到生产中的数量占其总量的30%左右。美国李尔公司和冶金工业公司从含钨废屑、废合金中回收钨，前者年产钨为1000t，后者年产WC为500t，纯钨合金添加剂为100t。华昌公司估计每年用锌熔法处理500t硬质合金废料。英国也建立了专门处理钨废料的公司——瑟卡锡安（Circassian Ltd）。国外在处理钨废料方面发表了许多专利及文献（Luo et al.，2003）。

我国是世界硬质合金的第一生产大国，在废钨产品回收利用方面也取得了一定的成效。在我国，废硬质合金仅经电解、锌熔等工艺回收再加工生产的中低档硬质合金的产量每年已超3000t，占每年硬质合金产量的20%以上。虽然我国从事硬质合金废料再生的企业有上百家，但大多是产量小、产品质量低劣的小企业。目前，产量较大、能将废料用于生产高档产品的主要企业有自贡科瑞德新材料有限责任公司、厦门钨业股份有限公司、株洲硬质合金集团有限公司等。自贡科瑞德新材料有限责任公司的核心业务是再生硬质合金及钨钼资源综合利用延伸。产品远销东南亚、西欧、北美等地区，废旧硬质合金再生利用的技术水平居国内领先地位，其中废旧硬质合金资源综合利用的规模与市场占有率居全国第一。该公司于2005年1月建成了一条以二次资源为原材料生产高品质亚细、超细硬质合金的生产线。厦门钨业股份有限公司作为福建省首批发展循环经济的示范企业，建有废钨综合回收利用生产线。该生产线以国内外的废硬质合金、废钨、钴渣等为原料，利用自主开发的废料处理技术，使废钨中的钨、钴、镍、铜等有价金属得到循环利用。目前每年可处理废料4000t，产出金属钴400t、金属镍200t。

6.3　废钨的种类

钨的二次资源主要包括含钨合金废料、钨浸出渣、含钨废催化剂、废钨制品及其加工废料和钨中间制品生产过程中产生的废料（夏文堂，2006）。

钨的二次资源中，如不计浸出残渣及净化渣中可回收的钨，直接来自深加工过程的废料大约占1/3，而使用后报废的零部件占2/3。具体而言，这些废钨料大致分为如下几类：①钨材加工制造过程中产生的废品：丝、线圈、粉末、烧结或预烧结锭；②钨合金或合金产品制造过程中的副产物或废品：如成分为Cu-W、Fe-W、Ni-W、Ag-W的粉末、车削、锭及块；③硬质材料及钻探工具制造过程中的副产物或废品：如成分为WC-Co、WC-Ta（Nb）、WC-TiC-Co的粉末，大小不等的刀具、钻头、拉丝模、耐磨材料。如果按照这些废料的外形及污染程度分类，可将它们分为纯的块状料、纯渣料和污染的渣料三类。

6.4 机械破碎法

回收利用含钨废料的基本技术路线有两条：①保持金属、合金或碳化钨的组成不变，而直接重新利用的工艺路线；②将钨转变成粗 Na_2WO_4 转而生产 APT 的工艺路线（张启修和赵秦生，2007）。

机械破碎法是按第一条技术路线回收废硬质合金，此法既适合于同成分合金的回收，也适合不同成分合金的回收，但不太适合处理高钴合金，因为这类合金强度高，不易破碎。此法破碎方法简单，不改变硬质合金废料的基本组成，无需进行钨钴分离，机械破碎法的工艺流程见图 6-1。但是国外一般不用此法回收的产品作原料来制备质量要求高的合金，仅用于生产木工工具类硬质合金。

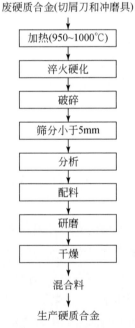

图 6-1 机械破碎法生产再生硬质合金工艺

我国有不少小型硬质合金回收厂采用了简易的机械破碎法，即人工破碎加球磨的方法，因生产成本低而获得一定的利润。但是，由于作业过于粗放，回收制出的硬质合金在质量上与用新料生产的合金有相当差距，有待在设备和工艺上作改进。我国株洲硬质合金集团有限公司的陈梵（2001）发明了高温处理、机械破碎回收再生硬质合金的技术。该工艺将硬质合金在高温下（约2000℃）下煅烧处理，使之结构疏松，晶粒进一步长大，再通过合理的机械破碎，可得到用于制取粗晶硬质合金的优质粉末。利用这种合金粉末生产的硬质合金性能基本能够达到正常合金产品的性能要求。为了验证回收合金粉末的再生效果，他们制取了YG8HT 和 YG20HT 合金，并与正常的 YG8C 和 YG20C 的合金进行了性能和使用效果的比较，结果见表6-4 和表6-5。从表6-4 和表6-5 可见，以高温处理回收粉生产的再生合金，其性能基本达到了正常合金的性能要求，其使用效果甚至优于正常合金。

表6-4 再生合金与正常合金性能比较

编号	密度/（g/cm³）	硬度/HRA	抗弯强度/MPa	孔隙度	晶粒度/μm
YG8C	14.70	88.1	2.238	A02	2.4
YG8HT	14.70	87.8	2.679	A02	3.2
YG20C	13.61	83.2	2.547	A02	3.2
YG20HT	13.54	83.1	2.493	A02	3.6

表6-5 再生合金与正常合金使用效果比较

牌号	产品规格	使用条件	使用效果
YG8C	Q1015	$f=12\sim14$ 花岗岩凿岩试验	磨损率 1.2mm/m
YG8HT	—	—	磨损率 1.0mm/m
YG20C	20×2×35 冷镦模	冷镦箱包钉	29 万次
YG20HT	—	—	35 万次

我国自贡硬质合金有限公司李勇等（1999）也研制了一种在高温条件下机械破碎回收废硬质合金的方法，并申请了专利。该法是将废硬质合金初破碎后直接进行强化湿磨粉碎、干燥，然后送入煅烧炉中经高温热处理以除去粉料中过量的杂质，再经成分分析后作为原料粉按常规硬质合金生产工艺制成硬质合金产品。该发明的目的是针对传统硬质合金机械粉碎再生处理方法所存在的缺陷，在废硬质合金破碎成粉料后，增加一道热处理工序，通过高温下的物理化学反应除去粉料中所含过量的氧、硅、铁等影响硬质合金质量的杂质，使之符合硬质合金生产标准要求，同时在初破碎后直接送入加有研磨介质的破碎机内进行强化湿磨破碎至达到要求粒度。该工艺具有流程短、设备简单、投资省、生产成本低等特点，

其产品生产成本仅为常规原料生产的 25% ~ 35%，且效率高、产品质量好、能耗低。

宋晓艳等（2010）研究了一种氧化破碎以后添加炭黑还原回收硬质合金的方法，并申请了专利。该法是将报废的硬质合金清洗干净，在空气中加热 850 ~ 1000℃，保持 1 ~ 3h；冷却后切削、破碎、研磨，若对应 Co 质量百分比 $n\%$，则添加质量百分比为（22.0 ~ 0.5n）% 的炭黑；混合球磨至 200 ~ 300nm，冷压成坯块，真空炉中还原碳化成再生硬质合金粉末。该方法工艺简单，设备不复杂，成本低，易于操作，对周围环境无污染，且再生硬质合金与原生硬质合金性能相差不大。

杭州天石硬质合金有限公司方兴建（2011）发明一种废硬质合金的破碎工艺，将粗颗粒废硬质合金在真空碳管中高温烧结到 1800 ~ 1900℃，使黏接金属充分熔化提高合金的纯度，增大合金的粒度，加入炭黑使总碳含量在 6.13wt% ~ 6.20wt%，使废硬质合金处于易破碎的过载碳状态，此时废硬质合金硬度不变，但强度有所下降，温度降到常温后将处于过载碳状态废硬质合金送入球磨机进行球磨破碎，球磨时间为 5h，然后通过 60 目筛网过筛，再经过烘干即可作为二次加工原料，将此原料加入适量的碳化钨，经过常规的硬质合金生产工艺即可生产出新的硬质合金，从而实现回收再利用。所需费用约 5 元/kg，节约了成本。

此外，机械破碎中也有采用冷流法回收硬质合金废料，其生产流程见图 6-2。它采用高速的空气气流来加速硬质合金废料颗粒，使之以足够的能量与靶子碰撞而破碎。废料颗粒的速度约为声速的两倍。空气从喷嘴中喷出因膨胀而冷却来防止物料氧化。经筛分或空气分级后，粗料返回冷流破碎。冷流法的缺陷是再生碳化钨粉中氧、铁含量增加，并不适合处理含钴量高的硬质合金废料。氧在烧结中可以除去，但是制取的产品碳含量降低，因此，还须添加一定量的碳。对钴含量高而脆性低的硬质合金废料，通常先预热至 1800℃，随即迅速淬火，淬火之后的废料再送入粉碎装置粉碎。

俄罗斯学者推出了一种利用简单机械破碎法回收硬质合金的工艺（生产流程见图 6-3）。以处理合成人造金刚石报废的 YG6 硬质合金为例，先将废顶锤在锥形惯性破碎机进行破碎，破碎得到的粗粉在筛子上过筛，分离出 50 ~ 160μm 的部分，用作生产硬质合金的原料。化学分析这部分粗粉含铁平均量为 1.8%，粉末粒度越小，铁含量越高。回收合金粉的细磨工艺在实验室用的内衬有耐磨橡胶的震动球磨机中进行。使用硬质合金球，湿磨介质用乙醇，同时在磨料时加入 2% 的钴粉。在振动球磨机中经 60h 的湿磨后，WC-Co 混合料的平均粒度不大于

1μm。增加球磨时间并不会使细度进一步增加，实际上经20h的球磨后，就可获得WC-Co烧结料的最小平均粒度（3.0～3.5μm）。新加入的2%钴粉是为了在液相烧结过程中能顺利完成硬质合金结构的形成和致密化。经过烧结后最终的硬质合金成分大约相当于YQ合金。试验还表明，在锥形惯性破碎机中破碎时增加的杂质铁含量，对烧结样品的强度性能并没有影响。无论是否使用50%的盐酸对破碎筛分得到的粗粉进行处理，产品的强度实际上并无差别。对蚀刻的金相样品显微镜观察表明，在最佳磨粉条件和烧结条件下得到的硬质合金，具有均匀的细颗粒结构，无聚集现象，黏合相分布均匀，孔隙率低。因而预示用此方法回收的合金应具有相当于标准YG8硬质合金的高机械强度性能。

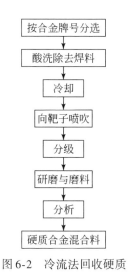

图6-2　冷流法回收硬质合金废料生产流程

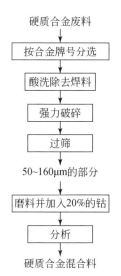

图6-3　机械破碎法回收硬质合金废料流程

6.5　火法冶炼

火法冶炼回收钨的方法主要包括硝石法和锌熔法。其中硝石法早已实现工业化应用，但工艺流程长，过程复杂，能耗量大，回收费用高，环境污染严重，基本已经淘汰，目前此法主要用于回收废料十分混杂和污染比较严重的硬质合金；锌熔法工艺比较简单，所得的料保持原来的成分，不经处理可直接使用，工艺成本低，再生混合料所制取的硬质合金性能指标已达到常规工艺合金的要求。此种方法具有相当好的经济效益，在很多国家已工业化应用。

6.5.1 典型废料的回收利用技术

6.5.1.1 废硬质合金

（1）硝石法

硝石法曾在第二次世界大战前为德国采用。我国20世纪50年代从苏联引入，并沿用至70年代。硝石法是最早工业化应用的回收废硬质合金的方法。它是将硬质合金废料与硝石一起在反射炉内熔融，使硬质合金中的钨转变成氧化钨；同时与硝酸钠的分解产物氧化钠作用，生成可溶性的钨酸钠，冷却后粉碎熔块加水浸出，得钨酸钠溶液，将这种钨酸钠溶液像冶炼精矿所得的钨酸钠一样处理。过滤后所得的"钴渣"用盐酸浸出，得到氯化钴溶液，然后用通常的方法净化处理。废硬质合金与硝石反应为

$$WC+2NaNO_3+3/2O_2 \rightleftharpoons Na_2WO_4+CO+2NO_2（或NO）$$

所生成的 Na_2WO_4 块可按一般冶金方法制成 APT 或其他钨制品。主要指标：硝石用量约为每吨合金 1t，温度 900～1200℃，由合金到 APT 的回收率约为94%。硝石法的缺点是产生大量腐蚀性气体 NO_2、NO，若用空气或富氧氧化则能避免此问题。利用工业中廉价的 Na_2SO_4 作氧化剂，也能取得很好效果。

湖南益阳粉末冶金厂采用硝石法处理废硬质合金顶锤回收金属钨和钴的工艺，原理流程如图6-4所示。先将废硬质合金顶锤底部的其他金属连接件去掉，用1：2硝酸浸泡20min，除去废合金表面的油污及杂质，粉碎后球磨至85%～90%粉料能过120目筛网，然后与足量的硝石或硝酸钠混合后于900～1200℃的温度下熔炼，使之转化为钨酸钠（钾）熔炼块。将钨酸钠熔炼块用鳄式破碎机破碎后，用90℃的热去离子水在棒磨机湿磨下浸取2～3h，分离后得钨酸钠溶液和钴渣，然后分别制取金属钨粉和钴粉，废气 N_2O_5 可用于制硝酸。通常钨酸钠的处理工艺流程为：钨酸钠溶液→加酸沉淀（HCl）→钨酸沉淀→氨溶过滤→蒸发结晶→过滤洗涤→仲钨酸铵→煅烧→三氧化钨。硝石法回收硬质合金的工艺技术比较成熟，但工艺流程长，过程复杂，能耗量大，回收费用高，目前此法主要用于回收废料十分混杂和污染比较严重的硬质合金。此法虽然古老，

但适应性较强，可以处理各种废硬质合金及粉末残料，但必须在钨的湿法冶炼厂内进行，熔炼中产生的黄烟——二氧化氮会污染环境，且流程长，成本高，因此发展受到限制。

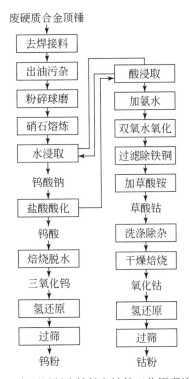

图 6-4　废顶锤制取钨粉和钴粉工艺原理流程图

（2）锌熔法

用锌回收废硬质合金的方法是 20 世纪 50 年代由英国人发明的，后由美国改进和完善，1975 年用于工业生产，70 年代末国外不少厂家掌握了这一方法。70 年代中期，我国技术人员和国外一些硬质合金厂技术交流时，了解到这一方法，开始从设备到工艺摸索试验，在较短的时间内掌握了这一方法，既能回收钨钴类合金，也能回收 P 和 M 类合金。目前，国内不少厂家掌握了这一方法。同样经过改进和完善，它也成为一种十分有效的废合金回收方法。

锌熔法处理硬质合金的机理是基于锌与硬质合金中的黏结相金属（钴、镍）可以形成低熔点合金，使黏结金属从硬质合金中分离出来，与锌形成锌-钴固溶体合金液，从而破坏了硬质合金的结构，致密合金变成疏松状态的硬质相骨架。由于锌不会与各种难熔合金金属的碳化物发生化学反应，再利用在一定的温度下锌的蒸气压远远大于钴的蒸气压，使锌蒸发出来予以回收再利用。因此，锌熔法获得的碳化物粉末较好地保持了原有特性。经过锌熔过程后，钴或镍被萃取到锌熔体中，蒸馏锌以后，被处理料变脆并易于破碎，回收得到的碳化物/金属海绵状物含锌少于 50mg/kg，锌回收后继续用于再生过程。锌熔法处理废硬质合金工艺流程一般为把废旧硬质合金与锌块按照 1 : 1 ~ 1 : 2 的比例共同装进烧结熔融坩埚中抽真空，送电升温至 900 ~ 1000℃，保温一定的时间后进行真空提取锌，冷却后将海绵状的钴粉和碳化钨团块卸出，经过球磨、破碎、调整合金成分，重新制作硬质合金。

（3）硫酸钠熔炼法（姜文伟等，2000）

硫酸钠熔炼法是用硫酸钠在高温下与废硬质合金反应生成钨酸钠熔融体，然后用酸浸出钨酸钠溶液进行回收，滤渣另外回收。其原理是在一定温度下，废硬质合金与熔融的硫酸钠进行剧烈的反应，反应式如下：

$$WC+Na_2SO_4+2O_2 \longrightarrow Na_2WO_4+SO_2+CO_2$$

$$2Co+O_2 \longrightarrow 2CoO$$

从上述反应来看，钴应以氧化亚钴存在，实际上由于熔炼气氛不能很好地控制，该工艺所产生的钴渣呈不溶于酸的 Co_9S_8 相存在，很难浸出。目前有些厂家研究出回收钴滤渣的新工艺焙烧–浸出法。其原理是将滤渣进行氧化焙烧，把不溶于酸的 Co_9S_8 转变成能用酸浸出的钴的氧化物。氧化温度为 550 ~ 620℃，如果钴渣破碎至小于 0.118mm，保证在焙烧炉内氧化时，Co_9S_8 能全部转化为氧化钴，钴的浸出率可达99%以上。

6.5.1.2 废高比例合金

熔浴法（Sankaran et al.，1996）主要用来回收大块的高比例合金。其工艺方法是，把大块的废高比例合金放入熔融的 Fe-C 或 Co-C 熔体中，高比例合金中的钨在熔体中与碳反应形成 WC，因为 WC 比例大，将沉淀于反应容器的底部，滤去上面的熔融液体，可直接回收 WC。熔浴法用的熔体为 Fe-6wt% C 合金，在回收高比例合金时熔体的温度保持在 1550 ~ 1600℃。在熔体中要加入足够的电极用碳，使它与钨反应形成 WC 并保护熔体不被氧化。为使高比例的钨与低比例的碳能够充分反应，熔体要强力搅拌，使 WC 在悬浮的溶液中形成。合金熔完后停止搅拌，使 WC 充分沉淀后滤去熔体，回收的 WC 中还含有黏结相铁。因为 WC-Fe 固体的延性很好，在室温下很难磨碎，如果要得到 WC-Fe 的混合粉，需在冷却至 1450℃时，把 WC-Fe 固体粉碎到所需的粒度；还可在 90~100℃的温度下继续用盐酸浸出 Fe，以 Fe^{2+} 进入溶液，得到纯的 WC。

采用这种方法回收高比例合金钨的回收率为 90%~93%，如果把熔体连续使用，进行连续生产，有 7%~10% 的 W 会溶于熔体中，但可以通过化学方法进行进一步的回收。如果用 Co-C 作为熔体，沉淀下来的 WC-Co 块，可直接用锌熔法把块体转变成 WC-Co 混合粉末，它们可以直接应用在硬质合金的生产中。熔浴法回收高比例合金的优点是可回收大块的、难破碎的高比例合金零件，能根据需要得到不同的物料，可连续生产，能够工业化应用；缺点是使用温度极高，能耗巨大，与氧化还原法相比，工艺复杂，回收费用较高，有环境问题。

6.5.2　再生企业生产实例

一般工厂锌熔法再生硬质合金废料的工艺是利用锌与钴在 900℃左右生成 Zn-Co 合金（896℃时 Co 在 Zn 中的溶解度可达 27%），破坏了硬质合金中起黏结金属作用的 Co 与 WC 或 WC-TiC 固溶体的冶金结合。当温度超过 925℃时，锌又蒸发成锌蒸气，使锌与钴分离（此时钴几乎不挥发）。即通过加入锌使 WC-Co 或 WC-TiC-Co 合金熔散及蒸发，使 YG 或 YT 合金变成海绵状的物料，用球磨机将此物料粉碎成粉状再经重新更改合金配比和湿磨制成所需的混合料及硬质合金。

锌熔法回收废硬质合金炉有两种，一种是上收锌炉，每炉装量 50kg 左右，升温、锌熔、提锌、冷却，生产周期为 40~48h，生产效率较低，能耗大；另一种是下收锌炉，废硬质合金和锌装在多个坩埚进行锌熔（图 6-5），锌再使用时必须锯细，生产流程见图 6-6。锌熔法过程的能耗一般为 4kW·h/kg，这与通常生产 WC 的能耗 12kW·h/kg 相比，是十分节能的。与非直接回收法相比，锌熔法的成本对 WC-Co 合金而言要低 20%~30%，对 WC-TiC-Ta（Nb）C-Co 合金而言要低 30%~35%。

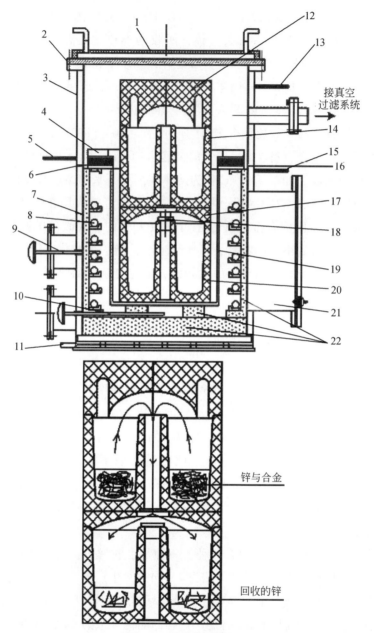

图 6-5 锌熔炉示意图

注：1—炉；2—真空密衬盖；3—炉壳；4—内衬法兰盘；5—上炉冷却水进口；6—保温材料；
7—石棉板；8—电阻丝；9—控制热电偶；10—指示热电偶；11—下炉冷却水进口；12—石墨
伞盖；13—上炉冷却水进口；14—收锌坩埚；15—下炉冷却水进口；16—上下炉冷却水隔板；
17—石墨塞；18—石墨连接盖；19—内衬；20—熔炼坩埚；21—接线盒；22—耐火砖

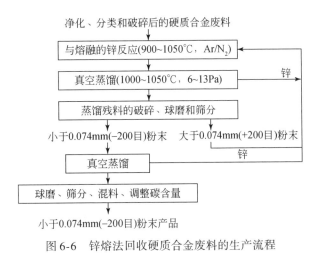

净化、分类和破碎后的硬质合金废料

与熔融的锌反应(900~1050℃，Ar/N₂)

真空蒸馏(1000~1050℃，6~13Pa)

蒸馏残料的破碎、球磨和筛分

小于0.074mm(-200目)粉末 　　大于0.074mm(+200目)粉末

锌

真空蒸馏

球磨、筛分、混料、调整碳含量

小于0.074mm(-200目)粉末产品

图 6-6 锌熔法回收硬质合金废料的生产流程

　　株洲精诚实业有限公司（2007）发明一种新型锌熔法回收废硬质合金炉，采用传统的钟罩式炉，设计成一拖二式，即一个加热系统配置两套内罩，一套升温、熔炼、提锌，另一套则冷却、装出炉，当一套提锌完成后，加热罩直接吊至另一套上工作，省去升温和降温。生产周期由 40~48h 缩短到 18~20h，每炉产量可提高至100kg，耗电量降低1/3，含锌量确保在 0.02% 以下。使用时将 100kg 废硬质合金料和180kg 锌装入坩埚后，升温至 800~850℃，保温 8~10h 进行锌熔，锌熔后升温至 880~900℃，抽真空提锌，时间为 8~10h。然后将加热罩吊至另一内罩上继续加热，前一套则进行自然冷却。

　　株洲迪远硬质合金工业炉有限公司与美国合作采用专利技术，在工作原理和设备结构等方面对锌熔炉做了创新性的改进，成功研发了 ZMF500 型（500kg/炉）和 ZMF1000 型两种规格的超大型锌熔炉。该炉不仅提高了产能和产品质量，还大幅度降低了能耗。单台产能 280t/a 以上，锌残留量低于 0.01%（质量分数），锌的循环利用率超过 98.5%，能耗不足 3.0kW·h/kg；设备自动化程度高、清洁度高、运行稳定可靠。

6.6 湿法冶炼

　　按照传统的观念，湿法冶金仅属于提取冶金，是指主要在水溶液中进行的提取冶金过程，包括在水溶液中浸出（或分解）矿物原料或冶金中间产品或废旧物料以从中提取有价金属、含有价金属水溶液的净化除杂及其中相似元素的分离、从水溶液中析出金属化合物或金属。许多"三废"的治理方法与湿法冶金方法实际上是相同的，目前，湿法冶金技术已由传统的提取冶金延伸到材料领域及某些"三废"的治理。因此，按照近代的观念，湿法冶金是指水溶液中提取金属及其化合物、制取某些无机材料及处理某些"三废"的过程。钨的湿法冶金回收技术根据废钨材料的来由不同，其湿法冶炼回收方法的选择也不相同。

6.6.1　典型废料的回收利用技术

6.6.1.1　钨合金废料

目前，湿法冶金处理钨合金废料主要是采用酸溶法和苏打焙烧-碱浸法。其中，酸溶法主要是采用盐酸或硫酸将钨合金废料中的除钨金属以及的其他金属元素溶解，再分离回收碳化钨。苏打焙烧-碱浸法是将钨合金废料与苏打焙烧后再用氢氧化钠碱浸得到粗制钨酸钠，再从钨酸钠中回收钨或其他钨化合物。

黄炳光等（2009）用盐酸浸出钴，分离回收碳化钨，并用水合肼在强碱条件下还原钴离子为钴粉，强碱条件下 Co^{2+} 发生络合反应，以 $[Co(OH)_4]^{2-}$ 离子的形式存在，其反应方程式为：$2[Co(OH)_4]^{2-}+N_2H_4 \cdot H_2O == 2Co+N_2 \uparrow +5H_2O+4OH^-$。用过 0.074mm 分子筛的硬质合金粉作为原料，对盐酸浓度、反应温度、反应时间等因素进行研究。在反应过程中固液比为 1：5（10g 合金粉：50mL 盐酸溶液），其工艺流程图如图 6-7 所示。

硬质合金粉 10% Na_2CO_3 溶液洗涤除去油渍，经水洗至中性，干燥后球磨成粉末过 200 目分子筛备用。实验反应器为三口烧瓶，置于调温型保温加热套中，调节温度同时需要搅拌回流。在三口烧瓶中加入 10g 处理过的硬质合金粉，再加入盐酸，控制温度和反应时间回流；反应后经过滤，滤液调节 pH≈5 使铁元素生成 $Fe(OH)_3$ 沉淀而分离得到纯净的 $CoCl_2$ 溶液，以水合肼为还原剂液相还原制备得金属钴；滤渣继续用盐酸浸出多次，用 2mol/L NaOH 中和盐酸，经热去离子水、乙醇、丙酮洗涤，干燥后过筛得到不同粒径的 WC。研究发现盐酸浸出过程的最佳条件为固液比 1：5（10g 合金粉：50mL 盐酸溶液），盐酸浓度 5mol/L，反应温度 104℃，反应时间 24h；液相还原过程条件为钴离子初始浓度 1mol/L，

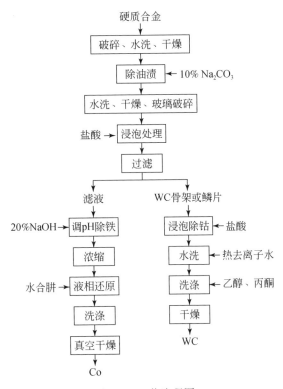

图 6-7 工艺流程图

水合肼浓度 2.5mol/L，反应时间 20～30min。盐酸法处理硬质合金粉回收的金属钴为球形，平均粒径为 0.2～0.5μm；WC 为质地疏松的颗粒；经 X 射线衍射分析可知得到的金属钴和 WC 的纯度都较高。

郭超等（2010）采用氧化焙烧-常压（高压）碱浸和苏打焙烧-常压水浸工艺，对硬质合金磨削废料中 WC 的焙烧浸出工艺进行了研究。苏打焙烧水浸工艺是将硬质合金磨削废料先在恒温干燥箱中烘干后，磨碎至细粉状（95% 的细粉<100μm），称取一定质量的矿粉和碳酸钠于砂钵中，混匀，放入马弗炉中在 7℃/min 的升温速度下，达到预定的焙烧温度，保温一定时间后，自然室温冷却。焙烧期间炉门一直保持微开，来保证炉内的氧化气氛，并且每隔 20min 搅拌翻动一次。得到的焙砂磨碎至细粉状（95% 的细粉<100 至细），称一定质量进行水浸实验。浸出完成后，抽滤，同时将得到的滤渣用水冲洗两次，最后将其烘干至恒重，分析浸出渣中 WO₃ 的含量。氧化焙烧在焙烧过程中不加碳酸钠，其他作业同苏打焙烧，焙砂进行烧碱常压浸出实验，浸出渣再进行高压强化碱浸实验。

采用氧化焙烧，出现了难以分解破坏其结构的固溶体相，在常压碱浸和高压碱浸时，钨难以浸出。苏打焙烧是利用高温氧化气氛及时生成 Na_2WO_4，抑制固溶体的形成，达到钨物料有效分解的目的。实验操作主要考察焙烧过程中碳酸钠的添加量（碳酸钠量为钨物料量的质量分数），焙烧温度对浸出率的影响。由实验结果可知，增加碳酸钠量，提高焙烧温度，均可提高 WO_3 的浸出率（最高可达99.35%），降低其渣中含量（最低可至0.2%）。当温度为550℃时，碳酸钠添加量提高至一定程度，浸出率不再提高（只有96%），渣中 WO_3 含量难再降低（还有1%），此时碳酸钠已经过量，再增加加入量并不能改善浸出。提高温度可强化浸出，其中碱量为矿量的60%，温度由550℃升高至620℃时，浸出率可由95.6%提高至99.3%以上，渣中 WO_3 含量由1.4%降低至0.3%。当温度进一步提高时，焙烧过程中有黏锅现象出现，所以应该避免。综合考虑钨的浸出效果、碳酸钠消耗及能耗诸因素，其最佳工艺参数为：焙烧温度为620℃，焙烧时间为2h，碱量为60%，相应的浸出率为99.35%。

罗琳等（2002）在日本研究了从含钒的钨合金废料中用苏打焙烧-碱浸法回收钨与钒的工艺，其原则流程如图6-8所示。对于原始合金的成分及由这种合金制取粗 Na_2WO_4 溶液的详细过程并未披露，粗钨酸钠溶液的成分列入表6-6，显然硅与铝是主要应除去的杂质。从这种溶液中回收钨、钒的过程分为三阶段。

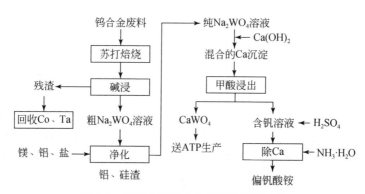

图6-8　处理含钒钨合金废料的原则工艺

表6-6　粗 Na_2WO_4 溶液的组成　　　　　　　（单位：g/L）

成分	WO_3	V	SiO_2	Al_2O_3	Mo	Cr	Co	Fe	Pd	Au	Pb	P_2O_5
含量	94.97	0.1756	5.780	0.0525	<0.0001	0.0089	0.0069	<0.0001	0.0023	0.0071	0.0480	0.0367

第一阶段：用 HCl 调整溶液 pH 至 11，加热至 80℃，按 1kg WO_3 添加 0.1kg $Al_2(SO_4)_3 \cdot 18H_2O$ 和 0.05kg $MgSO_4 \cdot 7H_2O$，用 Na_2CO_3 控制 pH 为 9.0～9.5，搅拌 0.5～1h。由于硅很高，需要两次沉硅。硅主要以 $Na_2O \cdot Al_2O_3 \cdot 2SiO_2$ 及 $MgO \cdot Na_2O \cdot SiO_2$ 沉淀形式除去。同时有部分磷、砷以 $MgHPO_4$ 及 $MgHAsO_4$ 形式除去，尽管铵镁盐除磷、砷效果更好，但会造成 80% 的钒损失。之后用 $Ca(OH)_2$ 沉钨，而 V、Si、Al、P、Co、Mo、Pb 与 W 同时沉淀，仅有 6% 的 Cr 沉淀，因而可除去 Na 及大部分 Cr。

第二阶段回收钒：基于 $CaO \cdot nV_2O_5$ 及 Cr 的钙盐能溶于饱和了 CO_2 的碳酸溶液或甲酸溶液中，研究者详细研究了甲酸选择浸钒的条件，结果表明，最佳条件为：控制甲酸加入量使溶液 pH 约为 6，温度 25℃，液固比为 3，反应时间为 0.5h，提高温度、降低 pH、增加液固比、延长反应时间均可提高钒的回收率，但同时也增大钨损。浸出液用 H_2SO_4 酸化至 pH 2.0～2.5 以沉淀 $CaSO_4$，过滤之后，添加 NH_4OH 回调 pH 至 6～8，蒸发使溶液体积减小 1/3，在空气中只有五价钒稳定，故偏钒酸铵沉淀析出。沉淀母液补加甲酸用于下一个作业周期，钒的最终回收率为 86.96%，详见表 6-7。

表 6-7　钒的回收率

作业阶段	钒浓度/(g/L)	钒收率/%
浸出液	0.175	100.00
钙沉淀	<0.0001	大于 99.99
甲酸浸出	1.18	90.23
硫酸沉钙	1.38	90.14
氨水沉钒	0.18	86.96

第三阶段回收钨：甲酸浸出残留物用 HCl 在 80℃ 浸出，仅控制 pH 约为 4，此时需注意用空气搅拌，一方面为使 W 保持六价，另一方面为了防止钨酸盐重新沉淀。之后使钨酸溶液混于过量氨水中，pH 大于 11，此时 Ca 与其他杂质（Si、P、As、F）沉淀。滤液蒸发结晶 APT。

6.6.1.2　钨浸出渣

钨渣是钨冶炼过程中产生的，钨矿物原料在高温下或水溶液中经过湿法分解，得到钨初级产品（钨酸钠、仲钨酸铵等）和固体废渣。钨渣中含有 W、Fe、

Mn、Ca、Si 等多种元素，其化学组成取决于钨矿物原料的成分、冶炼工艺以及冶炼过程中的添加剂等。目前用于钨冶金的主要原料有黑钨精矿及白钨精矿、低品位钨精矿或难选钨中矿、废旧含钨物料等，钨提取冶金的工艺方法繁多，有碱（酸）浸出法、苏打烧结法等，冶炼过程中的添加剂有 CO_3^{2-}、PO_4^{3-}、F^- 等，加之冶炼过程破坏了矿物的化学结构，因此钨渣的组成和性质较为复杂，成为钨渣回收再利用过程中的重大难题。

目前，对钨渣的综合回收利用主要在两个方面：一是回收其中的有价金属，二是将钨渣作为矿物原料生产耐磨材料等新型材料。钨渣中含有一定的有价金属元素，如 W、Fe、Mn、Nb、Ta 等，充分回收它们，可以变废为宝，提高资源的综合利用率，减少对环境的污染，具有广泛的社会效益、经济效益和环境效益。

对于低品位钨矿、废钨渣二次钨资源的回收处理，深度提取钨，目前还没有比较简洁、可行的分解方法。梁卫东（2006）提出二次压煮工艺处理废钨渣，可使混合渣中的钨由3%降低至1%左右，使钨的回收率稳定达到97%以上，二次压煮工艺是针对黑钨精矿、白钨精矿和混合矿均采用碱分解技术设计的，其碱严重过量，必须结合黑钨精矿、白钨精矿联合压煮工艺处理消化过量碱，否则成本过高。

苏打烧结法处理钨精矿的方法因其回收率、能耗等经济技术指标较低，目前基本上被淘汰，但其处理黑白钨混合低品位矿显著的稳定性、分解效率高的优点，可以借鉴用于处理各类难处理的低品位钨矿、废钨渣。杨利群（2008）对苏打烧结法处理低品位钨矿、废钨渣作了一些研究，为处理这类钨矿物提供一种新的探索，废钨渣包括钨矿碱压煮渣、氟化钠压煮渣，此外还有净化过程产生的磷砷渣等，成分复杂，含量不等。所采用的工艺流程如图6-9所示。实验结果表明，苏打添加量是影响钨分解率的主要因素，考虑过量苏打的回收问题，以理论量的 5 ~ 6 倍最佳；石英砂以少加为宜，添加量越大，苏打消耗越多，渣量也越大，最好控制在 $CaO/SiO_2 = 2.0 ~ 2.5$。硝石和食盐主要起氧化作用，改善过滤性能和溶液质量，可以酌情按原料量的1% ~3%加入。要保证较高的分解率除正确的炉料配比外，保证矿粉粒度250目85%以上，温度800 ~850℃、烧结时间1.5 ~2h 也是必要的条件。苏打烧结法对于低品位、难处理的各种白钨矿、黑钨矿、黑白钨混合矿和废钨渣都能有效地分解，渣中 WO_3 可降至0.5%以下。通过实验可看出：原料中 WO_3 含量为10% ~20%时，分解率可达96% ~99%，原料中 WO_3 含量为2% ~5%时，分解率可达88% ~92%。

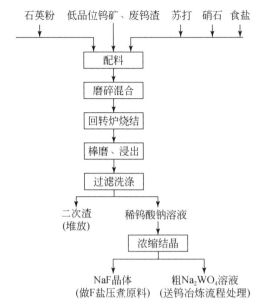

图 6-9 苏打烧结法处理低品位钨矿、废钨渣流程图

俄罗斯泽里可曼等对化学成分为 4.95% WO_3、24.14% Fe_2O_3、34.52% Mn_3O_4、1.02% Nb_2O_5、0.35% Ta_2O_5、12.97% SiO_2、5.4% CaO、5.04% Al_2O_3、0.82% TiO_2、0.36% SnO_2、6.74% Na_2O 的苏打烧结法钨浸出渣运用 X 射线荧光分析、光谱并结合化学分析数据，确定了钨浸出渣的物相组成，指出钨浸出渣中的钨主要以二次白钨形式存在，部分以未分解的钨矿和未洗净的钨酸钠形式存在。在用盐酸和硫酸浸出钨渣作了对比试验的基础上，提出了用盐酸方案处理钨渣的原则工艺。对苏打高压浸出钨渣的试验表明，钨的浸出率为95%，钽、铌、钪、铁、锰实际上完全留在浸渣中。

中南大学稀冶教研室在 20 世纪 70 年代研究了用酸溶−萃取法从一次磷砷渣中回收钨及萃余液的沉砷处理方法。80 年代在株洲硬质合金集团有限公司的支持下，对二次磷砷渣的处理进行了系统的研究，开发的工艺流程见图 6-10。工艺特点为：用硫酸两段酸浸，最终酸浸渣含 WO_3 0.45%，含砷 0.017%，含镁 0.055%；pH 为 2 的低酸浸出液用 N235−仲辛醇有机相单级萃取，钨可定量回收，Na_2CO_3 反萃之，反萃液中的砷钨比值在 $0.8 \times 10^{-2} \sim 1.5 \times 10^{-2}$ 范围，pH 为 8~9；含砷的萃余液用晶形铁盐法沉砷，除砷滤液砷含量小于 2mg/L，含大量 $MgSO_4$，返回主流程净化工序，铁砷渣不溶于水和微酸性溶液，可安全堆放。全流程除固体排渣口外全部闭路，无废水、废气等二次污染产生。在此基础上又进一步研究了一次磷砷值直接酸溶-萃取工艺，省去原工艺的碱煮作业。此项成果由株洲硬质合金集团有限公司于 1990 年投入生产使用，运转正常，钨回收率 90%，镁回收率 82%，除砷率 99%，以每年处理 350t 干渣计，可回收钨氧化物 15t，硫酸镁 600t。砷铁渣体积不到磷砷渣体积的 9%，故每年可节省建渣库费 6 万余元，并相应减少运渣费用（1991 年价）。

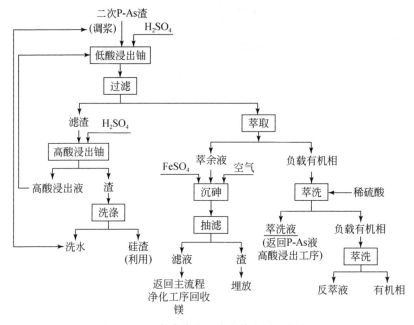

图 6-10　二次磷砷渣回收有价金属工艺流程

莫斯科钢铁与合金学院的米德维杰夫等提出了两种处理高锡钨渣或含锡低度钨原料的流程。第一种流程是基于将件 Sn 中间产物中的锡还原为金属锡和含锡的金属间化合物，然后采用低温氮化的办法将锡以氯化锡的形式回收，粗 SnCl$_4$ 精制后用 Sn-Zn 合金还原回收金属锡，氮化残渣经酸处理浸出锰、铁、钪后，浸出液送锰、铁、钪提取，浸出渣或以湿法冶金的方法回收其中的铌、钽、钨，或在电弧炉中冶炼铁合金。第二种流程（图 6-11）是基于将含 WO$_3$、SnO$_2$、锰、铁、钪、铌、钽的原料首先用酸处理得到含锰、铁、钪的水溶液，浸出渣经氨浸得到钨酸铵溶液和含铌、钽、锡、硅的氨浸渣。含锰、铁、钪的水溶液用萃取法回收钪，再从萃余液中回收锰盐或 MnO$_2$。钨酸铵溶液送仲钨酸铵生产，而氨浸渣可按图 3-7 流程进行处理，或进行还原熔炼先回收锡，再回收铌、钽。

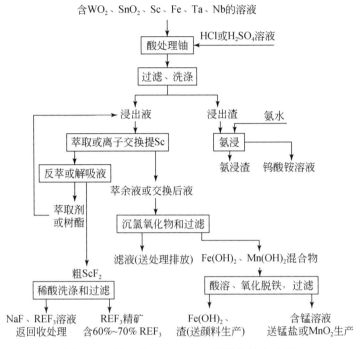

图 6-11　处理含 WO_3、SnO_2 原料的综合流程

6.6.1.3　含钨废催化剂

催化剂是石油化工等行业的关键材料之一，而钨又是催化剂产品中最常见的元素。含钨催化剂主要用于石油加工过程中的加氢脱硫、脱氮反应及化工过程中氧化反应、聚合反应、烃类芳构化、烷基化、酰基化及脂化等反应过程。催化剂长期使用后随着催化能力的衰退，报废为废催化剂。废催化剂中的钨主要以氧化钨、硫化钨或钨酸盐等形式存在，主要回收方法有焙烧–碱浸法、苏打烧结法、焙烧–苏打浸出法及离子交换法等工艺。

（1）焙烧–氨浸法制取钨酸

近年我国专家秦玉楠（2004）研制成功一种用含钨废催化剂制取钨酸的新工艺。工艺实践以成都慧龙化工厂废丙烯氧化制取丙烯酸二段催化剂和石油加氢催化剂 RN-1，3581 催化剂为原料生产钨酸（图 6-12）。首先对催化剂分两步进行

焙烧。第一步主要是为了除去废催化剂中的水、有机物和积碳物等，温度控制在
600~650℃，焙烧时间8h左右，除去水分、有机杂质和积炭；第二阶段为氧化
阶段，目的是将废催化剂中的WS₂氧化为三氧化钨，温度为700~750℃，焙烧时
间在8h左右，直到硫化钨全部被氧化为三氧化钨。

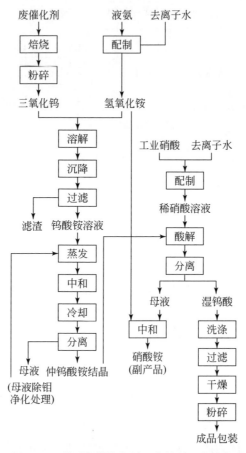

图6-12 利用废钨催化剂生产钨酸工艺流程

焙烧料冷却后粉碎至小于60目，再用18.5%~20%的氨水浸出，浸出温度
为78~90℃，直到其中的WO₃全部溶解为止，这一过程需要6~8h。浸出液在
56~65℃下保温10h以上，使其中的Si、P、As、Fe、F等杂质沉淀下来，再进
行过滤，得到的滤出液钨酸铵浓度为32%~33.4%。滤出液蒸发浓缩至原来的
52%~58%，再用50%浓硝酸中和至pH为6.2（用盐酸中和时，终点pH控制
在7.0~7.8），温度降到10~15℃，保温4h，钨将以仲钨酸铵结晶析出。结晶母

液用硫化除钼后适量返回蒸发工序，以回收其中的钨。将仲钨酸铵加入50%的硝酸中，加热至沸腾，搅拌30min左右，使仲钨酸铵完全转化为钨酸，虹吸上清液，沉淀再用2%～3%的硝酸和无离子水分别洗涤5～6次和1～2次，以彻底洗掉钨酸中的NH_4NO_3。湿钨酸在回转窑中于100～110℃条件下干燥，即可得到产品钨酸，产品成分为：WO_3 92.6%，Mo≤0.01%，氯化残渣≤0.03%，Fe≤0.01%，Al≤0.01%，Si≤0.03%。

（2）苏打烧结法制备偏钨酸铵

钨在废催化剂中以硫化物形式存在，因此在回收过程中首先要焙烧使其成为氧化物，然后采用与钨的湿法冶炼相似的技术将其回收。总的来说，由于钨与钼的化学性质比较相似，一般适用于钼回收的技术也基本适用于钨的回收。如图6-13所介绍的钼回收工艺用于钨的回收时更简单，只需在除硅后直接沉出钨酸即可。苏打烧结法制取偏钨酸铵是借鉴清华大学开发的萃取法回收钼的工艺而开发出来的，其工艺流程如图6-14所示。将废钨催化剂于500～600℃下焙烧2～3h，使硫化钨转化为氧化钨，用浓度为110g/L的Na_2CO_3溶液浸取，其中钨以钨酸钠的形式浸出，载体氧化铝等也一起被浸出；用季铵盐7402在碱性条件下对钨酸钠进行有选择性的络合萃取，在萃取前需将钨酸钠氧化成过钨酸钠以提高萃取率；对萃取分离出的有机相用NH_4Cl+NH_4OH+助剂进行反萃取，再将有机相和无机相分离，有机相返回循环使用，于无机相中添加有机酸使偏钨酸铵沉淀析出。该工艺钨的回收率可达90%，只需一级萃取。当溶液中含有硅时，不需要除去，可直接进行萃取。此工艺的不足是萃取剂的萃取容量较小。陈绍衣对以氧化铝为载体的废镍催化剂用苏打烧结法从废催化剂中回收钨制取APT。

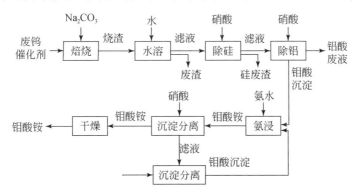

图6-13　由废钼催化剂制取钼酸铵工艺流程

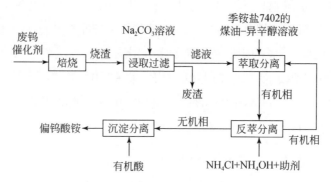

图 6-14　苏打烧结法制取偏钨酸铵

该工艺包括步骤为：废催化剂高温焙烧→苏打烧结与水浸→浸出液净化→白钨沉淀→氨溶及制取 APT。该方法总钨的回收率达到 92% 以上，产品 APT 质量除钼含量为国家标准二级外，其他成分均达到国家标准一级产品纯度要求。

（3）焙烧–苏打浸出法制备钨酸钠

废钨–镍型加氢催化剂含硫及有机物很高，主要化学组成见如表 6-8，所以必须进行氧化除油，使碳、硫的脱除率达到 99%。除油后的废催化剂和 Na_2CO_3 均匀混合，钠化焙烧一段时间后用热水浸出，大部分氧化钨转化为可溶于水的钨酸钠而进入溶液，镍、铁的氧化物则继续留在滤渣中，铝、硅的氧化物只有少许溶解进入溶液中，绝大部分也进入滤渣中。滤渣经过酸浸除镍、铁、铝后，再集中用 Na_2CO_3 碱浸取，所得滤液合并进入主流程，此时得到的硅残渣可以直接填埋。浸出滤液经过离子交换吸附、解吸，得到高浓度的钨酸钠溶液，经结晶、重结晶得钨酸钠产品，结晶母液返回解吸使用，其工艺流程如图 6-15 所示。

表 6-8　废钨–镍型催化剂的主要化学组成

组成	W	Al_2O_3	Ni	SiO_2	Fe	V_2O_5	S	C
含量/%	20.68	54.31	1.96	3.29	0.49	0.003	8.66	3.05

（4）离子交换法回收废钨催化剂

熊雪良等（2008）用 201 树脂离子交换回收废钨催化剂碱浸液中钨，原料为废催化剂 RN10 经钠化焙烧浸取后得到的母液。其成分（g/L）为：WO_4^{2-} 75.15，

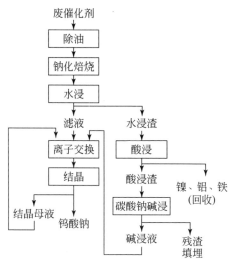

图 6-15 焙烧–苏打浸出法制备钨酸钠

AlO_2^- 1.82，CO_3^{2-} 2.28，SiO_3^{2-} 0.009，F^- 0.08，SO_4^{2-} 0.02，OH^- 0.1。他们研究了交前液流速、温度及所含阴离子杂质对钨吸附的影响和不同解吸剂解吸钨的影响。结果表明，交前液的流速从 2.0mL/min 增加到 8.0mL/min，钨的饱和交换容量从 332.9mg/g 减少到 150.9mg/g，提高交前液的温度，可以增大钨的交换容量。交前液中的杂质阴离子与 WO_4^{2-} 竞争吸附，并且随着阴离子浓度越大，钨的饱和交换容量明显降低，当交前液含 10g/L AlO_2^-、10g/L CO_3^{2-} 和 5g/L OH^- 时，饱和交换容量相应为 169.2mg/g、201.6mg/g 和 231.04mg/g。因此交前液必须充分陈化，以降低溶液中的杂质阴离子。用 2mol/L NaCl 和 1mol/L NaOH 的混合液解吸效果好，解吸率可达 98.2%。在实际生产中，使用单柱吸附，每根交换柱在 WO_3 发生穿透时就停止再吸附，其穿透吸附容量为 269.2mg/mL。而采用串柱吸附就可以使交换柱达到饱和吸附容量 332.9mg/g。可见，串柱吸附大大提高了交换柱的生产能力。

6.6.2 再生企业生产实例

6.6.2.1 废催化剂

（1）磁分离

日本石油公司 Nippon Oil Company 于 1955 年开发了磁分离技术，然后与美国

Ashland Petroleum Company 合作发展成 Magnacat 工艺。Ashland 公司 Canton 炼油厂于 1996 年成功应用了这一工艺，转化率和汽油收率提高，氢气和焦炭产率降低，催化剂和助剂的消耗量减少；估算的效益为每加工原料 1t，多获利 0.3～0.6 美元。图 6-16 是某炼油厂应用 Magnacat 工艺后催化剂的流向图，表 6-9 列出该催化剂磁分离前后的效果。从图 6-16 和表 6-9 可见，该 FCC 装置加工量 2.4Mt/a，每天补充新剂 10t（原料金属含量不太高），跑损量 3t/d，分离后废剂 7t/d；有 70t/d 平衡剂经过磁分离，分离后有 63t/d 循环入 FCC 装置再使用，有 7t/d 作为废剂丢弃，占 10%。通过平衡剂的分离和循环利用，平衡剂活性保持在 65 以上，且保持较好的汽油选择性。Magnacat 工艺的开发者还找到了一种添加剂，能够赋予低金属污染的平衡剂磁性梯度，他们把这种添加剂称为磁诱剂（magnetic hook）。这是一种非铁的磁性化合物，以连续的方式和一定的量注入系统中，其在催化剂上的负载率超过 90%。这一新工艺于 1997 年在 Canton 炼油厂试用，取得了满意的效果。当平衡剂上负载 840μg/g 的磁诱剂时，平衡剂分出的 72% 低磁化率剂与 28% 高磁化率剂的磁性差为 12%，将 28% 高磁化率剂外排，而将 72% 的低磁化率剂循环再用，磁诱剂的加入大大改善了平衡剂的性质，从而改善了产品选择性，这对于自然跑损率低的蜡油 FCC 装置提高平衡剂活性很有用。

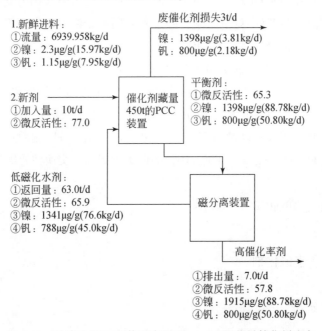

图 6-16　某炼油厂 FCC 装置应用 Magnacat 工艺后催化剂流向

表6-9 某炼油厂催化剂磁分离前后产率变化

项目	分离前	分离后
ω（氟气）/%	2.90	2.90
Φ（液化石油气）/%	18.10	19.50
Φ［汽油（5~251℃）］/%	54.00	56.20
Φ［LCO（215~340℃）］/%	26.10	25.20
Φ［油浆（340℃）］/%	12.70	11.30
Φ（焦炭）/%	3.80	3.80

（2）酸溶法

可以用酸溶法从铁基硬质合金中回收金属材料（汤青云等，2006）。典型的铁基硬质合金的化学成分见表6-10，回收处理工艺流程见图6-17。先将废铁基硬质合金工件上的其他金属焊接件去掉，用1：2盐酸浸泡20min，除去废合金表面的油污、焊铜及杂质。废合金经水洗后，放入硫酸溶解槽中，加入1：4硫酸，使液面高于废合金，酸溶处理。反应完全后，过滤分离，得到铁、钴、镍的混合硫酸盐酸性溶液和碳化钨沉淀，分离后，分别制取产品。

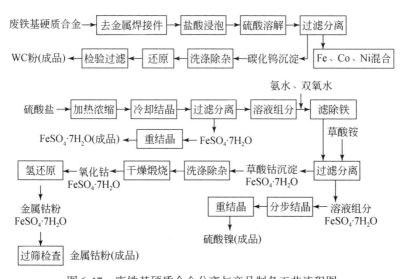

图6-17 废铁基硬质合金分离与产品制备工艺流程图

表6-10 典型铁基硬质合金化学成分表　　　　　　（单位：%）

型号	WC	Fe	Co	Ni
GE15	85	9.75	3.0	2.25
GE20	80	13.0	4.0	3.0
GE25	75	16.25	5.0	3.75
GE30	70	19.5	6.0	4.50

1）碳化钨的制备。将碳化钨沉淀粉碎球磨成95%可过120目筛网的粉料，用1:2硫酸浸泡15min，溶出可能未溶解完全的铁、钴和镍，过滤分离，酸液可去继续处理废合金，沉淀用2% Na_2CO_3 中和后，用80℃去离子水洗涤3~4遍，除去杂质离子，再装石墨舟放入石墨电炉中，在氢气氛下于1250~1500℃进行处理，推舟速度15min/舟，从炉管卸出的碳化钨粉立即在振动筛上过80目筛，除去炉管及舟皿带来的氧化铁皮，再用硬质合金球磨，球料比1:1，时间1.5h，干燥后过筛，细颗粒过200目筛，中颗粒150目，粗颗粒60目，就得到成品WC粉。取样分析结果，碳化钨粉总碳6.06%~6.12%、游离碳<0.05%，氯化残渣量、含铁量、含氧量、松装密度等都符合粉末冶金行业金属粉末原料技术指标，可用作硬质合金生产的原料。

2）绿矾的制备。将分离出来的混合硫酸盐酸性溶液加热浓缩，使之接近饱和，然后冷却至0℃以下，使硫酸亚铁（$FeSO_4 \cdot 7H_2O$，俗称绿矾）析出，过滤分离，结晶，用重结晶提纯法精制得绿矾（$FeSO_4 \cdot 7H_2O$）。

3）钴粉的制备。沉淀出绿矾后的溶液中，主要是 Ni^{2+} 和 Co^{2+}，含有少量 Fe^{2+} 和 Fe^{3+}（因 Fe^{2+} 易被空气中的氧气氧化成 Fe^{3+}）。要除去杂质 Fe^{2+} 和 Fe^{3+}，可向溶液中加适量氨水和过氧化氢，调节 pH=5~6，Fe^{2+} 被氧化成 Fe^{3+}，pH=2.2 时，Fe^{3+} 开始生成 Fe (OH)$_3$沉淀，过滤分离，除去杂质铁。再向溶液中加适量氨水和过量（大于计算量）的草酸铵，调节 pH=8，Co^{2+} 生成草酸钴沉淀，过滤分离得草酸钴，母液中 Co^{2+} 可沉淀至微量。母液中如含铁也会与草酸生成络合物，留于母液不会带入草酸钴中，用去离子水洗涤沉淀3~4遍，除去杂质离子。将草酸钴沉淀在干燥柜内干燥后，在回转管式电炉中于450~550℃煅烧，使草酸钴转化为氧化钴（Co_3O_4），氧化钴在还原炉中于520~580℃下用氢气还原，推舟速度10~15min/舟，得到金属钴粉。如将草酸钴在干燥柜内于150~200℃的温度下干燥2h，再过40目筛后，可直接氢还原，生成金属钴粉，这样还可以减少氧化钴在煅烧时的损失。影响金属钴粉粒度的因素主要是草酸钴或氧化钴的原始粒度、杂质含量、还原温度、氢气流量、湿度、推舟速度等。用此法生产的金属钴粉过 100～120 目筛后，取样分析，含氧量<0.5%、含铁量<0.3%、含碳量<0.1%、松装密度<0.75g/cm。符合粉末冶金行业金属粉末原料技术指标，可作为硬质合金生产的原料。

4）硫酸镍和硫酸铵的制备。沉淀出草酸钴后的溶液中，主要是 Ni^{2+}、NH_4^+ 和 SO_4^{2-}。用加碱沉淀法或分步结晶法可将硫酸镍和硫酸铵分离。

6.6.2.2 钨矿浸出渣

(1) 熔炼–酸浸–萃取流程

我国的黑钨矿大部分均伴生有铀、钍矿物，在碱法提钨工艺中 U、Th 均富集于渣中，这种放射性超标的浸出渣长期露天堆存对环境构成极大威胁，因此在 20 世纪 70 年代末、80 年代初，湖南冶金研究所在株洲硬质合金集团有限公司的配合下，对处理这种放射性钨渣进行了长期、细致的研究工作，开发了一条思路新颖的工艺流程，在每批处理钨渣 200kg 规模完成了扩大试验。其原则工艺流程示于图 6-18 和图 6-19。

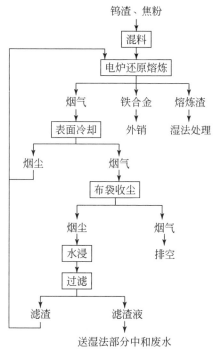

图 6-18　还原熔炼法处理钨渣原则工艺

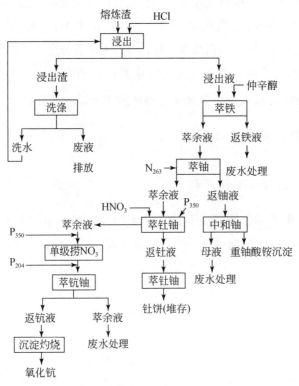

图 6-19　熔炼渣湿法处理原则流程

熔炼在单相电弧炉中进行，控制炉温 1500~1600℃。炉料熔化后保温反应 2h，得到的合金及炉渣成分列入表 6-11 和表 6-12。熔炼 1t 钨渣生产 0.45~0.5t 钨铁合金，主要元素在合金与熔炼渣中的比值见表 6-13。放射性检测表明合金、收尘后排放气体的放射性符合安全标准。放射性物质集中在烟尘与熔炼渣中，烟尘返回闭路，熔炼渣重仅占钨渣重 1/4，有利于集中处理。经酸溶-萃取法处理，制取了重铀酸铵一级品及大于 93% 的氧化钪，钍以固体富集物产出。由于当时中间铁合金售价低，氧化钪无市场，钍饼需深埋，故未能投入工业应用。如果中间铁合金进一步炼成特种钢，氧化钪提炼成纯产品，按现行环保政策去衡量，这一工艺经过改进完善是有工业应用价值的。

表 6-11　铁合金平均成分　　　　　　　　　（单位：%）

元素	Fe	Mn	W	Nb+Ta	C	Th	U	Sc
含量	64.06	20.47	6.22	0.452	5.49	微量	微量	微量

表 6-12　熔炼渣平均成分　　　　　（单位:%）

成分	FeO	MnO	WO$_2$	(Nb+Ta)$_2$O$_2$	ThO$_2$	U	Sc$_2$O$_2$
含量	2.12	28.6	0.051	0.405	0.096	0.109	0.077
成分	SiO$_2$	CaO	MgO	Al$_2$O$_3$	Na$_2$O	C	
含量	18.50	15.90	2.42	18.41	3.60	0.158	

表 6-13　主要元素在合金与熔炼渣中的比值

元素	Fe	W	Nb+Ta	Mn
比值	82:1	85.8:1	9.23:1	2.65:1

（2）碱浸–酸浸–萃取流程

俄罗斯某厂苏打烧结法钨浸出渣的化学成分如表 6-14 所示。运用 X 射线分析、穆斯堡尔光谱并结合化学分析数据，确定了上述钨浸出渣的物相组成。钨浸出渣中的钨主要以二次白钨形式存在，部分以未分解的钨矿和未洗净的钨酸钠形式存在。钽和铌最可能的存在形式为偏钽酸钠和偏铌酸钠。铁以各种不同的氧化物形式存在，如 FeO、Fe$_2$O$_3$、CaFeO$_3$ 等。X 射线分析证明，钨浸出渣中大部分的铁和锰以一氧化物（Fe、Mn）O 形式存在，部分锰以 Mn$_3$O$_4$ 形式存在，较少部分锰以 MnO$_2$ 形式存在。硅在钨浸出渣中以 CaFeSiO$_4$、CaO·Al$_2$O$_3$·2SiO$_2$ 和 Mn$_3$Al$_2$（SiO$_4$）$_2$ 形式存在，未发现游离态的 SiO$_2$。钙除以 CaWO$_4$ 和 CaFeO$_3$ 形式存在外，还很可能以铝酸盐（Ca$_3$Al$_2$O$_6$、CaAl$_2$O$_4$）、铝硅酸盐（CaO·Al$_2$O$_3$·2SiO$_2$、3CaO·SiO$_2$·3Al$_2$O$_3$）和硅酸盐（CaFeSiO$_2$）形式存在。对用盐酸和硫酸浸出钨渣作对比，表 6-15 列出了在不同温度下浸出上述钨浸出渣时锰的浸出率。从表 6-15 中不难看出，锰的浸出率在采用盐酸时最好，提高温度对浸出十分有利。浸出试验还证明，用盐酸浸出时，钽和铌实际上完全保留在浸出渣中，而钪进入溶液。在用盐酸浸出时，全部二氧化硅留在浸出渣中。而用硫酸浸出时，大部分二氧化硅进入浸出液，同时浸出渣很难过滤，而且约有 21% 的钨进入溶液。因此，钨渣中的钨必须在酸处理之前进行提取。用苏打高压浸出钨渣的试验表明，钨的浸出率为 95%。钽、铌、钪、铁、锰实际上完全留在浸出渣中。

表 6-14　俄罗斯某厂苏打烧结法钨浸出渣的化学成分　　　　　（单位:%）

										氧化物含量
WO$_2$	Fe$_2$O$_3$	Mn$_3$O$_4$	Nb$_2$O$_3$	Ta$_2$O$_3$	SiO$_2$	CaO	Al$_2$O$_3$	TiO$_2$	SnO$_2$	Na$_2$O	
4.95	24.14	34.52	1.02	0.35	12.97	5.40	5.04	0.82	0.36	6.74	96.32

表 6-15　在不同温度下浸出钨渣时锰的浸出率

浸出温度/℃	锰的浸出率/%	
	10% HCl	10% H$_2$SO$_4$
25	78.18	66.26
40	82.18	71.42
60	86.26	48.73
80	88.20	81.75

注：浸出流质量为2g，浸出时间为2min，搅拌速度为600r/min

　　根据以上试验，可采用盐酸处理钨渣的流程（图 6-20）。按上述流程，93%～94%的钨进入苏打溶液，98%～99%的铁、锰和86%～89%的钪进入盐酸溶液，96%～100%的钽和铌进入含∑(Ta，Nb)$_2$O$_5$ 4%～6%的富集渣中。为得到较富的铝钼精矿，采用碱液处理法或硫酸盐-过氧化物法处理含钽铌的富集渣。碱液处理法得到含∑(Ta，Nb)$_2$O$_5$ 14%～17%的钽铌精矿，而硫酸盐-过氧化物法可得到含∑(Ta，Nb)$_2$O$_5$ 40%～60%的钽铌精矿。钽铌进入钽铌精矿的回收率为70%～80%。为了从合铁、锰、钪的盐酸溶液中提取钪，可采用有机溶剂萃取法，得到含3%～4% Sc$_2$O$_3$的富集物。该富集物可进一步用已知方法制备纯氧化钪。

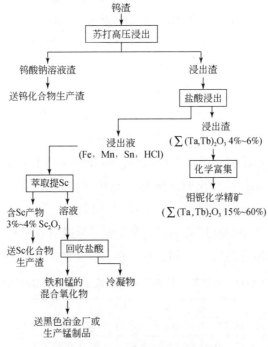

图 6-20　盐酸方案处理钨渣的原则流程

6.7 电解精炼

6.7.1 典型废料的回收利用技术

电解法属于半直接回收法，一般用于处理废硬质合金。选择性电解法处理硬质合金废料的基本原理是根据各种金属的标准电极电位的不同，通过控制电解液酸度、槽电压、电流密度等工艺参数，选择性地使硬质合金废料中黏结相钴溶解，而使得骨架相碳化钨松散，解体成片状，从而达到碳化钨与钴的一步分离。含钴溶液经净化后可进一步加工成钴粉，而碳化钨片经细磨后可重新返回配制硬质合金混合料。电解法分为酸性电解质电溶法及碱性电解质电镕法两类。

6.7.1.1 酸性电解质电溶法

（1）常规电解

因在酸性溶液中钴的电极电位更负，所以钴优先溶入溶液，而碳化钨则逐渐剥落，最后得到碳化钨片和 $CoCl_2$ 溶液，所以比较适宜处理含钴8%以上的废合金。一般常规电解以盐酸为电解质，废合金块料置于铁网阳极框中，通过控制电解工艺，达到钨钴分离的目的。

酸性电解质电溶法回收外理硬质合金废料的流程如图 6-21 所示。电解质通常采用稀盐酸，HCl 的浓度为 1.2mol/L，槽电压为 2V。在此条件下电流效率最高，比电耗最低。每吨硬质合金废料的处理费用约 5000 元。工艺的要点是控制溶液的酸度、电流密度和槽电压，使钴在阳极上优先溶解，并使在阳极上不析出氯气和氧气，以保证同时位于阳极上的 WC 不被氧化。电解时阴极过程为电解液中的氢离子放电，析出氢气。电解质一般采用盐酸，但采用盐酸电解质在阳极易发生析氯反应，导致 WC 的氧化，阳极钝化，因此也可采用硫酸。

电解法回收处理硬质合金废料得到的 WC，氧含量较传统方法高。前者一般为 0.2% ~0.5%，后者仅为 0.05% ~0.15%。有时因为阳极温度过高，回

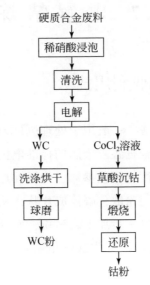

图 6-21　酸性电解质电熔法回收硬质合金废料流程图

收的 WC 氧含量更高，影响合金的碳平衡。为了制取稳定结构的硬质合金，不得不采取还原的方法降低其氧含量。此外，当硬质合金中含有 Ni、Fe 和 Cr 成分时，含钴溶液的净化要采用萃取法，造成工艺复杂，设备和回收成本增加。回收的 WC 也可进一步高温氧化后用 NaOH 浸出使钨转变成 Na_2WO_4 用以制取 APT。

　　程宁等（1989）采用电解法处理废 YG11C 硬质合金，硬质合金在使用中通常采用钎焊的方法与其他零部件相接，在高温和钎料作用下，硬质合金表面渗入其他一些元素，主要有铁和铜。为控制电解后铁、铜杂质的含量，必须进行除铁和除铜。球磨废硬质合金后采用盐酸除铁，再加入硝酸除铜，以盐酸溶液为电解质进行电解，实现钴和碳化钨的分离，分别得到钴粉和碳化钨片，碳化钨片经过精选破碎后获得碳化钨粉，将电解后获得的钴粉及碳化钨粉以一定比例配制成成分粒度均匀的混合物，再经过一系列工序后就可获得不同牌号的碳化钨硬质合金。研究发现，废硬质合金电解法再生产硬质合金的质量取决于合理的生产工艺、烧结温度、烧结时间、混合料的均匀性及碳化物的晶粒度和杂质含量等，工艺流程见图 6-22。

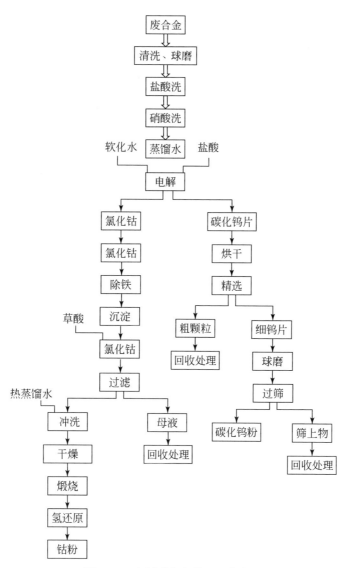

图6-22 废硬质合金处理工艺流程

（2）电渗析电解

近年来，由于电渗析技术的发展，离子交换膜技术在电溶解硬质合金方面得到了应用，以硫酸为电解质，同时用电溶法和阳离子交换膜电渗析法处理废（WC-Co）硬质合金回收金属钴和碳化钨的方法，此法与传统电溶法相比，由于该工艺直接得到 Ca (OH)$_2$ 沉淀, 不需用草酸铵沉淀钴离子, 减少了化学试剂的消耗, 简化了回收操作, 保证了产品纯度, 提高了产品回收率。

通过此法回收废硬质合金时, WC 的回收率约为 96%, 钴的回收率为 93% ~ 94%, 并且对硫酸的消耗量极少, 每个生产周期只需补充少量的硫酸, 工艺简单, 成本低。汤青云等 (2006) 将离子交换膜运用到电溶法中, 采用了以硫酸为电解质, 处理废硬质合金回收金属钴和碳化钨。回收试验装置如图 6-23 所示, 工艺流程如图 6-24 所示。

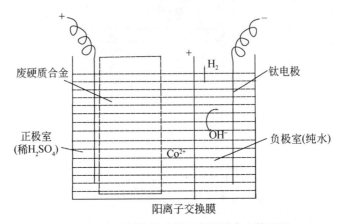

图 6-23 电渗析电熔法处理废硬质合金装置图

电渗析器以金属钛板为不溶性电极, 阳离子交换膜严密地将整个反应堵隔为正极室与负极室, 正极室内电解质溶液为稀硫酸, 起始浓度为 1.2mol/L, 废硬质合金装于多孔塑料筐中, 紧靠阳极板放置, 或者直接将阳极板沿筐壁插于多孔塑料筐中; 负极室内的极水为纯水。回收工艺是首先去掉废硬质合金上的其他焊接物, 用 1∶2 硝酸略微浸泡, 除去铁、焊铜、油污等杂质, 装于多孔塑料筐中, 装满后, 将塑料筐紧靠阳极板慢慢放入正极室内, 或将阳极板紧靠塑料筐壁直接插在塑料筐中, 放入塑料筐时应注意向负极室内慢慢添加纯水, 使两室液面基本保持平衡, 以免因压力差损坏电渗析膜, 正极室内硫酸浓度为 1.2mol/L, 且最终液面应高于筐中硬质合金。然后接通直流电源, 进行电溶电渗析。当废硬质合金中的钴完全溶解后, 将盛有 WC 的塑料筐从正极室内取出, 将其打碎成细小颗粒或粉末, 用 1∶2 硝酸浸泡, 除去可能存在的未反应完全的钴和杂质, 滤出沉淀, 母液留待下次处理时用或回收处理, 先用 1% NaOH 溶液洗涤沉淀, 再用

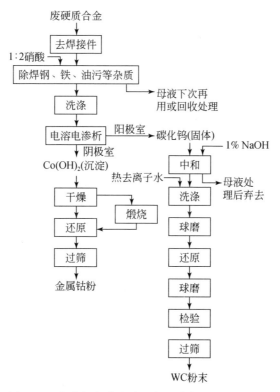

图 6-24 电渗析电熔法处理废硬质合金工艺流程图

70~80℃去离子水洗涤沉淀 3~4 遍，用硬质合金球磨碎，然后装石墨舟在石墨
管电炉中于 1250~1500℃（视颗粒大小而定）在氢气氛下进行还原，推舟速度
15min/舟，还原后，取样分析，总碳量合格后（一般总碳量合格，如过低则补加
碳后再进行碳化），用硬质合金球磨，球料比 1∶1，时间 1~2h，然后过筛，细
颗粒 200 目，中颗粒 150 目，粗颗粒 60 目，此碳化钨粉可用作硬质合金制品的
原料。WC 回收率约为 96%。

6.7.1.2 碱性电解质电熔法

碱性电解质电熔法采用 NaOH 为电解质。关键是必须采用具有旋转阳极的电
解槽。在电极旋转时，阳极框内的金属块不断转动，从而使在电解时形成的阳极
泥及氧化皮从金属块表面剥落，工作阳极的表面处于一个不断更新的状态。因此
最高电流密度与能耗取决于阳极旋转速度及废料类型。图 6-25 及图 6-26 分别为

处理不同含钨物料的两种电槽的简单构造图。而表 6-16 为应用图 6-26 所示形式电槽处理某些钨废料的电解能耗与槽电压数据。

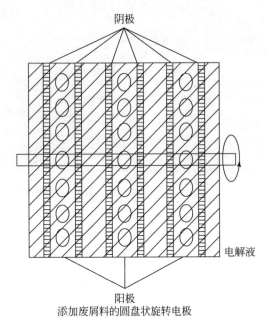

图 6-25　处理硬质合金、含铁金属块料、钨合金电解槽

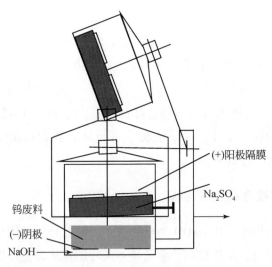

图 6-26　处理线圈、钨丝、烧结棒料、钨合金电解槽

表 6-16 不同类型钨废料的电解能耗与槽电压

废料类型	$E/(W \cdot h/g)$	$V/[g/(A \cdot h)]$
钨棒、板	3.1	1.12
W-Cu 棒、板	6.0	0.86
低铁含量金属块	3.8	0.81
高铁含量金属块	4.3	0.83

6.7.2 再生企业生产实例

选择性电解法的实质是以废硬质合金为阳极，通常在酸性介质中控制阳极电位，使钴选择性地从废合金中溶出，而碳化钨则以阳极泥的形式产出，与其他方法比较，电溶法工艺简单、投资省、成本低、效率高，且劳动强度不大，污染也少。碳化钨产品可直接或经氢还原后返回硬质合金生产，钴从阳极溶出，以 $CoCl_2$ 形态存在，可进一步处理成草酸钴或金属钴粉，也可控制电解条件直接制取金属钴。

上海合金材料总厂在 20 世纪 90 年代（梁琥琪等，1995）采用电化学法处理 YG15 和 YG8 硬质合金废料回收钨钴，以盐酸溶液作为电解质，采用串联布置的钛板 90×38mm 作电极，电解槽中放置 2 个阳极筐，经初步破碎，粒径 15～20mm 的硬质合金约 8kg，阳极筐为多孔塑料筐，其尺寸为 90mm×38mm×158mm，钛板 A、C 分别为阳极和阴极。钛板 B 左侧为阴极，右侧为阳极，体现其双极性，整个系统为串联系统，使各电极上电流保持一致，连续试验时以安培小时计（图 6-27）。其工艺流程如图 6-28 所示。阳极上主要发生溶钴反应：

$$Co - 2e^- = Co^{2+}$$

当阳极电位超过氯和氧的析出电位或 WC 的氧化电位时，阳极就有氯和氧析出或 H_2WO_4 生成，这是应避免的，因为这不仅耗能、降低电流效率，而且生成的钨酸被氧化成难溶化合物 W_3O_4、WO_3 而导致阳极钝化。阴极发生 H_2 析出反应，即

$$2H^+ + 2e^- = H_2 \uparrow$$

电解液中 H^+ 浓度对 H_2 的析出电位影响较大，随着电解过程的进行，$[H^+]$ 将不断下降，最终可能导致 Co^{2+} 电化学还原为金属钴。因此，在控制一定酸度的条件下，电解过程的复反应为

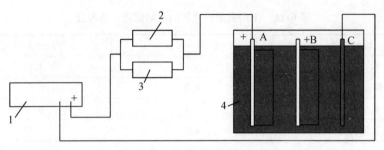

图 6-27　实验装置

注：1—硅整流器（20A-50 型）；2—分流器；3—库仑计或安培小计时；4—电解槽

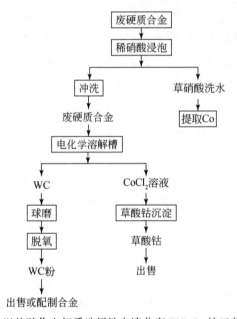

图 6-28　以盐酸作电解质选择性电溶分离 WC-Co 的工艺流程图

Co+WC+2HCl+2F（法拉第）──→CoCl₂+H₂+WC（阳极泥）

$$Co+WC+2HCl+2F（法拉第）\longrightarrow CoCl_2+H_2+WC（阳极泥）$$

　　试验中发现随着电流上升，电溶速度增大，但电流效率下降，电能消耗逐渐上升。以 5A 电流进行电解时，槽电压小于 6V，而电流效率出现大于 100% 的数据，这是由于在电化学溶解的同时，还伴随化学溶解。随着电流增大，槽电压明显增大，电流效率急速下降，电耗显著上升。在电流不大于 10A 时，电流效率均在 90% 以上，且电耗低。随着电流增大，虽然电溶速度也加快，但槽电压升高，焦耳热增大，温度也将升高，结果导致电耗增大，酸雾严重，劳动条件异化。因此为了维持较低的电解液温度，不宜采用太高的电流值。在电流为 10A 时，绘制

η 和 W 与［HCl］关系曲线如图 6-29 和图 6-30 所示。由图可见，［HCl］为
1.2mol/L 时电效最高而电耗最低。在电解条件电流为 10A、［HCl］为 1.2mol/L
时对 YG15 和 YG8 硬质合金废料，进行了 100A·h 连续试验，每隔 1h 取样分析
溶液中 Co^{2+} 含量，试验结果见表 6-17 和表 6-18。

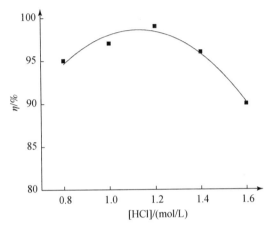

图 6-29　电流为 10A 时 η-［HCl］关系曲线

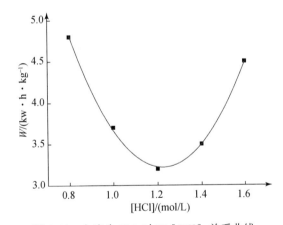

图 6-30　电流为 10A 时 W-［HCl］关系曲线

表 6-17　YG15 连续试验结果

项目	10A·h	20A·h	30A·h	40A·h	50A·h	60A·h	70A·h	80A·h	90A·h	100A·h
电压/V	8.0	8.1	8.5	8.6	8.8	9.2	9.1	9.0	8.8	9.3
温度/℃	45.0	53.0	57.0	53.0	55.0	49.0	57.5	59.0	61.0	62.0

项目	10A·h	20A·h	30A·h	40A·h	50A·h	60A·h	70A·h	80A·h	90A·h	100A·h
电解液高度/cm	10.5	10.20	10.50	10.20	10.50	10.40	10.40	10.50	10.50	10.50
$[CO^{2+}]$/(g/L)	9.1	16.2	23.8	34.1	35.0	47.0	49.1	49.2	53.7	56.3
实际钴溶解量/g	22.6	39.9	59.1	82.1	87.2	115.5	120.7	122.1	133.2	140.4
电流效率/%	103.6	91.54	90.30	94.20	80.04	88.30	79.10	70.00	67.90	64.30

表 6-18　YG8 连续试验结果

项目	10A·h	20A·h	30A·h	40A·h	50A·h	60A·h	70A·h	80A·h	90A·h	100A·h
电压/V	8.5	8.6	9.0	9.6	9.9	12.0	13.2	14.2	15.0	15.2
温度/℃	41.5	55.0	52.0	56.5	61.0	55.5	66.5	78.5	75.0	75.0
电解液高度/cm	10.40	10.40	10.50	10.50	10.50	10.50	10.50	10.50	10.50	10.30
$[CO^{2+}]$/(g/L)	9.2	15.8	19.5	29.3	33.7	35.8	36.6	41.4	43.4	47.0
实际钴溶解量/g	22.6	38.5	48.4	72.8	84.4	88.8	90.8	101.7	102.6	113.4
电流效率/%	103.7	88.4	74.00	83.32	77.42	67.90	59.50	58.33	52.30	52.50

　　从以上结果可见，两种原料随着电解时间增加均出现电效降低、槽压升高及电耗上升的趋势，但含钴低的物料变化率更大，这是因为钴溶出后残留 WC 包裹在电极表面，使阳极活性表面减少，阳极电位升高，发生不利的副反应而使阳极电流效率下降，并且阻碍钴继续溶解，导致槽电压上升，电解液温度升高，甚至发生显著阳极钝化现象。为解决这一问题，可定期将废合金取出滚动研磨，去除表面黏附的 WC，暴露出新的活性表面，钴的电化学溶解又能顺利进行，电流效率也将回升，并保持极低的槽电压、电能消耗和电解液温度。

第 7 章　废钼再生技术

7.1　钼的存量与需求

钼在地球上的蕴藏量较少，其含量仅占地壳质量的 0.001%，2009 年世界钼储量为 870t，基础储量 1900t，比 2008 年增加 10t，主要是蒙古国增加了 7 万 t。2008~2009 年世界钼储量和基础储量见表 7-1。由表 7-1 可以看出，世界钼储量主要分布在美国、智利、中国、加拿大和俄罗斯等国家。中国、美国、智利、加拿大和俄罗斯这 5 个国家的钼储量占世界钼总储量的 89.5%，钼基础储量占已查明的世界钼资源基础储量（1900 万 t）的 92%。中国钼资源储量位于世界第一。2010 年以来，我国广东封开、内蒙古乌拉特后旗、新疆哈密、安徽金寨和河南信阳分别又探明多座大中型钼矿床和斑岩型铜钼矿床，钼储量多在 50 万 t 以上，有的钼矿床钼品位高达 0.17%~0.33%。

表 7-1　2008~2009 年世界钼储量和基础储量

国家	储量/万 t		增减/%	基础储量/万 t
	2008 年	2009 年		2008 年
中国	330	330	0	830
美国	270	270	0	540
智利	110	110	0	250
加拿大	45	45	0	91
俄罗斯	24	24	0	36
秘鲁	14	14	0	23
墨西哥	13.5	13.5	0	23
哈萨克斯坦	13	13	0	20
乌兹别克斯坦	6	6	0	15
伊朗	5	5		14

国家	储量/万 t		增减/%	基础储量/万 t
	2008 年	2009 年		2008 年
蒙古国	3	10	233	5
亚美尼亚	20	20	0	40
吉尔吉斯斯坦	10	10	0	18
世界总计	860	870	1.16	1900

数据来源: 2010 年美国地质调查局钼资源报告

近年全球钼矿山的钼产量见表 7-2 和表 7-3。由表 7-2 可以看出, 2009 年世界钼矿山钼产量为 22.39 万 t, 比 2008 年增加了 0.53 万 t, 同比增长了 2.42%。其中美国、中国、智利和秘鲁的钼产量分别占世界产量的 21.66%、41.75%、15.59% 和 5.5%, 4 个国家的钼产量合计为 18.92 万 t, 占世界钼总产量的 84.5%。2009 年中国钼产量位居世界第一。由表 7-3 看出, 西方主要钼矿山 2008 年受全球经济危机影响, 钼价大幅下滑, 导致西方国家 2008 ~ 2009 年钼产量下降。随着世界经济缓慢复苏, 2010 年钼价回稳, 钼产量有了较大幅度增长。据国家统计局数据, 2010 年 10 月国内钼精矿产量 19 705t, 同比减少 8%。1 ~ 10 月钼精矿产量 177 295t, 同比增长 5.6%。

表 7-2　2007 ~ 2009 年世界钼产量

国家和地区	产量/万 t			2009 年比
	2007 年	2008 年	2009 年	2008 年增减/%
中国	6.77	8.13	9.35	15.01
美国	5.72	5.58	4.85	−13.08
智利	4.48	3.37	3.49	3.56
秘鲁	1.68	1.67	1.23	−26.35
加拿大	0.68	0.82	0.92	12.20
墨西哥	0.65	0.78	0.99	26.92
俄罗斯	0.48	0.48	0.48	0.00
亚美尼亚	0.43	0.45	0.44	−2.22
蒙古	0.20	0.19	0.24	26.32
伊朗	0.18	0.29	0.30	3.45
保加利亚	0.04	0.04	0.04	0.00
哈萨克斯坦	0.06	0.06	0.06	0.00
世界总计	21.37	21.86	22.39	2.42

数据来源: 2010 年美国地质调查局钼资源报告

表 7-3 2008~2010 年西方主要钼矿山的钼产量

企业名称	2008 年		2009 年				2010 年			
	全年产量/万 t	增减/%	1 季度产量/万 t	2 季度产量/万 t	全年产量/万 t	增减/%	1 季度产量/万 t	2 季度产量/万 t	3 季度产量/万 t	增减/%
智利 Codelco	44.5	27.5	10.3	10.3	41	−7.9	9	10.3	10.3	6.2
美国 Freeport	73.1	5.1	14.9	13.3	55.4	24.2	15.1	14.6	15.3	9.6
美国肯尼科特	23.2	30.0	7.7	8.2	25.0	8.0	6.0	6.0	5.0	31.7
墨西哥集团	36.0	0.4	10.2	12.5	40.9	13.7	10.7	7.0	7.0	2.9
ThompsonCreek	29.1	61.1	6.4	6.5	27.9	−3.8	8.3	7.8	8.0	7.3
Antofagasta	17.3	22.4	4.7	4.5	17.2	−0.4	4.0	5.3	5.3	16.3
Collahuasi	5.4	38.8	2.9	3.5	10.9	100.1	4.7	4.7	4.7	110.0
Antamina	12.2	−13.6	1.5	0.9	5	−58.9	1.9	1.8	2.0	42.3
总计	240.8	−8.5	58.6	59.7	223.3	−7.2	59.7	57.5	57.6	11.6

数据来源：2011 年美国地质调查局钼资源报告

由表 7-4 可知，从 2002 年（钼市价格周期的起始年）~2007 年世界钼市无论钼消费量还是供给量均为增长态势。消费量增长最大的年份为 2005 年，年供给量增长最大的年份为 2004 年。世界钼消费和供给量不断增长的原因为世界经济和钢铁行业，尤其是不锈钢的产消量的增长。消费增长大于供给增长使库存量下降，到 2007 年底西方国家钼库存量已降至 11.6 百万磅钼（526 吨钼），只够 0.3 个月的消费量，消费增长大于供给增长使钼价格高位运行。

表 7-4 2002~2007 年世界钼市供给和消费增长变化表

项目	2002 年	同比/%	2003 年	同比/%	2004 年	同比/%	2005 年	同比/%	2006 年	同比/%	2007 年	同比/%
消费量	332.5	0.5	346.5	4.21	382.9	10.51	401.7	4.9	426.4	6.15	440.9	3.4
供给量	316	8.9	338.5	7.12	389.5	15.07	416.9	11.56	426.3	2.25	434.5	1.92
供需差	7.5	9.4	8	2.91 *	6.6	4.56 *	15.2	3.59 *	0.1	3.9	6.4	1.48 *

数据来源：英国商品研究所《CRU》分析报告，2002~2007 年

* 为消费量同比减去供给量同比

7.2 钼的再生概况

世界钼的供给除了主要依靠钼矿开采，其次是依靠副产钼和从催化剂回收的

钼。2005 年，生产钼产量、副产钼产量及从催化剂回收的钼量分别比上年同期增长 4.8%、10.9% 及 20.5%（张文朴，2005）。美国回收钼的总量为钼总供应量的 30%，1995 年从废催化剂回收钼高 3800t，1988 年以来，西方国家从石油废催化剂回收的钼每年超过 2400t。近些年来，我国钼业日益重视一次资源的综合利用和二次资源利用的研发，对从含钼废催化剂回收钼等有价金属的研发尤为关注。但是与国外相比，我国利用钼二次资源的水平尚有较大差距（吴贤等，2010）。

石油化工和石油炼制工业中需要使用大量的钼系催化剂。如加氢脱硫、加氢脱氮精制过程中使用的钼–镍催化剂，石油烃氢化过程中使用的耐硫变换钼–钴催化剂等。催化剂在使用过程中失去原有活性或特性后被工厂废弃。废弃催化剂中的钼资源是钼二次回收的一项主要来源。

目前在我国钼湿法冶金行业中，辉钼矿氧化焙烧、氨浸、净化、中和结晶制取铝酸铵这一工艺仍被大部分生产厂所采用。但在生产过程中，处理钼焙砂产生大量的酸性废水，废水中含有各种重金属、碱土金属杂质及钼，因而有必要对这种工业废水中的钼加以回收（赵小翠等，2007）。从废旧钼制品中回收钼主要包括从废钼铜合金中回收钼和从高速钢铁鳞中回收钼。Mo-Cu 合金在电子、汽车、航空航天工业中有着广泛的应用，可作为电子封装材料、真空开关电触头材料、热沉材料、散热器等。随着 Mo-Cu 合金材料研究及应用领域的拓宽，其产生的废 Mo-Cu 合金板材也逐渐增多。高速钢铁鳞是高速钢材经高温（1150℃以上）锻打及轧制从钢材表面脱落而形成的，其总量占高速钢材的 5%~10%。

在全世界石油精炼装置中，有 1/4 以上采用钼催化剂，催化剂用钼量在增长。如日本 1989 年比 1984 年钼催化剂消耗增长 155%。1989 年生产钼催化剂耗钼高达 1100t。作为制备钼催化剂的前体钼酸铵和钼酸钠的消耗量也在增加，如美国 1989 年较 1980 年增长近 1 倍。随着钼催化剂消耗量的增长，世界各地的废钼催化剂处理厂纷纷建立。自 1988 年以来，西方国家从废石油工业催化剂回收的钼量每年均超过 2400t，约相当于整个化学品应用领域中所消费钼量的 20% 以上（俞集良，1992）。1989 年美国从废钼催化剂中回收钼高达 2700t，已成为西方国家钼来源之一（张文钲和孙国英，1995）。

与国外相比，我国钼产品废弃物回收利用率低。20 世纪 50 年代，国外就开始了废弃钼金属的回收利用（如废钼旧金属的回炉重熔等）。20 世纪 80 年代，出现了专业化的再生钼金属工业。美国虽然是钼储藏量最大的国家，但其对钼的合理回收利用非常重视。

在美国由金属钼或超级合金中间回收再生钼量虽小，但从合金钢回收钼量较大，而且从新旧钼材料中回收利用钼量估计为钼供应的30%。西方发达国家从20世纪50年代起就开始注意废催化剂的回收利用，至70年代废催化剂的回收利用已经成为有关国家经济领域的一个重要方面，其基本特点可归纳为如下几点：

1）建立起较完善的法律、法规体系，从环保的角度，明确废催化剂为环境污染物，禁止随意倾倒与掩埋，从而促进了废催化剂处理技术的进步与相关产业的形成。

2）建立专门的机构协调，管理废催化剂的处理管理工作，如日本的废催化剂回收协会、美国的废催化剂废弃服务部。

3）废催化剂处理回收形成了一个产业，相应地诞生了一批实力雄厚的大公司，如美国的 Amax Metal 公司、联合催化剂公司、德国的 Gussa 公司、法国的欧洲催化剂公司（Eurecat）以及国际催化剂回收公司（CRI）与 Amlon Metal inc. Euromet 等跨国公司集团。

4）废催化剂回收已取得了巨大的经济效益，有效地节省了有色金属资源，如美国 Amax Metal 年处理加氢脱硫催化剂 16 000t，每年可回收钼 1360t、钒 130t 及 14 500t 三水氧化铝。

我国对废弃钼的回收虽然给予了一定的重视，但目前仍处在发展阶段，初步取得的成绩主要有：①从选矿尾矿中回收钼；②从氨浸钼渣中回收钼；③从废催化剂中回收钼、钴、镍、钒等有用金属；④用 $MoSi_2$ 制品生产钼铁等。从钼合金（超合金、硬质合金、高速钢、钼铼合金）中回收钼方面的工作显得有些薄弱。随着钼消费结构的逐渐转变，钼深加工产品特别是钼金属及其合金的消耗越来越大，无法回收利用钼合金中的钼将造成了钼资源的极大浪费。

7.3　废钼的种类

钼的二次资源主要来源于含钼废催化剂、生产钼酸铵的废水以及废钼金属制品及其生产过程中产生的废料。含钼废料的种类较多，有回收价值的主要有：钼废催化剂，钼丝厂的拉丝断头、裂纹丝，制玻璃及各种工业窑炉用的电极 MoSi，制造特殊形状刨制加工的钼切屑，还有生产钼化工产品的下脚料等。

7.4 废钼资源的预处理

对于不同的废钼原料，采取的预处理方法也各有不同。下列针对不同的废钼原料详细介绍钼废料的预处理方法。

(1) 废催化剂

对于废催化剂，一般含有并吸附有一些碳氢化合物，除了钼之外，有些金属成分是制造催化剂的添加物，而有些是在催化过程中沉积在其上的。作为催化剂的骨架的物质，有的既可溶于酸又可溶于碱，而有些则为难溶于酸碱的物质。因此，对于废催化的预处理主要为焙烧和破碎。焙烧的目的是除去油类物质、积碳及硫，以减轻后续作业的负担。焙烧方法分为氧化焙烧、加碱氧化焙烧、加盐氧化焙烧。

氧化焙烧有低温氧化焙烧及高温氧化焙烧之分，前者的温度一般为 200 ~ 500℃，主要任务是烧掉石油及其他碳氢化合物，并使某些杂质硫化物也同时烧掉，而高温氧化焙烧温度在 550℃ 以上，除了上述目的之外，更重要的是使 MoS_2 彻底转化为 MoO_3，还有采用更高的温度制度，其目的是使 $\gamma\text{-}Al_2O_3$ 变为 $\alpha\text{-}Al_2O_3$，以减少浸出时铝的溶出。加碱氧化焙烧一般是加 Na_2CO_3，大部分情况是将固体 Na_2CO_3 与催化剂混匀，在高温炉中保持氧气气氛下烧结，使硫化钼直接转变为 Na_2MoO_4。为了保证碱混匀，有一种做法是使用一定浓度的 Na_2CO_3 溶液如饱和 Na_2CO_3 溶液预先浸渍催化剂，使 Na_2CO_3 分子渗透进催化剂骨架内部，然后进行高温氧化焙烧。

催化剂一般有规则的形状，为了改善提取过程的动力学条件，有时需有一个破碎作业。最终粒度视工艺要求而定，破碎工序可放在焙烧前也可放在焙烧后，视催化剂含油量、含水量而定。

(2) 含钼合金废料

对于含钼合金废料的预处理，根据回收方法和杂质元素的不同，预处理方式也不相同。锌溶法处理含钼硬质合金废料的预处理工艺为：将金属锌、含钼硬质合金废料和碳按一定的比例混合，加热至 800 ~ 1000℃ 生成新的锌合金，再用酸分解锌合金，这时合金中的锌、镍、钴进入溶液分别进行回收，而钨钼留在酸分解渣中。若采用氧化焙烧–浸出法进行回收，其预处理工艺为：先将废料破碎，然后进行氧化焙烧，使其中的金属全部转化为金属氧化物。

7.5 火 法 冶 炼

火法冶炼回收钼，仅适用于几种特定原料的回收，如从高速钢铁鳞中回收钼和用等离子炉从废弃催化剂中回收钼。

7.5.1 典型废料的回收利用技术

7.5.1.1 从高速钢铁鳞中回收钼

高速钢铁鳞是高速钢材经高温（1150℃以上）锻打及轧制从钢材表面脱落而形成的，其总量占高速钢材的 5%～10%。高速钢铁鳞中含有 Mo、W、V 及 Cr 等合金元素，这些合金元素加入钢中可生成复杂的碳化物，对细化钢的晶粒，提高钢的耐磨性、冲击强度、红硬性等性能有显著作用。它们是特钢生产中不可或缺的合金元素，因此具有较高的回收利用价值。

根据磨屑及铁鳞的成分，其处理回收方法（张启修和赵秦生，2007）一般为先预处理清洗磨屑及铁鳞的杂质再用金属还原剂还原，即金属热还原法。实现金属热还原的手段，可以分为不外加热及电加热两种方式。磨屑及铁鳞中的金属氧化物被金属还原剂还原的反应如下式所示：

$$MeO+RM \longrightarrow Me+RMO+Q$$

式中，MeO 表示高速钢磨屑或铁鳞原料中金属氧化物；RM 表示金属还原剂；Me 表示还原产出的金属；RMO 表示还原剂的氧化物即炉渣；Q 表示还原反应放出的热量。

还原反应放出大量的热使温度升高，因而使产出的金属、被还原金属氧化物及生成的渣熔化，有利于合金形成熔化及与渣层分离。但也使过程反应复杂化。实际上一些高熔点金属在反应温度下不可能熔化，但由于生成合金，其熔点降低。

（1）不外加热的热还原反应回收钼工艺

由于金属热还原法反应速率较快，整个冶炼回收工艺往往在几分钟内就可以完成，反应过程难以控制，因此必须经过严格的化学计算和热量计算。如果化学计算不精确，极易出现不合格的产品，若热量计算不准，往往出现渣铁分离不好甚至不分离的现象。工艺流程为按计算配制的原料混合均匀装入还原炉内，在混合料的上部放入少许由金屑镁屑组成的点火剂并引燃，反应将自动进行。反应完毕后冷却一定时间，放出炉内渣，进一步冷却到常温，吊起上炉体，取出合金锭，然后破碎并精整，取样化验后入库。图 7-1 为金属热还原法冶炼炉示意图。冶炼回收炉由上、下两部分组成，上部由 6～10mm 厚的钢板焊成的外壳及由水玻璃砂打结成的炉衬组成；下部由 10mm 厚的钢板焊成的外套及由盛放回收难熔合金液的砂窝构成，炉径与炉高比一般为 0.7～0.9。金属热还原法再生回收工艺示意图见图 7-2。

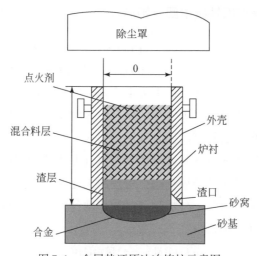

图 7-1　金属热还原法冶炼炉示意图

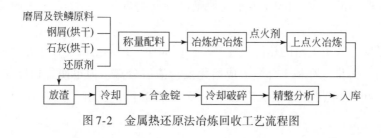

图 7-2　金属热还原法冶炼回收工艺流程图

夏文堂和张启修（2005）进行了硅热还原法回收高速钢铁鳞中钼钨等合金的研究，回收的合金产品作为生产高速钢的原料。原理：用硅作为还原剂，在高温下将高速钢铁鳞中的 MoO_3、WO_3、V_2O_5、Cr_2O_3 及铁的氧化物还原成钼、钨、钒、铬及熔融的铁，它们结合在一起放出大量的热，从而渣铁得以分离。

试验工艺过程：铁鳞（烘干、破碎、磁选）+工业硅+硝石+石灰→冶炼炉点火冶炼→放渣→冷却→吊取金属锭→冷却→破碎→分析检验入库。热力学分析表明，硅具有还原高速钢铁鳞中氧化物的能力，其还原具有选择性；借助于放热副反应，铁鳞中的 V_2O_5 及 Cr_2O_3 也可被还原，从理论上是可行的。用硅热法从高速钢铁鳞中冶炼回收再生合金产品，工艺技术可行，再生合金元素含量高，化学成分稳定，能够满足炼钢生产的配料要求。采用工业硅作还原剂，配硅系数为99%～102%，石灰配入量为高速钢铁鳞投入量的5%～8%，借助添加适量的硝石，单位炉料热效应值在2250～2450kJ/kg范围时，渣铁分离良好，再生合金产品致密，W 和 Mo 的回收率在95%以上，Cr 回收率大于72%，V 回收率不低于45%。用硅热还原法从高速钢铁鳞中回收钨钼等合金，Mo 的回收率在95%以上，再生合金元素含量高，化学成分稳定，能够满足炼钢生产和配料要求。这种方法操作方便，占地面积较小，而且产量高、投资少、见效快，它不仅能够解决高速钢铁鳞回收的技术难题，同时可以推广到其他合金铁鳞的回收。

（2）外加热的热还原反应回收钼工艺

外加热的热还原反应一般采用有衬电渣炉，它结合了电渣重熔炉的优点，即利用电流通过特别配制的液态熔渣时产生的电阻热将熔渣自身加热到2000℃，通过还原剂还原高速钢磨屑中的氧化物，达到除去 P、S 杂质及再生回收高速钢磨屑中合金的效果，而无须添加硝石作为助热剂。

有衬电渣炉中高速钢磨屑或铁鳞通过高温渣池进入熔池。一般来讲，由于高速钢磨屑或铁鳞密度小，还原剂及造渣熔剂质量较轻，它们在炉中先浮在渣池表面上被预热，而后缓慢地通过渣池经充分加热、反应后以金属液滴的形式进入熔池中，实际上大部分磨屑或铁鳞通过渣池时已全部还原熔化，因而不仅热效率高，而且磨屑或铁鳞在还原熔化及反应过程中得到了一定程度的渣洗作用，所得的再生合金液也较纯，这也是有衬电渣炉区别于其他冶炼方法去除杂质的原因。由于渣的保护作用，被还原出的合金元素不易被二次氧化，因而具有合金回收率高的优点，图7-3为有衬电渣炉原理示意图。

整个冶炼回收工艺包括两个主要过程：①造渣期。造渣期是将不导电的固态渣（如 Al_2O_3、CaO 及 CaF_2）变成导电的液态渣的过程，该阶段是建立稳定电渣

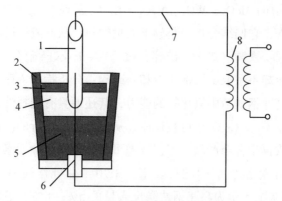

图 7-3　单相单极电渣炉原理图

注：1—上电极；2—耐火炉衬；3—磨屑混料；4—渣池；5—钢液；6—下电极；7—电缆；8—变压器

过程的关键。采用单相电极电渣炉造渣时，将适当粒度的钢屑放入两电极之间，然后将石墨电极下送，使端头压紧钢屑。上部覆盖粉状渣料，并在钢屑周围堆起粉状渣料。通电后瞬间短路，钢屑在大电流的作用下快速熔化，两极之间的气体电离而形成电弧。在电弧热的作用下，将覆盖其上及其周围的粉状熔渣熔化后立即将电弧熄灭转变成电渣过程。这一过程需 2～3min。然后逐渐加入每炉次所需的熔渣直至熔化完毕，准备冶炼。②正常的冶炼过程。稳定的冶炼回收过程是一个看不到电弧、没有飞溅的平稳过程。石墨电极端头插入渣层中，渣面上冒出轻微的白烟。非正常的冶炼回收过程会出现炉渣的飞溅现象也称爆渣现象。这是电渣熔炼过程最常见的问题，严重时回收冶炼过程将无法进行。电渣炉冶炼过程温度过高时，炉衬侵蚀快、寿命短，特别是对具有导电炉底的单相单极电渣炉熔炼，还存在炉底电极因温度过高被熔化或温度过低炉底"增厚"的问题。前者在炉底电极被熔化过深的情况下易造成漏钢事故。后者不仅使本炉合金液温度低，同时也会给下一炉冶炼造成困难。

7.5.1.2　用等离子炉处理废催化剂回收钼

新兴的等离子技术具有温度高、热流密度大、气氛可控的特点，已用于提取冶金。近年，我国专家朱兆鹏等用等离子炉高温热源提高碳的还原能力，熔炼含钼废催化剂，回收有价金属的研究取得进展。该项研究使用的废加氢脱硫催化剂组成：钴 1.743%、镍 3.09%、钼 4.7%、钒 12.6%、硫 11.2%、碳 11.6%、铁 0.4%。废催化剂入炉前先脱除含量达 30%～35% 的油和水，使其挥发分<1%。

用焦炭作还原剂，铁鳞和石灰石作造渣剂。实验结果说明：该废催化剂经等离子炉熔炼，可顺利排出铁渣，所得富集合金的金属含量在 70% 左右，其主要成分含量：钴 5~7%、镍 9~11%、钼 15~18%、钒 30~35%、铁 10~15%。合金的平均回收率达 93%。预计当生产规模为日处理废催化剂 4.8~5t 时，处理每吨废催化剂的耗量电≤3000kW/h。该法由于熔炼富集的合金金属品位高，可大为减少进一步分离各种金属的负荷，有望成为从废催化剂回收有价金属的一项先进技术。

7.5.1.3　从含钼合金废料回收钼

含钼合金废料主要包括超合金、不锈钢、高速钢、硬质合金和钼铼合金等废料，这部分含钼废料的回收方法包括熔融锌处理法、氧化蒸馏法和氧化-浸出法等工艺。熔融锌处理法处理含钼硬质合金废料工艺为：将金属锌、含钼硬质合金废料和碳按一定的比例混合，加热至 800~1000℃ 生成新的锌合金，再用酸分解锌合金，这时合金中的锌、镍、钴进入溶液分别进行回收，而钨钼留在酸分解渣中。酸分解渣蒸馏挥发残余锌后焙烧蒸馏钼，使钨钼分离并加以回收。该法钼、钨、钴的回收率分别为 96.2%、98.4% 和 97%。火法加热氧化这种处理方法在废钼料氧化时，自身放出大量的热，到一定情况时无法有效地控制温度，造成大量的钼升华，钼的回收率较低，有待进一步改进。

7.5.1.4　从炼铜废渣中回收钼

钼的回收在铜的火法冶炼过程中，辉铜矿中的钼进入熔炼渣中。西方国家约一半的钼从铜冶炼过程中回收，国外某铜冶炼厂熔炼渣成分为：0.3% Mo，0.3% Cu，35% Fe，35% Si，其回收钼工艺见图 7-4。熔渣在电炉中加热熔炼，熔炼过程中加入少量铁粉和黄铁矿，熔炼产生的含钼混合物的钼含量达到 7%~20%，铁渣丢弃。含钼混合物经过制粒后再彻底氧化、酸浸，使其中的钼、铜氧化物进入浸出酸液中。含铜钼的酸浸液经过离子交换法分离钼铜，钼被离子交换树脂吸附。氨水解吸得到钼酸铵溶液用来制取仲钼酸铵或四钼酸铵，交换余液用于回收铜。

7.5.2　再生企业生产实例

7.5.2.1　高速钢铁鳞铝热法再生回收实例

高速钢铁鳞铝热法回收钼企业所用设备同图 7-1。原料为含 6.53% 钨、

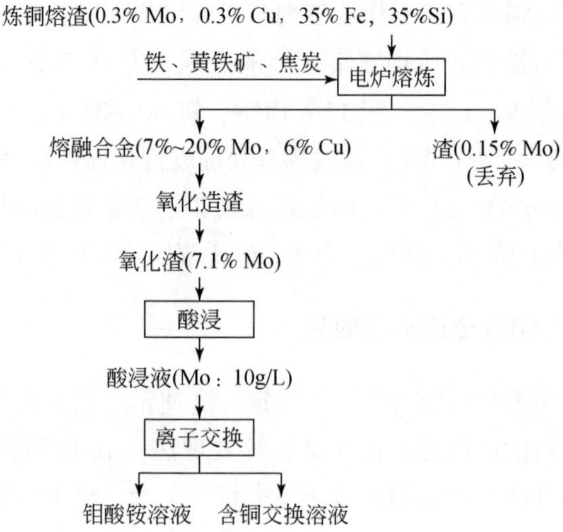

炼铜熔渣(0.3% Mo；0.3% Cu；35% Fe；35%Si)

铁、黄铁矿、焦炭 → 电炉熔炼

熔融合金(7%~20% Mo；6% Cu) ← → 渣(0.15% Mo)
(丢弃)

↓
氧化造渣

↓
氧化渣(7.1% Mo)

↓
酸浸

↓
酸浸液(Mo：10g/L)

↓
离子交换

钼酸铵溶液　含铜交换溶液

图 7-4　熔炼法回收炼铜渣中的钼工艺流程示意

2.15% 钼、1.94% 铬、1.03% 钒及 61.30% 总铁的铁鳞及成分为 W9Mo3Cr4V 的高速钢车屑混合物，以 0~2mm 的品位大约 97% 的工业铝粉为还原剂。配料中添加了石灰，作用在于生成铝酸钙盐造渣。铁鳞还原放出大量的热使未氧化的车屑同时熔化，所得合金锭中合金成分见表 7-5。采用金属铝作还原剂无须添加硝石补充热量，但生产成本远高于用工业硅作还原剂的情况。无论是用硅作还原剂还是用铝作还原剂冶炼的再生合金化学成分都比较稳定，合金成分波动小，特别是碳含量一般都低于 0.2%，对冶炼高速钢及其他合金工具钢非常有利。

表 7-5　合金锭的合金元素化学成分　　　　　　　　（单位：%）

编号	W	Mo	Cr	V
1	9.63	3.03	4.21	1.54
2	9.19	2.48	4.04	1.46
3	9.84	2.79	4.02	1.39
4	10.84	2.82	3.69	1.26
5	9.06	2.86	3.79	1.83
6	9.54	2.88	3.58	1.27
7	9.05	2.78	3.67	1.34

　　影响金属热还原过程技术指标的因素较多，主要取决于以下工艺参数：①单

位炉料热效应。为保证炉料组分间充分还原和完全熔化，使合金液和渣液得到良好的分离，必须有足够的单位热效应。单位炉料热效应值在 2250 ~ 2450kJ/kg 范围为佳。②还原剂配入量影响。当还原剂加入量不断增加时，合金产品中硅含量呈增加趋势。生产实践证明，在以工业硅为还原剂时，硅的配入量为理论配入量的 99% ~ 102% 时为最佳。③石灰加入量影响。由于 CaO 与 SiO$_2$ 或者 Al$_2$O$_3$ 结合造渣，从而有利于反应向合金生成方向进行；同时也改善了渣的黏度和流动性，使合金元素及铁的还原程度增加。实验和生产实践证明，合适的石灰配入量为高速钢铁鳞或磨屑投入量的 5% ~ 8%。

7.5.2.2 电热还原法工艺再生合金应用实例

图 7-5 为单相单极电渣炉组装示意图。成分为 W9M03Cr4V 及 W6M05Cr4V2 的高速钢磨屑混合料，经预处理后的化学成分为 6.52% W、3.29% Mo、3.37% Cr、1.31% V、3.33% FeO、0.058% S、0.030% P。以粒度为 1 ~ 10mm 的金属铝作还原剂。渣料由石灰、萤石、铝氧粉（Al$_2$O$_3$）及镁砂（MgO）配制而成。得到的再生合金化学成分及回收率见表 7-6。显而易见，采用电渣炉回收冶炼的高速钢再生合金，各种成分是稳定的，能够满足作为高速钢原料的使用要求。

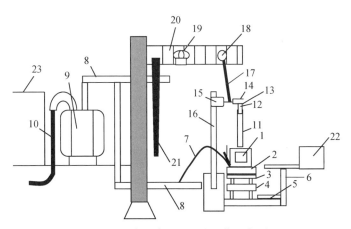

图 7-5 单相单极电渣炉组装示意图

注：1—炉体；2—底水箱；3—小台车；4—炉体大台车；5—轨道；6—防渣炉板；7—软电缆；8—导电钢排；9—炉用变压器；10—高压电缆；11—石墨电极；12—电极接头；13—电极卡头；14—电极卡具；15 电极升降台阶；16—炉柱；17—钢丝绳；18—滑轮；19—卷筒与减速机；20—安全栏；21—平衡锤；22—配电操作台；23—高压开关柜

表7-6　高速钢磨屑再生合金的化学成分及回收率指标

磨屑投入质量/kg	磨屑产出质量/kg	合金元素含量/%				回收率/%			
		W	Mo	Cr	V	η_W	η_{Mo}	η_{Cr}	η_V
300	240	7.91	3.98	3.82	1.51	97.05	96.78	90.68	92.21
300	241	7.85	3.92	3.90	1.53	97.72	95.72	92.96	95.27
300	238	8.05	4.00	3.79	1.48	97.94	96.45	89.22	91.01
300	240	7.92	3.95	3.85	1.49	97.17	96.04	91.39	91.95
300	241	7.81	3.89	3.80	1.50	96.22	94.98	90.58	91.98
300	236	8.11	4.10	4.00	1.50	97.73	98.00	93.37	90.07
300	238	8.01	3.99	3.81	1.49	97.46	96.21	88.94	90.23
300	242	7.85	3.75	3.91	1.51	97.12	96.84	93.59	92.98
平均回收率/%						97.30	96.37	91.34	91.96

7.6　湿　法　冶　炼

对于含钼废料，一般在经过预处理后，都需经过湿法冶炼，经过浸出、萃取分离等工艺获得纯度较高的钼。湿法冶炼工艺因原料成分、种类的差别而有所不同（Katsutoshi，1993；Valenzuela et al.，1995；Juneja et al.，1996；王尔勤等，1998；崔燕和许民才，2001；Iorio et al.，2002；Voropanova and Barvinyuk，2004；阮志农和陈加山，2005；An et al.，2009；Kyung-Ho et al.，2010；Parhi et al.，2011）。

7.6.1　典型废料的回收利用技术

7.6.1.1　从废催化剂中回收钼

（1）碱浸法

钼一般以硫化物形式存在于废催化剂中，对于此类废催化剂常采用焙烧–浸出工艺，其中浸出方法会因采用的浸出剂的不同而不同，分为焙烧-NaOH浸出法、焙烧-Na_2CO_3浸出法、焙烧–氨水和NH_4NO_3浸出法。碱浸法的主要原理是使废催化剂中以硫化物形式（MoS_2）存在的钼通过焙烧变成氧化钼（MoO_3），然后以NaOH（或KOH）、氨水或Na_2CO_3为浸取剂，使MoO_3转化为可溶性化合物

Na_2MoO_4、K_2MoO_4 或（NH_4）$_2MoO_4$，再通过调酸、除杂、萃取等操作分离回收钼等金属。焙烧-NaOH 浸出法是将含钼催化剂粉碎，然后在反射炉内活化焙烧。温度控制在 480℃左右，时间 2h。在反应锅内放适量的 NaOH 和水，加温到 70℃左右，将处理后的催化剂投入锅内，搅拌升温至沸腾，pH 控制在 11～12 左右。反应时间以 pH 的稳定程度和粉末状废钼催化剂的分解状况而定。当分解完全，pH 稳定在 11～12 即可出料。然后将分解后的碱液吸入锅内，加热到 60℃左右，加盐酸分段精细调 pH8.5～9.2，升温至沸，使钴、镍、SiO_2 形成相应的氢氧化物和硅酸沉淀。沉淀物可用于提取钴和镍。将上述沉淀后的上层溶液加温，在充分搅拌下滴加少许盐酸，精细地调节 pH 在 6.4～6.7 范围内，使溶液中的偏铝酸钠水解生成氢氧化铝沉淀。而钼（Ⅵ）仍以溶液的形式存在于体系中，从而达到钼、铝分离的目的。有条件的可用板框压滤机洗涤和压滤滤渣，以彻底分离钼、铝；没有条件的可用离心机促使固液分离，工艺流程如图 7-6 所示。

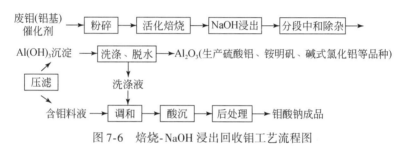

图 7-6 焙烧-NaOH 浸出回收钼工艺流程图

焙烧-Na_2CO_3 浸出法是将磨碎的铝基含钼废催化剂在 500℃焙烧，然后用 Na_2CO_3 水溶液浸出，钼进入溶液转化为钼酸钠，过滤除去钴、镍、部分铝，向滤液中加入浓硝酸，调节 pH 在 9.4 左右，过滤除去剩余的铝，继续加入浓硝酸，加热至 150℃，析出钼酸，然后过滤、冲洗、脱水即得 MoO_3。该法是用碳酸钠代替氨水浸取，避免了氨的回收，而且钴完全不浸出，浸取率高，设备简单，工艺流程短，是三种方法中较为理想的钼回收方法。

焙烧-Na_2CO_3 碱浸法又有两种流程，第一种流程如图 7-7 所示，第二种流程如图 7-8 所示。第一种流程一次焙烧时，硫几乎都能除去，因而产品中硫酸根含量低，但它采用二次焙烧能耗高，劳动强度大。第二种流程采用一次焙烧，降低了能耗，但由于焙烧过程中碳酸钠的存在，它和碳酸钠反应，降低了硫的脱除率，使产品中硫酸根含量增加，影响了产品质量。

安徽冶金科学研究所研究了使用碱浸法从废钼合金催化剂中提取钼等有价元

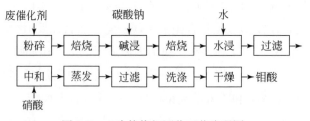

图 7-7　二次焙烧钼回收工艺流程图

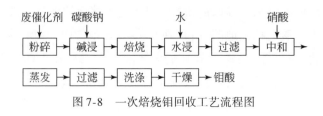

图 7-8　一次焙烧钼回收工艺流程图

素方法。针对该废料为块状且硬度大的特点,采用初碎、再球磨的办法加工成要求的粒度,选择合适的温度进行氧化焙烧、碱浸出,第一步能提取废料中 55% 左右的钼,钴、镍和余下钼仍留在固相滤饼中。把上述所得滤饼加适量纯碱半溶焙烧,使渣中钼转化为可溶性钼酸盐以水提取。第二步能使渣中钼 95% 被提取,钴和镍仍留在固相中。将钴镍渣用稀酸溶解,采用萃取法分离钴镍,然后分别制取工业产品,确定的工艺流程如图 7-9 所示。

　　氨水和 NH_4NO_3 浸出法是将粉碎的废催化剂焙烧除去碳和硫,然后在 70 ~ 80℃条件下用 $NH_3 \cdot H_2O$ 和 NH_4NO_3 以最佳比例配成的溶液浸出,浸出液用硝酸调节酸度生成钼酸铵沉淀,图 7-10 即为使用此法处理 Mo-Co 催化剂的流程图。

　　比较以上 3 种方法,其中焙烧-NaOH 浸出法,由于 NaOH 相对于其他几种浸出剂其碱性最强,因此钼的浸出率最高,但同时也使产物中带入了大量硅酸盐,除去硅胶的工作量加大,但是这样可以在得到 MoO_3 产品的同时回收硅胶产品,使回收工作更加完全。焙烧-Na_2CO_3 浸出法浸出效果一般,加入一定量的 Na_2CO_3 会提高钼的浸出率,但是当溶液中的碳酸根浓度过高时,体系黏度大反而不利于浸出。焙烧–氨水和 NH_4NO_3 浸出法初次浸出效果最差,但是在钼的回收过程中仍然需要应用氨水,一般采用二次浸出的方法,即将氨浸渣与 Na_2CO_3 混合焙烧后进行二次浸出,这样回收率较高,并且用氨水浸出可以方便地生成钼酸铵产品,不需要除硅,工艺过程较为简单。

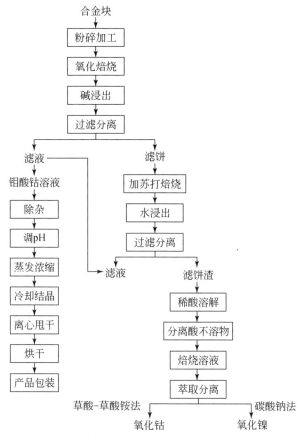

图7-9 回收废合金催化剂中钼、钴、镍工艺流程

王敏人等（1996）在用氨浸法处理来源于化肥生产的废钴钼催化剂时，将粉碎→焙烧→氨水浸取→过滤后的操作由以往的调酸→过滤→氨溶改为加有机溶剂 RCH_2OH，使 $(NH_4)_2MoO_4$ 因溶解度降低而沉淀下来与钴分离，钴则可通过结晶或萃取的方法回收。试验确定的沉淀过程适宜工艺条件为 $V(RCH_2OH)/V(滤液)=1.2$，温度25℃，此时钼的浸取率可达97.6%。该法具有浸取率高、工艺简单、经济性好、有机溶剂 RCH_2OH 可多次循环使用等优点。

王犇等（2005）开发的从山东省齐鲁石化公司废 $Co/Mo/\gamma$-Al_2O_3 催化剂（B301）中回收金属的新工艺不需要离子交换、萃取、反萃取等工序即可实现钴、铝、钼的全回收，其主要步骤为：将废催化剂焙烧后粉碎，用浓氨水多次浸取，所得溶液加锌置换钴后，依次加硝酸和氨水回收钼酸铵；氨浸渣用硫酸溶解后加硫酸

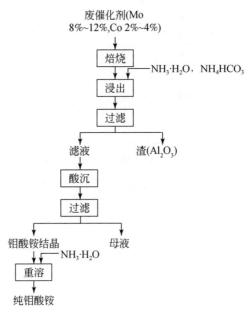

图 7-10　焙烧–氨水和 NH_4NO_3 浸出法

铵使铝以氨明矾的形式分离；所得少量溶液除去残留的微量铝和铁杂质后用过量氨水使钴形成钴氨络合物，再用锌粉置换得金属钴。该工艺钴、钼、铝的回收率分别在 90%、85%、90% 以上，处理 100t 废催化剂可实现 83.3 ~ 109.3 万元的纯利润，且回收过程基本不产生污染，可见其具有可观的资源、环境和经济效益。

张智等（1998）将失效的石化行业加氢精制用含钼催化剂焙烧后，用 Na_2CO_3 溶液选择性地浸取钼，得到的浸取液可用经典法制得钼酸铵。研究结果表明，在焙烧温度为 500℃、焙烧时间为 6h、浸出液固比为 4∶1、浸出温度为 95℃、浸出时间为 2h、Na_2CO_3 用量为理论用量的 4 倍条件下，钼浸取率达 96%。该工艺具有易操作、投资低及收率高等优点，其缺点是未对废催化剂中含有的少量 Ni 及大量 Al 进行回收。

肖飞燕（2000）以工业碳酸钠为浸出剂，对某主要成分为 MoO_3、载体为 SiO_2 的含钼镍废催化剂进行了碱浸—除杂—浓硫酸沉钼—煅烧得三氧化钼，并将试验成果运用于工业生产。试验确定的最佳碱浸条件为液固比=3∶1，n（Na_2CO_3）/n（Mo）= 2 ~ 3、浸出温度 80 ~ 90℃、浸出时间 1.5 ~ 2h；按此条件进行工业生产，钼浸出率大于 96%，总回收率在 90% 以上。该工艺简单实用、容易操作，具有良好的生产效益。

许多丰等（2005）通过考察钼浸出率与不同碱液的关系，最终确定以 Na_2CO_3 溶液为浸取剂，在物料粒度为−160～−200 目、m（碳酸钠）/m（废催化剂）= 1.1 的条件下，采用碱浸−沉钼酸−沉四钼酸铵的工艺流程使某钼钴废催化剂中的钼得以回收，碱浸渣再通过酸浸、水解等过程使 Bi、Co、Ni 分别以硝酸铋、碳酸钴、碳酸镍的形式产出。该工艺 Mo、Co、Ni、Bi 的回收率分别为 85%、85%、87%、83%，较好地实现了这些金属的回收。

此外还有氧化−碱浸法和直接氨浸法，其处理 Co-Mo 催化剂和钼镍系催化剂的流程如图 7-11 和图 7-12 所示。

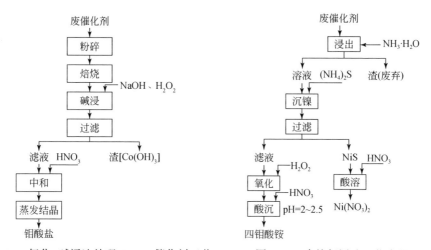

图 7-11　氧化−碱浸法处理 Co-Mo 催化剂工艺　　　图 7-12　直接氨浸法工艺流程

直接氨浸法所处理的废催化剂为钼镍系催化剂，氨水浓度 4mol/L，反应温度为 65～75℃，L：T=4：1，MoO_3 回收率为 88%，产品质量达一级品要求。

焙烧−碱浸法的优点：焙烧过程无须添加任何试剂，从而对焙烧设备的腐蚀较小；工艺简单，对环境污染小；若焙烧氧化充分，钼的回收率较高；焙烧废催化剂散发的热量可以回收利用。缺点：需要严格控制焙烧温度，过高的焙烧温度会导致钼的挥发，而不充分焙烧会导致钼的浸出率较低。

（2）水浸法

此方法一般选用碳酸钠、Na_2O_2 等作为添加试剂。将粉碎的废催化剂与添加试剂混合在一起焙烧，使废催化剂中以硫化物形式（MoS_2）存在的钼转化为氧化钼（MoO_3）并进一步与 Na_2CO_3 等反应生成可溶性化合物 Na_2MoO_4，焙烧后的产物放入水中搅拌浸出，然后过滤，将滤液用酸调节 pH 得到钼酸，将钼酸焙烧得到 MoO_3。这种方法的最大优点是可以使得废催化剂中的钼在焙烧的过程中直接转化为氧化物，用水就可以使钼进入溶液中，因此成本较低，回收率也较好。缺点是焙烧过程中添加的试剂对设备的腐蚀较大，且污染环境。

刘锦等（2004）采用加 Na_2CO_3 焙烧–水浸–酸浸工艺从某化工厂报废的钴钼催化剂中回收钴、钼及铝，其主要金属含量见表7-7，工艺流程见图7-13。主要过程为：将废钴钼催化剂与 Na_2CO_3 按 1∶1.8 的质量比混匀，于900℃下焙烧2h，之后在固液比为 1∶2 条件下用沸水对熔块水浸 2 次，每次30min；将第 1 次水浸液用稀硫酸调 pH 至 6~7，使铝以 $Al(OH)_3$ 沉淀形式得到回收，沉铝后溶液通过控制条件进行两次先加热、后冷却操作，依次析出硫酸钠、钼酸钠，从而使钼得到回收；第 2 次水浸的浸出液返回第 1 次水浸作业，浸渣用硫酸与水体积比为 1∶3 的硫酸溶液在煮沸条件下进行酸浸，酸浸液用碱调 pH 至 4~5 除铁后再调 pH 至 9，得 $Co(OH)_2$，$Co(OH)_2$ 加热脱水后得钴产品 Co_3O_4。在最优条件下，该工艺的钴、钼、铝回收率可达95%，产物纯度大于97%，具有金属回收率和产品纯度高、操作简单等优点，缺点是能耗较高。

表7-7　废催化剂主要金属的含量

元素	Co	Mo	Al	Fe	Ca
质量分数/%	1.02	4.92	28.14	0.22	5.21

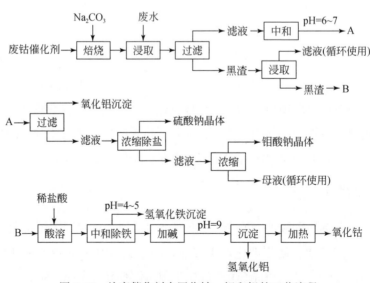

图 7-13　从废催化剂中回收钴、钼和铝的工艺流程

福州大学采用加碱混合焙烧－水浸法。在回收钼之前，需将废催化剂进行焙烧，将其中以硫化物形态存在的钼转化成相应的可溶于碱液等的氧化物，而后对其中的钼进行提取回收。工艺采用废催化剂加碱混合焙烧，再用水浸取的方法，其工艺流程如图 7-14 所示。

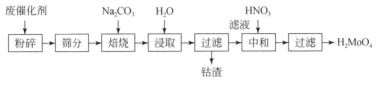

图 7-14　钼回收工艺流程

李培佑等（1999）采用加 Na_2CO_3 焙烧→水浸→溶剂萃取→酸沉的工艺路线从某炼油厂加氢脱硫、加氢脱氮精制过程产生的废钼镍催化剂中回收钼，考察了原料粒度、焙烧温度、Na_2CO_3 用量对钼浸出率的影响，得出原料粒度对焙烧过程中钼转化为钼酸钠影响不大、适宜的焙烧温度应为 700～750℃、Na_2CO_3 用量应为 50%～55%（对废催化剂计）的结论，还对钼萃取过程的影响因素进行了初步分析。该研究钼的总回收率在 85% 以上，钼酸铵产品质量达到 GB 3460—1982 中工业一级品的标准，而且研究成果已获得成功应用，可年处理废催化剂 600t。

邵延海等（2009）采用加 Na_2CO_3 焙烧－水浸－浸出液净化除铝硅磷砷－溶剂萃取及反萃富集钒钼－铵盐沉钒－加酸沉钼工艺从国外某废催化剂氨浸渣中进一步回收钒、钼。试验结果表明：适宜的焙烧条件为 Na_2CO_3 用量 15%、焙烧温度 750℃、焙烧时间 45min；焙烧产物在液固比为 2∶1、温度为 80℃ 条件下水浸 15min，钒、钼的浸取率分别达 90.13% 和 91.38%；对浸出液进行净化除杂后用三烷基胺在最佳条件下萃取钒、钼，一级萃取率分别达 99.22% 和 99.80%；萃取液用 10% 的氨水进行反萃，反萃水相中钒、钼的浓度分别为 22.81g/L 和 118.63g/L；反萃水相依次用铵盐沉淀法和酸沉法沉钒和钼，所得 V_2O_5 和 MoO_3 产品纯度分别达 98.06% 和 99.08%。整个回收工艺中，钒、钼的总回收率分别为 87.28% 和 89.43%。

合肥工业大学对水浸法做进一步研究，将废催化剂中的有用物质如钴、钼、铝等同时进行回收利用。其工艺流程如图 7-15 所示。

刘公召等（2010）采用纯碱焙烧－热水浸取法从失活的重油加氢脱硫用 Mo-Ni/Al_2O_3 催化剂中提取钼，工艺流程为加 Na_2CO_3 焙烧→水浸浸钼→调酸除硅

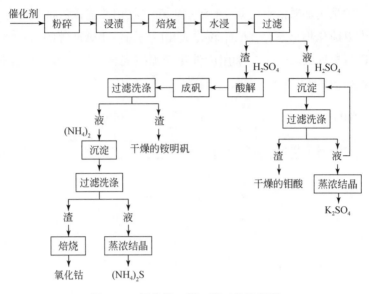

图 7-15　回收钴、钼、铝工艺流程图

铝→滴加 $CaCl_2$ 沉钼→滤渣进一步处理得 $NiSO_4 \cdot 7H_2O$ 晶体。具体工艺步骤为将废 Mo-Ni/Al_2O_3 催化剂先进行低温焙烧，烧掉其中的硫和碳，然后磨碎至 100 目（$150\mu m$），与 Na_2CO_3 以物质的量比 $n(Mo)/n(Na_2CO_3) = 1 : 1.8$ 混合均匀，于高温炉中焙烧反应，将硫化钼和硫化镍转为相应的氧化物，氧化钼进而生成盐，焙烧后为蓝色混合物。将焙烧后的混合物溶于水中，在 90℃、搅拌速度 400r/min 的条件下，浸取 5h。此时钼酸钠进入液相中，有很少量的铝也以铝酸钠形式进入液相。过滤、洗涤滤饼至中性，滤饼中的镍用酸溶法回收。

浸取液中主要杂质是铝，由于钒含量很少（由于催化剂在使用过程中沉积到催化剂上），在高温焙烧过程中，钒基本升华了，所以不用沉钒。调节 pH 到 8 ~ 9，使硅以硅酸镁形式除去，再用盐酸调节 pH 至 6 除去浸取液中很少量的铝。洗涤数次，减少沉铝时钼的损失。将除杂后的溶液进行浓缩，钼以钼酸根形式存在于溶液中，调节 pH 至 8 左右，滴加氯化钙溶液，钼以钼酸钙形式沉淀下来。将浸取过滤得到的滤渣与 NaOH 溶液在 100℃反应 3h，过滤，洗涤至中性。此时大部分铝以偏铝酸盐形式存在于溶液中。然后将所得滤液进行沉铝。所得滤渣与混酸进行反应，使氧化镍转化为可溶性镍离子，还有少量的铝离子也进入溶液中。过滤，调节滤液 pH = 5 ~ 6，沉淀铝离子，加热水稀释，趁热过滤，对沉淀洗涤数次，减少镍离子的损失。将除去铝离子的净化液加入 Na_2CO_3 水溶液调节 pH 至

8.5～9.0，将镍离子以碳酸镍形式沉淀。过滤，洗涤至中性。将滤饼用计量比的硫酸溶解，然后加热蒸发、浓缩、冷却结晶，得到 $NiSO_4 \cdot 7H_2O$ 晶体。经研究，在废催化剂粒度为 0.154mm、$n(Na_2CO_3)/n(Mo)=1.8$、焙烧温度为700℃、焙烧时间为 4h 条件下，钼浸取率达可 90% 以上；当母液中钼浓度为 20g/L、$n(CaCl_2)/n(Mo)=1.1～1.2$ 时，钼的回收率可达 80% 以上。该工艺以价格低廉的水为浸取剂，避免了采用酸浸或碱浸造成的设备腐蚀和后续污染问题，并且流程简单，但也存在能耗高、耗时长等不足。

此外，还有苏打焙烧-活性炭吸附法，其使用的废催化剂成分和产物成分如表7-8所示，其工艺流程见图7-16所示。在最佳焙烧条件温度600℃，苏打用量为催化剂量的12%，烧结 0.5h 钼的提取率达92%，水浸液如直接制取多钼酸铵，所得 MoO_3 纯度为 92.4%，含有大量杂质，而将溶液 pH 调至 2，再经活性炭吸附后，解吸液再制备多钼酸铵煅烧得到的 MoO_3。

表7-8 废催化剂与高纯 MoO_3 产品成分 （单位:%）

组分	MoO_2	Fe_2O_3	Co_3O_4	NiO	ZnO	Al_2O_3	SiO_2	Na_2O	MgO	SO_3	CaO	H_2O
废催化剂	21	1.88	1.52	0.85	0.81	60.4	4.67	0.32	1.94	5.06	0.47	1.08
高纯 MoO_2	99.904	0.0005	0.001	0.0002	0.008	0.005	0.03					

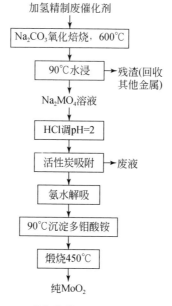

图7-16 苏打焙烧-活性炭吸附法流程图

（3）溶剂萃取法

由于含钼废催化剂中会同时含有钒贵重金属，为了获得高纯度的钼和钒等贵重金属，溶剂萃取法常用来代替冶金流程中的沉淀法。近几十年来，许多研究人员研究开发了溶剂萃取法分离钼和钒等其他金属。Voropanova 等采取溶剂萃取法，用 7% 三烷基胺（作为提取剂）、14% 二辛醇（作为改性剂）和煤油（作为稀释剂）的混合溶液从含有钨酸钠和钼酸钠的过氧化氢水溶液中分离钼和钨。An 等（2009）在含 Mo 质量浓度为 10g/L 的废液中回收钼，其采用苯甲醚 150 稀释剂稀释丙氨酸至 10%（体积分数），用萃取法两步浸取选择性回收钼。Park 等利用 LIX84-I 萃取剂回收钼。Parhi 等利用丙氨酸 304-I 萃取剂从海矿浸出液中回收钼。

除了上述方法中提到的萃取剂，磷酸衍生物、硫代磷酸和氨合物等萃取剂也被用到过，但是回收肟基萃取剂是很有限的。溶剂萃取法优点：选择性好，生产量大，设备简单，操作简便，安全快速，易于实现连续化、自动化控制，回收率高。缺点：萃取剂相对昂贵，而且有机溶剂有毒性、易挥发，污染环境。我国某厂采用叔胺萃取回收酸沉母液中的钼，酸沉母液含钼 $5 \sim 6g/L$，$pH = 2.0 \sim 2.5$，有机相为 20% N235+10% 仲辛醇+煤油，采用两级并流萃取，两相接触时间为 1.5min，钼萃取率大于 95%，萃余液含钼小于 0.4g/L。用 20% NH_4OH 溶液反萃 $5 \sim 6min$，相比 1/1，反萃液含钼大于 100g/L。

（4）Na_2CO_3/H_2O_2 体系浸出–活性炭吸附提纯法

在湿法冶金领域，除了溶剂萃取法和离子交换法之外，炭吸附法作为一种重要的金属提纯和集中的工艺而出现。活性炭吸附提纯法习惯用在钼酸钠的提纯，这优于用在钼酸铵和三氧化钼的提纯。国外科研人员用 Na_2CO_3 和 H_2O_2 的混合溶液，通过湿法冶金的方法回收废弃加氢催化剂中的钼，工艺过程：废催化剂→浸出→炭吸附→解吸附→沉淀钼酸铵→焙烧→三氧化钼。钼的回收率取决于 Na_2CO_3 和 H_2O_2 的浓度，通过浓度变化可调节浸出液的 pH 以及铝和铌的形态。用 40g/L 的 Na_2CO_3 和 6%（体积分数）的 H_2O_2，在室温浸出 1h，钼的回收率可达 85%。用炭吸附法处理浸出液，在 pH 为 0.75 左右，溶液中的钼会被选择性吸附。用体积分数为 15% 的氨水解吸，一步反应吸附与解吸率就可超过 90%。此法可回收得到纯度为 99.4% 的 MoO_3 产品。此法使用的活性炭可循环使用，是一种环保的回收方法，值得推广。

（5）沉淀法

美国一些企业处理含镍钴钼的废铝基催化剂，温度150℃，用98% H_2SO_4 并通入 H_2S 在高压釜中进行浸出，将硫酸铝溶液和镍钴硫化物沉淀分离，在通入氧气的高压釜中对沉淀进行酸浸，过滤得 MoO_3 沉淀，滤液中的镍钴用阳离子交换树脂对其进行分离提取。美国 Amax Metal 年处理加氢脱硫催化剂 16 000t，每年可回收钼 1360t、钒 130t 及 14 500t 三水氧化铝。

（6）酸浸法

酸浸法是以常见的硫酸、盐酸或硝酸为浸取剂，主要原理是将废催化剂中的钼和其他可溶性杂质一起溶于酸中，然后通过补加试剂、萃取、沉淀等方法实现除杂以及钼和其他金属的分别回收。工艺路线如图7-17所示。它省去了高压设备及焙烧工序，钼的浸出率达98.5%，且工艺短、设备简单、产品成本低、质量稳定。具体方法是将废催化剂按 1:3 固液比，在搅拌条件下加入盐酸中，并一同加入催化剂重量10%的工业硝酸中，然后加热升温至85~90℃恒温浸出2h，过滤，并用热水洗滤渣2~3次，滤渣用氨水于70~80℃浸出1h，吸干后弃之，氨洗液去氨中和即可得到产品。

图7-17 酸浸法工艺流程图

安徽工业大学研究了采用盐酸-硝酸铵体系对硅载铋钼废催化剂中的有用元素的回收。其在传统的酸浸基础上，控制酸的加入量，保持 pH=0.5，同时引进铵盐，根据同离子效应，将钼抑制于固体渣中，而钴、镍、铋等杂质进入酸浸液中，然后反复调节酸度，依次使铋水解为 $Bi(OH)_3$ 沉淀，除铁，沉淀镍、钴氢氧化物，最后将含钼渣碱浸、除杂、蒸发、结晶生产钼酸钠。此工艺优点：工艺流程简单、易操作，对设备要求低，各金属收率高，钼产品纯度高。此工艺同样是一个值得推广的方法，其工艺流程如图7-18所示。

吉林吉清科技开发有限公司采用逆向思维法，将废催化剂中的钼回收过程倒

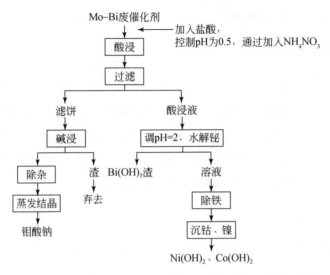

图 7-18　HCl 炭吸附 NH_4NO_3 体系浸出回收钼工艺流程图

过来考虑。确定了一种新的酸浸法的实验方案。通过大量的试验，最后确定为：酸浸–氨中和–碱浸–净化–蒸发结晶–烘干–产品钼酸钠的工艺路线，该工艺省去了高压设备及焙烧工序，钼的浸出率达到 98.5%，且工艺短、设备简单、产品成本低、质量稳定。其工艺流程如图 7-19 所示。采用酸浸工艺回收有价金属钼，较传统工艺有许多优点：其一，钼浸出率、金属回收率高；其二，设备简单，工艺路线短；其三，产品质量达到一级标准，而且稳定。以上几种方法中，沉淀法的成本较低，操作简单，但是得不到高回收率（>99%）的钼产品；活性炭吸附钼的载荷能力较低，因此此工艺在分离钼和钒方面没有工业应用；溶剂萃取法对钼和其他离子的分离有很高的选择性，它是最有希望用于未来研究与开发的方法。

　　采用焙烧工艺回收钼资源容易造成二次污染，且工艺流程长，回收率不高。有的文献提出加压碱浸–萃取工艺，即将球磨后的铝基钼钴废催化剂加水制成矿浆，同时加入 Na_2CO_3，然后将矿浆加入加压釜内加盖密闭升温，反应结束后过滤，钴留在浸出渣中，浸出液经酸化处理，用 N235 作萃取剂，20% N235-10% 异辛醇–煤油作有机相，萃取富集回收钼，经过 4 级萃取，钼的萃取率可达 99.64%，反萃液经硝酸酸沉得到钼酸铵。

　　北京矿冶研究总院（BGRIMM）（王海北等，2011）采用加压浸出（POX）-萃取（SX）工艺回收钼。采用该工艺钼总回收率大于 97%。加压浸出过程中有 15%~20% 的钼进入溶液，该部分钼可采用溶剂萃取的方法进行提取，在有机相

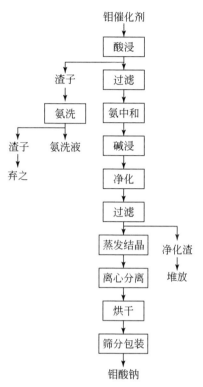

图 7-19　废催化剂回收钼工艺流程图

组成 N235+煤油，$O/A=3/1$，混合时间 3min 的条件下，钼的萃取率可达到 98%
以上，负载有机相采用 25% 的氨水反萃，$O/A=1/3$，在两级逆流萃取的条件下
钼反萃率超过 98%。根据上述试验结果，北京矿冶研究总院对硫化钼精矿进行
了加压浸出-萃取工艺的半工业试验研究。钼精矿经加压浸出，钼转化率达到 98%
以上，硫转化成硫酸进入浸出溶液中，氧化率达到 98% 以上，99% 的铼进入浸出液
中，加压浸出液主要成分见表 7-9。浸出液采用低浓度 N235 先萃取回收铼，再用
高浓度 N235 萃取回收钼，钼萃取试验条件为：有机相组成 20% N235-5% 异辛
醇-磺化煤油，萃取级数 2 级，萃取相比 $O/A=1/3$；洗涤级数 2 级，洗涤相比
$O/A=2/1$，反萃级数 2 级，反萃相比 $O/A=3/1$，反萃氨水浓度 25%。试验结果
表明，连续试验结果稳定，萃余液含钼稳定在 0.11g/L 左右，钼萃取率大于
98%，钼平均反萃率大于 98%。加压浸出液经 N235 萃取钼后，萃余液中含有
2~3g/L 的铜，具有综合回收价值，因此需进行铜回收。但是，萃余液中还含有
50~100g/L 的游离酸，酸度较高，不能直接进行萃取或 Na_2CO_3 沉铜。因此，先

采用轻质碳酸钙进行预中和，将溶液 pH 调至 1.5 ~ 2.0，再进行铜萃取或中和沉淀生产碳酸铜。

表 7-9 半工业试验加压浸出液成分

成分	Mo	HM₂SO₄	Re	Mg	Cu	Al	Fe	Si
浓度/(g/L)	8.1	119.43	0.069	0.48	1.96	1.28	4.03	0.017

7.6.1.2 从钼酸铵生产过程中回收钼

钼酸铵生产工艺流程见图 7-20。从图 7-20 可以看出，生产过程中造成钼损失的主要有两个环节，一是钼焙砂酸洗时产生的废水中的钼，另一个是酸洗预处理滤饼氨水浸出时生成的氨浸渣中的钼。西部鑫兴金属材料有限公司钼酸铵生产线每生产 1t 钼酸铵产生 4t 废水，废水中含钼在 3g/L 左右，已知生产 1t 四钼酸铵会产生废水 4t，4t 废水中约含有钼 4.8kg，每天如生产 20t 钼酸铵约损失 24kg 金属钼，约合 43kg 钼酸铵。废水中的钼全部是可溶性的钼酸盐，利用膜分离技术可回收。氨浸渣造成的钼损失，不仅与渣中钼含量有关，而且与氨浸时的渣率有关，渣率越高，钼损失就越大。西部鑫兴金属材料有限公司钼酸铵生产线使用自产的钼焙砂，渣率约 10%，每生产 1t 钼酸铵产生氨浸渣 100kg，氨浸渣平均含钼在 5% ~ 7%，造成钼的损失在 0.95% 左右，利用加入 $(NH_4)_2CO_3$ 及强氧化剂 NaClO 浸出法进行回收，废水及氨浸渣中的钼一起得到回收，大大提高钼的回收率，增加企业经济效益，同时也产生了显著的环保效益。

(1) 从钼酸铵生产废水中回收钼

在传统的生产钼酸铵过程中，特别是在预处理和酸沉工序中会产生大量的含钼酸性废液。目前从钼酸铵生产废水中回收钼的方法主要有离子交换树脂吸附法、加酸沉降法和加沉淀剂沉降法等。

离子交换树脂吸附法是钼回收的发展方向，只要选择好合适的树脂、设置合适的交换流程和工艺参数即可，辅助材料用量较少，且不增加排放液总量和排放液中污染物总量，回收的含钼溶液可以直接进入主流程用于生产成品，回收成本低且回收率高。正钼酸盐溶液加酸酸化时，钼氧聚合离子的聚合度随着 pH 的变化而变化，当 pH>6.5 时为 MoO_4^{-2}，当 pH 在 6.5 ~ 2.5 时则聚合成 $Mo_7O_{64}^{2-}$、$Mo_8O_{46}^{-2}$、$Mo_6O_{20}^{-4}$ 等同多酸根离子，当 pH 为 2.5 以下则产生 MoO_2^{2+}。酸洗和酸沉废液 pH 均

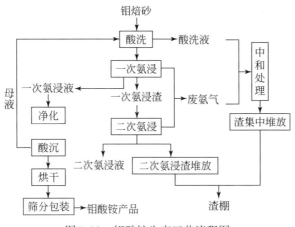

图 7-20 钼酸铵生产工艺流程图

在 2.5 以下。江苏东台钨酸厂选用 3 种树脂（强碱性阴离子树脂 201×7、大孔径弱碱性阴离子树脂 D301 和强酸性阳离子树脂 001×7）进行实验研究，发现 D301能从酸洗、酸沉母液中吸附 Mo，表现出较好的交换性能，其具体数值如表 7-10所示。用 D301 树脂回收酸沉母液及酸洗废水中钼，可采用三根 300mm×4000mm的交换柱、双柱串联、单柱分段解吸的流程。交换流出液含钼小于 0.1g/L。用NaOH 或 NH$_4$OH 溶液作为解吸剂，解吸液经净化即可制得纯钼酸铵或钼酸钠产品，钼回收率大于 95% 以上，解吸液成分见表 7-11。

表 7-10 离子交换树脂从含钼酸性废水中回收钼的性能

树脂牌号	树脂容量 /mL	酸洗废水		酸沉母液	
		吸附 Mo 量/g	交换容量/（mol/mL）	吸附 Mo 量/g	交换容量/（mol/mL）
201×7	346	3.2	0.096	4.6	0.138
D301	346	11.1	0.334	18.3	0.551

表 7-11 不同解吸剂解析液成分

解吸附	解吸液成分/（g/L）			
	Mo	Cu	Si	W
NaOH	97	0.026	0.016	0.054
	113	0.013	0.009	0.042
NH$_4$OH	104	0.031	0.007	0.006
	118	0.023	0.003	0.057

虽然离子交换法在工业上的应用规模受到限制，但是这一方法可以几乎完全地将钼和钒等其他金属分离，生产出高纯度的钼产品。Fuentes（梁宏和卢基爵，1999）对于氧压酸浸钼精矿浸出液、酸沉钼酸铵母液等含钼酸性废液用 $(NH_4)_2S$ 在 60~80℃、pH 为 1.5~1.8 的条件下处理 15min，沉淀析出 MoS_2。Klemyator（2002）研制了采用泡沫浮选萃取法的新型湿法冶金工艺，从生产钼酸钙的排放水（pH 为 8~9）中回收 Mo(Ⅵ)。在排放废水中含有 0.4~1g/L 的钼，且多半呈钼酸根离子（MoO_4^{2-}）形式存在。泡沫浮选萃取工艺准备系统包括反萃取胺和用 NaOH 使水溶液碱化到 pH12 以后，通过添加水溶液以使煤油、壬醇和阳离子捕收剂按规定的比例进行混合等作业。对在萃取器中获得的混合液进行相分离后，有机溶液可用作泡沫浮选萃取 Mo(Ⅵ) 的萃取剂，而水溶液则加入原始溶液中。根据研究结果，推荐采用以下工艺参数泡沫浮选萃取钼：阳离子捕收剂不低于 0.4mol/mol［Mo］；pH 为 3.6；溶剂混合液中煤油与壬醇的质量比为 9：1。在最佳的条件下，钼在泡沫产品的有机相中的回收率为 96%~98%。

Uchida（2002）利用铅化物吸附剂对工业废水中钼的去除进行了试验研究。研究表明，铅化物对含钼废水中的 Mo(Ⅵ) 有吸附能力，在溶液 pH 为 3~7，Mo(Ⅵ) 初始质量浓度为 50mg/L，搅拌时间 2h 条件下，对 Mo(Ⅵ) 的最大吸附量为 0.049kg/kg。加入 0.5mol/L 的 NaOH 溶液洗涤后铅化物中 99% 的钼被去除；Mo(Ⅵ) 的初始质量浓度为 270mg/L，pH 为 8，在反应进行 30min 后，出水中已检不出钼。张建刚等（2000）研究了用中和、过滤和浓缩法回收钼酸铵废液中的钼。生产钼酸铵的酸性废液，经氨水中和、过滤、滤渣用热碱（Na_2CO_3）浸取和滤液蒸发浓缩等步骤，回收了废液中约 79% 的钼，并获得 NH_4NO_3 和 NH_4Cl（该研究针对氧化焙烧氨浸法钼酸铵生产工艺中酸盐预处理用盐酸）混合液体肥料。

徐劼等（2002）研究了加硫化氨及用氨水调节 pH 的方法处理钼酸铵生产中的酸性废水。在硫化铵质量分数为 8%，工业硫化铵的加入量为废水体积的 1%，pH 控制在 6 左右，静置为 4h，反应温度为室温的工艺条件下，废水中 90% 以上的铜、铅、锌、铁被沉淀后除去，98% 以上的钼共沉淀进入渣中。沉淀渣再用氨水溶解，84.59% 的钼转化为钼酸铵溶液，而渣中的铁、铜、铅基本不溶，锌有部分进入钼酸铵溶液中，此溶液可直接返回生产钼酸铵的主流程中。经沉淀处理后的酸性废水，再经处理除去碱金属离子后，可结晶生产硝酸铵。北京氦普北分气体工业有限公司提出用氨水中和的方法回收钼，即用质量分数为 25% ~28% 的氨水中和废液,调节 pH 为 5 ~7,此时钼几乎全部进入渣中,然后用 Na_2CO_3(pH>13)浸渍钼沉淀渣回收其中的钼。在温度为 90℃、时间为 0.5h、浸出液体积为滤渣体积的 3 倍、浸出液 pH>13 的浸出条件下,钼的回收率大于 79%。

王红梅(2003)研究了一种"二步分级沉淀"回收生产钼酸铵酸洗废液中硝酸铵的方法,可以从废液中回收纯度不低于 99.5% 的优质硝酸铵。同时还可以将大体积的废液转化为少量能处置的固体残渣。首先,在搅拌的条件下往钼酸铵废酸液中缓缓加入硫化铵溶液,使溶液的 pH 维持在 1 左右,静置沉降 1h 后过滤,收集金黄色透明状滤液。在此过程中,废液中的 Cu^{2+}、MoO_4^{2-}、和 S^{2-} 从溶液中去除。其次,在搅拌条件下,于滤液中,缓慢加入氨水,控制 pH 在 10 ~11,再加入碳酸铵,缓慢加热到 60 ~70℃,静置沉降 2.5h 后过滤,收集澄清透明的滤液。此操作可除去溶液中的 Fe^{3+}、Zn^{2+}、Ca^{2+}、Mg^{2+}、Al^{3+}。再次,用质量分数约为 33% 的稀硝酸中和溶液,控制 pH 在 5 ~6,加热蒸发,浓缩至原体积 1/5,得到母液(Ⅰ)。此间,溶液中过量的氨转化为硝酸铵。最后,将浓缩液冷却至室温,过滤得到的粗品硝酸铵。母液(Ⅰ)蒸发至 180 ~200mL 后,再次冷却析晶,抽滤得到另一份硝酸铵粗品及母液(Ⅲ),合并 2 次的粗品,按其与水之体积比为 5∶1 进行重结晶,得到母液(Ⅱ)和湿品硝酸铵,经(100±2)℃ 干燥制得产品。上述母液(Ⅱ)和母液(Ⅲ)合并称为二次母液,将其返回原废液循环使用。

株洲硬质合金厂采用萃取的方法回收酸沉母液中的钼。pH 为 2.0 ~2.5 的酸沉母液中钼一般呈 $Mo_8O_{26}^{4-}$ 和硅、磷、砷杂多酸根 $SiMo_{12}O_{40}^{4-}$、$[PMo_{12}O_{40}^{3-}]$、$[AsMo_{12}O_{40}^{3-}]$ 阴离子形态存在,它们容易被 N235 萃取,萃相后的有机相用 $NH_3·H_2O$ 反萃,钼可被反萃进入水相或钼酸溶液,最后得到的含钼溶液可采用经典方法回收钼。

(2) 从氨浸渣中回收钼

氨浸渣中的钼是不可溶性钼,主要以二硫化钼、二氧化钼、钼酸钙、钼酸铁和钼酸铅等形态存在,这部分钼在生产中不能通过固液分离被液体带出,因此会全部进入氨浸渣。另外,氧化钼中的三价铁离子会在氨浸工序中遇碱迅速生成 $Fe(OH)_3$ 胶体,在生成胶体的过程中很容易将尚未溶解的氧化钼包裹住,形成氧化钼团聚物。这种团聚物的形成阻碍了钼酸铵的形成,使团聚物中的可溶性钼在固液分离过程中进入氨浸渣，导致氨浸渣的钼含量明显升高，钼金属损失量增多，大大降低了钼酸铵的回收率。

目前以氨浸渣为原料回收钼资源的工艺有苏打焙烧水浸法、酸分解萃取法、碳酸钠湿法浸取法、高压氧酸（碱）浸取等。以上方法中苏打焙烧水浸法对各种钼废料的适应性最广，金属回收率较高，但采用此法较为繁琐，即氨浸渣首先需经过烘干、粉碎磨细、配料、焙烧、浸出等工序，另外能源消耗大，设备投资大，操作不便且容易产生二次污染。盐酸分解法对氨浸渣中未氧化或未完全氧化的钼不起作用，另盐酸腐蚀严重，操作环境恶劣，环境污染严重。高压氧（碱）浸法对设备要求高，近年高压氧浸回收工艺的试验研究有了大的进展，但目前国内报道的工业化生产资料较少，其经济技术指标不完整，也存在处理的结果不够稳定的缺陷。几种氨浸渣处理工艺的主要经济技术指标见表7-12。由表7-12可见，各种钼资源回收工艺都有相对的优缺点，而碳酸钠湿法浸取法具有金属回收率较高及明显的环保优势。

表 7-12 几种工艺的经济指标

项目	苏打焙烧水浸	碳酸钠湿法浸取	酸解萃取
标煤/（kg/t 渣）	1000～1100	200～300	—
有机物消耗/（kg/t 渣）	—	—	10～20
氨氮排放/（kg/t 渣）	3.0～4.2	1.1～1.2	—
SO$_2$/（kg/t 渣）	18.1～20.8	5.2～7.8	—
金属回收率/%	75～85	75～95	90

陈敏（2011）依据碳酸钠湿法浸取法为基础，得出如图7-21的工艺流程来试验回收氨浸渣中的钼资源。通过对氨浸渣中钼的物相分析，对钼的不同赋存形态的化合物的性质进行研究，以次氯酸钠为氧化剂，以碳酸钠为浸出剂，通过试验研究，探索出常压条件下湿法回收氨浸渣中钼资源的新工艺。选用江苏恒星钨钼有限公司钼酸铵车间用不同品质的焙烧钼精矿生产钼酸铵所产生的氨浸渣分别作为试验研究试验1、试验2的试样，将试样烘干研细，过−200目筛，准备试验。第1步低价钼的氧化：试样用水调浆，同时启动搅拌器，用碳酸钠调整反应体系 pH=9.0，用恒温水浴维持反应体系温度 $T \leqslant 40℃$，加入一定量的 NaOCl，反应30min；第2步浸出：升温至 $T=90℃$，加入一定量碳酸钠，随反应进行，用氢氧化钠调整体系 pH=11，待体系 pH 维持不变后，再保温反应30min，过滤，用适量热水洗涤滤饼；第3步采样分析：将洗涤后的滤饼烘干采样，做钼含量分

析，见表7-13。可见本方案对氨不溶钼的转化及钼金属的浸取是十分有效的，试验方案是可行的。按照试验方案，用本公司生产钼酸铵所产的氨浸渣进行了3次工业中试。

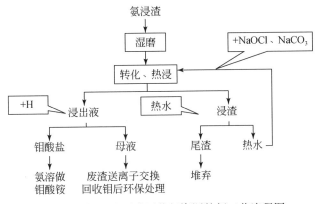

图7-21　氨浸渣湿法回收钼资源的新工艺流程图

表7-13　铵浸渣浸取实验及中试结果　　　　　　　（单位:%）

项目	原渣钼含量	氨不溶钼	尾渣钼含量	尾渣铵不溶钼	浸出率	氨不溶钼转化率
试验1	5.36	2.66	0.29	0.08	94.59	96.99
试验2	11.5	2.38	0.31	0.1	97.30	95.79
中试1	5.55	1.55	0.85	0.18	84.68	88.38
中试2	4.12	1.98	0.6	0.2	85.44	89.90
中试3	4.27	1.81	0.56	0.13	86.88	92.81

所不同于实验室实验的是：①因条件所限，工业中试的氨浸渣没有经过研磨，直接投料反应，尾渣滤饼中有可见的颗粒物及未反应的沉底料；②将一次浸出液加酸沉降出钼酸（盐），把钼酸（盐）氨溶制成钼酸铵溶液，钼酸铵溶液经净化陈化后，用酸中和结晶做成四钼酸铵1，其质量指标符合三级钼酸铵指标，将四钼酸铵1氨溶后二次酸沉作成钼酸铵2，其质量指标达到优级钼酸铵标准；将沉降钼酸（盐）后的酸性废液及结晶钼酸铵后的母液送离子交换系统，进一步回收钼资源做环保处理后排放。

（3）从含钼废酸中回收钼

现代工业中经常会产生一些含钼的废酸溶液，如白炽灯泡厂和电子管生产过程中会产生一些钼含量在 40~70g/L、酸性极强（3mol/L 硝酸和 6mol/L 硫酸的混合酸）的酸性废液，钼在这些溶液中以 MoO_2^{2+} 形态存在。其回收方法主要有以下几种。

1）氨沉法。对于钼含量较高的酸性废水，氨沉法是一种比较成熟的回收这部分钼的工艺方法，工艺流程见图 7-22。其原理为在搪瓷反应罐中向稀释了的废液加入浓氨水或通氨至 pH 至 1.5~3 的范围内，在 70~80℃进行搅拌 10~20h 后冷却结晶，在沉淀中得到以 $2NH_3 \cdot 4MoO_3 \cdot H_2O$ 为主的混合物，用去离子水洗涤沉淀，洗涤液返回稀释高浓度的酸性废水。滤液中残留的 MoO_3 约为 0.2g/L，钼的回收率大于 99%，滤液中的硝酸和硫酸再以硝酸铵和硫酸铵的形态回收。

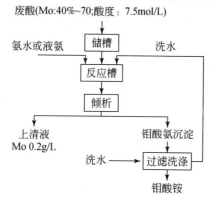

图 7-22　氨沉法回收废酸中的钼工艺流程示意图

2）三氧化钼沉淀法。该方法的基本原理：基于 MoO_3 在浓硫酸中的溶解度随着酸浓度的升高而降低，对于含钼和硫酸较高的废酸或酸性废水进行长时间的加热蒸发，溶液中的酸逐渐浓缩，钼将以氧化钼的形式沉淀析出，处理过的废酸经补酸后返回使用，沉淀物经洗涤后煅烧即可得到较纯的产品 MoO_3。由于废酸一直处于沸腾状态，温度可达 120℃以上，所以采用逆流法回收蒸气中的酸是非常必要的，同时为防止沉淀物黏结在反应釜内壁上，必须加强搅拌。该法最大的缺点在于能耗较高，对设备材质要求很苛刻。

3）中和法。用石灰水、苛性钠或苏打作为中和剂将废酸液中和接近 pH=2，加氨水保持 pH 在 2 左右，钼将以氧化钼的形态沉淀析出。

7.6.1.3　从废弃钼制品中回收钼

含钼合金废料主要包括超合金、不锈钢、高速钢、硬质合金和钼铼合金等废料。

(1) 从废钼铜合金中回收钼

Mo-Cu 合金在电子、汽车、航空航天工业中有着广泛的应用，可作为电子封装材料、真空开关电触头材料、热沉材料、散热器等。随着 Mo-Cu 合金材料研究及应用领域的拓宽，其产生的废 Mo-Cu 合金板材也逐渐增多。曹维城和付小俊（2006）用稀硝酸处理 Mo-Cu 合金板材废料，反应结束后得到白色 MoO_3 沉淀和硝酸铜溶液，并产生氮氧化物尾气。氮氧化物尾气可采用碱液吸收；硝酸铜溶液经酸化、结晶可制得硝酸铜；MoO_3 沉淀经氨溶、酸沉制得四钼酸铵，四钼酸铵经分离、干燥、2 次氢气还原制得钼粉。在工业生产中，分离出的白色 MoO_3 沉淀可以直接并入钼酸铵生产中的氨浸系统，再经酸沉生产钼酸铵，无须再投资其他设备。

(2) 从钼泥废料中回收钼

针对钼泥废料为泥浆状，且含水量较高的特点，选择离心甩干、烘干、破碎、过筛等将物料中的棉絮去除并加工成较小的粒度，选择合适的温度进行氧化焙烧，尽可能保证二氧化钼、钼粉全部转化为三氧化钼。三氧化钼直接投入钼酸铵生产系统中，经过净化、酸沉生产出钼酸铵产品。氨浸渣中由于含有较高成分含量的钼，采用盐酸进行热浸出，沉出的钼酸返回氨溶净化工序生产钼酸铵。试验的工艺流程简图如图 7-23 所示。

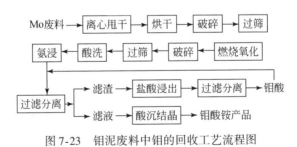

图 7-23　钼泥废料中钼的回收工艺流程图

(3) 从金属钼加工废料中回收钼

制灯、电子、电炉（丝）、玻璃等行业经常会产出一些含金属钼的加工废料，这部分含钼废料的回收可用氧化升华法和酸溶法回收。

酸溶法即用硝酸（混合酸）浸出回收钼废料，其工艺如下：用 8mol/L 硝酸

+0.5mol/L硫酸的混合酸在不锈钢容器中进行浸出数小时，液固比为5～6∶1，浸出温度控制在55℃以下，浸出液含钼约200g/L，钼的浸出率99%以上。浸出液用25%的氨水调节至pH到1～3，溶液中93%的钼将以钼酸铵形态结晶析出，该钼酸铵经过500℃煅烧可得到纯度为99.9%的三氧化钼产品。垂熔钼条的两端切头，实际上是纯度高的多孔钼块。类似于这样的金属钼废料，可通过硫化法将其转化为二硫化钼，生产优质的固体润滑剂。

匈牙利的科学家发明了一种新的溶解钼芯线并回收钼的方法，方法实质是用铁盐作催化剂，用过氧化氢快速溶解钼芯线，在反应条件下钨不与过氧化氢作用，过程的反应式如下：$Mo+4H_2O_2 \Longrightarrow H_2MoO_5+3H_2O$。之后再蒸发溶液，过氧钼化合物在加热条件下按下式分解为三氧化钼：$H_2MoO_5 \longrightarrow MoO_3+H_2O+1/2O_2$液固分离后，催化剂大部分在滤液中返回使用。滤饼成分（以干基计）为：MoO_3，70%～80%；Fe_2O_3，3%～10%；H_2O，10%～20%；杂质W，0.1%～1%。过程的典型能量及物质消耗如表7-14所示。

表7-14　溶解钼芯线的经济数据

项目		钼溶解及线圈淋洗	回收工序
电能	冷却	5.5kW·h	
	其他作业	0.5kW·h	0.5kW·h
蒸汽（3kg）		—	25～35kg
压缩空气（6kg）		<3m³	0.5m³
冷却水		1m³	1m³
H_2O_2（35%）		10～14L	—
$Fe_2(SO_4)_3 \cdot 6H_2O$（Fe 22%）		0.3kg	—
其他组分		<0.1kg	—
去离子水		15L	*

* 回收25L纯水，其中15L用于线圈淋洗

1980～1984年，匈牙利用此工艺及装备进行了数亿线圈的工业试验，并将此专利卖给瑞典，于1992年2月在瑞典Lumalampan AB. Luma Metal投入工业生产。

7.6.2　再生企业生产实例

7.6.2.1　从废催化剂中回收钼、钒

古尔夫化学冶金公司（Gulf Chemical and Metallurgical Coporation，GCMC）进

入废催化剂处理领域已有 40 年的历史，该公司在俄亥俄州有一个处理厂，一直运营到 1984 年。由于废催化剂原料供应量的增大，GCMC 公司于 1973 年将业务扩展至得克萨斯州的自由港。GCMC 在当地拥有一家工厂，最初用于蒸发海水提取的氢氧化镁，拥有三个多室焙烧炉、一个回转窑以及处理氢氧化镁和氧化镁的相关设备。为满足废石油精炼催化剂（即氢化处理催化剂）处理的需要，GCMC 对工厂进行了重新装备，于是从 1974 年起处理废催化剂。随着废催化剂原料量的增大以及对产品质量要求的不断提高，GCMC 进行了一系列的技术改造。1999 年，位于比利时根特市的一家废催化剂预处理厂试车，标志着废催化剂回收业达到了一个新的水平，当时该预处理厂由 Sadaci 公司运营。GCMC 在得克萨斯自由港省一个废催化剂处理工厂，产品有三氧化钼、液态钼酸铵、五氧化二钒、偏钒酸铵、熔融氧化铝以及镍钴合金等。在俄亥俄州的工厂主要是从废加氢重组催化剂中回收钼。废催化剂在氢氧化钠含量足够高的溶液中浸渍，钼转化成钼酸钠。混合物在 1000℃ 温度下燃烧 1h 并用水浸出，钼酸钙从浸出液中沉淀下来。浸出渣主要含氧化铝，适合于生产金属铝。GCMC 及其在俄亥俄州工厂的前身就采用了上述方法，以回收废催化剂中的钨。20 世纪 60 年代后期和 70 年代初期，废催化剂供给量增大，而俄亥俄州工厂处理能力有限，这促使 GCMC 于 1973 年将其业务扩大到得克萨斯州的自由港。在当地原有一家焙烧氢氧化镁的工厂，GCMC 对该厂重新装备后，用于处理废催化剂并生产三氧化钼和五氧化二钒，物料在多室焙烧炉中经苏打粉焙烧后，经渗透沥滤浸出并洗涤得到含 Mo、V 的溶液，而渣含氧化铝、钴和镍。

GCMC 的回收工艺历经多次改造，并最终在 1997 年形成了一个完整的专利。1983 年，GCMC 在其附属工厂中增加了生产纯钼酸铵溶液的项口，产品可用于生产新鲜催化剂。1987 年，一台新的多室焙烧炉取代了一台已老化的炉子，处理能力得以提高。1996 年，启用了一台快速干燥机和电弧炉，用于生产熔融氧化铝和镍基合金。电弧炉在处理类似废催化剂物料时比较灵活。2000 年，V_2O_5 和 MoO_3 的产量是 1975 年产量的 10 倍。

基于苏打粉焙烧的工艺用于回收钼、钒和氧化铝，工艺流程见图 7-24。对入炉物料的催化剂的种类并未加以区分。废催化剂与苏打粉混合后，在 700～850℃ 温度条件下，在多室焙烧炉中焙烧。焙烧炉的烟气被送至后续的燃烧室中，在 900℃ 温度下残余的烃被烧尽，并对出口的烟气进行静电收尘，以脱除其中的固体颗粒。在焙烧过程中，钼、钒、磷和硫等与苏打粉反应生成相应的钠盐，而氧化铝和其他金属氧化物则不反应。焙烧所得焙砂在冷却后送球磨机，球磨所得矿浆经逆流倾析、过滤、洗涤处理，滤饼约含30%水分，70%氧化铝及残余的 Mo、V、Ni、Co 及 Si 的氧化物。滤饼可以出售给水泥制造商、镍精炼厂或经 GCMC 的新型电弧炉处理，这主要取决于滤饼中金属的含量。含 Mo、V 的浸出液首先进行脱磷、砷处理，净化后的溶液再与硫酸铵、氯化铵混合，以沉淀偏钒酸铵（AMV）。在400℃温度条件下对 AMV 煅烧脱氨得到 V_2O_5。颗粒状 V_2O_5 经熔融并在旋转圆盘骤冷得到片状 V_2O_5（纯度大于98%）。在串联的洗涤器中，用稀盐酸和硫酸淋洗回收氨并返回至 AMV 沉淀工序循环使用。AMV 沉淀工序所得滤液中钒含量小于 $1g/L$，大部分的钼则经还原、加热、酸化后形成钼酸沉淀。将钼酸沉淀过滤洗涤后送燃烧工序生产 MoO_3，其纯度大于98%。

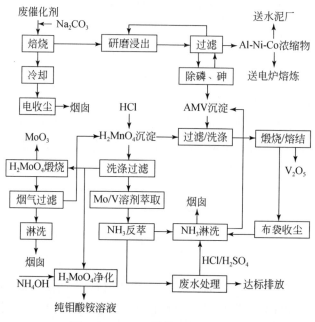

图 7-24　GCMC 回收 Mo/V 的工艺

在另一种操作中，钼酸经氨和硝酸处理转化成纯钼酸铵溶液，产品可出售给催化剂制造商。采用溶剂萃取法回收钼酸沉淀后残余在滤液中的钼和钒。在Aliquat336 萃取前先对溶液进行氧化处理。负载 Mo/V 的反萃液可返回使用，萃余液则送至氨回收工序。在填充塔中用碱液和蒸气脱除萃余液中的氨，并用稀酸淋洗以回收氨蒸气再生得到氯化铵和硫酸铵。在金属和氨贫化处理后，所得底流需经 pH 调整、冷却、过滤后才能通过 NPDES 排泄口排放。由废催化剂回收处理所得产品的典型成分见表 7-15。

表 7-15　GCMC 产品的典型规格

五氧化二钒		三氧化二钼		液态钼酸铵	
V_2O_5	>98	MoO_3	大于 99	Mo	16
Mo	0.02	S	0.05	V	<0.05
S	<0.01	V	0.20	Na	<0.05
P	0.05	P	0.05		
Na	0.025				

7.6.2.2　从废催化剂中回收钼

（1）吉林市吉清科技开发有限公司

吉林市吉清科技开发有限公司（杨万军等，2005）通过对 FDS-4A 型加氢精制废催化剂化学成分（表 7-16）的分析，提出采用焙烧、碱浸、净化、蒸发结晶、草酸铵沉钴的回收工艺路线（工艺流程见图 7-25）。成功地将钴、钼回收，取得了较好的经济效益和社会效益。

表 7-16　FED-4A 型加氢精制度催化剂的化学成分

化学成分	Co	Mo	C	SiO_2	Al_2O_3	Fe	Ca	As	其他
含量/%	5	10	2	35	45	0.5	0.3	0.2	2

Ⅰ．原材预处理

FDS-4A 型加氢精制催化剂在制备过程中，采用的是混捏碾磨法。活性组分钴、钼与载体均匀混合后，经压片成型。在催化剂使用过程中，活性组分的表面吸附着大量的硫、碳、碳氢化合物及重金属砷等，使催化剂失去了活性。如果直接用碱或酸对催化剂进行浸出提取，很难得到满意的效果，即使能够从载体上将活性组分浸取下来。又由于有大量碳在浸液中，对有价活性组分有强烈的吸附作用，使活性组分的实际收率大大降低。因此催化剂先进行焙烧，将有机物、硫、重金属砷等氧化挥发掉，同时使有价金属钴氧化成 CoO 或 Co_2O_3，钼氧化成易于浸取的 MoO_3，其他金属杂质也变成相应的氧化物。废催化剂焙烧的过程，也就

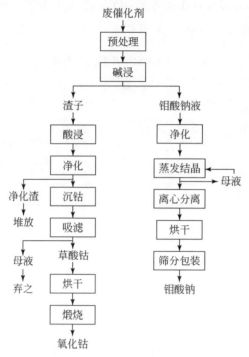

图 7-25　从 FDS-4A 型废催化剂回收钴钼工艺流程图

是催化剂中的活性组分得到活化的过程。在此过程中，钴、钼将损失 0.5%。

$$2Co+O_2 =\!\!=\!\!= 2CoO$$

$$4CoO+O_2 =\!\!=\!\!= 2Co_2O_3$$

$$2Mo+3O_2 =\!\!=\!\!= 2MoO_3$$

$$C+O_2 =\!\!=\!\!= CO_2 \uparrow$$

$$S+O_2 =\!\!=\!\!= SO_2 \uparrow$$

$$2As+O_3 =\!\!=\!\!= As_2O_3$$

$$4Fe+3O_2 =\!\!=\!\!= 2Fe_2O_3$$

Ⅱ. 碱浸

将焙烧后的废催化剂粉碎，过 40 目筛网。按 1∶3～1∶4 的固液比在搅拌下加到氢氧化钠的溶液中，于 95～100℃恒温浸取 1.5～2.0h，并用氢氧化钠调浸液 pH 为 8～8.5，抑制硅及钴浸到溶液中。在浸取过程中，催化剂中的 MoO_3、CaO 和少量的 Si、Al 等其他可溶性杂质进到浸液中，而 CoO、Co_2O_3 和大部分的 SiO_2、Al_2O_3、Fe_2O_3 等留在浸渣中，使钼与钴在此过程中得以分离。物料粉碎的目的就是增加物料与浸液的接触面积，提高浸取效果。在碱浸过程中，钼的浸出率为 96%。

$$MoO_3 + 2NaOH = Na_2MoO_4 + H_2O$$
$$CaO + H_2O = Ca(OH)_2$$
$$SiO_2 + 2NaOH = Na_2SiO_3 + H_2O$$

Ⅲ. 钼酸钠提纯

钼酸钠浸液热滤后，溶液中仍含有少量未沉淀完全的可聚集沉降的絮状物。可将溶液自然冷却，静置 16h 以上，使杂质聚集沉淀完全。过滤后，再用氢氧化钠调溶液 pH = 10 ~ 10.5。加热浓缩至溶液密度 $d = 1.35 g/cm^3$，此时有少量悬浮物在溶液中，溶液呈浑浊状，冷却后过滤，使其除去。滤液经蒸发、结晶、烘干、筛分、包装即得合格的钼酸钠产品。

Ⅳ. 碱浸渣提钴

废催化剂碱浸后的渣子中主要成分为 CoO、Co_2O_3、SiO_2、Al_2O_3、Fe_2O_3、CaO 等。将吸干后的湿渣按 1:3 的固液比在搅拌下加到 3N 的盐酸中，于 80 ~ 85℃ 恒温浸取 1.5 ~ 2.0h。为了加快化学反应，缩短反应时间，提高浸取质量，在浸取过程中可加入物料量 10% ~ 15% 的硝酸。在浸取过程中，物料中的 CoO、Co_2O_3、Fe_2O_3、CaO 等与酸反应，分别生成相应的化合物 $CoCl_2$、$Co(NO_3)_2$、$FeCl_3$、$CaCl_2$ 等。

$$CoO + 2HCl = CoCl_2 + H_2O$$
$$Co_2O_3 + 6HCl = 2CoCl_2 + 3H_2O + Cl_2$$
$$Fe_2O_3 + 6HCl = 2FeCl_3 + 3H_2O$$
$$CaO + 2HCl = CaCl_2 + H_2O$$

氯化钴浸取液中，主要含有 $CoCl_2$、$FeCl_3$ 和少量 $CaCl_2$ 及其他微量杂质，该溶液的净化主要是将溶液中的 Fe^{3+} 和少量 Ca^{2+} 等去除。首先，用 1:3 的稀氨水，在搅拌下于 50℃ 慢慢将溶液 pH 调至 4.0 ~ 4.2，在此过程中，应不断仔细观察和用试纸进行检查，当 pH = 4.0 ~ 4.2 时，将浆液加热沸腾 15 ~ 20min，使生成的 $Fe(OH)_3$ 凝聚成大颗粒而沉淀。待净化液中 Fe^{3+} 检测合格后，放料过滤，滤渣水洗后堆放，滤液去草酸钴沉淀工序。在此过程中所得到的 $CoCl_2$ 净化液必须清澈透明，溶液中的铁含量必须达到技术要求。

$$Fe^{3+} + 3OH^- = Fe(OH)_3 \downarrow$$

净化后的 $CoCl_2$ 溶液中，主要含有 $CoCl_2$ 及少量杂质 Ca^{2+}、Fe^{3+}、Na^+ 等。当

向溶液中加入草酸铵时，溶液中的钴以草酸钴的形式从溶液中沉淀析出。为了使草酸钴沉淀过程中尽量少夹带杂质，采取以下措施：①控制 $CoCl_2$ 溶液的浓度在 50g/LCo，草酸铵密度 $1.03g/cm^3$；②沉淀前将 $CoCl_2$ 溶液用草酸酸化抑制 Ca^{2+} 的沉淀；③控制草酸钴沉淀过程中溶液的温度在 36 ~ 42℃；④控制草酸铵的加入量，使母液中预留一部分钴 2 ~ 3g/L；⑤沉淀结束后，立即过滤，防止杂质产生后沉淀现象，影响产品质量；⑥用 70 ~ 80℃ 热水洗草酸钴 2 ~ 3 次；⑦草酸铵的加入方式采用细流分散喷入。

$$CoCl_2 + H_2C_2O_4 =\!=\!= CoC_2O_4 + 2H^+$$

$$Fe^{3+} + 3C_2O_4^{2-} =\!=\!= [Fe(C_2O_4)_3]^{3-}$$

通过采取上述措施，可得到理想的草酸钴产品，母液进行二次沉钴，在该过程钴回收率为 99%。

Ⅴ. 草酸钴干燥、煅烧

干燥的目的是除去沉淀物外表吸附的游离水分，然后在 400 ~ 450℃ 下煅烧成黑色产物。

$$2CoC_2O_4 + O_2 =\!=\!= 2CoO + 4CO_2 \uparrow$$

$$4CoC_2O_4 + O_2 =\!=\!= 2Co_2O_3 + 4CO_2 \uparrow + 4CO \uparrow$$

$$3CoC_2O_4 + O_2 =\!=\!= Co_3O_4 + 4CO_2 \uparrow + 2CO \uparrow$$

煅烧温度：400 ~ 450℃，分解温度低，生成的氧化钴粉末细，且产品外观模糊。温度高，颗粒长大快，易产生烧结。煅烧时间：5 ~ 6h。具体因料层薄厚、翻动次数、原料的干湿而定，烧后产品过 40 目筛网。

Ⅵ. 钼酸钠、氧化钴产品质量标准及回收产品分析数据

钼酸钠、氧化钴产品质量标准及回收产品分析数据分别见表 7-17 和表 7-18。

各工序中钼、钴回收率见表 7-19。

表 7-17　钼酸钠产品质量标准及回收产品分析数据

指标产品	津：Q/H1996-87 钼酸钠产品质量标准			回收钼酸钠质量指标
1. $Na_2MoO_4 \cdot 2H_2O$	99	98	99.18	99.19
2. Fe% ≤	0.01	0.01	0.01	0.01
3. NH_3 ≤	0.005	0.005	0.005	0.005
4. Pb% ≤	0.005	0.005	0.005	0.002
5. 水不溶物 ≤	0.02	0.05	0.05	0.02

表 7-18 氧化钴产品质量标准及回收产品分析数据

指标		GB 65018—86					回收氧化钴
		Co_2O_3-Y_0	Co_2O_3-Y_1	Co_2O_3-Y_2	$Co_2O \cdot CoO$-Y_2	$Co_2O \cdot CoO$-Y_2	
Co/%		≥70.0			≥74.0	≥70.0	≥72.0
杂质含量/%	Ni	≤0.1			≤0.3		≤0.03
	Fe	≤0.01	≤0.04	≤0.06	≤0.4		≤0.2
	Ca	≤0.008	≤0.010	≤0.018			≤0.018
	Mn	≤0.010	≤0.015	≤0.05	≤0.6	≤0.2	≤0.04
	Na	≤0.004	≤0.008	≤0.015			≤0.005
	Cu	≤0.01	≤0.02	≤0.05	≤0.2		≤0.4
	Mg			≤0.03			≤0.1
	Zn	≤0.005		≤0.01	≤0.2		≤0.1
	Si	≤0.01	≤0.02	≤0.03			≤0.3
	Pb	≤0.02			≤0.006		≤0.5
	Cd						
	As	≤0.02			≤0.005		≤0.2
	S	≤0.01	≤0.05				≤0.5

注：Y_0、Y_1、Y_2 主要用于硬质合金及磁性材料等工业部门

表 7-19 各工序中钼、钴收率

序号	工序名称	Mo 收率/%	Co 收率/%
1	焙烧	≥99.1	≥99.2
2	碱浸	≥94.2	—
3	酸浸	—	≥91.5
4	净化	≥98.2	≥95.3
5	蒸发结晶	≥99.4	—
6	草酸钴沉淀	—	99.6
7	煅烧	—	≥98
8	其他机械损耗	1	1
总收率		91.12	83.4

（2）泉州敬泰实业有限公司

由中国台湾富尔雅德工业公司在泉州成立敬泰实业有限公司，设计为处理

RDS（氢化裂解）、HT（氢化处理和氢化精炼）催化剂、硫酸生产的钒催化剂，还可以处理钼精矿。

Ⅰ. 原料组成

在泉州的新厂设计废催化剂的处理能力为 15 000t/a，原料一半靠进口，一半由内地供应。设计的原料成分见表 7-20，可以看出，设计原料平均金属含量：Mo 为 5.4%、V 为 4.0% 和 Ni 为 2.4%。

表 7-20　设计的原料成分

原料	数量/(t/a)	金属品位及数量					
		Mo 含量/%	Mo 数量/t	V 含量/%	V 数量/t	Ni 含量/%	Mi 数量/t
RDS60%	9 000	4	360	65	585	2.5	225
HT37.5%	5 625	8	450	0	0	2.5	140
V₂O₅2.5%	375	0	0	75	7.5	0	
总计	15 000		810		592.5		365

Ⅱ. 流程介绍

流程的开始是简单的焙烧，然后磨矿。磨好的焙砂用 10%～20%（体积分数）过氧化氢浸出，Mo、V 和 Ni 或 Co 的浸出率都在 95% 以上。不溶的残渣主要含 Al_2O_3 和 SiO_2，脱水后可作为生产建筑用砖的材料。然后，将富液的 pH 用碱调整至 0.5～2.5，加稀硫酸使 Mo 和 V 共沉，金属的回收率达 99% 以上。添加苛性碱将 Ni 和 Co 的溶液 pH 调整至 8.5～9.5，使 Ni 和 Co 沉淀回收。最后，对余留的残液进行离子交换处理，以彻底回收和除去溶液中的金属，离子交换后的溶液再经过一个简单的水处理系统的处理，最终的排放液完全可满足环保要求。工艺过程较简单，经济较合理，对环境影响小，可达到资源全部回收利用的目的。

1）物料准备。从各地来的废催化剂的成分变化很大，这取决于催化剂的应用领域、精炼厂的操作条件以及催化剂自身的结构。通常，钒和镍的含量变化很大，因此，对不同的批料必须先干燥再仔细混合后才能进行破碎和磨矿，以使成分比较稳定。物料的混合采用简单的螺旋混料机即可。首先根据分析的金属含量调整给料比例，使原料中的 Mo、V、Ni 大致保持在 Mo 5%、V 5% 和 Ni 2% 的比例。混合后的原料还可能含有若干碳氢化合物和水分，这会影响金属回收率。所以还必须经过去挥发物处理过程。该过程在一个回转窑中进行，操作温度为

300~350℃，物料停留时间约3h就可完成去挥发物处理。窑中排出的物料约有90%的粒度在0.1~3mm，再用球磨机磨至0.294mm（50目）以下到下阶段处理。

2）浸出。有12个低碳钢制的密封浸出槽，每个槽的容积为60m³，可处理约1t的物料，批料的反应时间为3~4h，处理量相当于50t/d或15 000t/a。浸出剂为过氧化氢和苏打混合液，浓度保持在H_2O_2 5%和Na_2CO_3 5~7g/L。采用三阶段浸出，以提高浸出液中Mo、V、Ni的浓度。这些金属的浸出率直接关系到生产成本。试验结果见图7-26。从图7-26可看出，Mo的提取率约比V高10%。当液固比为5g/L时，V的提取率约为85%；当液固比为45g/L时，V的提取率下降到75%；当液固比为60g/L以上时，提取率下降很快。Mo的提取率与V类似，当液固比为20g/L时，浸出率达到92%；当液固比为60g/L时，仍能达到80%的浸出率。Ni和Al的浸出率都很低，当液固比为5~20g/L时，它们的浸出率仅为1.25%~2%。因此，浸出的液固比应保持在20g/L左右。工艺中还采用其他的一些添加物或反应剂，以提高Mo和V的浸出率。

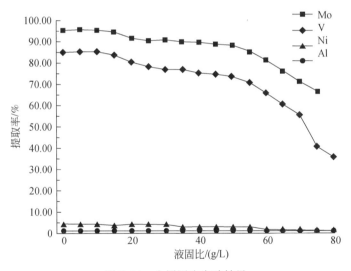

图7-26　金属浸出实验结果

3）钼和钒共沉。钼和钒的共沉技术比较复杂，为了获得较好的金属回收率，采用共沉法必须尽量提高浸出液中金属的浓度。硫酸根离子即使浓度仅为2~5g/L，也会严重影响Mo沉淀的金属回收率。因此，沉淀时必须周密考虑溶液的pH调整和酸的选择。目前的工艺认为HCl是较好的浸出介质。此外，温度、pH以及混合方式等都将影响最终的金属回收率。最佳条件认为是：pH 1.5~2.0；温度80~

90℃；搅拌速度 60～80r/min；搅拌器叶片与浸出槽的直径比 1/3；可以达到的金属回收率>98%。

4）Ni 的回收和 Al_2O_3 的利用。钼和钒浸出后的渣主要含 Ni、Al_2O_3、SiO_2 以及其他物质，渣的成分如表 7-21 所示；由于去挥发物处理温度控制在 300～350℃，镍的再结晶将导致较低的镍回收率，这是所不希望的，因此采用硫酸浸出来回收镍。镍浸出后用碳酸钠将溶液的 pH 调整至 8.5～9.5，使镍以碳酸镍沉淀，碳酸镍干燥后以初级产品外销。留在滤液中残余的镍可用适当的树脂进行离子交换回收。往净化的硫酸铝溶液中加硫酸铵，使硫酸铝生成明矾，经净化、干燥后外销，最终的团体残渣主要含 SiO_2 可做建筑砖材料。

表 7-21　H_2O_2/Na_2CO_3 浸出后的渣成分

物质	成分/%	备注
Na_2MoO_4	0.2	干基
$NaVO_3$	0.8	
NiO	1	
SiO_2	5～10	
Al_2O_3	85～75	

5）钼、钒分离。沉淀过程产生的共沉物主要是钒氧化物和钼盐，它们易溶于碱性溶液、苛性苏打和氨溶液。目前的工艺是采用氨溶液，这样可以节省钒盐所需的氯化铵，并尽量减少钼、钒产品中的钠离子量，否则还需单独净化。在氨溶液中溶解完毕之后，往溶液中通氯气使 pH 调整至 9.0～9.5，加 NH_4Cl 以生产 NH_4VO_3 沉淀。溶液主要含钼酸铵，先进行除磷处理，溶液加热到 65～70℃，加 $MgCl_2$ 以回收钼酸铵。溶液中残留的钒可用离子交换法除去，除去率大于 99%。脱磷过程的滤渣含有 N、P 和 Mg 三种肥料成分，可作为肥料的生产原料。分离工艺主要反应过程如下：

$$4MoO_3 + 2NH_4OH \longrightarrow (NH_4)_2Mo_4O_{13} + H_2O$$

$$V_2O_5 + 2NH_4OH \longrightarrow 2NH_4VO_3 + H_2O$$

$$R_3N + H_2O \Longleftrightarrow (R_3NH)OH$$

$$2(R_3NH)Cl + (NH_4)_2SO_4 \Longleftrightarrow (R_3NH)_2SO_4 + 2NH_4Cl$$

$$(R_3NH)Cl + NH_4VO_3 \Longleftrightarrow (R_3NH)VO_3 + NH_4Cl$$

$$2(R_3NH)OH + H_2SO_4 \Longleftrightarrow (R_3NH)_2SO_4 + 2H_2O$$

净化后的钼酸铵加盐酸沉淀,铝矾用稀硝酸洗涤,再进行 500~600℃的焙烧,最终产出高质量的氧化钼化工产品。

6)产品特性和销售。图 7-27 所示为敬泰实业有限公司泉州厂设计流程,工艺过程产出的各种产品列于表 7-22。所有产品都出口到环太平洋地区的一些国家以及欧洲,钼和钒的产品销售给催化剂生产厂,从而实现资源的循环利用。

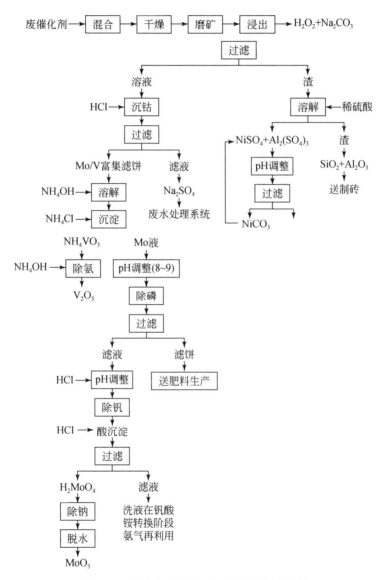

图 7-27 敬泰实业有限公司泉州厂设计流程

表 7-22　敬泰实业有限公司泉州厂产品

产品	分子式	数量/(t/a)	品级	备注
亚钒酸铵	NH_4VO_2	240	NH_4VO_2 含量大于 99.3%	产自废催化剂
五氧化二钒	V_2O_5	900	V_2O_5 含量大于 99.5%	产自废催化剂
钒铁	FeV_{50}/FeV_{75}	1 800	V 含量大于 80%	购进 V_2O_5 粉
钼酸铵	$(NH_4)_2MoO_4 \cdot 2H_2O$	2 400	Mo 含量大于 56%，低 Na、K	购进钼精矿
钼酸钠	$Na_2MoO_4 \cdot 2H_2O$	480	Mo 含量大于 39.5%	购进钼精矿
氧化钼	MoO_3	1 125	Mo 含量大于 66%	产自废催化剂
钼铁	$FeMo_{55}/FeMo_{60}/FeMo_{70}$	1 800	Mo 含量大于 65%	购进钼精矿
硫酸镍	$NiSO_4 \cdot 6H_2O$	1 600	Ni 含量大于 22%	产自废催化剂
铝钒	$AlNH_4(SO_4)_2$	30 000	$AlNH_4(SO_4)_2$ 含量大于 99%	产自废催化剂

第8章 废钴再生技术

8.1 钴的存量与需求

钴是一种有色金属元素,1735 年由瑞典化学家布兰特发现并将其分离出来。钴在元素周期表上属Ⅷ副族,位于铁和镍之间,与铜近邻,因此在自然界中与这些金属密切伴生,其原子量为 58.93,电子构型为 $3d_74s_2$,有多种氧化态,常见且重要的是 Co^{2+} 和 Co^{3+},前者稳定,后者氧化性强,但均有较强的配位能力,可形成多种配合物。钴呈银白色,具有铁磁性和延展性,最高居里点为 1121℃,熔点 1495℃,沸点 2927℃。

世界主要产钴国家中,澳大利亚卡尔哥里镍钴矿的镍钴资源总量 1.4 亿 t,含钴的平均品位是 0.09%;刚果留芦尾砂矿的钴资源量约为 3000 万 t,含钴品位在 0.2%~0.4%;赞比亚的钴矿资源总储量约为 800 万 t,含钴品位约 0.62%。而我国的海南石录铜钴矿钴矿石储量 4.07×10^6 t,含钴品位 0.294%;青海德尔尼铜(钴)矿钴金属量 2.85×10^4 t,含钴平均品位仅 0.0054%~0.092%;东天山图拉尔根铜镍(钴)矿钴资源量 1×10^4 t,含钴平均品位仅 0.03%(孙晓刚,2000;王永利和徐国栋,2005;秦克章等,2007;焦建刚等,2009)。通过对比,不难看出我国钴矿床的储量和品位都低于世界主要产钴国家。

我国钴矿资源分布地区较多,其中伴生于硫化铜镍矿中的钴主要分布在甘肃、新疆、吉林、陕西、云南、四川等地;与铁、铜矿伴生的钴资源分布在四川、青海、山西、河南、广东、安徽等地;海南、广东等地有少量钴土矿(潘彤,2003;许德如等,2008)。甘肃省钴资源量最多,约占全国总量的 28%,四川、青海等省次之。虽然我国钴矿分布地区较广,但我国钴矿资源仍相对缺乏。具体表现为储量小,品位低,贫矿多,富矿少,伴生成矿多,独立成矿少。

我国钴资源储量占世界总储量的比例很小。世界钴资源主要分布于刚果(金)、澳大利亚、古巴、新喀里多尼亚、赞比亚、俄罗斯、加拿大、巴西、中国和摩洛哥10个国家（表8-1）。其中，刚果（金）钴资源量所占世界比例最高，为45.8%；而中国钴资源量相对较少，仅占到世界钴资源量的1.1%（图8-1）。

表8-1　2003～2012年世界及主要产钴国钴矿产储量　　（单位：万t）

年份	2003	2004	2005	2006	2007	2008	2009	2010	2011	2012
刚果（金）	340	340	340	340	340	340	340	340	340	340
澳大利亚	150	140	130	140	140	150	150	140	140	120
古巴	100	100	100	100	100	100	50	50	50	50
新喀里多尼亚	23	23	23	23	23	23	23	37	37	37
赞比亚	27	27	27	27	27	27	27	27	27	27
俄罗斯	25	25	25	25	25	25	25	25	25	25
加拿大	9	14	13	12	12	12	12	15	13	14
巴西	3.5	3.5	3.5	2.9	2.9	2.9	2.9	8.9	8.7	8.9
中国	—	—	—	7.2	7.2	7.2	7.2	8	8	8
摩洛哥	2	2	2	2	2	2	2	2	2	2
其他国家	20	20	20	13	13	18	18	74	99	110
世界	700	700	700	700	700	710	660	730	750	750

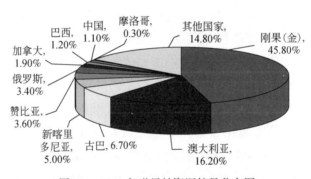

图8-1　2012年世界钴资源储量分布图

根据美国地质调查局（2004）资料显示，世界钴储量总体稳中有升，但中间也曾出现一个低谷，2009年世界钴储量由710万t降至660万t，2010年后恢复增长，储量为730万t，2011、2012年均稳定在750万t左右。与其他钴资源大国相比，中国钴资源量相对贫乏。中国钴储量在2006～2009年一直保持在7.2万t，2010年增长为8万t，一直到2012年，中国钴储量没有发生明显变化。但由于世界钴储量的持续增加，中国钴储量所占世界比例开始出现下降趋势，变为全球钴储量的 1.07%（图 8-2）。由此可见，我国钴储量增长缓慢，钴资源仍相对贫乏，且所占世界比例有下降的趋势，钴资源储量明显不足。由于我国自产钴矿石难以满足国内钴行业需求，目前我国钴生产企业主要以含钴废料为原料进行生产，如含钴高温合金废料、含钴硬质合金废料、含钴磁性合金废料、含钴催化剂废料等。当前我国以含钴废料为原料生产钴的企业有 50 余家，还有几十户小型炼钴作坊，再生钴年产量近 1.0 万 t（曹异生，2006）。

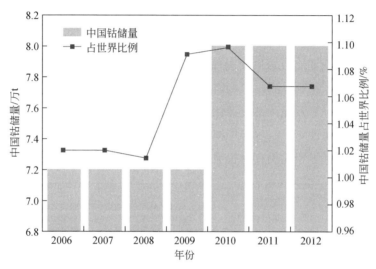

图 8-2 中国钴储量及世界储量的变化趋势图（刘兴利，2008）

随着我国经济的快速发展，硬质合金、蓄电池和磁性材料等行业对金属钴粉的需求快速增长，给金属钴粉市场增添了活力。金刚石工具行业和催化剂行业对金属钴的需求也呈上升趋势。因此，近年来中国钴消费量呈总体快速增大趋势。中国市场钴消费量从 2006 年的 1.22 万 t 增长至 2011 年的 2.53 万 t，年均复合增长率达 15.7%。从 2011 年我国钴消费结构分析，电池材料用钴份额占到总消费量的 63%，其他几个行业钴消费量所占比例分别为：硬质合金占 10.7%，磁性材料占 6.3%，玻璃、陶瓷占 6.3%，催化剂占 4.7%，干燥剂、黏结剂等占 5%，高温合金占 4%（顾其德，2012）（图 8-3）。

钴市场供应方面，我国钴矿山开采量逐年增加，由 2006 年的 2300t 增加到 2012 年的 7000t。占世界矿山产量的比例呈现出先上升后降低的趋势（图 8-4）。和巨大的消费量（2.53 万 t）相比，中国钴矿产量微乎其微，仅为消费量的 16%，供应的钴中很大一部分来自进口。2012 年 1~11 月，我国累计进口各类钴

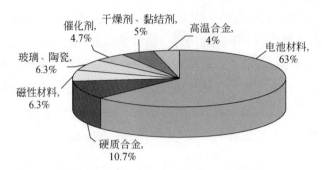

图 8-3   2011 中国钴市场消费结构

产品 25.2 万 t（泛亚有色金属交易所，2014）。由此可见，我国钴资源缺口依然很大，国内钴矿产量难以满足市场需求。以钴储量与当年矿山产量的比值作为钴资源保证年限，世界及我国钴资源保证年限见表 8-2。不难看出，我国钴保证年限要低于世界钴保证年限。尽管中国钴保证年限与世界的差距有缩小的趋势，中国钴保证年限与世界相比仍存在很大差距（图 8-5）。

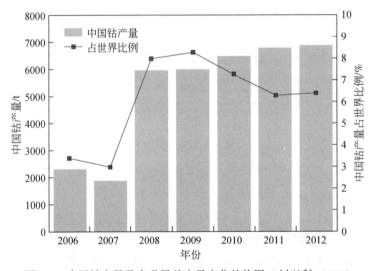

图 8-4   中国钴产量及占世界总产量变化趋势图（刘兴利，2008）

表 8-2   2006～2012 年中国钴保证年限和世界钴保证年限对比表（单位：年）

年份	2006	2007	2008	2009	2010	2011	2012
世界	104	107	94	91	82	69	68
中国	31	36	12	12	12	12	11

数据来源：刘兴利，2008

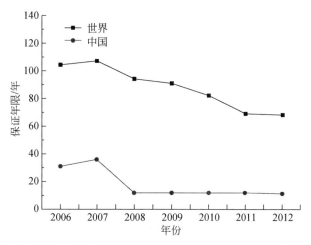

图 8-5 2006~2012 年中国钴保证年限和世界钴保证年限对比图

钴矿资源供需形势是影响钴价格变动的一个重要因素,一旦世界钴资源供需形势发生变化,钴价格也会随之发生变化。当前我国钴矿资源缺乏,对外依存度较高,钴价格的波动对我国钴产业的发展具有重要的影响。

根据美国地质调查局数据显示,自 2003 年起钴市场价格发生了显著变化(图 8-6)。2006~2008 年,受到刚果(金)政府开始限制钴矿石原料的出口和刚

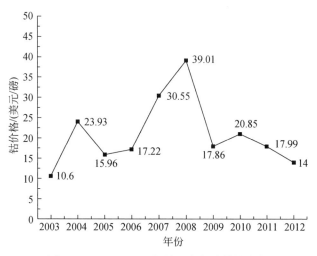

图 8-6 2003~2012 年美国市场钴价格走势

数据来源:刘兴利,2008

果（金）钴产量下降等因素的影响，钴市场价格连续增长，到 2008 年钴市场价格达到 39.01 美元/磅，2009 年钴市场价格暴跌，到 2012 年，钴市场价格降为 14 美元/磅。预计未来几年，全球现有生产商和新项目生产的钴有可能超过钴的消费量，如果出现生产过剩，将导致钴价格的下降。因此，预期未来几年世界钴市场的发展对我国比较有利。

8.2　钴的再生概况

全球精炼钴产量中，废钴是其重要的组成部分。1995～2011 年，全球钴产量中约有 18%～20% 的量来自再生钴，其数量从 1995 年的 4200t 增加到 2011 年的 1.1 万 t。近年来，随着铜镍矿副产钴的逐步提高以及钴价走低，回收钴在全球钴的供应中所占比例有所下降。和国外企业相比，废钴资源利用在国内仍是朝阳产业。

中国国内的钴废料主要来自高温合金钢、镍铬合金钢废料，废硬质合金、废磁钢、废镍钴催化剂等。近年来，来自俄罗斯、美国、加拿大和非洲的进口镍钴废料占了镍钴再生原料的很大一部分。

我国以含钴废料为原料生产钴的企业主要有金川有色金属（集团）股份有限公司、赣州钴钨有限责任公司、赣州鸿晟冶金化工实业有限公司、宁波华力斯化学工业有限公司和海南金亿新材料制造有限公司等，这些企业大多采用浸出-萃取-电积的工艺流程。这些企业的工艺装备比较落后，自动化、机械化程度低，劳动生产率低、能源消耗高、金属回收率低、环境污染较严重，生产成本较高，同时，人员配比不合理，具有研发能力的技术人员所占比例过低，再加上企业制度的影响，更加制约了员工创新的积极性。以上这些因素都是导致钴的回收效率难以提高的重要原因。我国对炼钴技术和设备研究的投入远远不及对其他金属矿种研究的投入，这也是造成钴的综合回收率低的一个重要原因。

目前国内普遍采用的处理镍钴废料包括进口废料的流程。镍钴废料经盐酸或硫酸酸溶-D2EHPA 萃取除 Fe、Cu、Zn-PC-88A 或 Cyanex272 萃钴-盐酸反萃-$CoCl_2$ 草酸沉淀-草酸钴煅烧生产氧化钴。PC-88A 萃余液经碳铵沉淀生产碳酸镍或浓缩结晶生产硫酸镍。北京矿冶研究总院研究采用此工艺已在国内建厂六家，其镍钴回收率均大于 90%。

8.3 废钴的种类

国内废钴供应主要有三个来源，一是废硬质合金，二是废旧电池，三是废催化剂。可再生废钴料年产生量已经达到 1 万 t 钴金属量，保守估计国内从事废钴资源回收的相关企业总的冶炼能力在 6000t 金属量左右。2011 年国内再生钴约为 2800t 金属量，其中来自废硬质合金的约 1000t 金属量、来自废旧电池领域约 1300t 金属量，来自废高温合金等的 500t 金属量。国内像深圳格林美高新技术股份有限公司、佛山市邦普循环科技有限公司等公司由于回收的废料有限，每年都需外购钴精矿或者钴湿法冶炼中间产品。总体来说，国内废钴资源的利用十分有限。

（1）钴基废合金

我国每年产生大量的钴基废合金（包括硬质合金废料、磁性合金废料以及高温合金废料等），其中含有大量的钴，是钴的重要二次资源。我国每年用于生产硬质合金的钴约占钴总消费量的 10%。硬质合金废料的主要成分是 WC 和 Co，除此之外还含有 Ti、Nb、Ni、Ta、Mo、Fe 等。另外，钴是生产永磁合金的重要原料，在永磁铁中加入钴可以提高其磁饱和强度，能耐高温且不易失去磁性。在高性能永磁材料的成形加工过程中，不可避免将产生一些边角料和切磨废料，从中提取有价元素钴，既可实现资源的再生，又能获得可观的经济效益。我国用于耐热及耐磨合金的金属钴约占钴消耗量的 10%，高效提取含钴高温合金废料中的钴，是许多科研工作者研究的重点。

（2）废旧电池

锂离子电池外壳由不锈钢、镀镍钢和铝等组成。电池内部由正极、电解液、隔膜、负极组成。常用的正极材料有 $LiCoO_2$、$LiNiO_2$、$LiFePO_4$ 和 $LiMn_2O_4$ 等，其中 $LiCoO_2$ 是正极材料应用最多的。

锂离子电池中钴的质量分数约为 15%，则常见的重约 40g 的手机电池中，含金属钴约 6g。如果按每年报废 3 亿只锂离子电池计算，其中可以回收的钴约 1800t。事实上，随着 3G 手机、笔记本电脑、电动汽车等用户数量的急剧上升，今后每年报废的锂离子电池数目远不止这些，钴的回收量也不限于此。所以，做好废旧锂离子电池的回收工作基本上可以满足我国对钴的需求，极大地减少或终止长期依赖非洲国家钴资源的现状。

(3) 含钴转炉渣

在镍冶炼系统,70%的钴经转炉吹炼进入转炉渣。而每年损失在镍和铜冶炼炉渣中的钴大致在1000t以上,经济价值在3亿~4亿元。转炉渣的主要形成过程是氧化造渣除去钴冰铜中的铁和硫,即是硫化亚铁的氧化过程。被氧化的硫化亚铁与石英溶剂结合成铁橄榄石,它与磁铁矿共同组成炉渣。钴主要由化学溶解进入渣中,在渣中以同质同类形式取代铁橄榄石和磁铁晶格中部分的铁,以氧化物富集其中。铁橄榄石和磁铁矿是炉渣的主要结晶态物相,它们又是渣中钴的主要载体矿物。

8.4　废钴资源的预处理

对于不能直接利用的废料,可根据具体情况采用火法和湿法联合流程,或全湿法流程进行处理。采用火法流程回收含钴废料时,可以将含钴低的物料配入高冰镍转炉吹炼成高冰镍,在高冰镍处理过程中来综合回收钴;也可以在电炉中熔炼成合金阳极送电解处理。

从转炉渣中回收钴时,转炉渣经电炉贫化后得到的产物为钴锍或钴合金。若产物为含钴较富的钴合金,就不需要再进行富集,可直接送往浸出;产物若为钴锍,如金川镍矿,钴锍含钴与转炉渣相比虽已富集了4倍,但仍仅1.6%,如直接用湿法冶金处理,经济上不合理,通常采用选矿方法进一步富集,提高含钴品位。

钴锍中的钴绝大部分呈金属相存在,90%以上的钴、镍富集于合金相中;铜主要以硫化物形态存在,占总铜量的99%以上,氧化铜和金属铜含量甚微。基于钴、镍90%以上集中于合金相,合金相具有磁性强、粒度粗、延展性好、难磨等特征,因而可用磁选法分选出合金,使绝大部分的镍、钴与铜分离。

对于锂离子电池废料要用物理方法进行预处理,将废旧电池彻底放电、剥离外壳、简单破碎、筛选后得到电极材料,或者简单破碎后经过高温焙烧去除有机物得到电极材料。将上一步得到的电极材料进行溶解浸出使电极材料中的各种金属以离子形式进入溶液中,其中钴以二价离子存在。溶解浸出过程分为一步溶解法和两步溶解法,一步溶解法直接采用酸浸出,将所有金属溶解于酸中,然后采用不同的分离方法回收;两步溶解法是先用碱浸出铝并回收,然后用酸浸出其他金属氧化物，然后采用与一步溶解法相同的分离技术回收。再对溶解后溶液中的各种金属元素进行分离回收或者将其中几种金属元素制备无机化合物或电极材料。

8.5 湿法冶炼

8.5.1 典型废料的回收利用技术

8.5.1.1 钴基废合金

（1）硬质合金

湿法处理硬质合金的技术主要为酸浸，其中以磷酸法最为典型。与其他强酸相比，磷酸酸性较弱，因而对管道设备的腐蚀性小。磷酸的酸性虽然较弱，但是对钴的作用能力却比强酸强。其原因在于磷酸具有强的络合性，磷酸根离子与钴离子可形成稳定的配位离子，从而促使废合金中的钴易溶于磷酸溶液中。

磷酸溶液浸取废合金中钴的反应是液–固反应。由于反应发生在固相表面，因此该处生成物浓度较高，阻碍溶液中的反应物继续和固相反应。采用振荡法则可使生成物迅速离开固体表面，扩散到溶液中，溶液中的反应物可不断和固体表面接触，达到加速反应的目的。

在磷酸溶液中可以添加过氧化氢以提高浸取速度，在磷酸溶液中若无过氧化氢存在，则溶液中发生如下氧化还原反应：

$$2\,H^+ + Co \longrightarrow Co^{2+} + H_2 \uparrow$$

此反应的标准自由能变化 $\Delta G^\ominus = -53.5kJ/mol$，表明反应可自发进行。

在磷酸溶液中加入过氧化氢氧化剂后，发生的反应是

$$H_2O_2 + 2\,H^+ + Co \longrightarrow Co^{2+} + 2\,H_2O$$

该反应的 $\Delta G^\ominus = -395.0kJ/mol$。可见，过氧化氢与金属钴的反应自发性趋势要比 H^+ 与金属钴反应大得多，因此，在磷酸溶液中加入过氧化氢有利于钴的浸出。同时，过氧化氢在反应后生成水，不会对钴溶液带来其他干扰离子。

（2）磁性合金

钴是生产永磁合金的重要原料，在永磁铁中加入钴可以提高其磁饱和强度，

能耐高温且不易失去磁性。在高性能永磁材料的成形加工过程中，不可避免将产生一些边角料和切磨废料，从中提取有价元素钴，既可实现资源的再生，又能获得可观的经济效益。这方面的研究主要集中在废稀土永磁材料中钴的回收。

对于该类废料的处理大多先用酸分解，将大部分有价金属及部分杂质转入溶液，然后将稀土沉淀下来，再去除滤液中的杂质元素如 Fe、Ca、Mg 等，最后从净化后的溶液中得到钴产品。沈晓东和侯永根（2003）以钐钴废料为原料，用硫酸溶解，在回收了合金中的稀土及除铁后，加入过量的 NaOH 溶液，经过滤得到 $Co(OH)_2$ 沉淀，干燥、灼烧得到 CoO，回收率在 95% 左右。简启发（1999）以废旧稀土钴永磁材料为原料，分析其成分组成特点后，确定了回收钴的工艺流程，并分别对原料中钴的浸出、浸出液的净化、萃取提取纯钴、钴的沉淀和煅烧等进行了试验研究，试验所得氧化钴产品的钴含量大于 70%，回收率为 93.24%，杂质含量低。

此外，对于从钕铁硼废料中回收钴的研究也较多。张万琰和吴光源（2001）研究了从钕铁硼废料中回收稀土及氧化钴的工艺流程，试验确定了酸分解、草酸沉淀、除铁等杂质的工艺条件。该工艺能有效除去铁、钙等杂质，试验得到的氧化钴符合 GB 6518—1986 纯氧化钴粉 Y1 类产品的要求，钴的直收率在 82% 以上。同样，许涛等（2004）采用硫酸溶解、复盐沉淀稀土、碱转化、盐酸溶解、复盐沉铁及萃取分离等手段，对钕铁硼废料中有价金属进行了回收，得到纯度较高的氧化钴。

当前磁性合金废料的处理均以高效回收废合金中的有价金属稀土和钴为目标，现行工艺大多通过酸将目标元素溶解于溶液中，同时也引入了一些杂质，然后采用多种手段将目标元素与杂质进行分离，工艺目标虽明确，但工艺过程冗长。对于钴二次资源的回收，除了高效回收有价金属外，工艺流程是否简单也很重要，因其直接决定了企业的生产成本及经济效益。湖南稀土金属材料研究院的陈云锦（2004）采用全萃取法回收钕铁硼废渣中的稀土及钴，得到了 99% 的碳酸钴，该工艺流程合理，产品质量稳定，回收率高，不产生新的污染。江西南方稀土高技术股份有限公司（2003）发明了采用电还原-P507 萃取分离回收废钕铁硼中稀土及钴的方法，该法主要采用电还原将废旧钕铁硼酸分解后，再将分解液中的高价铁还原成低价铁，在密闭萃取槽中，用惰性气体保护，P507 萃取剂分馏萃取分离稀土与铁、钴，负载有机相直接进料进行稀土分离，获得单一稀土产品，萃余液通过加入沉淀剂将钴沉淀与铁分离，沉钴余液用于制备涂料铁红或硫酸亚铁。该发明的中间环节少，工艺流程简单，耗材少，回收成本低，产品多元化，且避免了将钴随废水直接排放，保护了环境。

（3） 高温合金废料

我国用于耐热及耐磨合金的金属钴约占钴消耗量的 10%，高效提取含钴高温合金废料中的钴，是许多科研工作者研究的重点。提取方法除了火法分离及膜电解电溶外，最主要的还有湿法分离。湿法提取的关键是如何高效、经济地将合金中的钴转为可溶性的钴液，然后通过一些辅助手段将钴液净化，同时与合金中的镍进行分离。

中南工业大学蔡传算等 （1996） 对国外进口的精加工产生的各种含钴高温合金磨屑废料进行了综合回收研究。该回收工艺主要通过在硫酸体系中鼓入空气将废合金中的钴镍以及一些杂质浸入溶液，再经针铁矿法及 P204 萃取两次除铁，然后利用 P204 进行钴镍分离，得到质量合格的氧化钴产品，钴的总直收率为84.6%，经济效益明显。谭世雄和申勇峰 （2000） 利用较高浓度盐酸在煮沸的条件下，将合金中的钴转入溶液，经过置换沉铜，采用针铁矿法除铁铬及 N235 分离钴镍的方法，回收了合金废料中91.8%的钴，回收率较高，但需要耗费较贵的氧化剂。以上方法中钴的回收率还应有一定的提升空间。当前各种方法的回收率不高，原因可能是合金中的钴浸出后，中间除杂过程漫长，钴在这些过程中不断损失，导致钴的总回收率下降。为了尽可能获得较高的总收率，应减少中间除杂的工序，而采用直接萃取是一种行之有效的方法。Chu （2006） 利用 LIX63 和 Versatic10 组成的混合萃取体系，控制一定条件，直接从含 Ni、Co、Cu、Zn、Mn、Ca 和 Mg 的复杂溶液中将钴和镍与大部分的杂质分离，然后分离钴和镍。该法工艺流程简单，对钴、镍的萃取率高，反萃容易，萃取剂可循环利用，成本低，钴的回收率高，特别适合从多杂质钴镍混合溶液中提取钴和镍。

北京工业大学与格林美公司合作处理某种废镍锰钴合金 （高 Mn 约占 25%），为避免采用既有的湿法冶金流程时高锰引起萃取剂 P204 中毒，导致处理过程无法进行，发明 "配合–沉淀" 金属分离方法在 P204 萃取之前选择性沉淀 Mn，使溶液中的 Mn 含量大幅降低，同时尽可能保持钴镍的含量。通过添加配合剂 NH_3 和沉淀剂 CO_3^{2-}，在 pH＝10、t＝5min、NH_3 浓度＝4mol/L 的条件下，能够将 95% 以上的锰去除，钴和镍的回收率均高于 90%；通过雾化水解沉淀和热解还原技术，制备再生钴镍球状、针状和纤维状等特定形状的钴镍粉末，利用冷冻干燥技术制备钴镍前驱体，修复再生材料的结构性能，获得与原矿产品品质相媲美的再生产品，满足硬质合金、二次电池等对高性能再生原料的要求。

8.5.1.2 废旧电池

(1) 锂离子电池

运用湿法回收锂离子电池中的钴等资源已得到较成熟的发展。这种方法是将经过放电、剥离外壳和破碎等得到的电极材料采用氢氧化钠、盐酸、硫酸、过氧化氢等化学试剂将电池正极中的金属离子浸出，使金属离子进入溶液，然后通过沉淀、萃取、盐析、离子交换、电化学等方法来进一步分离、提纯钴、锂等金属元素，或者以上述溶解后的溶液直接合成正极材料。例如，Lee 等就利用废锂离子电池浸出液制备正极材料 $LiCoO_2$：先用硝酸酸浸，然后向浸出液中加入 $LiNO_3$ 溶液，使锂钴物质的量比值为 1.1，再加柠檬酸得前驱体，将其于 950℃ 下煅烧 24 h 可制得 $LiCoO_2$。用浸出液直接合成电极材料具有简化工艺、增加回收产品价值、提高回收效率、符合活性电极材料多元化的复合氧化物（$LiNi_xCo_{1-x}O_2$）的发展趋势等优点，但存在能耗很高、二次污染严重的不足。

以沉淀法为基本原理，主要工艺思路是酸浸出→碱沉淀。具体采用 1.5 mol/L H_2SO_4 溶液为介质，以 0.9mol/L H_2O_2 溶液为还原剂，于 80 ℃ 搅拌 2 h，溶解锂离子电池中的 $LiCoO_2$。溶解液中的 Li^+ 和 Co^{2+} 用 40% NaOH 溶液为沉淀剂进行分离。$Co(OH)_2$ 沉淀先经过提纯，提纯后的试样在 300 ℃ 下煅烧 2 h，可回收得到 Co_2O_3。Co 的回收率可达 96%，其纯度达到 99.2%。母液中 Li^+ 加固体 Na_2CO_3 处理，沉淀后重结晶，得到 Li_2CO_3。Li 的回收率可达到 74%，纯度达 98.6%。该法具有简单、母液可回收利用和环保效益优良的特点。

北京工业大学采用"配合-沉淀"金属分离方法处理以废旧电池为代表的钴镍废料，取得良好的效果。用硫酸浸出某公司钴镍废料，Ni、Co、Fe、Mn 和 Cu 的浸出率均较高，分别为 64.6%、99.2%、71.5%、89.0% 和 99.4%。热力学平衡理论计算表明，$Me-OH^-$ 体系中 Fe^{3+} 可在 pH=3 时预先沉淀分离，Cu^{2+} 可在 pH=5.5~6.5 时一定程度地沉淀去除。实际沉淀分离选择 pH 3.5 去除 93% 的 Fe 后联合 P204 萃取除杂，Ni、Co、Fe、Mn 和 Cu 的萃取率分别为 8%、35%、94%、96% 和 93%，最后对萃余液利用碳铵体系沉淀法获得 $Co(OH)_2$ 产物。

（2）镍氢电池

镍氢电池的湿法处理是近年来世界各国所提倡的处理方式，湿法处理过程中所产生的废气较少，废液相对而言易于控制。回收镍、钴、稀土等的湿法冶金工艺，该工艺主要包括浸出、萃取除杂、分离稀土、镍钴分离及提取等工序。最佳浸出条件为：3mol/L 盐酸，液固比为 9，在 95℃温度下，处理时间为 3h，在此条件下，可以浸 96%以上的镍、99%的稀土和 100%的钴。其他杂质元素也几乎全部进入溶液中。然后用 D2EHPA 萃取剂的煤油有机相从浸出液中萃取稀土及杂质元素 Fe、Zn、Mn 等，将它们与镍钴分离。从负载稀土的有机相中反萃稀土，使其与杂质元素分离，稀土总回收率约为 98%。萃取稀土和杂质后的萃余液蒸发浓缩后用萃取剂 TOA 的煤油有机相选择性地萃取钴，钴的萃取率大于 99.7%，用稀盐酸溶液反萃得到氯化钴溶液，钴的反萃率为 99.8%。

8.5.1.3 含钴转炉渣

湿法处理中较常用的技术就是浸出法。浸出法又可根据浸出介质的不同分为酸浸、氨浸和水浸等。

酸浸法所用的酸有多种，常见的酸有硫酸、硝酸、次氯酸钠、高氯酸等。酸浸法使用范围广、应用性强，且这种方法工艺简单，可行性强。硫酸和硝酸按一定比例配比，可在较短时间内使矿渣溶解完全；但硝酸在溶解过程中可能与矿渣中的某些物质反应，生成氯、氮等氧化物有毒气体，对环境污染严重，特别是浓硝酸，不易运输和储存，且价格昂贵，不适用于中小企业使用。

低镍锍锤炼后期生产的转炉渣是钴的主要来源之一。该渣经电炉贫化等方法还原熔炼成钴冰铜，然后经磁选分离出合金相，使绝大部分镍、钴与铜分离。所得到的钴合金采用硫酸加压浸出进行处理。为减少浸出过程中 H_2 的生成量，合浸出分两步进行，第一步用硫酸常压浸出，排出大量的 H_2，第二步加压浸出，使浸出液中的 Fe^{2+} 氧化水解，水解产生的酸又用于浸出合金。

常压浸出在 80~90℃下进行，预浸出过程主要反应如下：

$$(Fe、Ni、Co) + H_2SO_4 \longrightarrow (Fe、Ni、Co)SO_4 + H_2$$

$$(Fe、Ni、Co)S + H_2SO_4 \longrightarrow (Fe、Ni、Co)SO_4 + H_2S$$

加压浸出过程的主要反应如下：

$$4FeSO_4 + O_2 + 2H_2SO_4 \longrightarrow 2Fe_2(SO_4)_3 + 2H_2O$$

$$Fe_2(SO_4)_3 + 4 H_2O \longrightarrow 2FeOOH + 3 H_2SO_4$$

$$(Fe、Ni、Co) + H_2SO_4 + 1/2 O_2 \longrightarrow (Fe、Ni、Co)SO_4 + H_2O$$

$$Fe_2(SO_4)_3 + 3 H_2O \longrightarrow Fe_2O_3 + 3 H_2SO_4$$

水浸法是以水作为溶解介质，实现有价成分与矿渣分离的一种方法。矿渣经过火法冶炼处理以后，钴及其有价成分被转化成可溶性物质，通过水介质实现钴的分离。水浸法生产成本较低，生产过程中产生的污染小，但相对酸浸法钴的回收率低，现场操作性较差，生产过程中未知因素变化复杂。

碱浸法是以氨水作为碱性物，在常压下，NH_3 和 CO_2 在空气存在的条件下通入经火法冶炼处理的含钴矿渣中，同时用 NH_3 和 CO_2 的混合溶液洗涤浸出矿渣，以提高钴的回收率。氨浸过程中，钴、镍、铜等有价金属进入氨浸溶液，然后加入适量的锌粉对浸出液进行除杂，并进行有价元素之间的分离，一次置换后经电积或结晶得到想要的有价成分。矿渣原料或矿渣经火法处理过程中，可能有金属铁的产生，金属铁溶解在 NH_3 和 CO_2 的混合溶液时会发出大量的热量，这就造成浸出温度难于控制。使用锌粉进行置换溶液，有可能使大量的锌和钴混合在一起，增加了钴浸出的困难。此外，氨气对劳动环境有一定的不良影响。

萃取是一种常见的分离和富集各种物质的有效方法，它主要利用有机溶剂从不相混溶的液相中把某种物质提取出来。从工艺上看，包括萃取、洗涤和反萃取三个阶段。萃取剂的选择是萃取的关键，萃取剂的种类很多，早期我国使用 P204 进行钴、镍分离，后来改用 P507。由于 P204 对去除硫酸镍溶液中钙、铁、铜等杂质元素的效果较好，一般 P204 用于除杂，P507 用于钴、镍分离，二者配合使用，效果较好。

镍钴萃取分离有机相为 25% P507，200 号磺化煤油皂化率 75%。萃取段：O/A = 1.5，6 级萃原液；洗涤段：O/A = 8，5 级，1mol/L HCl；反萃段：O/A = 6.3，4 级，1mol/L 硫酸；反萃铁段：O/A = 5.2，2 段，6mol/L HCl。萃取液 pH 5.2 ~ 5.8。萃取时间 5min，澄清时间 20min。萃余液含 Ni 25g/L，含 Co 小于 0.01g/L，$m(Ni)/m(Co) > 2500$。反萃后液：含 Co 不小于 72g/L，含 Ni 不大于 0.07g/L，$m(Co)/m(Ni) \geqslant 1000$，pH = 2 ~ 2.5。镍钴回收率 Ni 为 99%、Co 为 99%。

P204 和 P507 都对三价铁的反萃取比较困难，加拿大鹰桥公司和法国勒阿弗尔厂都采用磷酸三丁酯（TBP）萃取除铁工艺。5709 试剂对钙的适应能力强，对铅也有一定的萃取能力，且价格较低，是一种优良的萃取剂。溶剂萃取法由于具有选择性好、回收率高、流程简单、操作连续、易于实现自动化等优点，已成为提取钴的主要方法。

喻正军等（2006）对云南某镍冶炼厂的转炉渣进行研究。转炉渣中加入还原剂焦炭、硫化剂黄铁矿，最终钴冰铜中钴、镍、铜的回收率分别达到了91.50%、96.08%、92.89%。

崔和涛（1997）在镍铜转炉渣电炉贫化制取金属化钴冰铜的研究中，采用"电炉贫化→钴冰铜缓冷选矿→富钴合金加压氧化酸浸→P204除杂质→P507萃取分离钴、镍→氯化钴溶液草酸铁沉淀钴、煅烧制取氧化钴粉的工艺。

8.5.2　再生企业生产实例

8.5.2.1　从镍钴硫化物中回收钴

日本矿业公司日立精炼厂和日本住友金属矿山公司新居滨镍厂采用的从镍钴硫化物中提取钴的技术，各有其特点，比较有代表性。

日立精炼厂处理的镍钴硫化物来自澳大利亚的格林韦公司雅布卢镍冶炼厂，其典型成分（%）：Ni 32.2，Co 15.8，Cu 0.7，Fe 0.8，Zn 0.02，S 34.5。处理工艺流程如图8-7所示。

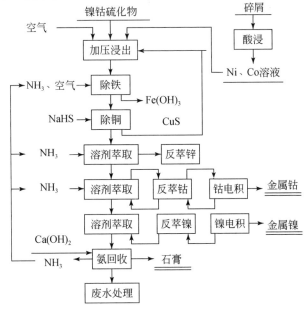

图8-7　日立精炼厂从镍钴硫化物中提取钴镍的工艺流程图

新居滨镍厂处理的镍钴硫化物来自菲律宾马林杜克采矿工业公司诺诺克岛冶炼厂，其典型成分（%）：Ni 26，Co 13，Cu 1.5，Fe 3.0，Zn 0.1，S 27。所采用工艺流程如图8-8所示。

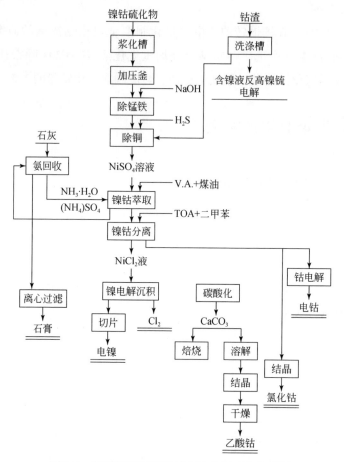

图 8-8　新居滨镍厂镍钴硫化物处理工艺流程图

8.5.2.2　从镍钴废料中回收钴

格林美公司是中国处理钴镍废料的先进企业。至 2008 年 12 月 30 日，已形成年处理 3 万 t 废旧电池、钴镍废弃物等各种失效钴镍材料，年产 2000t 超细钴镍粉体材料和 3000t 钴镍精细化工材料的生产能力，建成分类拆解车间、分离纯化车间、原生化（性能修复）车间、材料再制备车间、中水回用车间、废渣循环利用车间、电积铜车间等 10 个车间，一个研发中心，一个环保处理站。2011

年，格林美公司处理废旧电池、电子废弃物和各种含镍、钴、锌等金属的危险废弃物 50 万余 t，回收和处理金属 1 万余 t，年度销售收入达到 9.18 亿元，净利润为 1.2 亿元，纳税总额达到 5000 万元。公司的生产实践表明：以湿法冶金技术为主的生产线运行合理，技术经济指标全面达标，产品品质符合国际国内市场需求。公司以钴镍二次资源（包括电子废弃物、废旧金属、废旧锂离子电池及其生产过程中的废料和废镍氢/镍镉电池及其生产过程中的废料、废旧硬质合金/电镀废渣、冶炼废渣等）为原料，格林美某三年来所收购的钴镍废料含量如表 8-3 所示。可见公司收购的钴镍废料种类众多，但是钴镍含量均比较高，物料成分相对稳定。

表 8-3　主要二次资源原料钴镍品位

项目	民用消耗品	电子行业	冶金、电镀行业	石油化工行业	机械行业	电池行业
废料种类	钴镍废料	钴镍废料	钴镍废料	钴镍废料	钴镍废料	钴镍废料
废料状态	不锈钢制品、不锈钢器件、不锈钢装饰材料、牙膏皮、各种容器	含镍渣、含钴渣、电子废旧物中有色金属	冶炼厂镍废渣、硫酸镍废水、辅助物	石油催化剂磁性材料	各种切削工具、加工中心工具、硬质合金	废旧电池、电池厂边料
镍含量/%	5～9	8～10	15～20	15～25	1～5	30～65
钴含量/%		8～10		15～25	8～20	35～50

公司采用的处理钴镍废料总体工艺技术路线如图 8-9 所示。从图中可以看出，钴镍废料中除了含有钴镍之外，还含有大量的锡、锌、铜、锰、铁、锂和铝等有价金属。通过拆解分类、球磨酸溶或电化学溶解，获得钴镍粗溶液，再通过化学提纯、萃取提纯，得到高纯钴镍溶液，再利用合成及高温热处理可以获得钴粉和镍粉，其他有价金属则依次能够形成金属盐或电积金属。其中关键性技术主要是"配合-沉淀"两步法沉锰新工艺，通过硫酸铵-碳铵-氨水进行选择性除锰，再联合三级逆流萃取，可将废料溶液中锰除至 0.05g/L 以下，镍总回收率和钴总回收率均大于 90%。此外，公司还通过雾化水解、热解还原、冷冻干燥等技术实现再生钴镍粉末的高性能制备，生产出超细金属钴粉和镍粉、球形氢氧化镍、方形四氧化三钴和类球形氧化亚钴等四大系列钴镍粉体材料，完全修复失效钴镍材料性能，产品性能比拟原矿产品，成本低于原矿产品的生产成本，能够满足制备硬质合金、二次电池等对高性能再生钴镍粉末材料的要求。产出的再生钴粉性能指标为：钴含量>99.7%，氧含量<0.3%，碳含量<0.02%。球状，Fisher

粒径0.1~1.5μm；针状，横向轴径0.1~0.5μm，纵向轴长0.5~3μm；再生镍粉性能指标为：镍含量>99.7%，氧含量<0.3%，碳含量<0.02%；松比0.3~0.8g/mL。球状/类球状，Fisher粒径0.1~1.5μm；针状或纤维状，横向径0.1~0.5μm，轴向径1~3μm。

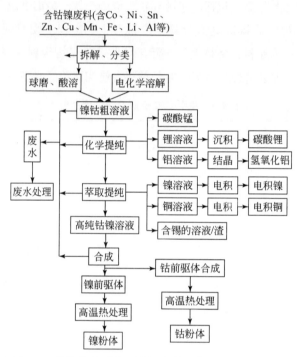

图8-9　格林美公司处理钴镍废料总体工艺技术路线图

8.6　火　法　熔　炼

8.6.1　典型废料的回收利用技术

8.6.1.1　钴基废合金

目前利用火法处理废硬质合金的方法主要有锌熔法、氧化法。

锌熔法是在高温下使锌与废合金的黏结相钴形成合金，锌浸入钴基体引起该相膨胀，然后经真空蒸馏除去低沸点的锌，硬质合金则变成疏松多孔体，再研磨成粉末返回制取硬质合金，如图 8-10 所示。用这种粉末制成的成品，其性能接近原牌号的合金。此法宜处理含钴较低的合金。

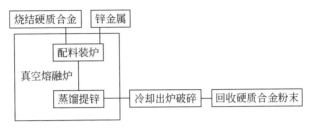

图 8-10　锌熔法回收废硬质合金流程图

该处理法的主要工艺指标：锌熔工序锌的用量为废合金量的 1.3 倍，900 ~ 920℃，10h，锌纯度要求大于 99.5%，保护气氛，真空蒸馏工序的温度为 910 ~ 950℃。

锌熔法应用最广，比较成熟，流程短，钨回收率达到 95%；但该法不适宜处理粉末废料，同时在回收过程中存在着锌污染、制品性能不高、生产费用和能耗高、高温真空技术和设备复杂等问题。

氧化法主要是在高温条件下，利用氧化剂（硝石或空气）将废合金氧化，其中钨转为水溶性的钨酸钠，钴则存在于渣中继而回收利用。氧化法对原料的适应性强，但流程过长，回收率低，且易产生腐蚀性的 NO_2 和 NO 气体。

8.6.1.2　废旧电池

Sumida 等（Mukerjee and Scrinivasan，1995）把从镍氢蓄电池负极得到的储氢合金用作熔融盐电解中的原材料，这样合金中的或是黏结在合金中的碳就以 CO_2 或 CO 的形式除去，作氢合金得到纯化，有用的金属材料得到回收。电解熔融盐中包括稀土氟化物、LiF、BaF_2 和 CaF_2 等物质，这样用来做储氢合金的稀土金属就得到经济的回收。

美国 TWCA 公司进行了火法再生利用镍氢蓄电池的实验研究，将废镍氢蓄电池通过机械粉碎-清洗-分离有机物-干燥-重溶和适当的合金化处理后，以中间合金形式回收电池中的大部分 Ni、Co 等有价金属，所得中间合金可分别用于铸铁生产的合金化，以及某些镍基合金和合金钢生产的原材料等（邓斌等，2002）。

金泳勋和松田光明（2003）研究了用浮选法回收废锂离子电池中的金属材

料铝箔、铜箔和锂钴氧化物颗粒等一系列再生利用工艺流程。首先，用立式剪碎机等器材对废锂离子电池分级，破碎和分选后得到轻产品（阳极和阴极隔离材料）、金属产品（铝和铜等）和电极材料（锂钴氧化物和石墨混合粉末）。在马弗炉中 773 K 温度下热处理电极材料，然后用浮选法分离锂钴氧化物和石墨。

8.6.1.3 含钴炉渣

由于炉渣中的铜、镍、钴都以不同状态存在，其中钴主要以氧化钴存在，采用一般的交流电阻炉法处理，钴的回收率较低，而采用将炉渣缓慢冷却再磨细浮选，钴的回收率依然不高。研究表明（喻正军，2007）：要提高钴的回收率就必须破坏钴的氧化结构，使钴从渣中析出。转炉渣经过火法冶炼就可以将这种氧化结构破坏。

火法冶炼按照其所采用的工艺不同，可分为焙烧和熔炼等（Ercan，1997；许斌等，2000；郑雅杰等，2001；乐毅等，2003）。根据加入焙烧剂的不同，焙烧分为硫化焙烧、氯化焙烧和脱砷焙烧等。经过焙烧后钴和其他有价成分在矿渣中的存在状态得到改变，被转化成可溶性的物质，从而从炉渣中分离出来。熔炼可以分为还原熔炼和还原硫化熔炼。还原熔炼主要用于钴的氧化矿处理，此方法以碳为还原剂，在高温条件下将钴富集到钴合金中，再用酸浸出其中的钴。还原硫化熔炼主要用于镍转炉渣的贫化处理，此方法以碳为还原剂的同时，再加入硫化剂，在高温条件下，使转炉渣中的有用金属铜以硫化物，钴、镍以合金形式富集在钴冰铜中。

火法冶炼因其使用范围较窄，对原料的要求较高，工艺复杂，熔炼和焙烧的过程中消耗大量的能源，生产成本高，目前火法冶炼在现场中的应用相对酸浸法少。

熊昆等（2009）在对含钴铜水淬渣还原熔炼综合回收研究中，以粉煤为还原剂进行还原熔炼时，当还原温度为1300℃、粉煤配入量为15%、还原时间为1h、石灰加入量在3%~5%时，钴和铜的回收率分别为97.06%和93.42%。

陈永强等（2003）通过对高硅铜钴矿还原熔炼渣进行研究，配入30%~40%的氧化钙和8%的焦粉，在1550℃下进行还原熔炼，铜钴矿中的有价金属均可以得到很好的综合回收。

8.6.2 再生企业生产实例

在镍的生产工艺中,钴总是伴随镍、铜、铁的存在而富集或损失。钴在火法冶炼过程中的走向大致为:在矿热电炉-转炉冶炼低镍锍的流程中,钴随电炉渣的废弃而损失约45%;电炉与转炉间有大量的钴在循环;约有55%的钴富集在高镍锍中。这就给钴的回收提供了三个方向:减少钴在矿热电炉渣中的损失,提高钴在高镍锍的品位,减少钴在电炉与转炉间的循环。

8.6.2.1 降低钴在电炉渣中的损失

矿热电炉本身如何降低钴在渣中的损失,使钴尽量多地保留在锍中,一切降低电炉渣含镍的技术措施和操作方法,都是降低渣含钴的有效途径。如铁的硫化物与镍钴氧化物之间进行的交互反应,使镍钴进入锍中予以回收,是正常的工艺过程。此外,除维护电炉的正常炉温、渣型和操作外,向炉内加入一定量的焦粉,更是降低钴及其他有价金属损失的最有效的措施。加入焦粉的目的是破坏渣中 Fe_3O_4 和促进炉料中铁钴镍铜氧化物的还原,因为 Fe_3O_4 可增大炉渣比例, Fe_3O_4 常与 Cr_2O_3 等难熔物质混在一起,分布于渣与锍的界面之间,形成黏渣层,影响锍的沉降。同时 Fe_3O_4 与硫化物反应,释放 SO_2 气泡,在上浮的过程中将细粒锍带入渣相,促使渣中锍的夹杂损失增加。同时铁本身也是镍铜钴的还原剂,被还原的铁可进入锍中,有效地降低锍品位,改善钴在锍渣中的分配关系。实践证明,加入 2% ~ 3% 的碎焦粉,可以明显降低渣含钴。

8.6.2.2 转炉控制吹炼法的应用

(1) 概述

提高转炉高镍锍中的钴品位,降低返回电炉的渣含钴,降低电炉中的总钴量对降低与之成正比的渣含钴极为有利。

从20世纪70年代开始,国际上对转炉吹炼控制法做了大量的试验研究,我国在80年代也加快了研究工作,并在生产中推广应用,取得了可喜的成就。实践表明,采用控制吹炼技术,可以改变钴在锍中与渣中的分布规律。在操作上加以控制,得到钴品位低的转炉渣和钴品位高的锍,使转炉钴的直收率提高到五个百分点（表8-4和表8-5）。

表8-4　采用控制吹炼前后转炉渣成分的对比　　　（单位：%）

类别	造渣期	Ni	Cu	Co	Fe	S	SiO₂
未采用控制吹炼	前期渣	0.45	0.20	0.17	49.60	1.90	27.90
	前期渣	0.50	0.31	0.19	50.20	2.60	27.80
	中期渣	1.80	1.29	0.29	44.30	2.23	26.40
	中期渣	1.15	0.78	0.28	48.59	1.38	28.91
	后期渣	2.40	1.23	0.45	48.40	2.80	27.40
	后期渣	2.35	1.06	0.51	49.60	2.96	27.78
采用控制吹炼	前期渣	0.41	0.11	0.16	49.20	2.20	28.60
	前期渣	0.73	0.42	0.16	49.20	2.20	28.60
	中期渣	1.05	0.45	0.23	48.60	2.30	27.40
	中期渣	1.12	0.90	0.26	48.90	2.20	28.20
	后期渣	2.31	1.61	0.45	48.65	1.48	24.10
	后期渣	2.82	1.68	0.42	48.72	1.67	28.91

表8-5　采用控制吹炼前后高锍成分对比　　　（单位：%）

类别	Ni	Cu	Co	Fe	S
未采用控制吹炼	48.2	26.1	0.62	3.60	22.5
	49.4	26.6	0.57	3.20	21.8
	45.4	28.6	0.60	3.80	21.4
	49.1	26.2	0.52	3.30	22.1
	46.5	24.37	0.56	4.40	21.67
采用控制吹炼	46.93	25.85	0.71	3.47	21.05
	47.86	25.43	0.73	2.83	21.92
	47.40	26.62	0.76	3.04	22.05
	47.18	26.32	0.75	2.73	22.48
	47.01	26.12	0.73	2.81	22.16

（2）控制吹炼技术的要点

Ⅰ．吹炼深度的控制

在转炉吹炼过程中，由于金属氧化顺序的差异，低镍锍中的铁首先被氧

化，其次为钴，镍铜相对不易氧化。钴在渣中的损失是伴随锍中含铁量的降低
而加快和加剧，从表 8-4 中可以看出，转炉后期渣要比前期渣钴含量高出 3 倍
以上。控制吹炼深度就是要在吹炼前期除掉锍中总铁量的 80% 左右，在整个吹
炼过程中，排放每遍渣时都应使锍中的铁量不低于 20%，排查前要进行洗渣作
业，每次排查都应使锍中的铁量不低于 20%，排渣前要进行洗渣作业，每次排
渣都要在炉内保留少量的渣，以免将锍带出。洗炉和筛炉作业与转炉吹炼基本
相同。

Ⅱ. 炉温控制

炉温与反应速率有关，高温下钴很容易被氧化。因此，控制吹炼炉温不得超
过 1250℃，以 1200～1220℃ 为宜，如温度过高，可用补加冷料的方法加以调整。

Ⅲ. 风量风压控制

熔体剧烈搅拌会使金属的氧化顺序受到干扰和破坏，此时应适当降低风量和风
压，使金属氧化有序进行。金川试验时采用鼓风强度为 $0.5～0.65m^3/(cm^2 \cdot min)$。

Ⅳ. 渣中 SiO_2 的控制

渣中 SiO_2 的含量决定转炉渣中的 Fe_3O_4 含量，一般控制在 22%～26% 即可，
在中后期渣中可控制在上限。

从表 8-4 中实际生产数据可见，6 个分为前、中、后期三组转炉渣试样中，
所含 SiO_2 有差异时，钴含量仍有异同之处，说明控制吹炼不单是控制某个技术条
件，而是一套包括洗渣和筛炉等作业在内的完整科学的综合操作技术。

Ⅴ. 转炉渣电炉贫化

减少电炉熔炼的转炉渣返回量，同样可以降低电炉中的总钴量，减少电炉
渣中钴的损失。转炉渣的电炉贫化，是将转炉渣开路的方法之一，即转炉渣的
全部或部分（后期或中后期渣）装入贫化电炉，经贫化处理以提高钴和镍的回
收率。

金川使用的贫化电炉有长方形三电极和圆形三电极两种形式，各为一套贫化
工艺生产流程，如图 8-11 所示。两套流程的区别在于一期为转炉渣部分开路处
理，转炉前期渣仍返回矿热电炉处理，贫化电炉则处理中、后期渣；二期为转炉
与贫化电炉成闭路循环，将钴富集在高锍中。两套流程均为一段贫化法。而国外
（如俄罗斯）尚有连续经两台电炉的两段贫化法。两段法的流程如图 8-12 所示。
虽然富集比比较高，硫化剂（低镍锍）来源方便，但能耗较高，故多数厂家采
用电炉一段贫化法。

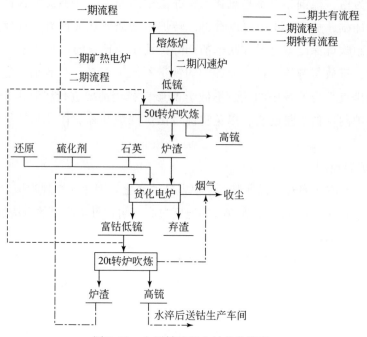

图 8-11 金川转炉渣电炉贫化流程

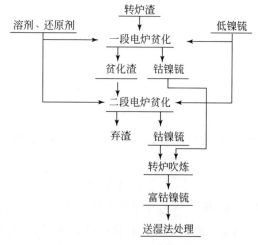

图 8-12 转炉渣两段法电炉贫化流程

贫化电炉的工艺特点主要是：①炉子结构较小，功率较低（4000～10 000kV·A），二次电压较低（60～200V）；②炉内基本无料坡，熔炼温度较高;③周期性作业,每个周期又分进料提温、贫化及排渣三个阶段。

1)贫化电炉的主要性能。贫化电炉的结构与矿热电炉基本相同,主要区别在处理物料、产品、工艺过程、操作技术等方面。金川圆形贫化电炉的主要性能见表 8-6。长方形贫化电炉的主要性能如表 8-7 所示。

表 8-6　金川圆形贫化电炉的主要性能

项目	参数	项目	参数
炉膛直径 ϕ/mm	7500	电极升降缸直径 ϕ/mm	200
炉膛高度 ϕ/mm	2910	电极抱闸缸直径 ϕ/mm	250
炉床面积/m²	44.16	工作油压/MPa	5
电极数/根	3	电极提升方式	液压
电极直径 ϕ/mm	820	铜瓦楔紧方式	弹簧-液压
电流频率/Hz	50	烟道内径/mm	870
极心圆直径/mm	820	炉底	黏土砖加镁砖
变压器型号	HKSSPZ-4000/6	炉墙厚度/mm	510
功率/kV·A	4000	炉砖冷却方式	轧制水冷铜砖
电压侧电压/V	60-100-180	炉顶结构	浇注、吊挂
常用工作电压/V	120~90(二次侧)	炉顶厚度/mm	320
低压侧最大电流/A	23 094	钴镍锍放出口/个	2
炉底负荷/(kV·A/m²)	90.6	渣放出口/个	2
电极工作行程/mm	1 000	渣放出口尺寸 ϕ/mm	60
电极最大行程/mm	1 400	耐火材料总重/t	285
电极升降速度/(m/min)	0.5~1	设备总重/t	450

表 8-7　长方形贫化电炉的主要性能

项目	1 号炉	2 号炉
炉子形状	长方形	长方形
炉膛尺寸/m	10.3×5.23×3.2	11.3×5.23×3.2
炉床面积/m²	55	60
炉墙冷却方式	铸造水冷铜砖	铸造水冷铜砖
电极数/根	3	3
电极直径/mm	900	900
变压器功率/kV·A	5 000	5 000
变压器台数/台	1	1
二次电压/V	57~195	57~195
二次电流/A	14 800~28 800	14 800~28 800
单位面积功率/(kV·A/m²)	90.9	83.3

2）转炉渣及贫化电炉的物料。在转炉吹炼过程中，由于氧势较高，转炉渣中的钴含量约90%以上，镍约有40%被氧化，以铁的同晶形取代分布于铁橄榄石与磁铁矿中，其余钴与镍呈金属及硫化物夹杂于渣中。铜不易被氧化，主要呈机械夹杂形式存在于转炉渣中。从一期50t转炉的炉渣物相组成（表8-8）分析可见，渣中镍、铜以金属及硫化物居多，钴、铁则以硅酸盐及氧化物为主。

表8-8　转炉渣的物相组成　　　　　　　　（单位:%）

吹炼阶段	元素	含量	金属及硫化物		硅酸盐及氧化物		铁酸盐		磁性铁		氧化物总和占总量
			含量	占总量	含量	占总量	含量	占总量	含量	占总量	
前期渣	Ni	0.463	0.299	64.57	0.110	23.75	0.054	11.66			35.41
	Cu	0.431	0.324	75.17	0.050	11.60	0.057	13.23			24.83
	Co	0.171	0.036	21.05	0.125	73.09	0.010	5.84			78.93
	Fe	48.42	3.63	7.50	32.04	66.17	6.20	12.80	6.55	13.52	92.50
中期渣	Ni	0.457	0.269	58.86	0.182	38.32	0.006	1.31			41.94
	Cu	0.415	0.282	67.95	0.072	17.34	0.061	14.69			32.05
	Co	0.208	0.014	6.73	0.184	88.46	0.010	0.481			93.27
	Fe	42.51	3.02	7.10	32.68	76.87	6.81	16.02	0.28	14.77	92.90
后期渣	Ni	1.559	0.849	59.10	0.470	30.14	0.240	15.01			40.90
	Cu	0.724	0.579	79.97	0.011	1.51	0.134	18.51			20.03
	Co	0.485	0.034	7.01	0.350	73.19	0.101	20.82			92.99
	Fe	40.18	1.53	3.81	24.29	60.45	6.78	16.87	7.58	18.87	96.19

为促使转炉渣中金属氧化物的还原及造锍需要，贫化时要加入还原剂和硫化剂。还原剂为碎焦、碎煤或块煤；硫化剂为含硫较高的富块矿、低锍包壳、低锍、干精矿等。石英的加入有利于调整渣型及破坏磁性氧化铁。

3）贫化电炉的操作。金川两个生产系统贫化电炉操作基本相同，以一期生产系统为例，具体操作步骤包括：①装料。装料阶段每个周期装入液态转炉中、后期渣60~80t，每装入一包转炉渣，相应配入2%~4%的还原剂和15%左右的硫化剂，装完后渣面可达1.5m左右。以后即送电提温，所用功率一般为3000~4000kV·A。②贫化。根据熔池温度调整炉用负荷，一般保持在略低于上述功率范围数值即可开始贫化作业。在贫化作业中不进料，贫化作业的时间约需3h。③排渣。贫化作业完成后，即可连续快速排渣，排渣后随即开始放锍。在整个作业期中，保持锍面不得超过 550mm，否则将使贫化指标恶化。

贫化电炉开停炉、设备维护、事故处理、冷却水管理等操作，均与低镍锍矿热电炉相同。贫化电炉的技术参数如表 8-9 及表 8-10 所示。

表 8-9　长方形贫化电炉主要工艺技术参数

项目		数值	项目		数值
转炉渣成分	Ni/%	1.68	贫化炉渣成分	SiO₂/%	32.15
	Cu/%	0.94		MgO/%	1.65
	Co/%	0.303		CaO/%	1.02
	Fe/%	50.29		S/%	2.56
	SiO₂/%	27.86	转炉渣处理量/(t/班)		60~80
	S/%	2.62	还原剂量/(kg/t转炉渣)		30~40
钴镍锍成分	Ni/%	11.37	硫化剂量/(kg/t转炉渣)		140~160
	Cu/%	5.81	贫化渣铁硅比 Fe/SiO₂		1.3~1.6
	Co/%	1.22	贫化炉渣温度/℃		1250~1400
	Fe/%	51.88	钴镍锍温度/℃		1200~1250
	S/%	25.93	钴镍锍含锍/%		22~25
贫化炉渣成分	Ni/%	0.047	装料时间/h		4.0~4.5
	Cu/%		贫化时间/h		2.5~3.0
	Co/%	0.073	排渣时间/h		0.5~1.0
	Fe/%	45.63			

表 8-10　圆形贫化电炉主要工艺技术参数

项目		数值	项目	数值
年工作日/(d/a)		330	炉膛温度/℃	800~900
贫化炉渣成分	Ni/%	0.1	炉膛负压/Pa	4~8
	Cu/%	0.22	贫化时间/h	>3
	Co/%	0.065	转炉渣处理量/t	133
	Fe/%	42~45	还原剂量/%	4~6
	SiO₂/%	32~35	硫化剂量/%	25
	MgO/%	1.2	熔剂率/%	8~10
	CaO/%	0.85	富集比（锍含钴/转炉渣含钴）	3~4
	S/%	2~3	钴在锍和渣中的分配比	23.1

项目		数值	项目		数值
钴镍锍成分	Ni/%	13 ~ 14	镍在锍和渣中的分配比		130 ~ 140
	Cu/%	5 ~ 6	直收率	Ni/%	95 ~ 97
	Co/%	1.5		Cu/%	87 ~ 90
	Fe/%	45 ~ 48		Co/%	74 ~ 80
	S/%	23 ~ 24	烟气量/(m³/h)		500
渣面高度/mm		1.4 ~ 1.6	烟气含尘量/(g/m³)		10 ~ 15
锍面高度/mm		0.4 ~ 0.6	烟尘率/%		1 ~ 2
贫化炉渣温度/℃		1300 ~ 1350	转炉渣电单耗/(kW·h/t)		300 ~ 400
钴镍锍温度/℃		1200 ~ 1250	工作侧常用工作电压/V		90 ~ 120
电极插入深度/mm		300 ~ 500			

8.7 电 解 精 炼

8.7.1 典型废料的回收利用技术

8.7.1.1 含钴废合金

(1) 硬质合金

硬质合金废料的主要成分是 WC 和 Co。电熔法是处理该类硬质合金的方法之一。电溶法是将硬质合金废料做成阳极，通过电解作用，将合金中的钴选择性溶出，而 WC 则留在阳极泥中，经处理后分别回收利用。该法设备及操作简单，投资少，绿色环保，是处理含钴废硬质合金的常用工艺。电溶法处理含钴硬质合金废料的工艺流程如图 8-13 所示。

该法首先将硬质合金用有机溶剂除污，进而用酸清洗去除其他金属杂质，然后装入电化学溶解槽，在酸性介质中进行隔膜电解电溶。经该工艺处理后可制得 $CoCl_2$ 溶液和 WC 碎屑，再进一步处理 $CoCl_2$ 溶液可生产出电钴或钴化合物，而 WC 碎屑经球磨、脱氧、增碳处理后，可制备出合格的 WC 粉。该法适于处理含钴较高的硬质合金废料。

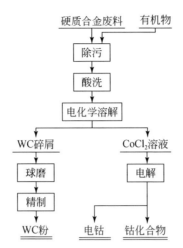

图 8-13　电溶法处理含钴硬质合金废料的工艺流程

（2）高温合金

膜电解类似于电化学溶解，其不同之处是在电解槽中阳极和阴极之间加入了阴离子膜，使阴、阳极室隔开，阳离子不能通过阴离子膜进入阴极室，从而使阴极得到高纯产品。成本低于电化学溶解法，电解操作条件好。

美国矿务局开发了一种新颖的双膜电解槽，它的特点可用来处理各种各样的原料。双膜电解槽中有 2 张阴离子交换膜，将电解分成阳极区和阴极区，简图如图 8-14 所示。离子交换膜基本防止了要除去的阳极液杂质转移到阴极液中，同时通过将阴离子或阴离子络合物从阴极液输送到阳极液来保持电的连续性。使用该阻挡膜可以实现高杂质原料的电解精炼或者利用补充的阳极反应从溶液中进行电积。由于消除了阳极液对阴极液的污染，因此可产出优质的阴极产品。美国矿务局两次采用双膜电解槽技术的不同循环系统的试验研究。第一个试验是从严重污染的高温合金废料中回收高纯钴和镍。第二个试验是将美国政府的国防部库存中低质量钴的品级提高。双膜电解槽技术与适当的溶液净化过程相结合，可以用来从高温合金生产高纯的钴和镍。运行和投资成本均是很经济的。双膜电解槽技术结合传统的湿法冶金溶液净化过程，成功地将低质量库存钴提纯到 A 级钴标准。提级后的钴含 99.90% 钴，其中所有 28 个杂质元素符合标准的要求。高温合金废料双膜电解处理流程如图 8-15 所示。

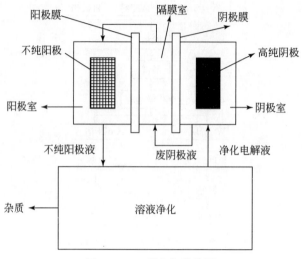

图 8-14 双膜电解槽简图

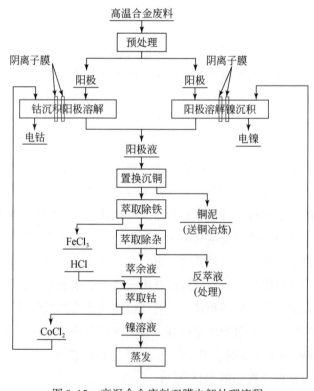

图 8-15 高温合金废料双膜电解处理流程

8.7.1.2 废旧电池

电沉积过程影响因素很多，但金属的电沉积过程主要还是阴极过程，也就是金属离子在阴极接受电子还原并沉积为金属的全过程。基于对上述理论的研究申勇峰提出了电沉积工艺从废旧锂离子电池中回收钴的方法，用 10mol/L 工业硫酸溶液作为浸出剂，混合加热至 70℃，浸出 1h，钴浸出率接近 100%。浸出液用碳酸钠作中和剂，调节 pH 为 2~3，加热至 90℃，鼓风搅拌，溶液中的铁、铝以沉淀形式析出，最后直接对除杂后的溶液进行电积，在电流密度 235A/m², 电解液温度为 55~60℃的条件下，电流效率为 92.08%，得到符合国标的电钴，钴回收率>93%，其工艺流程如图 8-16 所示。此法先使铝以沉淀形式除去，为后续钴的提取创造了条件，简化了工艺，但电积往往会产生共沉淀现象，得到钴镍合金，且也未考虑对锂的回收。电积法操作简单，但耗能高，钴镍未完全分离也给后续工艺增大难度。

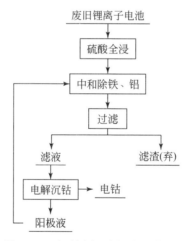

图 8-16　硫酸浸出-电沉积工艺流程

8.7.2　再生企业生产实例

金川有色金属公司一钴车间采用粗钴阳极板隔膜电解的方法生产电解钴。经过净化的纯净阴极液流入隔膜内，使隔膜内的液面始终高于阳极液的液面，保持一定的液面差。这样阳极液不能进入隔膜内，从而保证了隔膜内阴极液的化学成分，达到产出合格阴极钴的要求。

8.7.2.1 钴电解过程的电极反应

钴电解精炼时，$CoCl_2$ 酸性溶液会发生如下电离反应：

$$CoCl_2 = Co^{2+} + 2Cl^-$$
$$HCl = H^+ + Cl^-$$
$$H_2O = H^+ + OH^-$$

正负离子在通电电解时，分别向两极移动，其两极反应如下。

（1）阳极过程

溶液中带负电荷的 Cl^-、OH^- 离子有可能在阳极上放电发生氧化反应，但 Cl^-、OH^- 在钴阳极上放电有一定的超电压，钴在阳极上只有钴和贱金属的不断溶解。

在阳极主要发生钴的溶解过程，即

$$Co - 2e^- = Co^{2+}$$

标准电势低于钴的金属，如锰、锌、铁等可被溶解，例如

$$Mn - 2e^- = Mn^{2+}$$
$$Zn - 2e^- = Zn^{2+}$$
$$Fe - 2e^- = Fe^{2+}$$

标准电势与钴接近的金属，如镍、铅等杂质也可溶解：

$$Ni - 2e^- = Ni^{2+}$$
$$Pb - 2e^- = Pb^{2+}$$

铜的电极电势比钴正，在含铜小于 10% 的阳极中，铜与钴生成固溶体，在钴电化溶解的同时，铜也将进入溶液，但随即被钴所置换，而进入阳极泥中。

$$Cu - 2e^- = Cu^{2+}$$
$$Cu^{2+} + Co = Cu + Co^{2+}$$

阳极中的碳化物在阳极溶解时将发生分解，碳以极小的碳粉形式分散悬浮于阳极液中。当阳极含碳高时，会有氯离子放电产生氯气的现象。阳极中的硫化物由于电势较正，故不发生电化溶解进入阳极泥中。

（2）阴极过程

阴极过程为还原沉积过程，电解液中二价钴离子获得电子在阴极放电析出，

其反应为

$$Co^{2+}+2e^-\!\!=\!\!=\!\!=\!\!Co$$

也可能发生如下反应：

$$2H^++2e^-\!\!=\!\!=\!\!=\!\!H_2$$

H^+ 具有比 Co^{2+} 更大的正电性，在标准状态下，应当是 H^+ 优先在阴极上放电析出，但在实际中，由于 H^+ 在各种不同金属的阴极上析出时有不同的超电压。因此，它的析出电势比它的平衡电势更负。H^+ 在阴极钴上析出的超电压不是很大，在阴极上析出的电势值比钴稍负。因此，必须严格控制 H^+ 浓度，保证钴离子比氢离子优先放电析出。

含钴溶液中 Cu^{2+}、Zn^{2+}、Pb^{2+} 浓度很小，它们与阴极沉积物种杂质含量成正比。因此为了获得纯钴应严格控制电解液中的杂质含量。

8.7.2.2　钴电解时的主要技术条件控制

合理地选择钴电解的技术条件，是保证获得所要求质量的阴极钴以及提高电流效率、减少电能消耗的有效措施。

（1）钴的浓度、成分

金川公司一钴车间钴电解液采用氯化物系统，其阴极液（新液）的化学成分如表 8-11 所示。

表 8-11　钴电解阴极新液成分　　　　　　　　　　（单位：g/L）

成分	Co^{2+}	Ni^{2+}	Cu^{2+}	Fe^{2+}	Pb^{2+}	Zn^{2+}	Mn^{2+}	Na^+
含量	95 ~ 110	≤1.5	≤0.002	≤0.01	≤0.002	≤0.007	≤2.5	≤35

电解液中钴离子浓度大，有利于生成致密的阴极沉积物，有利于提高电流密度、防止氢离子放电；电解液中钴浓度过大，会得到暗色的海绵状阴极沉积物。因此，电解液中一般含 Co^{2+} 95 ~ 110g/L。

（2）酸度

电解液的酸度不仅影响电流效率，而且影响钴沉积物的结构，电解液酸度越大，氢越容易在阴极上析出。电解液 pH 小于 2 时，得到晶粒较细的钴沉积物，这是因为在低 pH 时，氢离子放电使结晶的长大过程变得困难。电解液 pH 大于

5.5 时，在阴极上会生成一种用 X 射线衍射分析是 Co（OH）$_2$ 的沉积物，同时产出的阴极钴硬度大，弹性差，且易分层。因此，生产中 CoCl$_2$ 溶液电解的进槽阴极液的 pH 一般控制在 3.9～4.2，电解制备始极片时，为获得致密的电钴，控制进槽阴极液的 pH 为 1.8～2.2。

第9章 废弃有色金属回收的发展
战略和对策建议

9.1 废弃有色金属回收的发展战略

发展废弃有色金属循环体系是减轻资源压力的有效途径，是建立和谐社会，保持可持续发展的必然选择。特别是在我国主要有色金属资源不能满足国民经济发展需要的严峻形势下，有色金属工业的发展更要注重发展循环经济，节约使用资源，提高资源利用效率。

到 2020 年，我国有色金属再生利用产值将达 2400 亿元以上。因此，废弃金属的回收利用及资源再生，是发展循环经济的重要内容。国家发展和改革委员会已将废弃金属的再生与利用作为国民经济发展中的一个独立产业，并制定了《中国再生金属产业"十一五"及中长期发展规划》，对再生金属的产业发展加以引导和扶持。自 2004 年以来，国家不仅对再生金属行业的重点领域和重点项目给予政策和资金支持，还将一批具有一定规模的再生金属企业列入发展循环经济的试点企业。这证明，国家已经开始制定对废弃有色金属回收的发展战略（韩冰，2009）。

9.1.1 回收过程的环保与安全

再生有色金属产业的环境效益体现在以下两方面（Chu，2006）：

1）减少各类物资对环境的污染和破坏。随着经济发展和人民生活水平的提高，产品更新换代越来越快，我国每年都产生大量的各类有色金属的废旧物资，如废家电、废电线电缆、废电机、废五金电器、废变压器、废铅酸蓄电池等，且今后的产生量会越来越大。有些废旧物资含重金属离子，会严重污染水源和土壤；有些废旧物资含各类油污，也会严重污染水源和土壤，处理不当甚至会产生二噁英；有些废旧物资本身就属于危险废物，如废铅酸蓄电池，对生态环境和人类健康造成严重危害。大力发展再生金属产业，可以在回收各类再生资源的同时，彻底解决大量废旧物资对环境的污染和破坏。

2）减少原生矿石开采，间接保护环境。2009 年，中国铜出矿品仅为 0.81%，即每炼 1t 铜需要开采 123t 的矿石，同时在采矿、选矿和冶炼的过程中会产生大量的废水、废渣和废气。发展再生金属产业则可以完全避免对原生矿石的开采，可完全避免对地表植被的破坏，大大减少三废排放。根据中国有色金属工业协会 2009 年最新测算，与生产原生金属相比，每生产 1t 再生铜相当于节水 395m^3、减少固体废弃物 380t、减少 SO_2 排放 0.137t；每生产 1t 再生铝相当于节水 14m^3、减少固体废弃物排放 20t；每生产 1t 再生铅相当于节水 235m^3、减少固体废弃物排放 128t、减少 SO_2 排放 0.03t。与生产原生金属相比，近三年中国再生有色金属行业相当于实现节水 30 亿 m^3、减少固体废弃物排放 27 亿 t。详情见表 9-1 和表 9-2。此外，与生产原生金属相比，近三年中国再生有色金属行业相当于实现减少 SO_2 排放 88 万 t。大力发展再生金属产业，可大大减少对原生矿石的开采，有效保护生态环境。

表 9-1 2007～2009 年中国再生有色金属行业节水效益（与生产原生金属相比）

年份	单位节水/（m^3/t）			产量/万 t			总节水/万 m^3			
	再生铜	再生铝	再生铅	再生铜	再生铝	再生铅	再生铜	再生铝	再生铅	合计
2007				200	275	45	79 000	3 850	10 575	93 425
2008	395	14	235	190	260	70	75 050	3 640	16 450	95 140
2009				200	310	123	79 000	4 340	28 905	112 245

表 9-2 2007～2009 年中国再生有色金属行业固废减排效益（与生产原生金属相比）

年份	单位固废减排/（t/t）			产量/万 t			总固废减排/万 t			
	再生铜	再生铝	再生铅	再生铜	再生铝	再生铅	再生铜	再生铝	再生铅	合计
2007				200	275	45	76000	5500	5760	87260
2008	380	20	128	190	260	70	72200	5200	8960	86360
2009				200	310	123	76000	6200	15744	97944

9.1.2　回收过程的管理与控制

目前，我国废弃有色金属的回收处于分散经营的状态，以个体户走街串巷回收为主，没有形成科学的回收网络，电子废弃物拆解加工程度低，存在严重的环境污染问题。从成本和其他因素综合考虑，建立一条电子废弃物综合处理生产线是最为科学的方案，这条处理线可根据不同的电子废弃物种类自动调用不同的设备、制定相应的流程，实现综合处理（吴国清等，2009）。

在这个总的框架之下，建立可处置各类电子废弃物的综合处理生产系统（图9-1），该生产系统能够处理各种废弃金属，如电视、计算机、冰箱、空调、洗衣机、电路板、手机等等各种电子废弃物。整个生产系统包括人–机结合拆解技术、CRT密闭拆解、氟利昂回收、金属粉碎与分选、非金属粉碎与分选和PCB处理模块等，通过监控管理系统根据电子废弃物收集的情况来决定生产情况，进而控制整个生产线的运行起情况，以及各个设备的启停情况，一方面适应了电子废弃物种类繁多的客观情况，另一方面使得设备的利用率达到最佳化。监控、生产管理系统（图9-2）实时反映生产过程中的工艺参数变化，统计分析生产情况；监控设备的健康状况，及时诊断设备故障；对有毒物质进行有效监控；根据设备情况、工艺情况等远程控制设备或生产线的启停。主要包括设备故障自动快速诊断系统有毒物质监测、报警与控制系统通过检测有毒物质的浓度，按照给定标准进行报警和控制。运用信息传输、数据库建设和信息管理等技术建立技术级的控制系统和管理级的监控管理系统。技术人员需要通过控制系统监控了解和控制生产的工艺参数，从而掌握设备的运行情况；在此基础上，管理人员需要通过管理层的监控系统对整个生产过程进行监控管理。

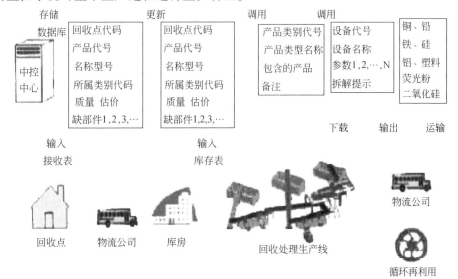

图9-1　生产管理系统工作流程示意图

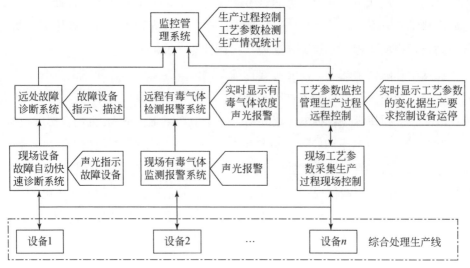

图 9-2　电子废弃物处理机再利用监控、生产管理系统

将这些模块和功能进行系统分析，可以把整个生产管理系统分为如下几个子系统：①设备的调用以及设备故障诊断系统；②环境的监测、有毒物质监测、报警与控制系统；③拆解回收生产线上的自动控制系统；④物料平衡监控系统；⑤财会系统。

随着国际金融危机消退和我国经济的快速发展，目前再生金属产业分布已呈现由东向西、由沿海向内地梯度转移的发展趋势，很多中西部地区经过自我发展，已经具备了承接东部再生金属产业转移的能力和条件。目前再生金属产业正处在结构调整和升级的重要阶段，企业在承接产业转移的同时，要总结过去十几年中国再生金属行业发展的经验和教训，努力建设高水平的再生金属产业基地和园区。

9.1.3　回收过程的责任与权益

基于生产商延伸责任制（extended producer responsibility，EPR）的基本原则是谁污染谁治理。EPR 是一种新兴的环境政策工具，起源于 1991 年德国的包装法令。当时德国首次开始讨论建立基于 EPR 的电子垃圾的回收处理系统，但未能实施。经济发展合作组织（Organization for Economic Cooperation and Development，OECD）引入 EPR 这一市场导向的环保政策工具，规定生产商对其引入市场的产品整个生命周期负责，尤其是产品被废弃后的回收、处理、资源化再利用直至最终处理过程。EPR 反映环境政策的一个新趋势，即从末端治理（end of pipe）转向对环境污染源的预防，强调面向生命周期的环保政策，并逐渐从法规管控转向以废弃物处理结果为导向的运作模式，通过各种激励机制减少产品在整个生命周期中对环境影响，重点是奖励环保上表现好的生产商。欧盟于 2003 年 1 月发布 WEEE 和 RoHS 法令，要求成员国于 2004 年 8 月开始回收处理系统的运作。大部分欧盟成员国已开始运作基于 EPR 的电子垃圾回收处理系统。德国在 2006 年开始实施，意大利与英国在 2007 上半年开始实施 EPR 系统。瑞士、挪威、瑞典、比利时、荷兰等国家在 WEEE 之前已实施数年的 EPR。EPR 具有约束机制和激励机制。一方面制约参与方履行相应的责任，另一方面要协调激励全生命周期的环保。

根据竞争程度，EPR 可分为两种形式：竞争模式和协作模式（张科静和魏珊珊，2009）。

1）竞争模式：德国电子废弃物 EPR 体系属于竞争模式，系统中设有一个或若干个 PROS，对电子废弃物分流进行回收管理。生产商以合同形式委托处理厂和第三方物流公司（TPL）代其履行运输和处理责任。处理商在产能允许的情况下，尽量争取更多的电子垃圾以最大化自己的利润，因此形成相互竞争。

2）协作模式：瑞士、荷兰和瑞典等国的电子废弃物 EPR 体系属于协作模式。例如，瑞士有两个主要的 PROS 分别负责不同的电子废弃物，PROS 全权代表生产商负责并协调回收、运输和处理等流程。

WEEE 和各国的电子废弃物法均明确规定生产商的延伸责任：对产品整个生命周期负责。针对 EOL 阶段，如果厂商完全独立承担 EPR 责任（包括物流和资金责任），意味着厂商独立负责 EOL 产品的回收、物流运输、拆解和处理等任务，这意味着很高的运作和管理成本，但同时可以保证较高的处理与再资源化率，激励厂商改善设计，并达到面向回收处理的设计。为了简化物流系统的复杂性并充分发挥回收及物流系统的规模经济性，现有的回收和物流运输责任均为集体承担方式。生产商将与其责任相关的物流和处理业务外包给第三方。此形式允许厂商充分利用规模经济，但没有任何激励厂商进行环保设计的作用。

类似于瑞士、德国的电子垃圾回收系统，均属于集体回收方式，所有各类电子垃圾统一回收，不分品牌和厂商。独立承担责任意味着生产商仅承担自己生产、销售并已进入回收处理领域的电子废弃物。该方式需要快速准确的识别方式辨别废弃物的生产商，一个可能的解决方式是射频技术。电子废弃物实施独立责任有一定的难度，面临的挑战有：电子产品的生命周期长；电子产品的生产商数目较大；产品系列多，技术更新快；电子产品处理渠道较多，如闲置、通过城市生活垃圾或非法处理等渠道。

基于 EPR 的电子废弃物法规规定生产商承担电子垃圾的回收处理费用，但允许生产商将该费用转移给消费者。征收的垃圾处理费用于支付补偿处理商回收处理电子废弃物的费用，其目的在于鼓励生产商的环保设计以提高资源效率。目前的电子垃圾费支付方式有：在购买新电器时支付；回收时支付；自愿支付；或不设定电子垃圾费。例如，德国目前未规定电子垃圾处理费，荷兰按照废弃物分类征收，芬兰、挪威、瑞典、葡萄牙、希腊等国的电子垃圾处理费是可选的，法国规定该费用是义务的，但未执行。奥地利有四个竞争模式，生产商委托零售商代收电子垃圾处理费；比利时由协调机构（Recupel）规定并征收。四种基于 EPR 的电子废弃物回收处理体系的比较如表 9-3 所示。竞争型与协作型电子废弃物再生资源化系统的优点与不足如表 9-4 所示。

表9-3　各种基于 EPR 的电子废弃物回收处理体系比较

国家	WEEE 法令及实施时间	协调方	物流责任	电子垃圾费	模式
日本	家电回收处理法；2001 年	家电协会、生产商联合体	集体：厂商联盟	回收时支付	合作型
荷兰	环境管理法案；法令 238 号；1999 年	NVMP、ICT	集体	在购买新电器时支付	合作型
瑞士	ORDEE：1998 年	SWICO、SENS	集体	在购买新电器时支付	合作型
德国	ElektroG 法；2006 年	EAR 中心	集体	不设定电子垃圾费	竞争型

表9-4　国外电子废弃物再生资源化系统的优点与不足

模式	优点	不足
竞争性模式	1. 完善的法规、运作体系及各方利益的协调 2. 竞争模式导致处理成本低，经济效果好	1. 经济责任分摊方法不够透明 2. 集中决策，管理成本较高 3. 处理商可以选择回收利用价值高的高端电子废弃物（"摘樱桃"行为） 4. 非法出口，生产商搭便车问题 5. 缺乏再生循环系统的生态效益考虑

续表

模式	优点	不足
协作模式	1. 完善的法规、运作体系 2. 相对分散决策，管理成本低 3. 各方利益兼顾、协调 4. 控制非法出口	1. 协作模式导致电子废弃物分流，引起垄断 2. 处理成本高 3. 缺乏再生循环系统的生态效益考虑

目前国外发达国家基于 EPR 的电子废弃物回收处理体系的运作没有最终使电子垃圾回收处理的绩效与产品的环保设计联系起来。目前的经济责任与处理效果无关，因此，没有促进生产商改善设计的作用。借鉴国外，我国可以在制定相关法规和经济制度及建立运作体系时考虑以下方式：①规定生产商提供其电子产品的结构、用料（尤其是有害物质成分）、拆解方法、回收处理要点等信息，这也是德国研究机构提出的再循环证（Recycling Pass）的概念，为提高处理商的处理质量和效率提供信息。②除了考虑经济效益外，应借助环境评估模型（如生态指标 99 法或生命周期评估法 LCA），分析电子废弃物回收处理的环境影响，具体环境数据包括运输、拆解、处理所需的能量，电子废弃物填埋、焚烧的环境影响，以及二级处理工艺如玻璃再循环、金属冶炼等的环境影响。③采用物料回收认证证书（Material Recovery Certificate，MRC）。MRC 不仅是一种支付机制（生产商负责回收处理的经济责任），更强调处理质量的提高（有害物质的合理处置、回收处理率、再资源化率）。MRC 强调面向处理结果，作为电子垃圾处理的报酬，激励利益相关者采用环境友好的回收处理技术，提高处理质量，激励生产商采取环保设计。而现有体系面向回收重量，采用入门费形式，忽视了处理的环境影响。

9.1.4 回收过程的成本与利润

相比世界范围内的原生矿产资源已经被发达国家少数跨国公司垄断，中国在全球矿产资源市场毫无竞争优势可言，而中国在国际废有色金属市场竞争优势十分明显，已经在全球范围内建立了非常完善的废弃有色金属回收网络，连续多年成为全球最大的废有色金属进口国，废有色金属进口量约占全球废有色金属交易量的 1/3。大力发展再生金属是缓解中国矿产资源短缺矛盾的重要措施（卢建，2010）。

与生产原生金属相比，再生金属的生产过程省去了采矿、选矿、冶炼等诸多环节，能源消耗大幅度减小。2009 年，中国粗铜煤耗为 640.52kg/t，氧化铝综合能耗为 656.69kg 标煤/t，电解铝平均综合交流电耗为 14 171kW/t，铅冶炼综合能耗为 459.36kg 标煤/t。而目前中国再生铜、铝、铅的能耗分别仅为 300kg 标煤/t、100kg 标煤/t 和 130kg 标煤/t。如果把采矿、选矿、冶炼等环节全部计算在内，再生金属的节能效益更加明显。根据中国有色金属工业协会 2009 年最新测算，与生产原生金属相比，每生产 1t 再生铜相当于节能 1054kg 标煤，每生产 1t 再生铝相当于节能 3443kg 标煤，每生产 1t 再生铅相当于节能 659kg 标煤。与生产原生金属相比，近年来，中国再生有色金属行业相当于实现节能 3688 万 t 标煤（表 9-5）。

表 9-5　2007 ~ 2009 年中国再生有色金属行业节能效益（与生产原生金属相比）

年份	单位节能/(kg 标煤/t)			产量/万 t			总节能/万 t 标煤			
	再生铜	再生铝	再生铅	再生铜	再生铝	再生铅	再生铜	再生铝	再生铅	合计
2007				200	275	45	210.8	946.8	29.7	1187.3
2008	1054	3443	659	190	260	70	200.3	895.2	46.1	1141.6
2009				200	310	123	210.8	1067.3	81.1	1359.2

再生铜（废铜–电解铜）的固定资产投资（含土地、厂房，下同）约为 6000 元/t，再生铝（废铝–铝合金）的固定资产投资约为 400 元/t，再生铅（废铅–铅合金）的固定资产投资约为 7000 元/t。原生铜（矿山–电解铜）的固定资产投资约为 50 000 元/t，原铝（铝土矿–电解铝）的固定资产投资约为 20 000 元/t，原生铅（矿山–精铅）的固定资产投资约为 38 000 元/t。再生铜、铝、铅的固定资产投资分别仅为原生金属的 12%、2%、18.4%。与生产原生金属相比，近年来中国再生有色金属行业相当于实现节约固定资产投资 4990 亿元（表 9-6）。

表 9-6　2007 ~ 2009 年中国再生有色金属行业节约固定资产投资金额（与生产原生金属相比）

年份	单位节约投资/(万元/t)			产量/万 t			总节约投资/亿元			
	再生铜	再生铝	再生铅	再生铜	再生铝	再生铅	再生铜	再生铝	再生铅	合计
2007				200	275	45	880	539	139.5	1558.5
2008	4.4	1.96	3.1	190	260	70	836	509.6	217	1562.6
2009				200	310	123	880	607.6	381.3	1868.0

再生铜（废铜–电解铜）生产加工成本约为 1000 元/t，再生铝（废铝–铝合金）生产加工成本约为 400 元/t，再生铅（废铅–铅合金）生产加工成本约为 2000 元/t。原生铜（矿山–电解铜）生产加工成本约为 4000 元/t，原铝（铝土矿–电解铝）生产加工成本约为 14 000 元/t，原生铅（矿山–精铅）生产加工成本约为 3000 元/t。再生铜、铝、铅的生产加工成本分别仅为原生金属的 25%、2.86% 和 66.7%。与生产原生金属相比，近年来中国再生有色金属行业相当于实现节省生产加工成本 1350 亿元（表 9-7）。

表 9-7　2007～2009 年中国再生有色金属行业节省生产成本指标（与生产原生金属相比）

年份	单位节约成本/（元/t）			产量/万 t			总节约成本/亿元			
	再生铜	再生铝	再生铅	再生铜	再生铝	再生铅	再生铜	再生铝	再生铅	合计
2007				200	275	45	60	374	4.5	438.5
2008	3000	13600	1000	190	260	70	57	353.6	7	417.6
2009				200	310	123	60	421.6	12.3	493.9

再生有色金属行业在盈利能力方面虽然具有成本优势，但是也面临一些挑战。例如，铜工业作为一个资金密集型的产业，任何一家铜厂在当地都是产值高、利税可观的企业。再生铜企业通过把握原料关，掌握冶炼技术，控制成本，提高回收率，通过技术改造，完善装备，能够使再生铜产业的经济效益和社会效益获得保障。然而，国际铜价的剧烈波动也会严重影响着中国再生铜产业的产业技术进步与产业升级。这些年来我国的再生铜企业在铜价剧烈波动的情况下大多选择了与铜价格保持高度联动的点价模式；大多数企业都按照保值原则，在适当的价位对一定数量的原料或产品进行套期保值，以锁定企业的经营利润、回避价格风险。即便如此，在这样的大环境下，也难保企业就能规避各种风险。高品位废杂铜的原料竞争将十分激烈，同时不管是进口企业还是冶炼加工企业，企业的盈利水平将大不如前。我国废杂铜产业曾经具有的优势将逐渐消失，首先是废旧料进口的利润空间将越来越小，同时，由于劳动力的短缺和劳动成本的逐年加大，不仅废旧五金电器的进口拆解获利空间被压缩，而且利用废杂铜生产铜材的利润空间已经非常微薄。在尚不规范的市场环境下，再生金属行业存在着淘汰机制，如果政策仍不调整，可能最先败出的是投资成本高的先进企业。因此，对于再生金属行业，国家和政策应该给以适当的扶持。

9.2 废弃有色金属回收的对策建议

9.2.1 健全法规制度

我国再生资源产业经过 50 年的发展，已经形成了从回收、加工到利用一个完整的产业链，涉及面广量大，与"三废"综合利用有着本质的区别，但我国物资再生利用立法相对存在严重不足与缺位。1979 年以来全国人大审议通过 330 多部法律，但没有 1 部专门调整再生资源回收利用关系的基本法。现行的《中华人民共和国环境保护法》没有再生资源回收利用的规定。1995 年颁布的《固体废物污染环境防治法》和 2002 年《清洁生产促进法》对相关内容都有部分涉及。这些规定不能涵盖诸如主要工业废弃物、农业废弃物、废包装、废塑料、废玻璃、废旧家电、废旧电子产品、建筑废物、食品垃圾、废旧汽车及其配件等大宗废物的专业性循环利用问题。现有行政法规和规章中虽存在一些有关资源综合利用的规定，如国务院颁布的《关于开展资源综合利用若干问题暂行规定》、《国务院批转国家经贸委等部门关于进一步开展资源综合利用意见的通知》，但我国当前广泛使用的"资源综合利用"并不等同于再生资源回收利用，其外延比后者要大。资源综合利用既可指在资源开采、生产过程中和资源处于使用状态时的节约利用，也可指资源在原有功能消灭后的开发再利用，而再生资源回收利用主要是后一层含义。1991 年国务院颁布的《关于加强再生资源回收管理工作的通知》对再生资源的定义过于狭窄，仅指废金属资源（王来健和张敬，2009）。

2009 年 5 月，国务院发布《有色金属产业调整和振兴规划》，明确提出：着力抓好再生利用，大力发展循环经济；加快建设覆盖全社会的有色金属再生利用体系，支持具备条件的地区建设有色金属回收交易市场、拆解市场；支持有条件的企业建设若干年产 30 万 t 以上的再生铜、铝等生产线。2009 年 9 月，工业和信息化部节能与综合利用司在江西南昌召集主要再生有色金属企业召开座谈会，就《2009～2015 年再生有色金属利用专项规划》广泛征求企业意见。规划以2011 年和 2015 年为目标，在产业规模、产业布局、产业集中度、技术装备、淘汰落后产能、资源综合利用和节能环保方面提出了全面发展目标，并明确了主要任务和保障措施。2009 年 10 月，中国再生资源产业技术创新战略联盟正式成立，得到了政府有关部门和主要再生有色金属企业的广泛关注和支持。2009 年，再生金属产业界的另一件大事是《再生有色金属工业污染物排放标准》的制定。《再生有色金属工业污染物排放标准》作为国家强制性标准文本，对再生有色金属行业各工序环节产生的"三废"（废水、废气、废渣）做出具体的排放限制和管理规定，不但可以遏制该行业的环境污染，鼓励技术进步，提高全行业的环保技术水平，而且将为行业的规范发展创造公平的竞争环境，具有深远的意义和影响（张琳，2010）。

目前，我国再生金属产业的一些政策亟需调整，如增值税问题，按照财政部 2001 年 78 号文件规定，废旧物资回收企业享受免征增值税的优惠政策，但加工利用企业从回收企业采购废料进项税只能抵扣 10%，这样加工利用企业的税赋增加 4% 以上，使再生利用企业成本大幅增加，给行业造成了很大的影响，建议国家尽快解决再生金属加工企业采购废旧物资合理抵扣进项税的问题。目前，由于再生金属产业与回收利用企业在发票上存在的一些问题，各省都在进行检查。由于我国进口铜精矿的增值税为 13%、关税为 0，国家每年还给予进口一定数量的铜精矿增值税即征即退的优惠政策，而废弃金属进口的增值税为 17%、关税为 1.5%，同样作为原料，废弃金属比矿产品在环保、节能、加工成本方面具有更大的优势，国家应对进口废弃金属的增值税、关税给予优惠，享受进口铜精矿的同等待遇。今年以来国家对电解铝的投资进行了控制，国家有关部门正在研究对铝合金的出口退税进行调整，由于再生铝合金在海关的出口产品目录中没有单独税号，与原生铝合金一起列为"未锻造铝合金"，一旦国家取消铝合金锭的出口，再生铝合金的出口必将受到影响，由于再生铝的投资成本、加工成本、能源消耗比原生铝要节省很多，再生铝合金主要应用在汽车工业，目前我国汽车的国产化率还不很高，许多汽车以铝铸造的发动机壳仍在国外生产，而且我国当前再生铝行业小企业较多，恶性竞争的状况仍未得到控制，大企业只能通过开拓国外市场才能维持生存和发展，因此建议国家在调整铝合金出口退税政策时能将再生铝合金与之区别对待。

2011 年 1 月 1 日，国家取消再生资源回收行业退税优惠政策，实行全额征收，只征不退，令再生资源产业的发展遭遇寒冬。再生资源产业属国家节能环保产业的重要组成部分，是解决国家资源瓶颈、推进资源再利用的有效途径。为借鉴欧美等发达国家发展再生资源产业的成功经验，缩小与西方发达国家在再生资源回收利用方面的差距，国家对再生资源回收行业的发展给予了高度的关注，并采取了一系列政策扶持措施。然而由于再生资源回收行业自身存在的内部管理问题，使国家对回收行业发展的扶持方向难以把握，以致在2011年取消退税优惠政策，仅对少数符合条件的企业给予财政资金补贴。据了解，随着2011年我国钢铁行业、有色金属行业等利废行业发展的持续低迷，各大行业协会要求政府调整完善税收政策的呼声日益高涨。2011年11月21日，财政部、国家税务总局下发《关于调整完善资源综合利用产品及劳务增值税政策的通知》，对有些利废行业实行了比例不等的增值税即征即退的政策。未来，国家还应该在政策方面针对废弃金属回收行业特点进行不断调整（王吉位，2004；管爱国，2006）。

9.2.2　强化公众意识

我国正在全面建设环境友好型社会，加强资源忧患意识和环境保护意识教育具有现实意义。可持续发展的环境意识认为要采取新的途径，在发展经济的同时实现环境保护，达到经济效益、环境效益和社会效益的统一。可持续发展的内涵是生态可持续性、经济可持续性、社会可持性三个相互联系的有机整体。发展不仅限于增长，持续更不是停顿。持续有赖于发展，发展才能持续。人类要依靠科技进步建立经济、社会、资源与环境协调、持续发展的新模式。生态环境道德要求人类尊重自然，用爱护自然的活动取代征服自然的行为，用人类保护自然的自觉调节来取代自然本身的自发调节。生态环境道德是可持续发展对人类的道德要求，是新时代人类处理环境、生态问题的新视角、新思想、新举措，标志着新时代人类的道德进步（管爱国，2008）。

在中国，"拾荒大军"是一个特有的现象。他们在回收废弃物、保护城市环境等方面作出了重要贡献。但这支队伍处于一种"边缘化"状态，无"法"管理、无人组织，导致其负面影响特别大，如偷盗公共设施、污染市场周边环境、职业健康问题等。对于这支"拾荒大军"，社会和政府千万不能忽视，应该对他们进行积极管理和上岗培训；制定必要的法律规范，规范其行为准则；特别要让他们明白和树立以下观念和意识：

1）法律意识：告诉他们哪些资源是可以依法回收的，哪些是不能回收的；对于违反法规的经营行为、经营场地、经营性污染要依法进行处理。

2）环保意识：再生金属的回收和利用是一个与环境建设密切相关的产业，

一旦处理不当就可能成为污染产业。一定要培育他们的环保意识，告诉他们哪些回收物品可以处理，哪些不能处理；污水怎么处理和排放；危废物品怎么处置；有害气体怎么防治和处理。不仅要保护环境，而且要保护从业人员的身心健康。

3）资源意识：拾荒大军由于缺乏基本技能和资源意识，导致在拾荒过程中，可以回收利用的一些资源被扔弃、焚烧和填埋，从而造成二次污染和二次浪费。有些金属中的附带物，特别是稀贵金属，没有得到很好的回收和利用。有关部门应该通过多种方式告诉他们，资源都是可以利用的，那些不可再生的资源更具有不可估量的利用价值。

此外，对全国人民加强再生资源回收利用的教育和宣传工作，在全民中倡导和树立资源与环境理念，借鉴国外的经验，在中小学开设再生资源专门课程，从小培养他们资源再生和环境保护意识。

9.2.3　注重科技创新

我国再生金属产业以民营企业为主，长期以来，国家基本没有进行投入，企业科技力量薄弱，重视程度也不高，建议国家扶持一些有力量的科研机构加快对再生金属产业的科技开发，设立国家级再生金属研发中心，尽快提高我国再生金属利用水平。再生有色金属工业的发展关系到我国有色金属工业的可持续发展，关系到我国能源的节约和生态环境的改善，也关系着我国循环经济的建设步伐。有限的资源，无限的再生。在国家的大力支持下，我国再生有色金属工业将很快做大做强，为我国循环经济的建设起到示范作用（张琳，2010）。

生产工艺持续改进，技术装备水平有所提高。例如，再生铜领域：竖平炉和倾动炉的出现，改变了以前固定式反射炉一统天下的局面，不仅能源利用效率可提高了 15% ~30%，而且环境污染得到了彻底治理，环境卫生条件大大改善。特别是在紫杂铜直接利用领域，随着赣州江钨和天津大无缝紫杂铜直接制杆项目的建设和投产，中国杂铜制杆行业的技术装备和环保水平将得到迅速提升，产品质量大幅度提高。再生铝领域：组合式熔炼炉组得到广泛推广和应用。同时，通过自动控制和燃烧系统的改进，合理控制铝液温度，节能效果可进一步提高 15% ~20%，金属回收率也进一步提高。再生铅领域：湖南稀土金属材料研究院的废弃铅酸蓄电池回收处理技术使铅回收率达 96% 以上，基本实现了资源化和无害化。河南豫光金铅集团 10 万 t 再生铅综合利用工程通过专家组评审，该工程引进意大利 CX

废弃蓄电池集成系统，工艺设备设计合理，自动化水平高，能耗低，环境效益好；8万t粗铅熔池熔炼工程采用氧气底吹炉加鼓风炉炼铅工艺，具有能耗低、原料适应性强、自动化水平高等优点。技术装备水平的提高，保证了产业的可持续发展，同时产品质量的提高进一步扩大了市场需求，促进了行业的良好循环发展。

2008年12月，"十一五"国家科技支撑计划"废旧机电产品和塑胶资源综合利用关键技术与装备开发"重大项目正式启动。此后三年内，国家针对资源蕴涵量大的废机电、废家电和废塑胶等大宗固体废旧物资，开发新工艺、新方法及新设备，发展相应技术规范与标准。通过技术集成，建立工程化应用示范和技术集成示范园区，为提高再生资源综合回收利用效率与再生资源产品质量，减少大宗固体废弃物及其控制再利用过程的环境污染提供技术支撑。

9.2.4 完善回收体系

根据再生金属市场形成和发展的经验教训，中国再生金属市场未来发展必须实现根本性的转变（管爱国，2008；方伟成和杜欢政，2010；陆永其，2008）：

1）从分散到集中。我国再生金属市场是自发形成的，或者说是市场经济发展到一定阶段的产物。一些农民依靠拆解、经营废弃金属而致富。在这些经营大户带动下，街坊四邻以及相邻村民争相效仿，经营废弃金属的农民越聚越多，最终形成一个固定区域——金属再生市场。将"分散回收"变成"回收网络"，为了提高废弃物的回收率和利用率，中国各级政府正改变分散回收状态，大力推动回收网络体系建设。这一体系包括三个层次：即收购站（点）、集散市场、处理中心。在这个体系中，回收是基础，集散加工是手段，综合利用和无害化处理是目的。

2）从无序到有序。市场自发形成初期，发展无规则，经营无牌照，品种无固定，建设无标准，生产生活混杂在一起，作坊式的经营户一家连着一家。这种状态导致资源浪费严重，发展受到制约，合法地位得不到保障，扰民问题突出。政府应做好规划，充分利用经济手段和法律手段，在全国有条件的地域规划若干个不同类型的再生金属回收、加工处理产业基地，实行特殊经营、重点发展，避免遍地开花造成的运作混乱和管理困难。

3）从集散到专业。再生金属市场刚刚形成时，只是作为一般的集散地。随着规模的扩大，品种优势的形成，有的由普通的集散市场向专业市场转变，并在全国形成了一定的影响力。再生金属市场和集散地集中了中国近60%的再生金属（有色），必须尽快将其由普通的集散地变为环保园区。在培训产业工人的同时，引进先进管理理念、先进的加工技术和先进的生产设备，从而更好地提升行业素质和层次，提高资源利用率，减少环境污染，以为社会经济可持续发展提供资源上的支撑和环境上的保障。

4）从专业到产业。随着市场的发展、资源的聚集、专业的形成、规模的扩大，再生金属集散地正在改变单纯的集散模式，向产业化方向发展。如广东清远是我国最大的废铜集散地之一。通过对发展进行规划，对经营进行规范，从而形成了废铜回收、拆解、加工的产业化链条，成为当地经济发展的支柱产业。

参 考 文 献

蔡传算，刘荣义，陈进中，等．1996. 含钴高温合金废料的综合利用．中国有色金属学报，
　　6（3）：49-52.

蔡艳秀，成肇安，张希忠．2006. 废杂铝预处理技术．中国资源综合利用，(6)：37-39.

蔡艳秀．2010. 分离式三室再生铝熔炼炉技术探讨．资源再生，(3)：42-45.

曹维城，付小俊．2006. 从 Mo-Cu 合金废料中回收钼和铜．中国材料进展，25（7）：31-34.

曹异生．2006. 钴工业现状及发展前景．中国金属通报，(1)：10-13.

陈梵．2001. 硬质合金高温处理回收工艺研究．硬质合金，18（4）：1931.

陈敏．2011. 回收氨浸渣中钼资源的新工艺研究与生产实践．中国钼业，35（5）：4-6.

陈为亮，戴永年．1999. 废旧电池的综合回收与利用．再生资源研究，(1)：30-35.

陈曦．2009. 国外再生铅新技术研究．资源再生，1：32-34.

陈永强，王成彦，王忠．2003. 高硅铜钴矿电炉还原熔炼渣型研究．有色金属（冶炼部分），
　　(4)：23-25.

陈云锦．2004. 全萃取法回收钕铁硼废渣中的稀土与钴．中国资源综合利用，(6)：10-12.

成肇安，蔡艳秀，张晓东．2002. 废干电池的环境污染及回收利用．(7)：18-22.

程宁，徐庆莘，陈兴存，等．1989. 电解法再生产硬质合金原料的研究．山东矿业学院学报，
　　12（4）：48-51.

崔和涛．1997. 镍铜转炉渣电炉贫化制取金属化钴冰铜．矿冶，(2)：10-19.

崔燕，许民才．2001. 钴-钼废催化剂的回收利用现状及发展前景．安徽化工，(1)：23-25.

戴明阳．2011-08-05. 上半年有色金属工业保持平稳运行．工人日报，第 004 版.

戴志雄．2011. 再生有色金属产业发展的三个不等式．有色金属，(5)：2-4.

戴志雄．2012. 再生有色金属产业的可持续发展之路．资源再生，(4)：30-33.

戴自希．2005. 世界再生金属生产现状与趋势．中国有色冶金，(6)：14-20.

邓斌，王荣，阎杰，等．2002. 失效 MH/Ni 蓄电池电极材料的回收．电源技术，26（6）：
　　233-235.

丁全利．2016-02-19. 去年我国铜铝铅锌镍镁钛锡锑汞十种有色金属总产量达 5090 万吨同比增
　　长 5.8%．中国国土资源报，第 001 版.

定律．2013-02-19. 2012 年十种有色金属产量 3691 万吨同比增长 9.3%．中国有色金属报，第
　　001 版.

泛亚有色金属交易所．2014. 2012 年钴商品进口统计结果．http：//www.fyme.cn/a/news/
　　tongjishuju/.

范艳青，蒋训雄，汪胜东，等．2007. 废黄铜电解制备氧化亚铜粉的研究．有色金属，59（4）：

95-98.

范有志 . 2006. 从含有铜的氯盐或混盐的有机硅化工废渣浸出液中提取铜的方法：中国，CN1844422.

方伟成，杜欢政 . 2010. 构建"个体回收者+公司+园区"电子废弃物回收处理体系 . 再生资源与循环经济，3（5）：19-21.

方兴建 . 2011. 废硬质合金的破碎工艺：中国，201010606249.9.

付静波，赵宝华 . 2007. 国内外钼工业发展现状 . 稀有金属，31（6）：151-154.

傅长明 . 2010. 再生铝熔体处理技术 . 大众科技，11：107-109，111.

顾其德 . 2012. 2011 中国钴市场消费分析 . 中国金属通报，（16）：42-43.

管爱国 . 2006. 建立现代再生资源回收利用体系促进我国社会经济可持续发展 . 再生资源研究，（2）：1-4.

管爱国 . 2008. 中国再生金属市场现状及发展 . 资源再生，（1）：6-7.

郭超，肖连生，刘前明，等 . 2010. 硬质合金磨削废料中钨的回收利用研究 . 中国钨业 .（06）：21-24.

郭瑞九，郭大刚 . 2004. 从废锌铁合金中制备硫酸锌 . 化学世界，48（10）521-523.

韩冰 . 2009. 我国再生有色金属回收利用现状及问题——访中国有色金属工业协会再生金属分会会长王恭敏 . 再生资源与循环经济，2（11）：1-4.

贺慧生 . 2010. 废杂铜直接电解精炼的研究进展 . 世界有色金属，（9）：25-27.

黄炳光，谢克难，解然，等 . 2009. 盐酸法处理硬质合金粉双回收 Co 和 WC 新工艺研究 . 四川有色金属，（02）：30-33.

黄崇祺 . 2009. 论中国电缆工业的废杂铜直接再生制杆 . 电线电缆，1：5，9.

简启发 . 1999. 从废旧稀土钴永磁材料中回收钴的研究 . 江西有色金属，13（3）：34-36.

江亲才 . 2001. 武山铜矿南矿带氧化矿特征及就地溶浸试验 . 金属矿山，（7）：16-18.

江西南方稀土高技术股份有限公司 . 2003. 电还原- P507 萃取分离法回收废钕铁硼中稀土及钴：中国，03109057.5.

姜文伟，高晋，普崇恩，等 . 2000. 硫酸钠熔炼法处理废硬质合金工艺中钴的回收 . 稀有金属与硬质合金，141（1）：22-25.

焦建刚，黄喜峰，袁海潮，等 . 2009. 青海德尔尼铜（钴）矿床研究新进展 . 地球科学与环境学报，31（1）：42-47.

金凤浩 . 1994. 日本电线铜回收利用现状 . 世界有色金属，（5）：35-36.

金泳勋，松田光明 . 2003. 用浮选法从废锂离子电池中回收锂钴氧化物 . 国外金属矿选矿，40（7）：32-37.

康敬乐 . 2008. 废杂铜的再生火法精炼工艺探讨 . 矿产保护与利用，（4）：56-58.

孔明，王晔 . 2011. 中国再生锌工业 . 有色金属（冶炼部分），（5）：51-53.

乐毅，陈述文，陈启平．2003．铁矿石制备还原铁粉的碳还原过程的实验研究．矿冶工程，23（4）:51-53.

李明建，陈庆邦．1997．氨水——碳铵浸出处理铜锌废渣．中国资源再生，9（1）：13-15.

李培佑，张能成，林喜斌．1999．从废催化剂中回收钼的工艺流程研究．中国钼业，23（1）：16-21.

李朋恺，周论文，陈发招，等．2011．固体废物污染及其资源化．2001国际会议，C：474-478.

李松瑞．1996．铅及铅合金．中南工业大学出版社．

李勇，羊建高，陈越，等．1999．废硬质合金回收及再生处理方法：中国，CN1236016.

梁宏，卢基爵．1999．离子交换法从钼酸性废液中回收钼．中国钼业，23（3）：48-49.

梁琥琪，陈世琯，胡玉好．1995．电化学法处理废硬质合金回收钨钴．上海大学学报（自然科学版），1（1）：105-112.

梁卫东．2006．二次压煮工艺提高钨冶炼金属回收率的应用．稀有金属与硬质合金，34（4）：47.

刘大星．2000．铜湿法冶金技术的现状及发展趋势．有色冶炼，4：1-5.

刘公召，阎伟，梅晓丹，等．2010．从废加氢催化剂中提取钼的研究．矿冶工程，30（2）：70-72.

刘建军．2008．再生铜火法精炼的设计与实践．有色冶金设计与研究，29（3）：1-3.

刘锦，蔡永红，任知忠，等．2004．碱熔法回收废催化剂中的钴、钼和铝．化工环保，24（2）：134-137.

刘良先．2010．中国钨加工业"十二五"发展的思考．中国钨业，2（2）：12-16.

刘爽．2007．浅谈湿法炼铜技术的发展．科技信息：科学教研，（19）：292.

刘贤能，刘爱德，王祝堂．1998．铝炉渣处理技术的进展（1）．轻合金加工技术，26（2）：1-4.

刘兴利．2008．原生、再生有色金属利用程度的比较研究．再生资源与循环经济，1（1）：27-32.

刘业翔，李劼．2008．现代铝电解．北京：冶金工业出版社．

柳建设，葛玉卿，邱冠周，等．2002．从含铜铁锌的酸性溶液中选择性萃取铜．湿法冶金，21（2）:88-97.

卢建．2010．再生金属：发展现状及前景展望．中国金属通报，（21）：17-21.

陆永其．2008．研究建立再生资源回收利用数据库．再生资源与循环经济，（2）：11-14.

路殿坤，刘大星，王春，等．2001．中条山低品位铜矿地下溶浸的研究．中国有色冶金，30（1）：17-19.

罗琳，藤田丰久，治进藤．2002．从废弃的钨金属制品中回收钨和钒．矿冶，11（1）：50-54.

罗娜．2016-04-07.去年我国有色金属矿产新增查明资源储量有所增长．中国有色金属报，第001版.

马尚文. 1987. 炼锌渣中锌的回收. 有色金属 (冶炼部分), (6): 16-17.

美国地质调查局. 2014. 2003—2012 年钴业统计数据. http: //minerals. usgs. gov/minerals/
pubs/mcs/.

缪树槐. 2004. 紫杂铜一步电解生产阴极铜方法: 中国, CN1390983.

潘彤. 2003. 我国钴矿矿产资源及其成矿作用. 矿产与地质, 17 (4): 517-518.

铅锌冶金学编委会. 2003. 铅锌冶金学. 北京: 科学出版社.

秦克章, 丁奎首, 许英霞, 等. 2007. 东天山图拉尔根、白石泉铜镍钴矿床钴、镍赋存状态及
原岩含矿性研究. 矿床地质, 26 (1): 1-14.

秦玉楠. 2004. 利用含钨废催化剂生产钨酸的工业实践. 中国钼业, 28 (2): 36-38.

邱定蕃, 徐传华. 2006. 有色金属资源循环利用. 北京: 冶金工业出版社.

阮志农, 陈加山. 2005. 从废催化剂中湿法回收 Mo 和 Co 的工艺研究. 福州大学学报 (自然科
学版), 33 (1): 116-120.

邵延海, 冯其明, 欧乐明, 等. 2009. 从废催化剂氨浸渣中综合回收钒和钼的研究. 稀有金属,
33 (4): 606-610.

沈晓东, 侯永根. 2003. 磁性废料的利用. 环保与资源利用, 31 (3): 45-47.

宋晓艳, 魏崇斌, 刘雪梅. 2010. 一种硬质合金回收及再生方法: 中国, 101658940A.

宋运坤, 沈强华, 钟忠. 2006. 我国废杂铜的回收利用现状与对策. 云南冶金, 35 (6):
36-39.

苏永庆, 王宇乞, 江立, 等. 2001. 废干电池湿法综合回收工艺. 有色金属 (冶炼部分), 1:
461-463.

孙留根, 王云, 袁朝新, 常耀超, 铜钴精矿焙烧浸出试验研究, 《有色金属 (冶炼部分),
2012 (8): 14-16.

孙留根. 2012. 铜钴精矿焙烧浸出试验研究. 有色金属 (冶炼部分), 8: 14-16, 24.

孙晓刚. 2000. 世界钴资源的分布和应用. 有色金属, (1): 38-41.

谭军. 2007. 未来 15 年我国矿产资源供应缺口将进一步加大. 功能材料信息, 4 (3): 6.

谭世雄, 申勇峰. 2000. 从废高温合金中回收钴镍的工艺. 化工冶金, 21 (3): 294-297.

汤青云, 蔡建良, 段冬平. 2006. 酸溶法从铁基硬质合金中回收金属材料. 硬质合金, (3):
157-159.

王犇, 孟韵, 段春生. 2005. 废钴钼系催化剂中金属的全回收新工艺研究. 现代化工, 25:
204-206.

王成彦. 2001. 堆浸-萃取-电积铜厂在高寒地区的生产与实践. 有色金属 (冶炼部分),
(6): 69

王冲, 杨坤彬, 华宏全. 2011. 废杂铜回收利用工艺技术现状及展望. 再生资源与循环经济,
(4): 28-32.

王尔勤, 杨国安, 华启峰 . 1998. 含钼废料回收钼的化学方法和实践 . 中国钼业, 6 (3): 34-35.

王恭敏 . 2010. 再生金属再上新台阶——"十二五"期间我国再生有色金属产业发展思路 . 中国金属通报, (21): 14-16.

王恭敏 . 2011. 关于"十二五"再生有色金属产业发展建议 . 再生资源与循环经济, 4 (4): 4-7.

王海北, 邹小平, 蒋应平, 等 . 2011. 溶剂萃取法从加压浸出液中提取钼 . 铜业工程, (05): 21-26.

王红梅 . 2003. 钼酸铵废液成分分析及其中硝酸铵的回收 . 德州学院学报, (6): 60-63.

王吉位 . 2004. 振兴再生金属产业推动循环经济发展 . 有色金属再生与利用, (10): 12-14.

王来健, 张敬 . 2009. 国外物资再生利用经验借鉴及其对我国的启示 . 科技经济市场, (5): 77-78.

王兰 . 2001. 河北易县将建立废电池处理厂 . 再生资源研究, (3): 42.

王敏人, 臧晓楠, 王存文 . 1996. 从钴-钼废催化剂中回收钼 . 陕西化工, (3): 22-24.

王双才, 李元坤 . 2006. 氧化铜矿的处理工艺及其研究进展 . 矿产综合利用, 2: 37-39.

王小旎 . 2013-06-27. 专家表示中国未来对有色金属需求会持续增长 . 中国信息报, 第 002 版 .

王永利, 徐国栋 . 2005. 钴资源的开发和利用 . 河北北方学院学报(自然科学版), 21 (3): 15-16.

王中生 . 2003. 宁夏某氧化铜矿柱浸-置换试验研究 . 矿产保护与利用, (1): 38-40.

王祝堂 . 2002. 中国的再生铝工业 . 中国资源综合利用, 9: 30-38.

吴国清, 张宗科, 张茜, 等 . 2009. 电子废弃物回收处理体系及管理系统的探讨(下). 家电科技, (5): 38-39.

吴贤, 曹亮, 张文钲 . 2010. 2010 年钼业年评 . 中国钼业, 34 (6): 1-7.

吴占德 . 2012. 在电弧炉粉尘中加入石灰添加剂的新型锌回收工艺 . 耐火与石灰, 37 (1): 48-54.

夏文堂, 张启修 . 2005. 高速钢铁鳞中钨钼等合金的回收研究 . 矿冶, (1): 62-65.

夏文堂 . 2006. 钨的二次资源及其开发前景 . 再生资源研究, (1): 11-17.

项则传 . 2004. 难选氧化铜矿堆浸-萃取-电积提铜的研究和实践 . 有色金属(选矿部分), (4): 1-3.

肖飞燕 . 2000. 从废催化剂中回收钼的研究 . 中国钼业, 24 (2): 42-44.

谢福标 . 2001. 氧化铜矿搅拌浸出-萃取-电积的生产实践 . 矿冶, 10 (2): 45-49.

熊昆, 徐亚飞, 杨大锦 . 2009. 含钴铜水淬渣还原熔炼综合回收研究 . 有色金属(冶炼部分), (3): 13-16.

熊雪良, 谢美求, 陈坚, 等 . 2008. 离子交换法回收废钨催化剂碱浸液中钨的研究 . 金属材料与冶金工程, 36 (1): 12-14.

徐爱华．2015-01-24．钨钼产业全年弱势运行．中国有色金属报，第004版．

徐劼，肖连生，张启修．2002．钼酸铵生产中工业废水的综合治理（Ⅰ）．稀有金属与硬质合金，（4）：6-8．

徐曙光，曹新元．2006．我国主要再生有色金属的利用现状与分析．国土资源情报，（10）：1-8．

许斌，庄剑鸣，白国华，等．2000．硫酸烧渣综合利用新工艺．中南大学学报，3（3）：215-218．

许德如，王力，肖勇，等．2008．"石碌式"铁氧化物-铜（金）-钴矿床成矿模式初探．矿床地质，27（6）：682-686．

许多丰，王开群，赵宏，等．2005．钼钴废催化剂回收利用的研究．中国有色冶金，34（3）：45-47．

许涛，李敏，张春新．2004．钕铁硼废料中回收钕、镝及钴．稀土，25（2）：31-34．

薛福连．2010．采用硫酸浸出处理铜锌废渣生产氧化锌．四川有色金属，（3）：18-21．

杨利群．2008．苏打烧结法处理低品位钨矿及废钨渣的研究．中国钼业，（04）：25-27．

杨万军，杨晓美，王伟．2005．从FDS-4A型加氢精制催化剂中回收分离钴、钼．中国钼业，29（4）：28-31．

叶海燕．2011．关注有色金属产业 倡导绿色金融．金属世界，（3）：4-5．

佚名．2011．2010'中国再生金属产业回眸与前瞻（二）．资源再生，（1）：18-21．

易大展．1984．废干电池湿法综合回收工艺．有色金属（冶炼部分），（6）：17-20．

余斌，曹连喜，陈何，等．2003．低品位氧化铜矿及空区残矿可浸性试验．山东冶金，25（4）：36-38．

俞集良．1992．工业废料回收钼．中国钼业，（4）：25-29．

喻正军，冯其明，欧乐明，等．2006．还原硫化法从镍转炉渣中富集钴镍铜．矿冶工程，26（1）：49-51．

喻正军．2007．从镍转炉渣中回收钴镍铜的理论与技术研究．长沙：中南大学博士学位论文．

张大维．1994．氧化铜矿粉的制粒及柱浸试验初探．矿产保护与利用，（3）：33-35．

张峰，常晋元．2003．低品位氧化铜矿的地下溶浸工艺与生产．有色金属（矿山部分），55（4）：5-6．

张化冰．2015．再生有色金属产业艰难前行的脚步与产业集中度的变化——访中国有色金属工业协会再生金属分会副秘书长张希忠．资源再生，（11）：12-17．

张建刚，段黎萍，李俊平，等．2000．钼酸铵生产废液的综合治理．化工环保，（1）：28-31．

张江徽，陆钟武．2007．锌再生资源与回收途径及中国再生锌现状．资源科学，29（3）：86-93．

张科静，魏珊珊．2009．国外电子废弃物再生资源化运作体系及对我国的启示．中国人口·资源与环境, 19 (2): 109-114.

张琳. 2010. 再生金属产业五年创新路. 资源再生, (9): 7-9.

张启修, 赵秦生. 2007. 钨钼冶金. 北京: 冶金工业出版社.

张帅, 张华, 冯培忠. 2011. 钼资源回收工艺现状及展望. 无机盐工业, 43 (12): 12-15.

张万琰, 吴光源. 2001. 从钕铁硼废料中回收稀土及氧化钴的条件试验. 江西有色金属, 15 (4): 23-26.

张文朴. 2005. 从废催化剂回收钨、钼、钴、铝的研究进展评述. 中国资源综合利用, 11 (11): 33-35.

张文钲, 孙国英. 1995. 世界钼催化剂开发与应用现状. 中国钼业, 19 (1): 3-7.

张希忠. 1991. 废干电池回收利用技术评估. 金属再生, (2): 17-20.

张肇富. 1998. 国外废旧电池的合理加工回收. 中国资源再生, (6): 19.

张正国. 2006. 再生铝的熔炼设备. 工业炉, 4: 21-25.

张智, 高严, 刘玉珍. 1998. 含钼加氢精制废催化剂中金属钼的回收工艺研究. 辽宁化工, 27 (4): 234-236.

赵武壮. 2011. 2010 年我国有色金属工业运行良好. 资源再生, (2): 26-29.

赵小翠, 马成兵, 吴敏, 等. 2007. 钼资源的回收与应用. 资源再生, (9): 26-28.

郑雅杰, 陈白珍, 龚竹青, 等. 2001. 硫铁矿烧渣制备聚合硫酸铁新工艺. 中南大学学报, 32 (2): 142-145.

钟文泉. 2011. 废铜直接再生利用的方法. 科技园地, (3): 16-19.

周廷熙. 2002. 用澳斯麦特技术处理电弧炉烟尘. 有色冶炼, (4): 49-51.

周正华. 2002. 从废旧蓄电池中无污染火法冶炼再生铅及合金. 上海有色金属, 4: 159.

株洲精诚实业有限公司. 2007. 一种锌熔法回收废硬质合金炉: 中国, CN200620052173.9.

诸建平. 2011. 废铅酸蓄电池生产再生铅的工艺工程设计. 杭州化工, 3: 31-35.

邹征良. 2011. 高锑铅电解工艺实践. 科技资讯, 34: 5.

土田敏. 1977. Recovery of zinc and manganese oxide from dry cells: JP52-007813.

Никигина А С, 金玉. 1991. 由二次原料生产钨. 中国钨业, (6): 30-33.

An J W, Jung B H, Lee Y H, et al. 2009. Production of high-purity molybdenum compounds from a Cu-Mo acid-washed liquor using solvent extraction. Part 2: Pilot and plant operations. Minenis Engineering., 22 (12): 1026-1031.

Bauer, Velten H J. 2005. Reduction of Fugitive Emissions in Secondary Smelter of Norddeutsche Affinerie AG. Dresden: Proceedings of Uropean Metallurgical Conference. (3): 1255-1266

Bruggink P R, Martchek K J. 2004. Worldwide Recycled Aluminum Supply and Environmental Impact Model. Light Metal 2004. Alton Ted. Tabereaus TMS (The Minerals, Metals & Materials Society), 907-911.

B. U. S Metall GmbH, Duisburg. 2000. New Developments and Investments the Waelz Process//
Stewart D L. Proceedings of Fourch International Symposium on Recycling of Metals and Engineered
Materials. TMS (The Minerals Metals & Materials Society), 341-344.

Chu Cheng. 2006. Solvent extraction of nickel and cobaltwith synergistic systems consisting of carboxy
licacid and aliphatichy droxyoxime. Hydrometallurgy, (84): 109-117.

Diaz G, Martin D, et al. 2001. Emerging applications of ZINCES and PLASID technologys. JOM,
(12): 30-31.

Ercan A. 1997. The effect of Sulfur and reduction temperature on cobalt dissolution during sulfuric acid
leaehing of metall matte. Cannadian Metallurgical Quarterly, 36 (1): 25-29.

Figueroa M, Gana R, Kattan, L, et al. 1994. Direct electro refining of copper scrap Using A
Titanium Anode Support System in A Monopolar Cell. Journal of Applied Electrochemistry,
24 (3): 206-211.

Gerhard M et al. 2000. Recovery of Polypropylene form Lead- acid Battary Scrap//Stewart D L,
Stephens R, Dalcy J C. Fourth International Symposium on Recycling of Metals and Engineered
Material. TMS (The Minerals Metals & Materials Society), 93-101

Gordon R B, Graedel T E, Bertram M, et al. 2003. The characterization of technological zinc cycles.
Resources Conservation & Recycling, (39): 107-135.

Hagen E. 2001. The Aluminum Market at the Beginning of a New Century. Cannes: 6th International
Secondary Aluminum Congress.

Harper E M, Bertram M, Graedel T E. 2006. The contemporary Latin America and the caribbean zinc
cycle: One year stocks and flows. Resources Conservation & Recycling, (47): 82-100.

Iorio L, et al. 2002. Doped particle characterization and bubble evolution in aluminum silicon doped
molybdenum wire. Metallwgical and Materials Transactions A, 33 (11): 3349.

Juneja J M, Singh Sohan, Bose D K. 1996. Investigations on the extraction of molybdenum and
rhenium values from low grade molyb-denite concentrate. Hydrometallurgy, 41: 201-209.

Katsutoshi I. 1993. Symposium on Regeneration, Reaction and Reworking of Spent Catalysts Presented
before the Division of Petroleum Chemistry. Inc 205 Natonat Meeting, American Chemical Society
Denver, co.

Kirchner G. 2001. Substitution of Primary Aluminum by Recycled Aluminum- Wishful Thinking or
Reality? Cannes: 6th International Secondary Aluminum Congress.

Klemyator A. A. 2002. Usage of foamy floto- extraction for molybdenum (Ⅵ) extracting from poor
solutions of waste waters. Tsvetnye Metally, (6): 13-16.

Lehner T, Wiklund J. 2000. Sustainable Production: The Business of Non- Ferrous Smelting in
Sweden, MINPREX2000, Melboume, Vic. 127-131.

Luo L, Miyazaki T, Shbayama A, et al. 2003. A novel process for recovery of tungsten and vanadium from a leach solution of tungsten alloy scrap. Minerals Engineering, 16: 665-670.

Mager K, Meurer U. 2000. Recovery of Zink Oxide from Secondary Raw Materials: New Developments of the WAELZ Process//Stewart D L. Proceedings of Fourch International Symposium on Recycling of Metals and Engineered Materials. TMS (The Minerals Metals & Materials Society), 329-340.

Marc L. 2000. The Current Status of Electric ARC Furnace Dust Recycling in North America//Stewart D L. Proceedings of Fourch International Symposium on Recycling of Metals and Engineered Materials. TMS (The Minerals Metals & Materials Society), 237-250.

Moeenster J A, Sankovitch M J. 2000. Operations at the DOE RUN Company's Buick Resource Recycling Division// Steward D L, Dalcy J C. Fourch International Symposium in Recycling of Metals and Engineered Material. TMS (The Minerals Metals & Materials Society), 63-72.

Mukerjee S, Scrinivasan S. 1995. Role of structural and electronic properties of Pt and Pt alloys on electrocatalysis of oxygen reduction. Journal of the Electrochemical Society, 142 (5): 1409-1422.

Olper I M, Asano B. 1989. Improved Technology in Secondary Lead Processing-ENGITEC Lead Acid Battery Recycling System//Jaeck M l. Proceedings of the International Symposium on Primary and Secondary Lead Processing. Halifax, Nova Scotia, Primary and Secondary Lead Processing, CIM, Toronto. 110-132.

Olper M, Maccagni M. 2005. The Green Factory in Secondary Lead Production. Dresden: Proceeding of Uropean Metallurgical Conference: 523-535.

Olper M, Maccagni M. 2005. Zn Production from Zinc Bearing Secondary Materials: The Combined Indutec®/ Ezinex® Process//Proceeding of Uropean Metallurgical Conference. Dresden, Germany, 491-499.

Olper M, Fracchia P. 1991. Process for producing electrolytic lead and elemental sulfur from galena. S5039337 (A).

Parhi P K, Park K H, Kim H I, et al. 2011. Recovery of molybdenum from the sea nodule leach liquor by solvent extraction using alamine 304-I. Hydrometallurgy, 105 (3/4) : 195-200.

Park K H, Kim H I, Parhi P K, et al. 2010. Recovery of molybdenum from spent catalyst leach solutions by solvent extraction with LIX 84-I . Separation and Purification Technology, 74 (3) : 294-295.

Rao S R. 2006. Resource Recovery and Recycling from Metallurgical Wastes. Netherland: Elsevier Publications: 191.

Ravi T. 1999. LARS: Improved aluminum refining system with in-situ gas preheating and SCADA capability. Light Metal Age, 57 (5/6): 14-23.

Ravi T. 2004. Efficient Recycling of Aluminum Scrap for Manufacturing of Extrusion Billet. Beijing:

Proceeding of 2004' Chinese Secondary Aluminum Industry' s Development Forum: 52-62.

Rombach G. 2002a. Future Availability of Aluminum Scrap. Light Metal 2002. Worfgang Schneider. Warrendale, PA: The Minerals, Metals & Materials Society, 1011-1018

Rombach G. 2002b. Future Availability of Aluminum Scrap. Light Metal 2002. Worfgang Schneider. TMS (The Minerals, Metals & Materials Society), 1011-1012.

Sankaran V, Schubert W D, Lux B et al. 1996. W-scrap recycling by the melt bath technique. Intemational Journal of Refractory & Hard Materials, 14 : 263-270.

Sasamoto H. 2001. EAF Dust Recycling Technology in Japan. Proceeding of the 6th International Symposium on East Asian Resources Recycling Technology. Gyeongju (庆州) . Korea, 9-17.

Sloop J D. 2000. EAF Dust Recycling at Ameristeel//Stewart D L. Proceedings of Fourch International Symposium on Recycling of Metals and Engineered Materials. TMS (The Minerals Metals & Materials Society), 421-426.

Tsuyoshi M, Takahiko O, Akahi N. 2003. Material Flow of Lead and Used Leadacid Battery Recycling System in Japan. Proceeding of the Symposia of IUMRS-ICAM, 29 (5): 1905-1908.

Uchida A. 2002. Removal of Mo (Ⅵ) Ion from Waste with Lead Compounds. 資源と素材, (2): 81-85.

Valenzuela F R, Andrade J P, Sapag J, et al. 1995. The solvent extraction separation ofmolybdenum and copperfrom acid leach residual solution of chilean molybdenite concentrate. Mineruis Engineering, 8 (8): 893-903.

Voropanova L A, Barvinyuk N G. 2004. Extraction of molybdenum (Ⅵ) from aqueous- peroxide solutions of sodium tungstate with trialkylamine . Russ. J. Appl. Chem. , 77: 759-762.

Zoppi G. 1994. Process for the direct electrochemical refining of copper scrap. US5372684 (A).